긴 수학 공부 여정
에그릿과 함께 해요.

1

개념원리/RPM
교재 구매

2

에그릿 APP
무료 다운

3

수학 공부 일정 세우기

내 목표 완독일과
수준에 맞춘 **스케줄링** 제공

6

유형 공부
➕with RPM

• 문제 해설 영상 제공
• 질의응답 가능

5

개념 공부
➕with 개념원리

• 개념 OX 퀴즈
• **개념 강의 제공**
• 질의응답 가능

4

소통

스터디 그룹 만들어
친구와 함께 공부하기

9

완독

7

문제 플레이리스트

• 틀린 문제 오답노트
• 중간/기말고사 대비를 위한
  나만의 문제집 만들기

8

단원 마무리

• 단원 마무리 테스트 제공
• 결과에 따른 분석지 제공
• 분석에 따른 솔루션 제공

당신만의 완독 메이트 **egrit**

개념원리 중학 수학 **1-1**

발행일	2024년 7월 1일 (1판 3쇄)
기획 및 집필	이홍섭, 개념원리 수학연구소
콘텐츠 개발 총괄	한소영
콘텐츠 개발 책임	김경숙, 오지애, 오서희, 오영석, 이선옥, 모규리, 김현진
사업책임	정현호
마케팅 책임	권가민, 이미혜, 정성훈
제작/유통 책임	이건호
영업책임	정현호
디자인	(주)이츠북스, 스튜디오 에딩크
펴낸이	고사무열
펴낸곳	(주)개념원리
등록번호	제 22-2381호
주소	서울시 강남구 테헤란로 8길 37, 7층(한동빌딩) 06239
고객센터	1644-1248

Ⅰ-1 소인수분해

01 소인수분해

(1) 소수와 합성수
  ① **소수**: 1보다 큰 자연수 중에서 1과 자기 자신만을 약수로 갖는 수
  ② **합성수**: 1보다 큰 자연수 중에서 소수가 아닌 수

(2) 거듭제곱
  ① **거듭제곱**: 같은 수나 문자를 여러 번 곱한 것을 간단히 나타낸 것
  ② **밑**: 거듭제곱에서 곱한 수나 문자
  ③ **지수**: 거듭제곱에서 곱한 수나 문자의 개수

(3) 소인수분해
  ① **인수**: 자연수 a, b, c에 대하여 $a=b\times c$일 때, a의 약수 b, c를 a의 인수라 한다.
  ② **소인수**: 인수 중에서 소수인 것
  ③ **소인수분해**: 1보다 큰 자연수를 그 수의 소인수만의 곱으로 나타내는 것
  ④ 소인수분해 하는 방법

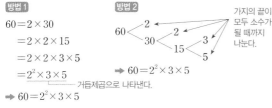

가지의 끝이 모두 소수가 될 때까지 나눈다.

방법 1
$60 = 2\times30$
$\quad = 2\times2\times15$
$\quad = 2\times2\times3\times5$
$\quad = 2^2\times3\times5$ ← 거듭제곱으로 나타낸다.
➡ $60 = 2^2\times3\times5$

방법 2
$60 = 2^2\times3\times5$

방법 3
소수로 나눈다.
$\begin{array}{r} 2\,\underline{)\,60} \\ 2\,\underline{)\,30} \\ 3\,\underline{)\,15} \\ 5 \end{array}$ ➡ $60 = 2^2\times3\times5$
← 몫이 소수가 될 때까지 나눈다.

02 소인수분해를 이용하여 약수 구하기

자연수 A가 $A=a^m\times b^n$ (a, b는 서로 다른 소수, m, n은 자연수)으로 소인수분해 될 때
① A의 약수: (a^m의 약수)×(b^n의 약수)
② A의 약수의 개수: $(m+1)\times(n+1)$

Ⅰ-2 최대공약수와 최소공배수

01 공약수와 최대공약수

(1) 공약수와 최대공약수
  ① **공약수**: 두 개 이상의 자연수의 공통인 약수
  ② **최대공약수**: 공약수 중에서 가장 큰 수
  ③ **최대공약수의 성질**: 두 개 이상의 자연수의 공약수는 최대공약수의 약수이다.
  ④ **서로소**: 최대공약수가 1인 두 자연수

(2) 소인수분해를 이용하여 최대공약수 구하기
  ❶ 각 수를 소인수분해 한다.
  ❷ 공통인 소인수를 모두 곱한다. 이때 소인수의 지수가 같으면 그대로 곱하고, 지수가 다르면 작은 것을 택하여 곱한다.

$$\begin{array}{l} 18 = 2\times3^2 \\ 30 = 2\times3\times5 \\ \hline 2\times3 = 6 \end{array}$$
최대공약수

02 공배수와 최소공배수

(1) 공배수와 최소공배수
  ① **공배수**: 두 개 이상의 자연수의 공통인 배수
  ② **최소공배수**: 공배수 중에서 가장 작은 수
  ③ **최소공배수의 성질**: 두 개 이상의 자연수의 공배수는 최소공배수의 배수이다.
  ④ 서로소인 두 자연수의 최소공배수는 두 자연수를 곱한 수이다.

(2) 소인수분해를 이용하여 최소공배수 구하기
  ❶ 각 수를 소인수분해 한다.
  ❷ 공통인 소인수와 공통이 아닌 소인수를 모두 곱한다. 이때 소인수의 지수가 같으면 그대로 곱하고, 지수가 다르면 큰 것을 택하여 곱한다.

$$\begin{array}{l} 54 = 2\times3^3 \\ 90 = 2\times3^2\times5 \\ \hline 2\times3^3\phantom{\times{}}5 = 270 \end{array}$$
최소공배수

(3) 최대공약수와 최소공배수의 관계
두 자연수 A, B의 최대공약수를 G, 최소공배수를 L이라 하고 $A=a\times G$, $B=b\times G$ (a, b는 서로소)라 하면 다음이 성립한다.
  ① $L=a\times b\times G$
  ② $A\times B=G\times L$ ← (두 수의 곱)=(최대공약수)×(최소공배수)

Ⅱ-1 정수와 유리수

01 정수와 유리수

(1) 양의 부호와 음의 부호
어떤 기준에 대하여 서로 반대가 되는 성질을 갖는 양을 수로 나타낼 때, 기준이 되는 수를 0으로 두고 한쪽에는 **양의 부호 +**, 다른 한쪽에는 **음의 부호 −**를 붙여서 나타낼 수 있다.

(2) 양수와 음수
  ① **양수**: 0보다 큰 수로 양의 부호 +를 붙인 수
  ② **음수**: 0보다 작은 수로 음의 부호 −를 붙인 수

(3) 정수
  ① **양의 정수**: 자연수에 양의 부호 +를 붙인 수
  ② **음의 정수**: 자연수에 음의 부호 −를 붙인 수
  ③ 양의 정수, 0, 음의 정수를 통틀어 **정수**라 한다.

(4) 유리수
  ① **양의 유리수**: 분모, 분자가 모두 자연수인 분수에 양의 부호 +를 붙인 수
  ② **음의 유리수**: 분모, 분자가 모두 자연수인 분수에 음의 부호 −를 붙인 수
  ③ 양의 유리수, 0, 음의 유리수를 통틀어 **유리수**라 한다.
  ④ 유리수의 분류

$$\text{유리수}\begin{cases} \text{정수}\begin{cases} \text{양의 정수 (자연수)}: +1, +2, +3, \cdots \\ 0 \\ \text{음의 정수}: -1, -2, -3, \cdots \end{cases} \\ \text{정수가 아닌 유리수}: +\dfrac{1}{3}, -\dfrac{3}{2}, +1.8, -0.7, \cdots \end{cases}$$

Ⅲ-3 일차방정식의 활용

01 일차방정식의 활용 (1)

일차방정식의 활용 문제 푸는 순서
❶ 미지수 x 정하기 ➡ 구하려고 하는 것을 x로 놓는다.
❷ 방정식 세우기 ➡ 조건에 맞는 x에 대한 일차방정식을 세운다.
❸ 방정식 풀기 ➡ 일차방정식을 풀어 x의 값을 구한다.
❹ 확인하기 ➡ 구한 x의 값이 문제의 뜻에 맞는지 확인한다.

02 일차방정식의 활용 (2)

(1) 거리, 속력, 시간에 대한 문제
① (거리) = (속력) × (시간)
② (속력) = $\dfrac{(거리)}{(시간)}$
③ (시간) = $\dfrac{(거리)}{(속력)}$

(2) 농도에 대한 문제
① (소금물의 농도) = $\dfrac{(소금의 양)}{(소금물의 양)} \times 100 \, (\%)$
② (소금의 양) = $\dfrac{(소금물의 농도)}{100} \times (소금물의 양)$

Ⅳ-1 좌표와 그래프

01 순서쌍과 좌표

(1) **수직선 위의 점의 위치**
① **좌표**: 수직선 위의 한 점에 대응하는 수를 그 점의 좌표라 하고, 점 P의 좌표가 a이면 기호로 P(a)와 같이 나타낸다.

② **원점**: 좌표가 0인 점을 원점이라 하며, 기호로 O(0)과 같이 나타낸다.

(2) **좌표평면**
두 수직선이 점 O에서 서로 수직으로 만날 때
① x축: 가로의 수직선
② y축: 세로의 수직선
③ x축과 y축을 통틀어 **좌표축**이라 한다.
④ **원점**: 두 좌표축이 만나는 점 O
⑤ **좌표평면**: 좌표축이 정해져 있는 평면

(3) **좌표평면 위의 점의 위치**
① **순서쌍**: 두 수나 문자의 순서를 정하여 짝 지어 나타낸 쌍
주의 $a \neq b$일 때, 순서쌍 (a, b)와 (b, a)는 서로 다르다.
② **좌표평면 위의 점의 좌표**
좌표평면 위의 한 점 P에서 x축, y축에 각각 수선을 내려 이 수선이 x축, y축과 만나는 점에 대응하는 수를 각각 a, b라 할 때, 순서쌍 (a, b)를 점 P의 좌표라 하고, 기호로 P(a, b)와 같이 나타낸다.
이때 a를 점 P의 x**좌표**, b를 점 P의 y**좌표**라 한다.
참고 좌표평면에서 원점의 좌표는 $(0, 0)$이고 x축 위의 점의 좌표는 $(x$좌표, $0)$, y축 위의 점의 좌표는 $(0, y$좌표)이다.

---

(4) **사분면**
좌표축에 의하여 네 부분으로 나뉘는 부분을 각각
제1사분면, 제2사분면,
제3사분면, 제4사분면
이라 한다.

02 그래프와 그 해석

(1) **변수**: x, y와 같이 여러 가지로 변하는 값을 나타내는 문자
(2) **그래프**: 두 변수 x, y의 순서쌍 (x, y)를 좌표로 하는 점을 좌표평면 위에 모두 나타낸 것

Ⅳ-2 정비례와 반비례

01 정비례

(1) **정비례**: 두 변수 x, y에 대하여 x의 값이 2배, 3배, 4배, …로 변함에 따라 y의 값도 2배, 3배, 4배, …로 변할 때, y는 x에 정비례한다고 한다.

(2) y가 x에 정비례하면 $y = ax \, (a \neq 0)$가 성립한다.
(3) **정비례 관계 $y = ax \, (a \neq 0)$의 그래프**

	$a > 0$일 때	$a < 0$일 때
그래프		
그래프의 모양	오른쪽 위(／)로 향하는 직선	오른쪽 아래(＼)로 향하는 직선
지나는 사분면	제1 사분면, 제3 사분면	제2 사분면, 제4 사분면
증가, 감소 상태	x의 값이 증가하면 y의 값도 증가	x의 값이 증가하면 y의 값은 감소

02 반비례

(1) **반비례**: 두 변수 x, y에 대하여 x의 값이 2배, 3배, 4배, …로 변함에 따라 y의 값은 $\dfrac{1}{2}$배, $\dfrac{1}{3}$배, $\dfrac{1}{4}$배, …로 변할 때, y는 x에 반비례한다고 한다.

(2) y가 x에 반비례하면 $y = \dfrac{a}{x} \, (a \neq 0)$가 성립한다.
(3) **반비례 관계 $y = \dfrac{a}{x} \, (a \neq 0)$의 그래프**

	$a > 0$일 때	$a < 0$일 때
그래프		
지나는 사분면	제1 사분면, 제3 사분면	제2 사분면, 제4 사분면
증가, 감소 상태	각 사분면에서 x의 값이 증가하면 y의 값은 감소	각 사분면에서 x의 값이 증가하면 y의 값도 증가

(5) 수직선: 직선 위에 기준이 되는 점을 정하여 그 점에 0을 대응시키고, 그 점의 좌우에 일정한 간격으로 점을 잡아 수를 대응시킨 직선

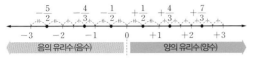

02 수의 대소 관계

(1) **절댓값**: 수직선 위에서 0을 나타내는 점과 어떤 수를 나타내는 점 사이의 거리를 그 수의 **절댓값**이라 하고, 기호로 | |를 사용하여 나타낸다.

(2) **절댓값의 성질**
　① 양수와 음수의 절댓값은 그 수에서 부호 ＋, －를 떼어 낸 수와 같다.
　② 0의 절댓값은 0이다. 즉 |0|＝0이다.
　③ 절댓값은 항상 0 또는 양수이다.
　④ 수를 수직선 위에 나타낼 때, 0을 나타내는 점에서 멀리 떨어질수록 절댓값이 커진다.

(3) **수의 대소 관계**
　① 양수는 0보다 크고 음수는 0보다 작다.
　② 양수는 음수보다 크다.
　③ 양수끼리는 절댓값이 큰 수가 크다.
　④ 음수끼리는 절댓값이 큰 수가 작다.

(4) **부등호의 사용**

$a>b$	a는 b보다 크다. a는 b 초과이다.	$a\geq b$	a는 b보다 크거나 같다. a는 b보다 작지 않다. a는 b 이상이다.
$a<b$	a는 b보다 작다. a는 b 미만이다.	$a\leq b$	a는 b보다 작거나 같다. a는 b보다 크지 않다. a는 b 이하이다.

Ⅱ-2 정수와 유리수의 계산

01 유리수의 덧셈과 뺄셈

(1) **유리수의 덧셈**
　① **부호가 같은 두 수의 덧셈**: 두 수의 절댓값의 합에 공통인 부호를 붙인다.
　② **부호가 다른 두 수의 덧셈**: 두 수의 절댓값의 차에 절댓값이 큰 수의 부호를 붙인다.
　　예 ① $(+2)+(+3)=+5$, $(-2)+(-3)=-5$
　　　② $(+1)+(-3)=-2$, $(-1)+(+3)=+2$

(2) **덧셈의 계산 법칙**: 세 수 a, b, c에 대하여
　① 덧셈의 교환법칙: $a+b=b+a$
　② 덧셈의 결합법칙: $(a+b)+c=a+(b+c)$

(3) **유리수의 뺄셈**: 두 유리수의 뺄셈은 빼는 수의 부호를 바꾸어 덧셈으로 고쳐서 계산한다.
　　예 $(-3)-(+7)=(-3)+(-7)=-10$
　　　$(-3)-(-7)=(-3)+(+7)=+4$

(4) **덧셈과 뺄셈의 혼합 계산**
　❶ 뺄셈은 모두 덧셈으로 고친다.
　❷ 덧셈의 계산 법칙을 이용하여 계산한다.

(5) **부호가 생략된 수의 덧셈과 뺄셈**
　❶ 생략된 양의 부호 ＋와 괄호를 넣는다.
　❷ 뺄셈은 모두 덧셈으로 고친다.
　❸ 덧셈의 계산 법칙을 이용하여 계산한다.

02 유리수의 곱셈

(1) **유리수의 곱셈**
　① **부호가 같은 두 수의 곱셈**: 두 수의 절댓값의 곱에 양의 부호 ＋를 붙인다.
　② **부호가 다른 두 수의 곱셈**: 두 수의 절댓값의 곱에 음의 부호 －를 붙인다.
　　예 ① $(+5)\times(+7)=+35$, $(-5)\times(-7)=+35$
　　　② $(+3)\times(-8)=-24$, $(-3)\times(+8)=-24$

(2) **곱셈의 계산 법칙**: 세 수 a, b, c에 대하여
　① 곱셈의 교환법칙: $a\times b=b\times a$
　② 곱셈의 결합법칙: $(a\times b)\times c=a\times(b\times c)$

(3) **셋 이상의 수의 곱셈**
　❶ 먼저 곱의 부호를 정한다.
　　➡ 곱해진 음수가 $\begin{cases}짝수\ 개이면\ 부호는\ ＋\\홀수\ 개이면\ 부호는\ －\end{cases}$
　❷ 각 수의 절댓값의 곱에 ❶에서 결정된 부호를 붙인다.

(4) **거듭제곱의 계산**
　① 양수의 거듭제곱: 항상 양수이다.
　② 음수의 거듭제곱: 지수에 의해 부호가 결정된다.
　　➡ 지수가 $\begin{cases}짝수이면\ 부호는\ ＋\\홀수이면\ 부호는\ －\end{cases}$

(5) **덧셈에 대한 곱셈의 분배법칙**: 세 수 a, b, c에 대하여
　① $a\times(b+c)=a\times b+a\times c$　② $(a+b)\times c=a\times c+b\times c$

03 유리수의 나눗셈

(1) **유리수의 나눗셈**
　① **부호가 같은 두 수의 나눗셈**: 두 수의 절댓값의 나눗셈의 몫에 양의 부호 ＋를 붙인다.
　② **부호가 다른 두 수의 나눗셈**: 두 수의 절댓값의 나눗셈의 몫에 음의 부호 －를 붙인다.
　　예 ① $(+4)\div(+2)=+2$, $(-4)\div(-2)=+2$
　　　② $(+9)\div(-3)=-3$, $(-9)\div(+3)=-3$

(2) **역수를 이용한 나눗셈**
　① **역수**: 두 수의 곱이 1일 때, 한 수를 다른 수의 역수라 한다.
　② **역수를 이용한 나눗셈**: 나누는 수의 역수를 이용하여 곱셈으로 고쳐서 계산한다.

(3) **곱셈과 나눗셈의 혼합 계산**
　❶ 거듭제곱이 있으면 거듭제곱을 먼저 계산한다.
　❷ 나눗셈은 역수를 이용하여 곱셈으로 고쳐서 계산한다.

(4) **덧셈, 뺄셈, 곱셈, 나눗셈의 혼합 계산**
　❶ 거듭제곱이 있으면 거듭제곱을 먼저 계산한다.
　❷ 괄호가 있으면 괄호 안을 먼저 계산한다. 이때
　　소괄호 ( ) ➡ 중괄호 { } ➡ 대괄호 [ ]
　의 순서로 계산한다.
　❸ 곱셈, 나눗셈을 계산한다.
　❹ 덧셈, 뺄셈을 계산한다.

Ⅲ-1 문자의 사용과 식의 계산

01 문자의 사용

(1) **문자의 사용**: 문자를 사용하면 수량 사이의 관계를 간단한 식으로 나타낼 수 있다.

(2) **곱셈 기호의 생략**
　① **(수)×(문자)**: 곱셈 기호를 생략하고 수를 문자 앞에 쓴다.
　② **1×(문자), (−1)×(문자)**: 곱셈 기호와 1을 생략한다.
　③ **(문자)×(문자)**: 곱셈 기호를 생략하고 보통 알파벳 순서로 쓴다.
　④ **같은 문자의 곱**: 거듭제곱으로 나타낸다.
　⑤ **괄호가 있는 식과 수의 곱**: 곱셈 기호를 생략하고 수를 괄호 앞에 쓴다.

(3) **나눗셈 기호의 생략**: 나눗셈 기호를 생략하고 분수의 꼴로 나타내거나 나눗셈을 역수의 곱셈으로 바꾼 후 곱셈 기호를 생략한다.

(4) **식의 값**
　① **대입**: 문자를 사용한 식에서 문자에 어떤 수를 바꾸어 넣는 것
　② **식의 값**: 문자를 사용한 식에서 문자에 어떤 수를 대입하여 계산한 결과

02 일차식의 계산 (1)

(1) **다항식**
　① **항**: 수 또는 문자의 곱으로만 이루어진 식
　② **상수항**: 문자 없이 수만으로 이루어진 항
　③ **계수**: 수와 문자의 곱으로 이루어진 항에서 문자에 곱해진 수
　④ **다항식**: 한 개의 항이나 여러 개의 항의 합으로 이루어진 식
　⑤ **단항식**: 다항식 중에서 한 개의 항으로만 이루어진 식

(2) **일차식**
　① **차수**: 어떤 항에서 문자가 곱해진 개수를 그 문자에 대한 항의 차수라 한다.
　② **다항식의 차수**: 다항식에서 차수가 가장 큰 항의 차수
　③ **일차식**: 차수가 1인 다항식

(3) **단항식과 수의 곱셈, 나눗셈**
　① **(수)×(단항식), (단항식)×(수)**: 곱셈의 교환법칙과 결합법칙을 이용하여 수끼리 곱한 후 수를 문자 앞에 쓴다.
　② **(단항식)÷(수)**: 나눗셈을 곱셈으로 고쳐서 계산한다. 즉 나누는 수의 역수를 곱한다.

(4) **일차식과 수의 곱셈, 나눗셈**
　① **(수)×(일차식), (일차식)×(수)**: 분배법칙을 이용하여 일차식의 각 항에 수를 곱한다.
　② **(일차식)÷(수)**: 나눗셈을 곱셈으로 고쳐서 계산한다. 즉 분배법칙을 이용하여 일차식의 각 항에 나누는 수의 역수를 곱한다.

03 일차식의 계산 (2)

(1) **동류항**: 다항식에서 문자와 차수가 각각 같은 항

(2) **동류항의 덧셈, 뺄셈**: 분배법칙을 이용하여 동류항의 계수끼리 더하거나 뺀 후 문자 앞에 쓴다.

(3) **일차식의 덧셈과 뺄셈**
　❶ 괄호가 있으면 분배법칙을 이용하여 괄호를 푼다.
　❷ 동류항끼리 모아서 계산한다.

Ⅲ-2 일차방정식의 풀이

01 방정식과 그 해

(1) **등식**
　① **등식**: 등호 =를 사용하여 두 수 또는 두 식이 같음을 나타낸 식
　② **좌변**: 등식에서 등호의 왼쪽 부분
　③ **우변**: 등식에서 등호의 오른쪽 부분
　④ **양변**: 등식의 좌변과 우변을 통틀어 양변이라 한다.

$$
\begin{array}{c}
\text{등식} \\
2x-3 = x+1 \\
\underbrace{\quad}_{\text{좌변}}\quad\underbrace{\quad}_{\text{우변}} \\
\underset{\text{양변}}{\longleftarrow\quad\longrightarrow}
\end{array}
$$

(2) **방정식**
　① **x에 대한 방정식**: x의 값에 따라 참이 되기도 하고 거짓이 되기도 하는 등식을 x에 대한 방정식이라 하며, 이때 문자 x를 그 방정식의 미지수라 한다.
　② **방정식의 해(근)**: 방정식을 참이 되게 하는 미지수의 값
　③ **방정식을 푼다**: 방정식의 해(근)을 모두 구하는 것

(3) **항등식**
　① **x에 대한 항등식**: 미지수 x가 어떤 값을 갖더라도 항상 참이 되는 등식
　② 등식의 좌변, 우변을 간단히 정리하였을 때, 양변이 같은 식이면 항등식이다.

(4) **등식의 성질**
　① 등식의 양변에 같은 수를 더해도 등식은 성립한다.
　　➡ $a=b$이면　　$a+c=b+c$
　② 등식의 양변에서 같은 수를 빼도 등식은 성립한다.
　　➡ $a=b$이면　　$a-c=b-c$
　③ 등식의 양변에 같은 수를 곱해도 등식은 성립한다.
　　➡ $a=b$이면　　$ac=bc$
　④ 등식의 양변을 0이 아닌 같은 수로 나누어도 등식은 성립한다.
　　➡ $a=b$이고 $c\neq0$이면　$\dfrac{a}{c}=\dfrac{b}{c}$

02 일차방정식의 풀이

(1) **일차방정식**
　① **이항**: 등식의 성질을 이용하여 등식의 어느 한 변에 있는 항을 그 항의 부호를 바꾸어 다른 변으로 옮기는 것
　② **일차방정식**: 등식의 모든 항을 좌변으로 이항하여 정리했을 때,
　　(x에 대한 일차식)=0, 즉 $ax+b=0\ (a\neq0)$
　　의 꼴로 나타나는 방정식

$$
\begin{array}{ll}
3x-1=2x+6 \\
\qquad\downarrow\qquad\downarrow \\
3x-2x=6+1
\end{array}
$$

(2) **일차방정식의 풀이**
　❶ 괄호가 있으면 분배법칙을 이용하여 괄호를 먼저 푼다.
　❷ 미지수 x를 포함한 항은 좌변으로, 상수항은 우변으로 이항한다.
　❸ 양변을 정리하여 $ax=b\ (a\neq0)$의 꼴로 나타낸다.
　❹ 양변을 미지수 x의 계수로 나누어 해를 구한다.

$$
\begin{array}{ll}
\boxed{\text{예}}\ 6x+15=9(x+4) & \text{❶} \\
\quad 6x+15=9x+36 & \text{❷} \\
\quad 6x-9x=36-15 & \text{❸} \\
\qquad\quad -3x=21 & \text{❹} \\
\qquad\qquad \therefore x=-7 &
\end{array}
$$

(3) **복잡한 일차방정식의 풀이**
　① **계수가 소수인 경우**: 방정식의 양변에 10, 100, 1000, …과 같은 10의 거듭제곱을 곱한다.
　② **계수가 분수인 경우**: 방정식의 양변에 분모의 최소공배수를 곱한다.

늘품한 개념원리

수학의 시작 개념원리

중학 수학 **1-1**

많은 학생들은 왜
개념원리로 공부할까요?
정확한 개념과 원리의 이해,
수학 공부의 비결
개념원리에 있습니다.

개념원리 중학 수학의 특징

❶ 하나를 알면 10개, 20개를 풀 수 있고 어려운 수학에 흥미를 갖게 하여 쉽게
   수학을 정복할 수 있습니다.

❷ 나선식 교육법으로 쉬운 것부터 어려운 것까지 단계적으로 혼자서도 충분히
   공부할 수 있도록 하였습니다.

❸ 문제를 푸는 방법과 틀리기 쉬운 부분을 짚어주어 개념원리를 충실히 익히도
   록 하였습니다.

❹ 교과서 문제와 전국 중학교의 중간·기말고사 시험 문제 중 출제율이 높은
   문제를 엄선하여 수록함으로써 시험에도 철저히 대비할 수 있도록 하였습니다.

"어떻게 하면 수학을 잘할 수 있을까?"

이것은 풀리지 않는 최대의 난제 중 하나로 오랫동안 끊임없이 제기되는 학생들의 질문이며 큰 바람입니다. 그런데 안타깝게도 대부분의 학생들이 성적이 오르지 않아 수학에 흥미를 잃어버리고 중도에 포기하는 경우가 많습니다.

공부를 열심히 하지 않아서일까요?
수학적 사고력이 부족해서일까요?

그렇지 않습니다. 이는 수학을 공부하는 방법이 잘못되었기 때문입니다.

개념원리 수학은 단순한 암기식 풀이가 아니라 학생들의 눈높이에 맞게 **개념과 원리를 이해하기 쉽게 설명**하고 **개념을 문제에 적용하면서 쉬운 문제부터 차근차근 단계별로 학습해 스스로 사고하는 능력을 기를 수 있도록** 기획했습니다.

이러한 개념원리만의 특별한 학습법으로 문제를 하나하나 풀어나가다 보면, 수학에 대한 자신감뿐만 아니라 수학적 사고에 기반한 창의적인 문제해결력까지 키워줄 수 있습니다.

스스로 생각하며 **공부**하는 **방법**을 알려주는
개념원리 수학을 통해
풀리지 않는 최대의 난제 '수학을 잘하는 방법'을 함께 찾아봅시다.

○ 개념원리 이해

각 단원에서 다루는 개념과 원리를 완벽하게 이해할 수 있도록 자세하고 친절하게 정리하였습니다. 또 중요한 내용, 용어와 기호를 강조 처리해 한눈에 파악하도록 하였습니다.

○ 개념원리 확인하기

개념을 확인할 수 있도록 개념과 원리를 정확히 이해할 수 있는 문제로 구성하였습니다.

○ 핵심문제 익히기

해당 소단원의 대표적인 문제를 통하여 개념과 원리의 적용 및 응용을 충분히 익힐 수 있도록 핵심문제와 확인문제로 구성하였습니다.
어려운 핵심문제는 (UP)으로 표시해 난이도를 구분하였습니다.

⊕ 핵심문제의 각 유형에 대한 다양한 문제를 **RPM**에서 풀어 볼 수 있습니다.

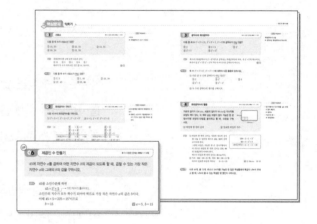

○ 계산력 강화하기

기초 연산과 계산 훈련이 요구되는 단원에서는 계산력을 강화할 수 있도록 추가 문제를 구성하였습니다.

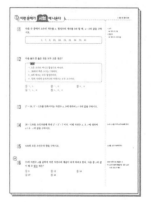

○ 이런 문제가 시험에 나온다

내신 기출을 분석해 시험에 자주 출제되는 문제로 배운 내용에 대한 확인을 할 수 있도록 구성하였습니다.

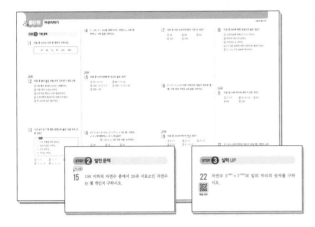

○ 중단원 마무리하기

학교 시험에 대비하여 전국 주요 학교의 시험 문제 중 출제율이 높은 문제를 엄선하여

STEP 1 / STEP 2 / STEP 3

수준별로 구성하였습니다.

➡ STEP 3 문제는 무료 해설 강의를 제공합니다.

○ 서술형 대비 문제

예제 와 유제 를 통하여 풀이 서술의 기본기를 다진 후 시험에 자주 출제되는 서술형 문제를 풀면서 서술력을 강화할 수 있도록 구성하였습니다.

➡ 예제 는 무료 해설 강의를 제공합니다.

○ 한눈에 보는 개념 정리

중학 수학 1-1의 개념과 기본 공식을 모아 개념을 숙지할 수 있도록 부록으로 제공하였습니다.

I

소인수분해

II

정수와 유리수

Ⅲ

문자와 식

Ⅳ

좌표평면과 그래프

소인수분해

이 단원에서는 소인수분해의 뜻을 알고, 자연수를 소인수분해 해 보자.
또 소인수분해를 이용하여 최대공약수와 최소공배수를 구해 보자.

I-1

소인수분해

I-2 | 최대공약수와 최소공배수

이 단원의 학습 계획을 세우고
하나하나 실천하는 습관을 기르자!!

나는 할 수 있어!

		공부한 날		학습 완료도
01 소인수분해	개념원리 이해 & 개념원리 확인하기	월	일	□□□
	핵심문제 익히기	월	일	○○○
	이런 문제가 시험에 나온다	월	일	○○○
02 소인수분해를 이용하여 약수 구하기	개념원리 이해 & 개념원리 확인하기	월	일	□□□
	핵심문제 익히기	월	일	○○○
	이런 문제가 시험에 나온다	월	일	○○○
중단원 마무리하기		월	일	○○○
서술형 대비 문제		월	일	○○○

개념 학습 guide

• 개념을 이해했으면 ■■ , 개념을 문제에 적용할 수 있으면 ■ , 개념을 친구에게 설명할 수 있으면
  로 색칠한다.

• 부족한 부분의 개념을 반복 학습하여 ■■■ 3칸 모두 색칠하면 학습을 마친다.

문제 학습 guide

• 맞힌 문제가 전체의 50% 미만이면 ●● , 맞힌 문제가 50% 이상 90% 미만이면 ● , 맞힌 문제가 90% 이
  상이면 로 색칠한다. 문제를 찍지 말자!

• 틀린 문제는 왜 틀렸는지 그 이유를 파악한 후 다시 풀어 본다. 며칠 후 틀린 문제를 다시 풀어 보고, 풀이 과정과
  답이 맞으면 학습을 마친다.

01 소인수분해

1 소수와 합성수란 무엇인가?

○ 핵심문제 01, 02

(1) **소수**: 1보다 큰 자연수 중에서 1과 자기 자신만을 약수로 갖는 수

➡ 약수가 2개

(예) 2, 3, 5, 7, …은 모두 약수가 2개이므로 소수이다.

(2) **합성수**: 1보다 큰 자연수 중에서 소수가 아닌 수

➡ 약수가 3개 이상

(예) 6의 약수는 1, 2, 3, 6이므로 합성수이다.

(참고) ① 1은 소수도 아니고 합성수도 아니다.

② 2는 소수 중 가장 작은 수이고 유일한 짝수이다.

③ 자연수는 1, 소수, 합성수로 이루어져 있다.

(보충학습) **에라토스테네스(Eratosthenes)의 체(Sieve)**

1부터 50까지의 자연수 중 소수는 다음과 같은 순서로 찾을 수 있다.

❶ 1은 소수가 아니므로 지운다.

❷ 소수 2는 남기고 2의 배수를 모두 지운다.

❸ 소수 3은 남기고 3의 배수를 모두 지운다.

❹ 소수 5는 남기고 5의 배수를 모두 지운다.

❺ 소수 7은 남기고 7의 배수를 모두 지운다.

$\vdots$

이와 같은 과정을 계속하면 2, 3, 5, 7, 11, 13, 17, 19, 23, 29, 31, 37, 41, 43, 47과 같이 소수만 남게 된다.

1̸	**2**	**3**	4̸	**5**	6̸	**7**	8̸	9̸	10̸
11	12̸	**13**	14̸	15̸	16̸	**17**	18̸	**19**	20̸
2̸1̸	2̸2̸	**23**	24̸	25̸	26̸	27̸	28̸	**29**	30̸
31	3̸2̸	3̸3̸	34̸	35̸	36̸	**37**	38̸	39̸	40̸
41	4̸2̸	**43**	44̸	4̸5̸	46̸	**47**	48̸	49̸	5̸0̸

2 거듭제곱이란 무엇인가?

○ 핵심문제 03

(1) **거듭제곱**: 같은 수나 문자를 여러 번 곱한 것을 간단히 나타낸 것

(예) $\underset{2개}{2\times2=2^2}$, $\underset{3개}{2\times2\times2=2^3}$, $\underset{4개}{2\times2\times2\times2=2^4}$

$$5\times5\times5=5^{3\,\leftarrow\text{지수}}_{\,\leftarrow\text{밑}}$$

(2) **밑**: 거듭제곱에서 곱한 수나 문자

(3) **지수**: 거듭제곱에서 곱한 수나 문자의 개수

(참고) ① 2^2, 2^3, 2^4, …을 2의 제곱, 2의 세제곱, 2의 네제곱, …이라 읽는다.

② $a\neq0$일 때, $a^1=a$로 정한다.

3 소인수분해는 어떻게 하는가?

◎ 핵심문제 04~06

(1) **인수**: 자연수 a, b, c에 대하여 $a=b \times c$일 때, a의 약수 b, c를 a의 인수라 한다.

> (예) $6=2 \times 3$에서 2와 3을 6의 약수 또는 인수라 한다.

(2) **소인수**: 인수 중에서 소수인 것

> (예) 28의 약수 1, 2, 4, 7, 14, 28은 모두 28의 인수이다.
> 이 중 소수인 2와 7이 28의 소인수이다.

(3) **소인수분해**: 1보다 큰 자연수를 그 수의 소인수만의 곱으로 나타내는 것

(4) **소인수분해 하는 방법**

❶ 나누어떨어지는 소수로 나눈다.

❷ 몫이 소수가 될 때까지 나눈다.

❸ 나눈 소수들과 마지막 몫을 곱셈 기호 ×로 연결한다. 이때 소인수분해 한 결과는 보통 크기가 작은 소인수부터 순서대로 쓰고, 같은 소인수의 곱은 거듭제곱으로 나타낸다.

> (예) 60을 소인수분해 해 보자.

방법 1

$$60 = 2 \times 30$$
$$= 2 \times 2 \times 15$$
$$= 2 \times 2 \times 3 \times 5$$
$$= 2^2 \times 3 \times 5$$ ——— 거듭제곱으로 나타낸다.

➡ $60 = 2^2 \times 3 \times 5$

방법 2

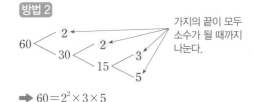

➡ $60 = 2^2 \times 3 \times 5$

가지의 끝이 모두 소수가 될 때까지 나눈다.

방법 3

소수로 나눈다.

```
 2 ) 60
 2 ) 30
 3 ) 15
      5  ← 몫이 소수가 될 때까지 나눈다.
```

➡ $60 = 2^2 \times 3 \times 5$

참고 자연수를 소인수분해 한 결과는 곱하는 순서를 생각하지 않으면 오직 한 가지뿐이다.

주의 소인수분해 한 결과는 반드시 소인수만의 곱으로 나타내어야 한다.

> (예) $12 = 4 \times 3$ (×), $12 = 2^2 \times 3$ (○)

보충 학습 **제곱인 수 만들기**

어떤 자연수의 제곱인 수는 소인수분해 했을 때, 다음과 같이 모든 소인수의 지수가 짝수이다.

$$1^2, \quad 2^2, \quad 3^2, \quad 4^2 = 16 = 2^4, \quad 5^2, \quad 6^2 = 36 = 2^2 \times 3^2, \quad 7^2, \quad 8^2 = 64 = 2^6, \cdots$$

따라서 이를 이용하여 어떤 자연수의 제곱인 수는 다음과 같은 순서로 만들 수 있다.

❶ 주어진 수를 소인수분해 한다.

❷ 지수가 홀수인 소인수를 찾아 지수가 짝수가 되도록 적당한 수를 곱하거나 적당한 수로 나눈다.

> (예) 20에 자연수를 곱하여 어떤 자연수의 제곱이 되도록 할 때, 곱할 수 있는 가장 작은 자연수를 구해 보자.
>
> ➡ 20을 소인수분해 하면 $20 = 2^2 \times 5$
>
> 소인수 5의 지수가 짝수가 되어야 하므로 $5 \times (\text{자연수})^2$인 수를 곱해야 한다.
>
> 따라서 가장 작은 자연수는 $5 \times 1^2 = 5$

01 다음 수를 소수와 합성수로 구분하시오.

(1) 17 (2) 21

(3) 39 (4) 43

❖ 소수와 합성수란?

02 다음 설명이 옳으면 ○, 옳지 않으면 ×를 (　) 안에 써넣으시오.

(1) 소수의 약수는 2개이다. (　　　)

(2) 가장 작은 합성수는 6이다. (　　　)

(3) 자연수는 소수와 합성수로 이루어져 있다. (　　　)

(4) 소수 중 2를 제외한 나머지는 모두 홀수이다. (　　　)

03 다음 수의 밑과 지수를 말하시오.

(1) 3^4 (2) $\left(\dfrac{1}{2}\right)^3$

❖ 3^4 밑 → □ 지수 → □

04 다음을 거듭제곱으로 나타내시오.

(1) $5 \times 5 \times 5 \times 5$ (2) $2 \times 2 \times 3 \times 3 \times 3$

(3) $\dfrac{1}{7} \times \dfrac{1}{7} \times \dfrac{1}{7}$ (4) $\dfrac{1}{2 \times 3 \times 5 \times 3 \times 3 \times 5}$

❖ 거듭제곱이란?

05 다음 □ 안에 알맞은 수를 써넣고 주어진 수를 소인수분해 하시오.

(1)
$36 <\begin{array}{c} \square \\ 18 <\begin{array}{c} \square \\ 9 <\begin{array}{c} \square \\ 3 \end{array} \end{array} \end{array}$

따라서 36을 소인수분해 하면

$36 = $ _____

(2)
$\square \,)\, 84$
$\square \,)\, \square$
$\square \,)\, 21$
$\qquad 7$

따라서 84를 소인수분해 하면

$84 = $ _____

❖ 소인수분해 ➡ □□만의 곱으로 나타 내는 것

06 다음 수를 소인수분해 하고 각각의 소인수를 모두 구하시오.

(1) 48
　　소인수분해: _____
　　소인수: _____

(2) 120
　　소인수분해: _____
　　소인수: _____

01 소수와 합성수

● 더 다양한 문제는 **RPM** 1-1 10쪽

━━ **KEY POINT** ━━

① 소수
  ➡ 약수가 2개
② 합성수
  ➡ 약수가 3개 이상

다음 중 소수와 합성수를 각각 고르시오.

> 1,   11,   23,   32,   47,   69

풀이 1은 소수도 아니고 합성수도 아니다.

11, 23, 47의 약수는 1과 자기 자신뿐이므로 소수이다.

32의 약수는 1, 2, 4, 8, 16, 32이므로 합성수이다.

69의 약수는 1, 3, 23, 69이므로 합성수이다.   **답** 소수: 11, 23, 47, 합성수: 32, 69

확인 ① 다음 중 소수와 합성수를 각각 고르시오.

> 5,   13,   57,   67,   91,   121

02 소수와 합성수의 성질

● 더 다양한 문제는 **RPM** 1-1 10쪽

━━ **KEY POINT** ━━

• 2 ➡ 소수 중 유일한 짝수
    ➡ 가장 작은 소수
• 자연수 ⎰ 1
         ⎨ 소수
         ⎱ 합성수

다음 중 옳은 것은?

① 가장 작은 소수는 1이다.   ② 합성수는 모두 짝수이다.
③ 10 이하의 소수는 4개이다.   ④ 모든 자연수는 약수가 2개 이상이다.
⑤ 소수가 아닌 자연수는 합성수이다.

풀이 ① 가장 작은 소수는 2이다.
    ② 9는 합성수이지만 홀수이다.
    ③ 10 이하의 소수는 2, 3, 5, 7의 4개이다.
    ④ 1은 자연수이지만 약수가 1개이다.
    ⑤ 소수가 아닌 자연수는 1 또는 합성수이다.
    따라서 옳은 것은 ③이다.   **답** ③

확인 ② 다음 중 옳지 <u>않은</u> 것은?

① 1은 모든 자연수의 약수이다.   ② 5의 배수 중 소수는 1개뿐이다.
③ 49는 합성수이다.   ④ 합성수는 약수가 3개 이상이다.
⑤ 두 소수의 곱은 소수이다.

03 거듭제곱

● 더 다양한 문제는 RPM 1–1 11쪽

KEY POINT
$$\underbrace{a \times a \times a \times \cdots \times a}_{n\text{개}} = a^n$$

다음 중 옳은 것은?

① $2 \times 2 \times 2 = 3^2$

② $7 + 7 + 7 + 7 = 7^4$

③ $\dfrac{1}{5} \times \dfrac{1}{5} \times \dfrac{1}{5} = \dfrac{3}{5^3}$

④ $3 \times 2 \times 3 \times 2 \times 2 \times 2 = 2^4 + 3^2$

⑤ $\dfrac{1}{3 \times 3 \times 5 \times 7 \times 7} = \dfrac{1}{3^2 \times 5 \times 7^2}$

풀이 ① $2 \times 2 \times 2 = 2^3$

② $7 + 7 + 7 + 7 = 7 \times 4$

③ $\dfrac{1}{5} \times \dfrac{1}{5} \times \dfrac{1}{5} = \left(\dfrac{1}{5}\right)^3$ 또는 $\dfrac{1}{5} \times \dfrac{1}{5} \times \dfrac{1}{5} = \dfrac{1 \times 1 \times 1}{5 \times 5 \times 5} = \dfrac{1}{5^3}$

④ $3 \times 2 \times 3 \times 2 \times 2 \times 2 = 2^4 \times 3^2$

따라서 옳은 것은 ⑤이다.

답 ⑤

확인 3 세 자연수 a, b, c에 대하여
$$2 \times 5 \times 2 \times 2 \times 5 \times 7 \times 2 \times 7 \times 7 = 2^a \times 5^b \times 7^c$$
일 때, $a - b + c$의 값을 구하시오.

04 소인수분해

● 더 다양한 문제는 RPM 1–1 11쪽

KEY POINT
소인수분해 하는 방법
❶ 나누어떨어지는 소수로 나눈다.
❷ 몫이 소수가 될 때까지 나눈다.
❸ 나눈 소수들과 마지막 몫을 곱셈 기호 $\times$로 연결한다.

다음 중 소인수분해 한 것으로 옳지 <u>않은</u> 것은?

① $18 = 2 \times 3^2$

② $60 = 2^2 \times 3 \times 5$

③ $100 = 2^2 \times 5^2$

④ $150 = 6 \times 5^2$

⑤ $208 = 2^4 \times 13$

풀이
④
$$\begin{array}{r} 2\,)\underline{\,150\,} \\ 3\,)\underline{\,75\,} \\ 5\,)\underline{\,25\,} \\ 5 \end{array}$$
$\therefore 150 = 2 \times 3 \times 5^2$

따라서 옳지 않은 것은 ④이다.

답 ④

확인 4 360을 소인수분해 하면 $2^a \times 3^b \times 5^c$일 때, 자연수 a, b, c에 대하여 $a + b + c$의 값을 구하시오.

05 소인수 구하기

● 더 다양한 문제는 RPM 1-1 12쪽

다음 중 396의 소인수가 <u>아닌</u> 것을 모두 고르면? (정답 2개)

① 2   ② 3   ③ 7

④ 11   ⑤ $3^2 \times 11$

풀이   396을 소인수분해 하면

$$396 = 2^2 \times 3^2 \times 11$$

따라서 소인수는 2, 3, 11이므로 소인수가 아닌 것은 ③, ⑤이다.   **답** ③, ⑤

확인 5   다음 중 소인수가 나머지 넷과 <u>다른</u> 하나는?

① 54   ② 63   ③ 72

④ 96   ⑤ 144

UP

06 제곱인 수 만들기

● 더 다양한 문제는 RPM 1-1 14쪽

── KEY POINT ──

가장 작은 자연수를 곱하여 어떤 자연
수의 제곱인 수 만들기
❶ 주어진 수를 소인수분해 한다.
❷ 지수가 홀수인 소인수를 찾아 지수
가 짝수가 되도록 가장 작은 자연
수를 곱한다.

45에 자연수 a를 곱하여 어떤 자연수 b의 제곱이 되도록 할 때, 곱할 수 있는 가장 작은
자연수 a와 그때의 b의 값을 구하시오.

풀이   45를 소인수분해 하면

$$45 = 3^2 \times 5 \quad \rightarrow 5의 지수가 홀수이다.$$

소인수의 지수가 모두 짝수가 되어야 하므로 가장 작은 자연수 a의 값은 5이다.

이때 $45 \times 5 = 225 = 15^2$이므로

$$b = 15$$ **답** $a = 5$, $b = 15$

확인 6   250에 가장 작은 자연수 a를 곱하여 어떤 자연수 b의 제곱이 되게 하려고 한다. 이때
$a + b$의 값은?

① 50   ② 55   ③ 60

④ 65   ⑤ 70

▶ 정답 및 풀이 3쪽

01 다음 수 중에서 소수의 개수를 a, 합성수의 개수를 b라 할 때, $a-b$의 값을 구하시오.

> 1, 7, 9, 15, 19, 25, 31, 59, 73, 81

• 소수
➡ 약수가 2개
• 합성수
➡ 약수가 3개 이상

02 다음 보기 중 옳은 것을 모두 고른 것은?

> **보기**
> ㄱ. 1은 소수도 아니고 합성수도 아니다.
> ㄴ. 20보다 작은 소수는 7개이다.
> ㄷ. 6의 배수는 모두 합성수이다.
> ㄹ. 일의 자리의 숫자가 3인 자연수는 모두 소수이다.

① ㄱ, ㄴ   ② ㄱ, ㄷ   ③ ㄷ, ㄹ
④ ㄱ, ㄴ, ㄹ   ⑤ ㄴ, ㄷ, ㄹ

03 $2^a=16$, $5^b=125$를 만족시키는 자연수 a, b에 대하여 $a+b$의 값을 구하시오.

04 28×126을 소인수분해 하면 $2^a \times 3^b \times 7^c$이다. 이때 자연수 a, b, c에 대하여 $a+b-c$의 값을 구하시오.

28과 126을 각각 소인수분해 한다.

05 420의 모든 소인수의 합을 구하시오.

420을 소인수분해 한다.

UP
06 75에 자연수 x를 곱하여 어떤 자연수의 제곱이 되게 하려고 한다. 다음 중 x의 값이 될 수 없는 것은?

① 3   ② 12   ③ 18
④ 27   ⑤ 48

어떤 자연수의 제곱인 수
➡ 소인수분해 했을 때, 모든 소인수의 지수가 짝수

02 소인수분해를 이용하여 약수 구하기

개념원리 이해

1 소인수분해를 이용하여 약수를 어떻게 구할 수 있는가? ◎ 핵심문제 01~04

자연수 A가 $A=a^m \times b^n$ (a, b는 서로 다른 소수, m, n은 자연수)으로 소인수분해 될 때

① A의 약수: (a^m의 약수) $\times$ (b^n의 약수)
　　　　　　└→ $1, a, a^2, \cdots, a^m$　└→ $1, b, b^2, \cdots, b^n$
　　　　　　　　　$(m+1)$개　　　　　　 $(n+1)$개

② A의 약수의 개수: $(m+1) \times (n+1)$ ←— 각각의 지수에 1을 더하여 곱한다.

설명 18을 소인수분해 하면　　　$18 = 2 \times 3^2$

이때 2의 약수는 1, 2이고 3^2의 약수는 1, 3, 3^2이므로 2×3^2의 약수는 1, 2와 1, 3, 3^2에서 하나씩 택하여 다음 표와 같이 두 수를 곱한 값과 같다.

		3^2의 약수	
$\times$	1	3	3^2
1	$1 \times 1 = 1$	$1 \times 3 = 3$	$1 \times 3^2 = 9$
2	$2 \times 1 = 2$	$2 \times 3 = 6$	$2 \times 3^2 = 18$

(2의 약수: 왼쪽 1, 2 열)

즉 2×3^2의 약수는 1, 2, 3, 6, 9, 18이다.

또 $18 = 2 \times 3^2$의 약수의 개수는

　　(2의 약수의 개수) $\times$ (3^2의 약수의 개수) $= (1+1) \times (2+1) = 6$

예 다음 수의 약수를 모두 구해 보자.

(1) $3^2 \times 11$

➡

$\times$	1	11
1	1	11
3	3	33
3^2	9	99

따라서 $3^2 \times 11$의 약수는
　　1, 3, 9, 11, 33, 99

(2) 40

➡ $40 = 2^3 \times 5$이므로

$\times$	1	5
1	1	5
2	2	10
2^2	4	20
2^3	8	40

따라서 40의 약수는
　　1, 2, 4, 5, 8, 10, 20, 40

참고 (1) 자연수 A가 $A=a^n$ (a는 소수, n은 자연수)으로 소인수분해 될 때

　① A의 약수: $1, a, a^2, \cdots, a^n$

　② A의 약수의 개수: $n+1$

　　예 $125 = 5^3$의 약수의 개수는
　　　　$3 + 1 = 4$

(2) 자연수 A가 $A=a^l \times b^m \times c^n$ (a, b, c는 서로 다른 소수, l, m, n은 자연수)으로 소인수분해 될 때

　① A의 약수: (a^l의 약수) $\times$ (b^m의 약수) $\times$ (c^n의 약수)

　② A의 약수의 개수: $(l+1) \times (m+1) \times (n+1)$

　　예 $60 = 2^2 \times 3 \times 5$의 약수의 개수는
　　　　$(2+1) \times (1+1) \times (1+1) = 12$

01 아래 표를 완성하고, 이를 이용하여 다음 수의 약수를 모두 구하시오.

$a^m \times b^n$ 의 약수는?
(a, b는 서로 다른 소수, m, n은 자연수)

(1) 2×5^2

$\times$	1	5	5^2
1	1		
2		10	

(2) $3^3 \times 7$

$\times$	1	7
1		
3		
3^2		63
3^3	27	

02 다음은 52의 약수와 약수의 개수를 구하는 과정이다. 물음에 답하시오.

$a^m \times b^n$ 의 약수의 개수는?
(a, b는 서로 다른 소수, m, n은 자연수)

(1) 52를 소인수분해 하시오.

(2) 오른쪽 표를 완성하고, 이를 이용하여 52의 약수를 모두 구하시오.

(3) 52의 약수의 개수를 구하시오.

$\times$	1	
1		
2		

03 다음 수의 약수를 모두 구하시오.

(1) 2^3

(2) $2^2 \times 3^2$

(3) $2^2 \times 17$

(4) 75

(5) 88

(6) 175

04 다음 수의 약수의 개수를 구하시오.

(1) 3^5

(2) $2^2 \times 3^3$

(3) $2^2 \times 3^2 \times 5$

(4) 48

(5) 105

(6) 400

01 약수 구하기

● 더 다양한 문제는 RPM 1-1 12쪽

다음 중 144의 약수가 <u>아닌</u> 것은?

① 2×3　　　　② 2×3^2　　　　③ $2^3 \times 3$

④ $2^2 \times 3^2$　　　　⑤ 2×3^3

풀이 $144 = 2^4 \times 3^2$이므로 144의 약수는
(2^4의 약수)×(3^2의 약수)의 꼴이다.
2^4의 약수: $1, 2, 2^2, 2^3, 2^4$
3^2의 약수: $1, 3, 3^2$
따라서 오른쪽 표에서 144의 약수가 아닌 것은 ⑤
이다.　　　　　　　　　　　　**답** ⑤

$\times$	1	3	3^2
1	1×1	1×3	1×3^2
2	2×1	2×3	2×3^2
2^2	$2^2 \times 1$	$2^2 \times 3$	$2^2 \times 3^2$
2^3	$2^3 \times 1$	$2^3 \times 3$	$2^3 \times 3^2$
2^4	$2^4 \times 1$	$2^4 \times 3$	$2^4 \times 3^2$

다른 풀이 ⑤ 2×3^3에서 3^3은 3^2의 약수가 아니므로 144의 약수가 아니다.

확인 1 다음 중 450의 약수가 <u>아닌</u> 것은?

① 2×3　　　　② 3×5^2　　　　③ $2 \times 3^2 \times 5$

④ $2^2 \times 5^2$　　　　⑤ $2 \times 3^2 \times 5^2$

02 약수의 개수 구하기

● 더 다양한 문제는 RPM 1-1 13쪽

다음 중 약수의 개수가 가장 많은 것은?

① 63　　　　② 80　　　　③ 110

④ 132　　　　⑤ 169

풀이 각각의 약수의 개수를 구하면 다음과 같다.
① $63 = 3^2 \times 7$이므로　　$(2+1) \times (1+1) = 6$
② $80 = 2^4 \times 5$이므로　　$(4+1) \times (1+1) = 10$
③ $110 = 2 \times 5 \times 11$이므로　　$(1+1) \times (1+1) \times (1+1) = 8$
④ $132 = 2^2 \times 3 \times 11$이므로　　$(2+1) \times (1+1) \times (1+1) = 12$
⑤ $169 = 13^2$이므로　　$2+1 = 3$
따라서 약수의 개수가 가장 많은 것은 ④이다.　　　　　**답** ④

확인 2 다음 중 약수의 개수가 나머지 넷과 <u>다른</u> 하나는?

① $2^2 \times 5^3$　　　　② $3 \times 5 \times 7^2$　　　　③ 72

④ 90　　　　⑤ 112

> 정답 및 풀이 4쪽

03 약수의 개수가 주어질 때 지수 구하기

● 더 다양한 문제는 RPM 1-1 13쪽

⎯⎯| KEY POINT |⎯⎯

a, b는 서로 다른 소수이고 m, n은 자연수일 때, $a^m \times b^n$의 약수의 개수가 k

➡ $(m+1) \times (n+1) = k$

$2^a \times 5^3$의 약수의 개수가 20일 때, 자연수 a의 값을 구하시오.

풀이 $2^a \times 5^3$의 약수의 개수가 20이므로
$$(a+1) \times (3+1) = 20$$
$$a+1 = 5 \qquad \therefore a = 4$$

답 4

확인 3 180의 약수의 개수와 $2 \times 3^a \times 5^2$의 약수의 개수가 같을 때, 자연수 a의 값을 구하시오.

UP 04 약수의 개수가 주어질 때 □ 안에 들어갈 수 있는 자연수 구하기

● 더 다양한 문제는 RPM 1-1 14쪽

⎯⎯| KEY POINT |⎯⎯

주어진 수를 각각 □ 안에 넣어 약수의 개수를 구해 본다.

$3^3 \times$ □의 약수의 개수가 12일 때, 다음 중 □ 안에 들어갈 수 없는 수는?

① 4   ② 16   ③ 25

④ 49   ⑤ 121

풀이
① $3^3 \times 4 = 3^3 \times 2^2$이므로 약수의 개수는 $(3+1) \times (2+1) = 12$
② $3^3 \times 16 = 3^3 \times 2^4$이므로 약수의 개수는 $(3+1) \times (4+1) = 20$
③ $3^3 \times 25 = 3^3 \times 5^2$이므로 약수의 개수는 $(3+1) \times (2+1) = 12$
④ $3^3 \times 49 = 3^3 \times 7^2$이므로 약수의 개수는 $(3+1) \times (2+1) = 12$
⑤ $3^3 \times 121 = 3^3 \times 11^2$이므로 약수의 개수는 $(3+1) \times (2+1) = 12$
따라서 □ 안에 들어갈 수 없는 수는 ②이다.

답 ②

참고 $3^3 \times$ □의 약수의 개수가 12일 때,
$$12 = 11+1 \text{ 또는 } 12 = (5+1) \times (1+1) \text{ 또는 } 12 = (3+1) \times (2+1)$$
이므로 □ 안에 들어갈 수 있는 자연수는 다음과 같다.
(i) $12 = 11+1$인 경우
   □ 안에 들어갈 수 있는 수는 3^8
(ii) $12 = (5+1) \times (1+1)$인 경우
   □ 안에 들어갈 수 있는 수는 $3^2 \times$ (3이 아닌 소수)의 꼴이므로
     $3^2 \times 2$, $3^2 \times 5$, $3^2 \times 7$, $\cdots$
(iii) $12 = (3+1) \times (2+1)$인 경우
   □ 안에 들어갈 수 있는 수는 (3이 아닌 소수)^{2}의 꼴이므로 2^2, 5^2, 7^2, 11^2, $\cdots$

확인 4 $2^4 \times$ □의 약수의 개수가 15일 때, 다음 중 □ 안에 들어갈 수 있는 수는?

① 3   ② 6   ③ 9

④ 16   ⑤ 27

01 다음 중 $2^2 \times 3^2 \times 5$의 약수가 <u>아닌</u> 것은?

① 6 　　　　② 20 　　　　③ 30
④ 36 　　　　⑤ 100

주어진 수를 각각 소인수분해 한 후
(2^2의 약수) × (3^2의 약수)
× (5의 약수)
의 꼴이 아닌 것을 찾는다.

02 $2^5 \times 7$의 약수 중에서 두 번째로 큰 수를 구하시오.

03 다음 중 약수의 개수가 가장 적은 것은?

① 7×11^2 　　　　② $3 \times 5 \times 7^2$ 　　　　③ 64
④ 135 　　　　⑤ 196

각각의 약수의 개수를 구한 후 가장 적은 것을 찾는다.

04 $\dfrac{192}{x}$ 가 자연수가 되도록 하는 자연수 x의 개수를 구하시오.

$\dfrac{192}{x}$가 자연수이려면 x가 어떤 수이어야 하는지 생각해 본다.

05 $3^3 \times 5^a \times 7$의 약수의 개수가 56일 때, 자연수 a의 값을 구하시오.

UP
06 $72 \times \square$의 약수의 개수가 24일 때, 다음 중 $\square$ 안에 들어갈 수 <u>없는</u> 수는?

① 5 　　　　② 10 　　　　③ 13
④ 16 　　　　⑤ 27

주어진 수를 각각 $\square$ 안에 넣어 약수의 개수를 구해 본다.

STEP 1 기본 문제

01 다음 중 소수는 모두 몇 개인지 구하시오.

$$37, \quad 49, \quad 71, \quad 97, \quad 131, \quad 289$$

꼭나와

02 다음 중 옳지 <u>않은</u> 것을 모두 고르면? (정답 2개)

① 7의 배수 중에서 소수는 1개뿐이다.
② 가장 작은 소수는 2이다.
③ 2가 아닌 짝수는 모두 합성수이다.
④ 소수이면서 합성수인 자연수가 있다.
⑤ 두 소수의 곱은 홀수이다.

03 다음 보기 중 7^3에 대한 설명으로 옳은 것을 모두 고른 것은?

> **보기**
> ㄱ. '7의 세제곱'이라 읽는다.
> ㄴ. 343과 같은 수이다.
> ㄷ. 밑은 3이다.
> ㄹ. 지수는 7이다.

① ㄱ, ㄴ   ② ㄱ, ㄷ   ③ ㄴ, ㄹ
④ ㄱ, ㄷ, ㄹ   ⑤ ㄴ, ㄷ, ㄹ

04 $2^a=64$, $3^b=243$을 만족시키는 자연수 a, b에 대하여 $a-b$의 값을 구하시오.

꼭나와

05 다음 중 소인수분해 한 것으로 옳은 것은?

① $75=3^2 \times 5$ ② $98=7 \times 14$
③ $126=2 \times 3^2 \times 7$ ④ $150=3 \times 5 \times 10$
⑤ $225=15^2$

06 $6 \times 7 \times 8 \times 9 \times 10 = 2^a \times 3^b \times c \times 7$일 때, 자연수 a, b, c에 대하여 $a+b+c$의 값은?
(단, c는 2, 3, 7과 서로 다른 소수이다.)

① 10   ② 13   ③ 15
④ 18   ⑤ 20

07 다음 중 모든 소인수의 합이 가장 큰 것은?

① 24   ② 50   ③ 84

④ 117   ⑤ 270

08 $2^4 \times 5^2 \times 7 \times a$가 어떤 자연수의 제곱이 되도록 할 때, 가장 작은 자연수 a의 값을 구하시오.

꼭나와

09 다음 중 252의 약수가 <u>아닌</u> 것은?

① 2×7 ② 2×3^2 ③ $2^3 \times 3^2$

④ $3^2 \times 7$ ⑤ $2^2 \times 3 \times 7$

10 다음 중 600에 대한 설명으로 옳은 것은?

① 소인수분해 하면 $2^2 \times 3 \times 5^2$이다.

② 약수의 개수가 12이다.

③ 소인수는 2, 3이다.

④ 2×3을 곱하면 어떤 자연수의 제곱이 된다.

⑤ $2^2 \times 3 \times 5^3$은 600의 약수이다.

꼭나와

11 다음 중 44와 약수의 개수가 같은 것은?

① $3^2 \times 7^2$ ② $3 \times 5 \times 11$ ③ 32

④ 80   ⑤ 126

12 $2^a \times 9 \times 13$의 약수의 개수가 30일 때, 자연수 a의 값을 구하시오.

13 10 이상 40 미만의 자연수 중 합성수의 개수는?

① 21   ② 22   ③ 23
④ 24   ⑤ 25

14 다음을 만족시키는 자연수 x, y, z에 대하여 $x+y-z$의 값을 구하시오.

$$1\,\text{kg}=10^x\,\text{g}, \ 10\,\text{L}=10^y\,\text{mL}, \ 1000\,\text{m}=10^z\,\text{cm}$$

(꼭나와)
15 $1\times2\times3\times4\times\cdots\times50$을 소인수분해 했을 때, 5의 지수는?

① 10   ② 11   ③ 12
④ 13   ⑤ 14

(꼭나와)
16 504를 가장 작은 자연수 a로 나누어 어떤 자연수 b의 제곱이 되도록 할 때, $a-b$의 값은?

① 2   ② 4   ③ 6
④ 8   ⑤ 10

17 90에 자연수 a를 곱하여 어떤 자연수의 제곱이 되게 하려고 한다. 이때 a의 값 중에서 두 번째로 작은 자연수를 구하시오.

18 $A=2^2\times3^2\times5^2$일 때, A의 약수 중 세 번째로 작은 수를 a, 두 번째로 큰 수를 b라 하자. 이때 $a+b$의 값은?

① 302   ② 303   ③ 452
④ 453   ⑤ 455

19 216의 약수의 개수와 $2^7 \times \square$의 약수의 개수가 같을 때, $\square$ 안에 들어갈 수 있는 가장 작은 자연수를 구하시오.

20 200 이하의 자연수 중에서 약수의 개수가 3인 자연수의 개수는?

① 6   ② 8   ③ 10
④ 12   ⑤ 14

21 다음 조건을 만족시키는 가장 작은 자연수 A의 값을 구하시오.

> ㈎ A를 소인수분해 하면 소인수는 3과 7뿐이다.
> ㈏ A는 약수의 개수가 8이다.

STEP 3 실력 UP

22 자연수 $3^{1001} \times 7^{1503}$의 일의 자리의 숫자를 구하시오.

해설 강의

23 $20 \times a = 75 \times b = c^2$을 만족시키는 가장 작은 자연수 a, b, c에 대하여 $a - b + c$의 값을 구하시오.

해설 강의

24 자연수 n의 약수의 개수를 $f(n)$이라 할 때, $f(126) \div f(99) \times f(x) = 12$를 만족시키는 가장 작은 자연수 x의 값을 구하시오.

해설 강의

예제 1 해설 강의

60에 가장 작은 자연수 x를 곱하여 어떤 자연수 y의 제곱이 되도록 할 때, $x+y$의 값을 구하시오. [7점]

풀이 과정

1단계 60을 소인수분해 하기 • 2점

60을 소인수분해 하면
$$60 = 2^2 \times 3 \times 5$$

2단계 x의 값 구하기 • 2점

소인수의 지수가 모두 짝수가 되어야 하므로 가장 작은 자연수 x의 값은
$$3 \times 5 = 15$$

3단계 y의 값 구하기 • 2점

이때 $60 \times 15 = 900 = 30^2$이므로
$$y = 30$$

4단계 $x+y$의 값 구하기 • 1점
$$x+y = 15 + 30 = 45$$

답 45

유제 1 44에 가장 작은 자연수 x를 곱하여 어떤 자연수 y의 제곱이 되도록 할 때, $y-x$의 값을 구하시오. [7점]

풀이 과정

1단계 44를 소인수분해 하기 • 2점

2단계 x의 값 구하기 • 2점

3단계 y의 값 구하기 • 2점

4단계 $y-x$의 값 구하기 • 1점

답

예제 2 해설 강의

432의 약수의 개수와 $2^4 \times 3 \times 5^a$의 약수의 개수가 같을 때, 자연수 a의 값을 구하시오. [7점]

풀이 과정

1단계 432의 약수의 개수 구하기 • 3점

$432 = 2^4 \times 3^3$이므로 432의 약수의 개수는
$$(4+1) \times (3+1) = 20$$

2단계 $2^4 \times 3 \times 5^a$의 약수의 개수 구하기 • 2점

$2^4 \times 3 \times 5^a$의 약수의 개수는
$$(4+1) \times (1+1) \times (a+1) = 10 \times (a+1)$$

3단계 a의 값 구하기 • 2점

약수의 개수가 같으므로
$$10 \times (a+1) = 20, \qquad a+1 = 2$$
$$\therefore a = 1$$

답 1

유제 2 360의 약수의 개수와 $2^2 \times 3^a \times 11$의 약수의 개수가 같을 때, 자연수 a의 값을 구하시오. [7점]

풀이 과정

1단계 360의 약수의 개수 구하기 • 3점

2단계 $2^2 \times 3^a \times 11$의 약수의 개수 구하기 • 2점

3단계 a의 값 구하기 • 2점

답

스스로 서술하기

유제 3 자연수 400에 대하여 다음 물음에 답하시오.
[총 6점]

(1) 소인수분해 하시오. [2점]

(2) 소인수를 모두 구하시오. [1점]

(3) 소인수분해 한 결과를 이용하여 약수를 모두 구하시오. [3점]

풀이 과정

(1)

(2)

(3)

답 (1)   (2)
   (3)

유제 5 세 자연수 a, b, c에 대하여 $2^a \times 3^b \times 7^c$이 252를 약수로 가질 때, $a+b+c$의 값 중 가장 작은 값을 구하시오. [6점]

풀이 과정

답

유제 4 다음 조건을 만족시키는 세 자연수 a, b, c에 대하여 $a-b+c$의 값을 구하시오. [7점]

㉮ a는 30 미만의 자연수 중에서 가장 큰 합성수이다.
㉯ b는 260의 모든 소인수의 합이다.
㉰ c는 405의 약수의 개수이다.

풀이 과정

답 .

유제 6 1000의 약수 중에서 어떤 자연수의 제곱이 되는 수의 개수를 구하시오. [7점]

풀이 과정

답

"너에게는 아직 꿈을 이루기 위한
충분한 시간이 있어."

I-2

최대공약수와
최소공배수

이 단원의 학습 계획을 세우고
하나하나 실천하는 습관을 기르자!!

나는 할 수 있어!

		공부한 날		학습 완료도
01 공약수와 최대공약수	개념원리 이해 & 개념원리 확인하기	월	일	□□□
	핵심문제 익히기	월	일	○○○
	이런 문제가 시험에 나온다	월	일	○○○
02 공배수와 최소공배수	개념원리 이해 & 개념원리 확인하기	월	일	□□□
	핵심문제 익히기	월	일	○○○
	이런 문제가 시험에 나온다	월	일	○○○
중단원 마무리하기		월	일	○○○
서술형 대비 문제		월	일	○○○

개념 학습 guide

• 개념을 이해했으면 ■■, 개념을 문제에 적용할 수 있으면 ■, 개념을 친구에게 설명할 수 있으면
  로 색칠한다.

• 부족한 부분의 개념을 반복 학습하여 ■■■ 3칸 모두 색칠하면 학습을 마친다.

문제 학습 guide

• 맞힌 문제가 전체의 50% 미만이면 ●●, 맞힌 문제가 50% 이상 90% 미만이면 ●, 맞힌 문제가 90% 이
  상이면 로 색칠한다. 문제를 찍지 말자!

• 틀린 문제는 왜 틀렸는지 그 이유를 파악한 후 다시 풀어 본다. 며칠 후 틀린 문제를 다시 풀어 보고, 풀이 과정과
  답이 맞으면 학습을 마친다.

01 공약수와 최대공약수

1 공약수와 최대공약수란 무엇인가?

○ 핵심문제 01, 03

(1) **공약수**: 두 개 이상의 자연수의 공통인 약수

예 8의 약수: 1, 2, 4, 8
12의 약수: 1, 2, 3, 4, 6, 12 $\Bigr\}$ ➡ 공약수: 1, 2, 4

(2) **최대공약수**: 공약수 중에서 가장 큰 수

예 8과 12의 공약수는 1, 2, 4이므로 8과 12의 최대공약수는 가장 큰 수인 4이다.

(3) **최대공약수의 성질**: 두 개 이상의 자연수의 공약수는 최대공약수의 약수이다.

예 8과 12의 공약수인 1, 2, 4는 8과 12의 최대공약수인 4의 약수이다.

(4) **서로소**: 최대공약수가 1인 두 자연수

예 2와 3, 9와 10, 11과 13

참고 ① 1은 모든 자연수와 서로소이다.

② 서로 다른 두 소수는 항상 서로소이다.

▶ 최대공약수는 간단히 G.C.D.(Greatest Common Divisor)로 나타내기도 한다.

주의 공약수 중에서 가장 작은 수는 항상 1이므로 모든 수들의 최소공약수는 1이다.

따라서 최소공약수는 생각하지 않는다.

2 최대공약수는 어떻게 구하는가?

○ 핵심문제 02~04

소인수분해를 이용하여 최대공약수 구하기

❶ 각 수를 소인수분해 한다.

❷ 공통인 소인수를 모두 곱한다.

이때 소인수의 지수가 같으면 그대로 곱하고,
지수가 다르면 작은 것을 택하여 곱한다.

$$\begin{array}{rcl}
18 & = & 2 \times 3^2 \\
30 & = & 2 \times 3 \times 5 \\
\hline
(\text{최대공약수}) & = & 2 \times 3 \qquad = 6
\end{array}$$

예 세 수 12, 18, 42의 최대공약수는

$$12 = 2^2 \times 3$$
$$18 = 2 \times 3^2$$
$$42 = 2 \times 3 \times 7$$
$$\overline{(\text{최대공약수}) = 2 \times 3 \quad = 6}$$

참고 **공약수로 나누어 최대공약수를 구하는 방법**

❶ 1이 아닌 공약수로 각 수를 나눈다.

❷ 몫에 1 이외의 공약수가 없을 때까지 공약수로 계속 나눈다.

❸ 나누어 준 공약수를 모두 곱한다.

$$\begin{array}{r}
2\,)\underline{\;18\quad 30\;} \\
3\,)\underline{\;\;9\quad 15\;} \\
\boxed{\;3\quad 5\;}\leftarrow \text{서로소}
\end{array}$$

(최대공약수) = 2×3
$= 6$

▶ 공약수로 나누어 최대공약수를 구할 때, 나누는 수를 반드시 소수로만
나누는 것이 아니라 공통인 인수로 나누어 주어도 된다. 이때 공통인
인수가 큰 수일수록 계산은 간단해진다.

01 두 자연수 A, B의 최대공약수가 8일 때, A, B의 공약수를 모두 구하시오.

◈ 공약수는 최대공약수의 □ 이다.

02 다음 두 수의 최대공약수를 구하고, 두 수가 서로소인지 아닌지 말하시오.

(1) 2, 8

(2) 4, 15

(3) 9, 21

(4) 10, 27

◈ 서로소
➡ 최대공약수가 □인 두 자연수

03 다음 수들의 최대공약수를 소인수의 곱으로 나타내시오.

(1)
$$2^2 \times 5^3$$
$$2 \times 5^2$$
$$\overline{\text{(최대공약수)}=}$$

(2)
$$2 \times 3^2$$
$$2^2 \times 3 \times 5$$
$$\overline{\text{(최대공약수)}=}$$

(3)
$$2^2 \times 3^2 \times 5$$
$$2^2 \times 3 \times 5$$
$$\overline{\text{(최대공약수)}=}$$

(4)
$$2^3 \times 3^3 \times 7^2$$
$$2^3 \times 3 \times 7^3$$
$$\overline{\text{(최대공약수)}=}$$

(5)
$$2^2 \quad \times 5$$
$$2^2 \times 3^3 \times 5$$
$$2^3 \times 3^2 \times 5^2$$
$$\overline{\text{(최대공약수)}=}$$

(6)
$$2 \times 3^2 \times 5$$
$$2^3 \times 3^2 \times 5$$
$$2^2 \quad \times 5 \times 7^2$$
$$\overline{\text{(최대공약수)}=}$$

◈ 소인수분해를 이용하여 최대공약수 구하기
➡ 공통인 소인수의 거듭제곱에서 지수가 작거나 같은 것을 택하여 곱한다.

04 소인수분해를 이용하여 다음 수들의 최대공약수를 구하시오.

(1) 28, 84

(2) 36, 60

(3) 24, 60, 72

(4) 45, 75, 90

01 서로소

● 더 다양한 문제는 RPM 1–1 20쪽

KEY POINT

서로소
➡ 최대공약수가 1인 두 자연수

다음 중 두 수가 서로소인 것은?

① 11, 33   ② 12, 21   ③ 14, 51

④ 18, 24   ⑤ 21, 35

풀이   최대공약수를 구해 보면 다음과 같다.

① 11   ② 3   ③ 1   ④ 6   ⑤ 7

따라서 두 수가 서로소인 것은 ③ 14, 51이다.   **답** ③

확인 ①   다음 중 두 수가 서로소가 <u>아닌</u> 것은?

① 3, 5   ② 7, 16   ③ 23, 30

④ 27, 43   ⑤ 35, 60

02 최대공약수 구하기

● 더 다양한 문제는 RPM 1–1 20쪽

KEY POINT

소인수분해를 이용하여 최대공약수 구하기
➡ 공통인 소인수의 거듭제곱에서 지수가 작거나 같은 것을 택하여 곱한다.

다음 세 수의 최대공약수를 구하시오.

(1) $2^2 \times 5 \times 7$, $2^3 \times 3 \times 5^2$, $2^2 \times 3^2 \times 5^3$ (2) 2×3, $2^2 \times 3^3$, $2^2 \times 3^2 \times 5$

풀이   (1)

$$2^2 \qquad \times 5 \times 7$$
$$2^3 \times 3 \times 5^2$$
$$2^2 \times 3^2 \times 5^3$$
$$\text{(최대공약수)} = 2^2 \qquad \times 5 \quad = 20$$

공통인 소인수 2의 지수 2, 3 중 작은 것은 2
공통인 소인수 5의 지수 1, 2, 3 중 가장 작은 것은 1

(2)

$$2 \times 3$$
$$2^2 \times 3^3$$
$$2^2 \times 3^2 \times 5$$
$$\text{(최대공약수)} = 2 \times 3 \quad = 6$$

공통인 소인수 2의 지수 1, 2 중 작은 것은 1
공통인 소인수 3의 지수 1, 2, 3 중 가장 작은 것은 1

답 (1) 20   (2) 6

확인 ②   다음 물음에 답하시오.

(1) 세 수 $2^3 \times 3 \times 5$, $2^2 \times 3^2 \times 7$, $2^2 \times 3 \times 5$의 최대공약수를 구하시오.

(2) 두 수 $2^2 \times 3^2 \times 7$, $2 \times 3^3 \times 7$의 최대공약수가 $2 \times 3^a \times b$일 때, 자연수 a, b에 대하여 $a+b$의 값을 구하시오. (단, b는 2, 3이 아닌 소수이다.)

03 공약수와 최대공약수

● 더 다양한 문제는 **RPM** 1-1 21쪽

다음 중 세 수 $2^3 \times 5^2 \times 11$, $2^2 \times 5^3 \times 7$, $2^2 \times 5^4$의 공약수가 <u>아닌</u> 것은?

① 2
② 2×5
③ 2^2
④ $2^2 \times 7$
⑤ $2^2 \times 5^2$

|KEY POINT|

최대공약수의 성질
➡ 공약수는 최대공약수의 약수이다.

풀이 세 수의 최대공약수가 $2^2 \times 5^2$이므로 공약수는 최대공약수의 약수, 즉 $2^2 \times 5^2$의 약수이다.
따라서 ④ $2^2 \times 7$은 $2^2 \times 5^2$의 약수가 아니므로 공약수가 아니다. **답** ④

확인 ③ 두 수 $2^3 \times 3^2 \times 5^2$, $2^2 \times 3^2 \times 7$에 대하여 다음 물음에 답하시오.

(1) 다음 중 두 수의 공약수가 <u>아닌</u> 것은?

① 2
② 2^2
③ 3
④ $2^2 \times 5$
⑤ $2^2 \times 3^2$

(2) 두 수의 공약수의 개수를 구하시오.

04 최대공약수의 활용

● 더 다양한 문제는 **RPM** 1-1 21, 22쪽

가로의 길이가 150 cm, 세로의 길이가 90 cm인 직사각형 모양의 벽이 있다. 이 벽에 남는 부분이 없이 가능한 한 큰 정사각형 모양의 타일을 붙이려고 할 때, 다음을 구하시오.

(1) 타일의 한 변의 길이
(2) 필요한 타일의 개수

|KEY POINT|

• 정사각형으로 직사각형을 남는 부분이 없이 채운다.
➡ 공약수
• 가능한 한 큰 ~
➡ 최대공약수

풀이 (1) 타일의 한 변의 길이는 가로와 세로의 길이를 나눌 수 있어야 하므로 150, 90의 공약수이어야 한다.
그런데 타일은 가능한 한 큰 정사각형이어야 하므로 타일의 한 변의 길이는 150, 90의 최대공약수이어야 한다.
따라서 타일의 한 변의 길이는 30 cm이다.

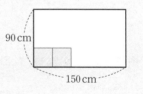

$$150 = 2 \times 3 \times 5^2$$
$$90 = 2 \times 3^2 \times 5$$
$$\text{(최대공약수)} = 2 \times 3 \times 5 = 30$$

(2) 가로: $150 \div 30 = 5$(개), 세로: $90 \div 30 = 3$(개)
따라서 필요한 타일의 개수는 $5 \times 3 = 15$ **답** (1) 30 cm (2) 15

확인 ④ 사과 48개, 귤 72개, 바나나 180개를 가능한 한 많은 학생들에게 똑같이 나누어 주려고 할 때, 나누어 줄 수 있는 학생은 몇 명인지 구하시오.

01 다음 중 옳지 <u>않은</u> 것을 모두 고르면? (정답 2개)

① 28과 40은 서로소가 아니다.
② 서로소인 두 자연수의 공약수는 없다.
③ 18과 43은 서로소이다.
④ 서로소인 두 자연수는 모두 소수이다.
⑤ 공약수가 1뿐인 두 자연수는 서로소이다.

서로소란?

02 다음 중 세 수 $2^2 \times 3^2 \times 7$, $2^3 \times 3 \times 5$, $2^4 \times 3^2 \times 7$의 공약수인 것을 모두 고르면?

(정답 2개)

① 2
② $2^2 \times 3$
③ $2^3 \times 3$
④ $2 \times 3 \times 5$
⑤ $2^2 \times 3 \times 7^2$

공약수는 최대공약수의 약수이다.

03 세 수 $2^2 \times 3^3 \times 5 \times 7$, $2^3 \times 3^2 \times 5 \times 7$, $3^2 \times 5^2 \times 7^2$의 공약수의 개수를 구하시오.

04 세 자연수 18, 54, A의 최대공약수가 6일 때, 다음 중 A의 값이 될 수 <u>없는</u> 것은?

① 6
② 12
③ 24
④ 30
⑤ 36

05 세 수 $2^3 \times 5^4$, $2^a \times 5^3$, $2^2 \times 3^3 \times 5^b$의 최대공약수가 50일 때, 자연수 a, b에 대하여 $a+b$의 값을 구하시오.

06 두 수 24, 40을 어떤 자연수로 각각 나누면 두 수 모두 나누어떨어진다고 할 때, 어떤 자연수 중에서 가장 큰 수를 구하시오.

어떤 수 n을 A로 나누면 나누어 떨어진다.
➡ A는 n의 약수이다.

02 공배수와 최소공배수

○ 핵심문제 02

개념원리 이해

1 공배수와 최소공배수란 무엇인가?

(1) **공배수**: 두 개 이상의 자연수의 공통인 배수

예 3의 배수: 3, 6, 9, 12, 15, 18, 21, 24, … ┐
4의 배수: 4, 8, 12, 16, 20, 24, … ┘ ➡ 공배수: 12, 24, …

(2) **최소공배수**: 공배수 중에서 가장 작은 수

예 3과 4의 공배수는 12, 24, …이므로 3과 4의 최소공배수는 가장 작은 수인 12이다.

(3) **최소공배수의 성질**: 두 개 이상의 자연수의 공배수는 최소공배수의 배수이다.

예 3과 4의 공배수인 12, 24, …는 3과 4의 최소공배수인 12의 배수이다.

(4) 서로소인 두 자연수의 최소공배수는 두 자연수를 곱한 수이다.

예 3과 4는 최대공약수가 1이므로 서로소이고 3과 4의 최소공배수는 $3 \times 4 = 120$이다.

▶ 최소공배수는 간단히 L.C.M.(Least Common Multiple)으로 나타내기도 한다.

주의 공배수는 끝없이 계속 구할 수 있으므로 공배수 중에서 가장 큰 수는 알 수 없다.
따라서 최대공배수는 생각하지 않는다.

2 최소공배수는 어떻게 구하는가?

○ 핵심문제 01~04, 06

소인수분해를 이용하여 최소공배수 구하기

❶ 각 수를 소인수분해 한다.

❷ 공통인 소인수와 공통이 아닌 소인수를 모두 곱한다.
이때 소인수의 지수가 같으면 그대로 곱하고, 지수가 다르면 큰 것을 택하여 곱한다.

$$
\begin{array}{rl}
54 & = 2 \times 3^3 \\
90 & = 2 \times 3^2 \times 5 \\
\hline
(최소공배수) & = 2 \times 3^3 \times 5 = 270
\end{array}
$$

공통인 소인수 ── 공통이 아닌 소인수

참고 **공약수로 나누어 최소공배수를 구하는 방법**

❶ 1이 아닌 공약수로 각 수를 나눈다.

❷ 세 수의 공약수가 없으면 두 수의 공약수로 나눈다.
이때 공약수가 없는 수는 그대로 아래로 내린다.

❸ 어떤 두 수를 택하여도 서로소가 될 때까지 계속 나눈다.

❹ 나눈 공약수와 마지막 몫을 모두 곱한다.

$$
\begin{array}{r|ccc}
2 & 12 & 24 & 30 \\
3 & 6 & 12 & 15 \\
2 & 2 & 4 & ⑤ \\
\hline
& 1 & 2 & 5
\end{array}
$$
그대로

$(최소공배수) = 2 \times 3 \times 2 \times 1 \times 2 \times 5 = 120$

3 최대공약수와 최소공배수의 관계

○ 핵심문제 05

두 자연수 A, B의 최대공약수를 G, 최소공배수를 L이라 하고 $A = a \times G$, $B = b \times G$ (a, b는 서로소)라 하면 다음이 성립한다.

① $L = a \times b \times G$

② $A \times B = G \times L$ ➡ (두 수의 곱) = (최대공약수) × (최소공배수) ← $A \times B = (a \times G) \times (b \times G)$
$= G \times (a \times b \times G) = G \times L$

I-2
최대공약수와
최소공배수

01 두 자연수 A, B의 최소공배수가 16일 때, A, B의 공배수 중에서 100에 가장 가까운 수를 구하시오.

○ 공배수는 최소공배수의 ☐ 이다.

02 다음 수들의 최소공배수를 소인수의 곱으로 나타내시오.

(1)
$$2^2 \times 3$$
$$2^3 \times 3^2$$
$$\overline{\text{(최소공배수)}=}$$

(2)
$$2^3 \times 3$$
$$2^2 \times 3 \times 5$$
$$\overline{\text{(최소공배수)}=}$$

(3)
$$2^2 \times 3 \times 5$$
$$2 \times 3^2 \times 5$$
$$\overline{\text{(최소공배수)}=}$$

(4)
$$2^2 \quad\ \times 7$$
$$2^2 \times 3 \times 7$$
$$\overline{\text{(최소공배수)}=}$$

(5)
$$2 \times 3^2$$
$$2^2 \times 3 \times 5$$
$$2 \quad\ \times 5 \times 7$$
$$\overline{\text{(최소공배수)}=}$$

(6)
$$2 \times 3^2 \times 5$$
$$2^2 \times 3 \times 5^2$$
$$2 \times 3 \quad\ \times 7$$
$$\overline{\text{(최소공배수)}=}$$

○ 소인수분해를 이용하여 최소공배수 구하기
➡ 공통인 소인수와 공통이 아닌 소인수를 모두 곱한다. 이때 지수가 크거나 같은 것을 택하여 곱한다.

03 소인수분해를 이용하여 다음 수들의 최소공배수를 구하시오.

(1) 36, 54

(2) 48, 72

(3) 12, 42, 60

(4) 16, 24, 40

04 두 자연수의 곱이 180이고 최대공약수가 3일 때, 두 수의 최소공배수를 구하시오.

○ 최대공약수와 최소공배수의 관계
➡ (두 수의 곱)
　＝(최대공약수)
　　×(최소공배수)

01 최소공배수 구하기

● 더 다양한 문제는 **RPM** 1-1 23쪽

다음 세 수의 최소공배수를 구하시오.

(1) $2^2 \times 3 \times 5$, 2×3^2, $2^2 \times 3 \times 5^2$ (2) $2^2 \times 3^2$, 2×3^3, $3^3 \times 5$

KEY POINT

소인수분해를 이용하여 최소공배수 구하기

➡ 공통인 소인수와 공통이 아닌 소인수를 모두 곱한다. 이때 지수가 크거나 같은 것을 택하여 곱한다.

풀이

(1)
$$2^2 \times 3 \times 5$$
$$2 \times 3^2$$
$$2^2 \times 3 \times 5^2$$
$$\overline{(최소공배수) = 2^2 \times 3^2 \times 5^2 = 900}$$

(2)
$$2^2 \times 3^2$$
$$2 \times 3^3$$
$$3^3 \times 5$$
$$\overline{(최소공배수) = 2^2 \times 3^3 \times 5 = 540}$$

답 (1) 900 (2) 540

확인 **1** 다음 물음에 답하시오.

(1) 세 수 $2^3 \times 3$, $2 \times 3 \times 7$, $2^2 \times 3 \times 7$의 최소공배수를 구하시오.

(2) 두 수 $2 \times 3^2 \times 5$, $2^2 \times 3^3 \times 5$의 최소공배수가 $2^a \times 3^b \times c$일 때, 자연수 a, b, c에 대하여 $a + b + c$의 값을 구하시오. (단, c는 2, 3이 아닌 소수이다.)

02 공배수와 최소공배수

● 더 다양한 문제는 **RPM** 1-1 23쪽

다음 중 두 수 $2^3 \times 5 \times 7$, $2 \times 5^2 \times 7$의 공배수가 <u>아닌</u> 것은?

① $2^2 \times 5 \times 7^2$ ② $2^3 \times 5^2 \times 7$ ③ $2^3 \times 5^2 \times 7^2$
④ $2^3 \times 5^3 \times 7$ ⑤ $2^4 \times 5^2 \times 7^2$

KEY POINT

최소공배수의 성질

➡ 공배수는 최소공배수의 배수이다.

풀이 공배수는 최소공배수의 배수이고 두 수의 최소공배수가 $2^3 \times 5^2 \times 7$이므로
공배수는 $2^3 \times 5^2 \times 7 \times \square$($\square$는 자연수)의 꼴이어야 한다.
② $2^3 \times 5^2 \times 7 = 2^3 \times 5^2 \times 7 \times \boxed{1}$ ③ $2^3 \times 5^2 \times 7^2 = 2^3 \times 5^2 \times 7 \times \boxed{7}$
④ $2^3 \times 5^3 \times 7 = 2^3 \times 5^2 \times 7 \times \boxed{5}$ ⑤ $2^4 \times 5^2 \times 7^2 = 2^3 \times 5^2 \times 7 \times \boxed{2 \times 7}$
따라서 공배수가 아닌 것은 ①이다.

답 ①

확인 **2** 다음 물음에 답하시오.

(1) 다음 중 두 수 $2^2 \times 3 \times 5$, $2 \times 3^2 \times 5$의 공배수가 <u>아닌</u> 것을 모두 고르면?

(정답 2개)

① $2 \times 3^2 \times 5^2$ ② $2^2 \times 3^2 \times 5$ ③ $2^2 \times 3^2 \times 5^2$
④ $2^2 \times 3^2 \times 5^3$ ⑤ $2^3 \times 3^2 \times 7$

(2) 세 수 2^2, $2^3 \times 3$, 36의 공배수 중에서 200 이하의 자연수의 개수를 구하시오.

I-2
최대공약수와 최소공배수

최대공약수와 최소공배수를 이용하여 밑과 지수 구하기 ● 더 다양한 문제는 **RPM** 1–1 24쪽

두 수 $2^a \times 3^2 \times 5$, $2^2 \times 3^b \times c$의 최대공약수가 $2^2 \times 3$이고 최소공배수가 $2^3 \times 3^2 \times 5 \times 7$일 때, 자연수 a, b, c에 대하여 $a+b+c$의 값을 구하시오. (단, c는 2, 3이 아닌 소수이다.)

- 최대공약수
➡ 공통인 소인수를 모두 곱하고 지수는 작거나 같은 것을 택하여 곱한다.
- 최소공배수
➡ 공통인 소인수와 공통이 아닌 소인수를 모두 곱하고 지수는 크거나 같은 것을 택하여 곱한다.
- $3=3^1$

풀이
$$2^a \times 3^2 \times 5$$
$$\underline{2^2 \times 3^b \quad\quad \times c}$$
$$\text{(최대공약수)}=2^2 \times 3$$
$$\text{(최소공배수)}=2^3 \times 3^2 \times 5 \times 7$$

최대공약수가 $2^2 \times 3$이므로　　$b=1$
최소공배수가 $2^3 \times 3^2 \times 5 \times 7$이므로　　$a=3$, $c=7$
　　$\therefore a+b+c=3+1+7=11$

답 11

확인 3 다음 물음에 답하시오.

(1) 두 수 $2^3 \times 3^a \times 5$, $2^b \times 3^4 \times 5^c \times d$의 최대공약수는 $2^2 \times 3 \times 5$이고 최소공배수는 $2^3 \times 3^4 \times 5^3 \times 7$일 때, 자연수 a, b, c, d에 대하여 $a+b+c+d$의 값을 구하시오. (단, d는 2, 3, 5가 아닌 소수이다.)

(2) 두 수 $2^4 \times 3 \times a$, $2^b \times 3^2 \times 7^c$의 최대공약수는 12이고 최소공배수는 $2^4 \times 3^2 \times 5 \times 7$일 때, 자연수 a, b, c에 대하여 $a+b+c$의 값을 구하시오. (단, a는 2, 3이 아닌 소수이다.)

미지수가 포함된 세 수의 최소공배수 ● 더 다양한 문제는 **RPM** 1–1 24쪽

세 자연수 $2 \times x$, $3 \times x$, $4 \times x$의 최소공배수가 360일 때, 자연수 x의 값을 구하시오.

미지수가 포함된 세 수의 최소공배수
➡ 미지수를 제외한 수를 소인수분해하여 구한다.

풀이
$$2 \times x = 2 \quad\quad \times x$$
$$3 \times x = \quad\quad 3 \times x$$
$$\underline{4 \times x = 2^2 \quad\quad \times x}$$
$$\text{(최소공배수)}=2^2 \times 3 \times x = 12 \times x$$

세 수의 최소공배수가 360이므로
$$12 \times x = 360 \quad \therefore x=30$$

다른 풀이
$$\begin{array}{r|ccc} x & 2 \times x & 3 \times x & 4 \times x \\ \hline 2 & 2 & 3 & 4 \\ \hline & 1 & 3 & 2 \end{array}$$
$$\therefore \text{(최소공배수)}=x \times 2 \times 1 \times 3 \times 2$$
$$=12 \times x$$

세 수의 최소공배수가 360이므로
$$12 \times x = 360 \quad \therefore x=30$$

답 30

확인 4 다음 물음에 답하시오.

(1) 세 자연수 $6 \times x$, $9 \times x$, $12 \times x$의 최소공배수가 180일 때, 세 자연수의 최대공약수를 구하시오.

(2) 세 자연수의 비가 $2:6:9$이고 최소공배수가 90일 때, 세 자연수 중 가장 큰 수를 구하시오.

KEY POINT

두 자연수 A, B의 최대공약수가 G, 최소공배수가 L일 때

➡ $A=a\times G$, $B=b\times G$
$\qquad\qquad$ (a, b는 서로소)
➡ $L=a\times b\times G$,
$\quad A\times B=G\times L$

05 최대공약수와 최소공배수의 관계

● 더 다양한 문제는 RPM 1−1 27쪽

다음 물음에 답하시오.

(1) 두 자연수의 곱이 360이고 최대공약수가 6일 때, 두 수의 최소공배수를 구하시오.

(2) 두 자연수 18, A의 최대공약수가 6이고 최소공배수가 72일 때, A의 값을 구하시오.

풀이 (1) (두 수의 곱)=(최대공약수)×(최소공배수)이므로
$\qquad 360=6\times$(최소공배수) $\qquad \therefore$ (최소공배수)$=60$
(2) $18=6\times3$, $A=6\times a$ (a는 3과 서로소)라 하자.
$\qquad 6\times3\times a=72$이므로 $\qquad a=4$
$\qquad\qquad \therefore A=6\times4=24$

답 (1) 60 (2) 24

확인 5 다음 물음에 답하시오.

(1) 두 자연수의 곱이 540이고 최소공배수가 90일 때, 두 수의 최대공약수를 구하시오.

(2) 두 자연수 28, A의 최대공약수가 14이고 최소공배수가 84일 때, A의 값을 구하시오.

KEY POINT

· 다시 동시에 출발 ∼
$\quad$➡ 공배수
· 처음으로 다시 동시에 출발 ∼
$\quad$➡ 최소공배수

06 최소공배수의 활용

● 더 다양한 문제는 RPM 1−1 25, 26쪽

어느 역에서 부산행 열차는 10분, 대전행 열차는 15분, 광주행 열차는 12분 간격으로 출발한다고 한다. 오전 8시에 세 열차가 동시에 출발했을 때, 처음으로 다시 동시에 출발하는 시각을 구하시오.

풀이 오전 8시 이후 처음으로 다시 동시에 출발하는 시각은 10, 15, 12의 최소공배수만큼의 시간이 지난 후이다.
10, 15, 12를 소인수분해 하면 오른쪽과 같으므로 최소공배수는 $2^2\times3\times5=60$
따라서 오전 8시 이후 처음으로 다시 동시에 출발하는 시각은 60분 후인 오전 9시이다.

$$\begin{array}{r} 10=2\times5 \\ 15=3\times5 \\ 12=2^2\times3 \\ \hline \text{(최소공배수)}=2^2\times3\times5=60 \end{array}$$

답 오전 9시

확인 6 오른쪽 그림과 같이 가로의 길이, 세로의 길이, 높이가 각각 20 cm, 12 cm, 6 cm인 직육면체 모양의 벽돌을 같은 방향으로 빈틈없이 쌓아서 가장 작은 정육면체를 만들려고 할 때, 필요한 벽돌은 몇 개인지 구하시오.

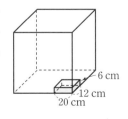

01 두 수 $3 \times 5 \times 7^2$, $3^2 \times 5 \times 7^3 \times 11$의 최소공배수가 $3^a \times 5 \times 7^b \times c$일 때, 자연수 a, b, c에 대하여 $a+b+c$의 값을 구하시오. (단, c는 3, 5, 7이 아닌 소수이다.)

02 다음 중 세 수 $2^2 \times 3^2$, 2×3^3, $2^2 \times 3^2 \times 7$의 공배수가 <u>아닌</u> 것은?

① $2^2 \times 3^3 \times 7$　　　　② $2^2 \times 3^3 \times 7^2$　　　　③ $2^3 \times 3^2 \times 7$
④ $2^3 \times 3^3 \times 7^3$　　　　⑤ $2^4 \times 3^4 \times 7^3$

공배수는 최소공배수의 배수이다.

03 세 수 $2^2 \times 3$, 45, $2^2 \times 5$의 공배수 중에서 1000에 가장 가까운 수를 구하시오.

45를 소인수분해 한 후 세 수의 최소공배수를 구한다.

04 두 수 $2^2 \times 3^a \times 5^b$, $2^c \times 3^2 \times 5 \times 7$의 최대공약수가 $2 \times 3^2 \times 5$이고 최소공배수가 $2^2 \times 3^3 \times 5 \times 7$일 때, 자연수 a, b, c에 대하여 $a+b+c$의 값을 구하시오.

05 서로 다른 세 자연수 21, 35, N의 최소공배수가 420일 때, 다음 중 N의 값이 될 수 <u>없는</u> 것은?

① 4　　　　② 12　　　　③ 20
④ 28　　　　⑤ 36

06 세 자연수 $4 \times x$, $5 \times x$, $6 \times x$의 최소공배수가 180일 때, 세 수의 최대공약수를 구하시오.

07 두 자연수 60, N의 최대공약수가 12이고 최소공배수가 420일 때, N의 값을 구하시오.

두 자연수 A, B의 최대공약수가 G, 최소공배수가 L일 때
➡ $A = a \times G$, $B = b \times G$
　　(단, a, b는 서로소)
➡ $L = a \times b \times G$

08 원 모양의 호숫가를 한 바퀴 도는 데 지성이는 18분, 예서는 30분이 걸린다. 이와 같은 속력으로 같은 곳에서 동시에 출발하여 같은 방향으로 호숫가를 돌 때, 지성이와 예서가 처음으로 출발점에서 다시 만나게 되는 것은 지성이가 호숫가를 몇 바퀴 돌았을 때인지 구하시오.

09 세 자연수 3, 4, 5 중 어느 것으로 나누어도 2가 남는 자연수 중에서 가장 작은 세 자리 자연수를 구하시오.

어떤 수 x를 a, b, c로 나누면 나머지가 모두 r이다.
➡ $x - r$는 a, b, c의 공배수이다.

10 가로의 길이가 32 cm, 세로의 길이가 24 cm인 직사각형 모양의 타일이 있다. 이 타일을 같은 방향으로 빈틈없이 겹치지 않게 이어 붙여서 가장 작은 정사각형을 만들려고 할 때, 다음을 구하시오.

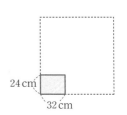

(1) 정사각형의 한 변의 길이

(2) 필요한 타일의 개수

STEP 1 기본 문제

01 다음 중 두 수가 서로소인 것은?

① 3, 6 ② 8, 15 ③ 12, 52

④ 13, 65 ⑤ 28, 77

02 10보다 크고 20보다 작은 자연수 중에서 15와 서로소인 수는 몇 개인지 구하시오.

03 어떤 두 자연수의 최대공약수가 52이다. 다음 중 이 두 수의 공약수가 <u>아닌</u> 것은?

① 2 ② 4 ③ 14

④ 26 ⑤ 52

(꼭나와)

04 두 수 $2^3 \times 3 \times 5$, $2^4 \times 3^2$의 공약수는 몇 개인지 구하시오.

05 같은 크기의 정육면체 모양의 블록을 빈틈없이 쌓아 다음 그림과 같이 가로의 길이가 36 cm, 세로의 길이가 15 cm, 높이가 30 cm인 직육면체가 되게 하려고 한다. 블록의 크기를 최대로 할 때, 필요한 블록은 몇 개인지 구하시오.

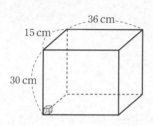

06 어느 중학교 등산부에서 이번 주말에 등산을 하기 위하여 가능한 한 많은 조로 나누어 한 조에 여학생 a명과 남학생 b명이 되게 하려고 한다. 이 등산부의 여학생은 30명이고 남학생은 24명일 때, $a+b$의 값은?

① 8 ② 9 ③ 10

④ 11 ⑤ 12

(꼭나와)

07 세 수 $2^3 \times 3^2$, $2^2 \times 3^3 \times 5$, $2 \times 3^2 \times 7$의 최대공약수와 최소공배수는?

	최대공약수	최소공배수
①	2×3	$2 \times 3 \times 5 \times 7$
②	2×3^2	$2^3 \times 3^3$
③	2×3^2	$2^3 \times 3^3 \times 5 \times 7$
④	$2^2 \times 3^3$	$2^2 \times 3^2 \times 5 \times 7$
⑤	$2^2 \times 3^3$	$2^3 \times 3^3 \times 5 \times 7$

> 정답 및 풀이 13쪽

08 다음 중 두 수 $2^2 \times 3 \times 5$, 2×5^2의 공배수가 <u>아닌</u> 것은?

① $2^2 \times 3 \times 5$
② $2^2 \times 3 \times 5^2$
③ $2^2 \times 3 \times 5^3$
④ $2^2 \times 3^2 \times 5^2$
⑤ $2^2 \times 3^3 \times 5^2$

꼭나와

09 세 수 $2^4 \times 3^a \times 7$, $2^3 \times 3^2 \times b$, $2^c \times 3^3 \times 7$의 최대공약수는 $2^2 \times 3^2$, 최소공배수는 $2^4 \times 3^4 \times 5 \times 7$일 때, 자연수 a, b, c에 대하여 $a+b+c$의 값을 구하시오. (단, b는 2, 3이 아닌 소수이다.)

10 세 자연수 $6 \times \square$, $15 \times \square$, $18 \times \square$의 최소공배수가 810일 때, $\square$ 안에 알맞은 수는?

① 9
② 10
③ 11
④ 12
⑤ 13

11 두 자연수 $2^3 \times 3^2$, A의 최대공약수가 $2^2 \times 3$, 최소공배수가 $2^3 \times 3^2 \times 5$일 때, A의 값은?

① 5
② 2×5
③ $2^2 \times 3$
④ $2^2 \times 3 \times 5$
⑤ $2^3 \times 3 \times 5$

12 서로 맞물려 도는 두 톱니바퀴 A, B가 있다. 톱니는 A가 60개, B가 28개이다. 이 두 톱니바퀴가 회전하기 시작하여 같은 톱니에서 처음으로 다시 맞물리는 것은 톱니바퀴 A가 몇 바퀴 회전한 후인지 구하시오.

13 가로의 길이가 14 cm, 세로의 길이가 10 cm이고 높이가 8 cm인 직육면체 모양의 나무토막을 같은 방향으로 빈틈없이 쌓아서 가장 작은 정육면체를 만들려고 할 때, 정육면체의 한 모서리의 길이를 구하시오.

14 다율이는 배드민턴 동호회와 독서 동호회에 가입하였다. 배드민턴 동호회는 18일마다, 독서 동호회는 27일마다 정기 모임을 한다고 한다. 오늘 두 동호회의 정기 모임이 있다고 할 때, 처음으로 다시 두 동호회가 같은 날 정기 모임을 하게 되는 날은 며칠 후인가?

① 36일
② 45일
③ 54일
④ 63일
⑤ 72일

꼭나와

15 100 이하의 자연수 중에서 20과 서로소인 자연수는 몇 개인지 구하시오.

16 세 수 $2^3 \times 3^2 \times a$, $2^2 \times 3^3 \times 5^b$, $2^2 \times 3^c \times 5$의 최대공약수가 $2^2 \times 3 \times 5$일 때, 자연수 a, b, c에 대하여 $a+b+c$의 값 중에서 가장 작은 값을 구하시오.
(단, a는 2, 3이 아닌 소수이다.)

17 가로의 길이가 48 m, 세로의 길이가 60 m인 직사각형 모양의 땅의 둘레에 일정한 간격으로 나무를 심으려고 한다. 네 모퉁이에는 반드시 나무를 심고 가능한 한 나무를 적게 심을 때, 필요한 나무는 모두 몇 그루인지 구하시오.

꼭나와

18 다음 중 두 수 $A=2^2 \times 3 \times 7$, $B=2^2 \times 3^2 \times 5$에 대한 설명으로 옳지 <u>않은</u> 것은?

① A의 소인수는 2, 3, 7이다.
② 두 수 A와 B는 서로소가 아니다.
③ 두 수의 최대공약수는 $2^2 \times 3$이다.
④ 두 수의 최소공배수는 $2^2 \times 3^2 \times 5 \times 7$이다.
⑤ 두 수의 공약수는 8개이다.

19 세 자연수 $2^2 \times 3 \times 5$, $2 \times 3^2 \times 7$, A의 최소공배수가 $2^3 \times 3^2 \times 5 \times 7$일 때, 다음 중 A의 값이 될 수 있는 것은?

① $2^2 \times 3 \times 5$ ② $2 \times 3^2 \times 5$
③ $2^3 \times 3^2 \times 7$ ④ $2^2 \times 3^3 \times 5$
⑤ $2^3 \times 3^3 \times 5 \times 7$

20 세 자연수의 비가 2 : 3 : 4이고 최소공배수가 144일 때, 세 자연수 중 가장 큰 수는?

① 12   ② 18   ③ 24
④ 36   ⑤ 48

▶ 정답 및 풀이 15쪽

21 두 자연수 A, B의 곱이 400이고 최대공약수가 10이다. $A<B$일 때, A, B의 값을 구하시오.

24 세 자연수 a, b, c에 대하여 a, b의 최대공약수는 24이고 b, c의 최대공약수는 36일 때, a, b, c의 최대공약수를 구하시오.

해설 강의

I-2

최소공배수와 최대공약수

22 4로 나누면 3이 남고, 5로 나누면 4가 남고, 6으로 나누면 5가 남는 자연수 중에서 가장 작은 세 자리 자연수를 구하시오.

25 세 자연수 54, N, 90의 최대공약수는 18, 최소공배수는 540일 때, N의 값을 모두 구하시오.

해설 강의

23 세 분수 $\dfrac{7}{18}$, $\dfrac{49}{12}$, $\dfrac{28}{27}$의 어느 것에 곱해도 그 결과가 자연수가 되도록 하는 가장 작은 기약분수를 구하시오.

26 다음 조건을 만족시키는 두 자연수 A, B에 대하여 $A+B$의 값을 구하시오.

해설 강의

> ㈎ A, B의 최대공약수는 4이다.
> ㈏ A, B의 최소공배수는 60이다.
> ㈐ $A-B=8$

예제 1 해설 강의

세 자연수 $5 \times x$, $6 \times x$, $8 \times x$의 최소공배수가 360일 때, 세 자연수의 최대공약수를 구하시오. [6점]

풀이 과정

1단계 식 세우기 ·2점

$$
\begin{array}{rl}
5 \times x = & 5 \times x \\
6 \times x = 2 \times 3 & \times x \\
8 \times x = 2^3 & \times x \\
\hline
(\text{최소공배수}) = 2^3 \times 3 \times 5 \times x = 120 \times x
\end{array}
$$

2단계 x의 값 구하기 ·2점

세 자연수의 최소공배수가 360이므로

$120 \times x = 360 \qquad \therefore x = 3$

3단계 세 자연수의 최대공약수 구하기 ·2점

세 자연수의 최대공약수는 x이므로 3이다.

답 3

유제 1 세 자연수 $3 \times x$, $4 \times x$, $6 \times x$의 최소공배수가 120일 때, 세 자연수 중 가장 큰 수를 구하시오. [6점]

풀이 과정

1단계 식 세우기 ·2점

2단계 x의 값 구하기 ·2점

3단계 세 자연수 중 가장 큰 수 구하기 ·2점

답

예제 2 해설 강의

두 분수 $\dfrac{7}{15}$, $\dfrac{35}{48}$의 어느 것에 곱해도 그 결과가 자연수가 되도록 하는 가장 작은 기약분수를 구하시오. [7점]

풀이 과정

1단계 구하는 분수를 $\dfrac{B}{A}$라 할 때, A, B의 조건 구하기 ·2점

구하는 분수를 $\dfrac{B}{A}$라 하면 A는 7과 35의 최대공약수이고, B는 15와 48의 최소공배수이어야 한다.

2단계 A, B의 값 구하기 ·4점

$$
\begin{array}{rl}
7 = & 7 \\
35 = 5 \times 7 & \\
\hline
(\text{최대공약수}) = & 7
\end{array}
\qquad
\begin{array}{rl}
15 = & 3 \times 5 \\
48 = 2^4 \times 3 & \\
\hline
(\text{최소공배수}) = 2^4 \times 3 \times 5
\end{array}
$$

$\therefore A = 7 \qquad\qquad \therefore B = 240$

3단계 가장 작은 분수 구하기 ·1점

구하는 가장 작은 분수는 $\dfrac{240}{7}$이다.

답 $\dfrac{240}{7}$

유제 2 세 분수 $\dfrac{21}{16}$, $\dfrac{35}{54}$, $\dfrac{49}{108}$의 어느 것에 곱해도 그 결과가 자연수가 되도록 하는 가장 작은 기약분수를 구하시오. [7점]

풀이 과정

1단계 구하는 분수를 $\dfrac{B}{A}$라 할 때, A, B의 조건 구하기 ·2점

2단계 A, B의 값 구하기 ·4점

3단계 가장 작은 분수 구하기 ·1점

답

스스로 서술하기

유제 3 두 자연수 216과 $2^3 \times \square \times 5$의 최대공약수가 72일 때, $\square$ 안에 들어갈 수 있는 가장 작은 자연수와 그때의 두 수의 최소공배수를 차례대로 구하시오. [6점]

(풀이 과정)

답

유제 5 가로의 길이가 320 cm, 세로의 길이가 180 cm인 직사각형 모양의 화단 둘레에 일정한 간격으로 화분을 놓으려고 한다. 네 모퉁이에는 반드시 화분을 놓고 가능한 한 화분을 적게 놓으려고 할 때, 다음 물음에 답하시오. [총 7점]

(1) 화분을 놓는 간격을 구하시오. [3점]

(2) 필요한 화분은 몇 개인지 구하시오. [4점]

(풀이 과정)

(1)

(2)

답 (1)　　　　　　　(2)

유제 4 두 자연수 $2^2 \times 3^2$, A의 최대공약수가 $2^2 \times 3$이고 최소공배수가 $2^4 \times 3^2$일 때, A의 약수의 개수를 구하시오. [6점]

(풀이 과정)

답

유제 6 두 자리 자연수 A, B에 대하여 A, B의 곱이 640이고 최대공약수가 8일 때, $A+B$의 값을 구하시오. [7점]

(풀이 과정)

답

정수와 유리수

이 단원에서는 음수의 필요성을 인식하고, 양수와 음수, 정수와 유리수의
개념을 이해하며 정수와 유리수의 대소 관계를 판단해 보자.
또 정수와 유리수의 사칙계산의 원리를 이해하고, 그 계산을 해 보자.

II-1

정수와 유리수

II-2 | 정수와 유리수의 계산

이 단원의 학습 계획을 세우고
하나하나 실천하는 습관을 기르자!!

나는 할 수 있어!

		공부한 날		학습 완료도
01 정수와 유리수	개념원리 이해 & 개념원리 확인하기	월	일	□□□
	핵심문제 익히기	월	일	○○○
	이런 문제가 시험에 나온다	월	일	○○○
02 수의 대소 관계	개념원리 이해 & 개념원리 확인하기	월	일	□□□
	핵심문제 익히기	월	일	○○○
	이런 문제가 시험에 나온다	월	일	○○○
중단원 마무리하기		월	일	○○○
서술형 대비 문제		월	일	○○○

개념 학습 guide

• 개념을 이해했으면　■■, 개념을 문제에 적용할 수 있으면　　　■, 개념을 친구에게 설명할 수 있으면
　로 색칠한다.

• 부족한 부분의 개념을 반복 학습하여 ■■■ 3칸 모두 색칠하면 학습을 마친다.

문제 학습 guide

• 맞힌 문제가 전체의 50% 미만이면　　●●, 맞힌 문제가 50% 이상 90% 미만이면　　　●, 맞힌 문제가 90% 이
　상이면　　로 색칠한다. 　문제를 찍지 말자!

• 틀린 문제는 왜 틀렸는지 그 이유를 파악한 후 다시 풀어 본다. 며칠 후 틀린 문제를 다시 풀어 보고, 풀이 과정과
　답이 맞으면 학습을 마친다.

01 정수와 유리수

1 양수와 음수란 무엇인가?

○ 핵심문제 01

(1) 양의 부호와 음의 부호

어떤 기준에 대하여 서로 반대가 되는 성질을 갖는 양을 수로 나타낼 때, 기준이 되는 수를 0으로 두고 한쪽에는 **양의 부호** +, 다른 한쪽에는 **음의 부호** −를 붙여서 나타낼 수 있다.

예	+	영상 4 ℃ ➡ +4 ℃	5 kg 증가 ➡ +5 kg	지상 7층 ➡ +7층
	−	영하 9 ℃ ➡ −9 ℃	2 kg 감소 ➡ −2 kg	지하 3층 ➡ −3층

참고 ① 다음은 서로 반대가 되는 성질을 갖는 수량의 예이다.

+	영상	증가	지상	이익	수입	~ 후	해발	~만큼 큰 수
−	영하	감소	지하	손해	지출	~ 전	해저	~만큼 작은 수

② 양의 부호 +와 음의 부호 −는 덧셈, 뺄셈의 기호와 모양은 같지만 의미가 다르다.

(2) 양수와 음수

① **양수**: 0보다 큰 수로 양의 부호 +를 붙인 수

예 $+3, +\dfrac{1}{2}, +0.7$

② **음수**: 0보다 작은 수로 음의 부호 −를 붙인 수

예 $-5, -\dfrac{3}{4}, -1.2$

참고 ① 0은 양수도 아니고 음수도 아니다.

② +4는 '양의 4'로, −9는 '음의 9'로 읽는다.

2 정수란 무엇인가?

○ 핵심문제 02

(1) 정수

① **양의 정수**: 자연수에 양의 부호 +를 붙인 수

② **음의 정수**: 자연수에 음의 부호 −를 붙인 수

③ 양의 정수, 0, 음의 정수를 통틀어 **정수**라 한다.

(2) 정수의 분류

$$
\text{정수}\begin{cases} \text{양의 정수(자연수): } +1, +2, +3, \cdots \\ 0 \\ \text{음의 정수: } -1, -2, -3, \cdots \end{cases}
$$

설명 자연수에 양의 부호 +를 붙인 수, 즉 +1, +2, +3, …을 양의 정수, 자연수에 음의 부호 −를 붙인 수, 즉 −1, −2, −3, …을 음의 정수라 한다.

특히 양의 정수 +1, +2, +3, …은 양의 부호 +를 생략하여 1, 2, 3, …으로 나타내기도 한다.

즉 양의 정수는 자연수와 같다.

참고 0은 양의 정수도 아니고 음의 정수도 아니다.

3 유리수란 무엇인가?

(1) 유리수

① **양의 유리수**: 분모, 분자가 모두 자연수인 분수에 양의 부호 ＋를 붙인 수

② **음의 유리수**: 분모, 분자가 모두 자연수인 분수에 음의 부호 －를 붙인 수

③ 양의 유리수, 0, 음의 유리수를 통틀어 **유리수**라 한다.

(2) 유리수의 분류

$$
\text{유리수}
\begin{cases}
\text{정수}
\begin{cases}
\text{양의 정수(자연수): } +1, +2, +3, \cdots \\
0 \\
\text{음의 정수: } -1, -2, -3, \cdots
\end{cases} \\
\text{정수가 아닌 유리수: } +\dfrac{1}{3}, -\dfrac{3}{2}, +1.8, -0.7, \cdots
\end{cases}
$$

설명 $+\dfrac{2}{5}$, $+\dfrac{1}{3}$과 같이 분모, 분자가 모두 자연수인 분수에 양의 부호 ＋를 붙인 수를 양의 유리수라 하고

$-\dfrac{3}{4}$, $-\dfrac{1}{2}$과 같이 분모, 분자가 모두 자연수인 분수에 음의 부호 －를 붙인 수를 음의 유리수라 한다.

양의 유리수도 양의 정수와 마찬가지로 양의 부호 ＋를 생략하여 나타낼 수 있다.

한편 3, 0, -2는 $3=\dfrac{3}{1}$, $0=\dfrac{0}{2}$, $-2=-\dfrac{6}{3}$과 같이 분수로 나타낼 수 있으므로 모든 정수는 유리수이다.

이때 $\dfrac{3}{4}$, 2.5, $-\dfrac{1}{2}$과 같은 수는 정수가 아닌 유리수이다.

참고 ① 양의 유리수는 양수이고, 음의 유리수는 음수이다.

② 앞으로 수라고 하면 유리수를 말한다.

4 수직선이란 무엇인가?

직선 위에 기준이 되는 점을 정하여 그 점에 0을 대응시키고, 그 점의 좌우에 일정한 간격으로 점을 잡아 오른쪽의 점에 양의 정수 ＋1, ＋2, ＋3, ⋯을, 왼쪽의 점에 음의 정수 －1, －2, －3, ⋯을 대응시킨다.

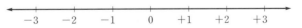

이와 같이 수를 대응시킨 직선을 **수직선**이라 한다.

유리수도 정수와 마찬가지로 수직선 위에 나타낼 수 있다.

예를 들어 $-\dfrac{5}{2}$, $-\dfrac{4}{3}$, $-\dfrac{1}{2}$, $+\dfrac{1}{2}$, $+\dfrac{4}{3}$, $+\dfrac{7}{3}$을 수직선 위에 점으로 나타내면 다음과 같다.

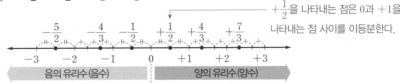

$+\dfrac{1}{2}$을 나타내는 점은 0과 ＋1을 나타내는 점 사이를 이등분한다.

참고 ① 모든 유리수는 수직선 위에 점으로 나타낼 수 있다.

② 수직선에서 양의 부호 ＋는 생략하여 나타낼 수 있다.

01 다음을 부호 + 또는 −를 사용하여 차례대로 나타내시오.

(1) 250원 이익, 500원 손해

(2) 4시간 전, 5시간 후

(3) 해발 200 m, 해저 100 m

(4) 15 % 증가, 10 % 감소

○ 한쪽 수량을 +로 나타내면 다른 한쪽 수량은 □로 나타낸다.

02 다음은 유리수를 분류한 것이다. □ 안에 알맞은 것을 써넣으시오.

○ 유리수란?

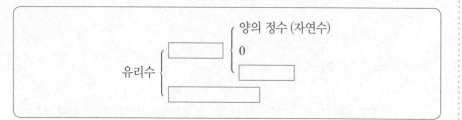

03 다음 설명이 옳으면 ○, 옳지 않으면 ×를 ( ) 안에 써넣으시오.

(1) 0은 유리수이다. ( )

(2) $-\dfrac{2}{3}$ 는 음의 정수이다. ( )

(3) 모든 정수는 유리수이다. ( )

(4) 모든 유리수는 자연수이다. ( )

04 아래 수에 대하여 다음을 구하시오.

$$5, \quad -0.4, \quad +8, \quad \frac{3}{10}, \quad 0, \quad -1, \quad -\frac{2}{7}$$

(1) 자연수

(2) 음의 정수

(3) 정수

(4) 정수가 아닌 유리수

05 다음 수를 수직선 위에 점으로 나타내시오.

(1) -5　　　(2) 3　　　(3) $-\dfrac{7}{2}$　　　(4) $\dfrac{3}{4}$

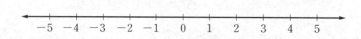

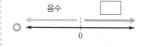
음수　□
0

01 부호를 사용하여 나타내기

● 더 다양한 문제는 RPM 1-1 38쪽

● 더 다양한 문제는 RPM 1-1 38쪽

─ **KEY POINT** ─
① 증가, 이익, 수입, 영상, 해발,
  ~만큼 큰 수 ➡ +
② 감소, 손해, 지출, 영하, 해저,
  ~만큼 작은 수 ➡ −

다음 중 부호 + 또는 −를 사용하여 나타낸 것으로 옳지 <u>않은</u> 것은?

① 3000원 수입 ➡ +3000원 ② 영하 12 ℃ ➡ −12 ℃

③ 20 % 증가 ➡ +20 % ④ 출발 2일 전 ➡ −2일

⑤ 0보다 7만큼 큰 수 ➡ −7

풀이 ⑤ 0보다 7만큼 큰 수 ➡ +7 **답** ⑤

확인 1 다음 중 부호 + 또는 −를 사용하여 나타낸 것으로 옳은 것은?

① 0보다 5만큼 작은 수 ➡ +5 ② 해발 300 m ➡ −300 m

③ 지하 2층 ➡ +2층 ④ 4 kg 감소 ➡ −4 kg

⑤ 출발 3시간 후 ➡ −3시간

02 정수와 유리수

● 더 다양한 문제는 RPM 1-1 38~39쪽

─ **KEY POINT** ─

유리수 ┌ 정수 ┌ 양의 정수 (자연수)
      │   │ 0
      │   └ 음의 정수
      └ 정수가 아닌 유리수

다음 수에 대한 설명으로 옳은 것은?

$$0.5, \quad -\frac{1}{3}, \quad 7, \quad \frac{6}{2}, \quad -3.14, \quad 0, \quad -2$$

① 정수는 3개이다. ② 유리수는 4개이다.

③ 자연수는 2개이다. ④ 음의 유리수는 4개이다.

⑤ 정수가 아닌 유리수는 4개이다.

풀이 ① 정수는 7, $\frac{6}{2}$=3, 0, −2의 4개이다.

② 주어진 수는 모두 유리수이므로 7개이다.

③ 자연수는 7, $\frac{6}{2}$=3의 2개이다.

④ 음의 유리수는 $-\frac{1}{3}$, −3.14, −2의 3개이다.

⑤ 정수가 아닌 유리수는 0.5, $-\frac{1}{3}$, −3.14의 3개이다.

따라서 옳은 것은 ③이다. **답** ③

확인 2 다음 중 정수가 아닌 유리수를 모두 고르면? (정답 2개)

① −5 ② $-\frac{3}{5}$ ③ 0

④ $\frac{12}{6}$ ⑤ 5.9

▶정답 및 풀이 18쪽

KEY POINT

03 수를 수직선 위에 나타내기
● 더 다양한 문제는 RPM 1-1 40쪽

다음 중 수직선 위의 점 A, B, C, D, E가 나타내는 수로 옳지 <u>않은</u> 것은?

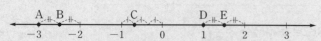

① A: -3　　　　　② B: $-\dfrac{5}{2}$　　　　　③ C: $-\dfrac{1}{3}$

④ D: 1　　　　　⑤ E: $\dfrac{3}{2}$

 ③ C: $-\dfrac{2}{3}$　　　　　　　　　　　　　　　　　답 ③

확인 3 다음 수를 수직선 위에 나타낼 때, 왼쪽에서 두 번째에 있는 수와 오른쪽에서 두 번째에 있는 수를 차례대로 구하시오.

$$2, \quad -\dfrac{1}{2}, \quad \dfrac{5}{2}, \quad -1, \quad \dfrac{7}{2}, \quad 0$$

KEY POINT
수직선 위에서
① 양수
　➡ 0을 나타내는 점의 오른쪽에 나타낸다.
② 음수
　➡ 0을 나타내는 점의 왼쪽에 나타낸다.

04 수직선 위의 두 점으로부터 같은 거리에 있는 점
● 더 다양한 문제는 RPM 1-1 41쪽

수직선 위에서 -6과 2를 나타내는 두 점으로부터 같은 거리에 있는 점이 나타내는 수를 구하시오.

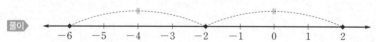

위의 수직선에서 -6과 2를 나타내는 두 점으로부터 같은 거리에 있는 점이 나타내는 수는 -2이다.　　　　　　　　　답 -2

확인 4 다음 물음에 답하시오.

(1) 수직선 위에서 -2를 나타내는 점으로부터 거리가 3인 점이 나타내는 두 수를 구하시오.

(2) 수직선 위에서 -3과 5를 나타내는 두 점으로부터 같은 거리에 있는 점이 나타내는 수를 구하시오.

KEY POINT
수직선 위의 두 점으로부터 같은 거리에 있는 점
➡ 두 점의 한가운데에 있는 점

> 정답 및 풀이 18쪽

01 다음 밑줄 친 부분을 부호 + 또는 −를 사용하여 차례대로 나타내시오.

> 오늘 대구의 낮 최고 기온은 어제보다 <u>2 ℃ 높아져</u> 34 ℃로 무더웠으나, 내일은 오늘보다는 <u>3 ℃ 낮아질</u> 것으로 예상된다.

① 증가, 이익, 수입, 영상, 해발
➡ +
② 감소, 손해, 지출, 영하, 해저
➡ −

02 다음 수에 대한 설명으로 옳지 <u>않은</u> 것은?

> $-3,$ $\dfrac{2}{5},$ $0,$ $+4,$ $-0.12,$ $\dfrac{24}{4}$

① 정수는 4개이다.　　　　　② 음수는 2개이다.

③ 자연수는 2개이다.　　　　④ 양수는 3개이다.

⑤ 정수가 아닌 유리수는 3개이다.

03 다음 중 옳은 것은?

① 0은 정수가 아니다.

② 유리수는 양의 유리수와 음의 유리수로 이루어져 있다.

③ 모든 자연수는 정수이다.

④ 서로 다른 두 정수 사이에는 무수히 많은 정수가 있다.

⑤ 정수 중에는 유리수가 아닌 수가 있다.

정수와 유리수의 성질을 생각해 본다.

04 수직선 위에서 $-\dfrac{4}{3}$에 가장 가까운 정수를 a, $\dfrac{9}{4}$에 가장 가까운 정수를 b라 할 때, a, b의 값을 구하시오.

주어진 수를 수직선 위에 나타내어 조건을 만족시키는 정수를 찾는다.

05 수직선 위에서 두 수 a, b를 나타내는 두 점 사이의 거리가 12이고 두 점으로부터 같은 거리에 있는 점이 나타내는 수가 4일 때, a, b의 값을 구하시오. (단, $a<0$)

수직선 위의 두 점으로부터 같은 거리에 있는 점
➡ 두 점의 한가운데에 있는 점

02 수의 대소 관계

개념원리 이해

1 절댓값이란 무엇인가?

◎ 핵심문제 01~04

(1) 절댓값

수직선 위에서 0을 나타내는 점과 어떤 수를 나타내는 점 사이의 거리를 그 수의 **절댓값**이라 하고, 기호로 | |를 사용하여 나타낸다.

예 −3의 절댓값: $|-3|=3$
+3의 절댓값: $|+3|=3$

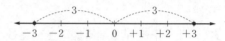

(2) 절댓값의 성질

① 양수와 음수의 절댓값은 그 수에서 부호 +, −를 떼어 낸 수와 같다.

② 0의 절댓값은 0이다. 즉 $|0|=0$이다.

③ 절댓값은 항상 0 또는 양수이다.

④ 수를 수직선 위에 나타낼 때, 0을 나타내는 점에서 멀리 떨어질수록 절댓값이 커진다.

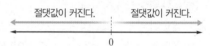

참고 절댓값이 $a\,(a>0)$인 수는 $+a$, $-a$의 2개이다.

2 수의 대소 관계는 어떻게 알 수 있는가?

◎ 핵심문제 05

수직선에서 수는 오른쪽으로 갈수록 커지고, 왼쪽으로 갈수록 작아진다.

① 양수는 0보다 크고 음수는 0보다 작다.

② 양수는 음수보다 크다.

③ 양수끼리는 절댓값이 큰 수가 크다.

예 $|+7|>|+5|$이므로 $+7>+5$

④ 음수끼리는 절댓값이 큰 수가 작다.

예 $|-7|>|-5|$이므로 $-7<-5$

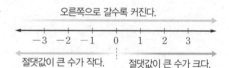

3 부등호의 사용

◎ 핵심문제 06

$a>b$	$a<b$	$a\geq b$	$a\leq b$
a는 b보다 크다. a는 b 초과이다.	a는 b보다 작다. a는 b 미만이다.	a는 b보다 크거나 같다. a는 b보다 작지 않다. a는 b 이상이다.	a는 b보다 작거나 같다. a는 b보다 크지 않다. a는 b 이하이다.

▶ 부등호 ≥는 '> 또는 ='를 의미하고, ≤는 '< 또는 ='를 의미한다.

예 ① a는 4보다 크다. ➡ $a>4$ ② a는 5보다 크지 않다. ➡ $a\leq5$
    └─➤작거나 같다.

01 다음 수의 절댓값을 구하시오.

(1) $+2$　　　　(2) -8　　　　(3) $+\dfrac{5}{6}$　　　　(4) -4.5

◆ 절댓값이란?

02 다음 수를 모두 구하시오.

(1) 절댓값이 6인 수　　　　(2) 절댓값이 $\dfrac{5}{2}$인 수

◆ 절댓값이 $a\,(a>0)$인 수는?

03 다음 수를 절댓값이 작은 수부터 차례대로 나열하시오.

$$-3.5,\qquad 0,\qquad -2,\qquad +4,\qquad \dfrac{2}{3}$$

04 다음 □ 안에 부등호 $<$ 또는 $>$ 중 알맞은 것을 써넣으시오.

(1) -5 □ 0　　　　(2) -3 □ $|-3|$　　　　(3) $\dfrac{5}{3}$ □ -1

(4) $\dfrac{4}{5}$ □ $\dfrac{3}{4}$　　　　(5) -8 □ -3　　　　(6) $-\dfrac{1}{2}$ □ -1.5

◆ 두 수의 대소 관계는?
① (양수) □ 0
② (음수) □ 0
③ (양수) □ (음수)

05 다음 수를 작은 수부터 차례대로 나열하시오.

$$-7,\qquad 0.5,\qquad -\dfrac{1}{2},\qquad 3,\qquad -4.2$$

06 다음을 부등호를 사용하여 나타내시오.

(1) x는 -2보다 크고 5보다 작거나 같다.

(2) x는 -3 이상 4 미만이다.

(3) x는 $-\dfrac{1}{5}$보다 작지 않고 $\dfrac{2}{3}$ 이하이다.

◆ ① 크거나 같다. ➡ 작지 않다.
　　　　　　　 ➡ 이상이다.
② 작거나 같다. ➡ □ .
　　　　　　 ➡ □ .

01 절댓값

● 더 다양한 문제는 RPM 1-1 41쪽

● 더 다양한 문제는 RPM 1-1 41쪽

다음 물음에 답하시오.

(1) $-\dfrac{4}{5}$의 절댓값을 a, $+1.2$의 절댓값을 b라 할 때, $a+b$의 값을 구하시오.

(2) 수직선 위에서 절댓값이 8인 두 수를 나타내는 두 점 사이의 거리를 구하시오.

풀이 (1) $a=\dfrac{4}{5}$, $b=1.2$이므로 $a+b=\dfrac{4}{5}+1.2=\dfrac{4}{5}+\dfrac{6}{5}=2$

(2) 절댓값이 8인 수는 8과 -8이고 8과 -8을 나타내는 두 점과 0을 나타내는 점 사이의
거리는 각각 $|8|=8$, $|-8|=8$
따라서 두 점 사이의 거리는 $8+8=16$

답 (1) 2 (2) 16

확인 ① 다음 물음에 답하시오.

(1) -9의 절댓값을 a, 절댓값이 6인 양수를 b라 할 때, $a-b$의 값을 구하시오.

(2) 수직선 위에서 절댓값이 10인 두 수를 나타내는 두 점 사이의 거리를 구하시오.

KEY POINT
· 어떤 수의 절댓값
➡ 그 수에서 부호 $+$, $-$를 떼어
낸 수와 같다.
· 절댓값이 $a\,(a>0)$인 수
➡ $+a$, $-a$

02 절댓값의 성질

● 더 다양한 문제는 RPM 1-1 42쪽

● 더 다양한 문제는 RPM 1-1 42쪽

다음 중 옳지 <u>않은</u> 것은?

① 절댓값이 가장 작은 수는 0이다. ② $\dfrac{1}{2}$과 $-\dfrac{1}{2}$의 절댓값은 같다.

③ 음수의 절댓값은 양수이다. ④ 절댓값은 항상 양수이다.

⑤ 수를 수직선 위에 나타낼 때, 0을 나타내는 점에 가까울수록 절댓값이 작아진다.

풀이 ④ 0의 절댓값은 0이다.

답 ④

KEY POINT
$a>0$일 때,
$|a|=a$, $|-a|=a$

확인 ② 다음 보기 중 옳은 것을 모두 고른 것은?

보기

ㄱ. 절댓값이 12인 수는 12, -12의 2개이다.
ㄴ. $|a|=a$이면 a는 양수이다.
ㄷ. 수직선 위에서 절댓값이 같은 수를 나타내는 두 점은 0을 나타내는 점으로
부터의 거리가 같다.

① ㄱ ② ㄱ, ㄴ ③ ㄱ, ㄷ
④ ㄴ, ㄷ ⑤ ㄱ, ㄴ, ㄷ

● 더 다양한 문제는 RPM 1-1 42쪽

03 절댓값을 이용하여 수 찾기

━━ KEY POINT ━━

절댓값이 $a(a>0)$인 수

➡ $+a$, $-a$

다음 물음에 답하시오.

(1) 절댓값이 5보다 작은 정수의 개수를 구하시오.

(2) $|a| \leq 1.5$를 만족시키는 정수 a의 개수를 구하시오.

풀이 (1) 절댓값이 5보다 작은 정수는 절댓값이 0, 1, 2, 3, 4인 정수이다.

절댓값이 0인 수는   0

절댓값이 1인 수는   1, -1

절댓값이 2인 수는   2, -2

절댓값이 3인 수는   3, -3

절댓값이 4인 수는   4, -4

따라서 절댓값이 5보다 작은 정수의 개수는 9이다.

(2) a는 정수이고 $|a| \leq 1.5$이므로 $|a|=0, 1$

$|a|=0$일 때, $a=0$

$|a|=1$일 때, $a=1, -1$

따라서 구하는 정수 a의 개수는 3이다.   **답** (1) 9   (2) 3

확인 3 다음 물음에 답하시오.

(1) 절댓값이 3 이하인 정수를 모두 구하시오.

(2) $|x| < \dfrac{14}{5}$를 만족시키는 정수 x의 개수를 구하시오.

04 절댓값이 같고 부호가 반대인 두 수

● 더 다양한 문제는 RPM 1-1 43쪽

━━ KEY POINT ━━

절댓값이 같고 부호가 반대인 두 수를 나타내는 두 점 사이의 거리가 a이다.

➡ 두 수를 나타내는 두 점은 0을 나타내는 점으로부터의 거리가 같고 반대 방향으로 각각 $\dfrac{a}{2}$만큼 떨어져 있다.

절댓값이 같고 부호가 반대인 두 수가 있다. 수직선 위에서 두 수를 나타내는 두 점 사이의 거리가 10일 때, 두 수를 구하시오.

풀이 절댓값이 같고 부호가 반대인 두 수를 나타내는 두 점 사이의 거리가 10이므로 두 수를 나타내는 두 점은 0을 나타내는 점으로부터의 거리가 각각 $10 \times \dfrac{1}{2} = 5$이다.

따라서 두 수는 5, -5이다.   **답** 5, -5

확인 4 절댓값이 같고 부호가 반대인 두 수가 있다. 수직선 위에서 두 수를 나타내는 두 점 사이의 거리가 8일 때, 두 수 중 음수를 구하시오.

05 수의 대소 관계

● 더 다양한 문제는 RPM 1-1 43쪽

다음 중 대소 관계가 옳은 것을 모두 고르면? (정답 2개)

① $\left|-\dfrac{1}{2}\right|<0$ ② $3>-5$ ③ $-1>-\dfrac{1}{3}$

④ $-5.1<-2$ ⑤ $\left|-\dfrac{2}{3}\right|>\left|-\dfrac{5}{7}\right|$

풀이 ① $\left|-\dfrac{1}{2}\right|=\dfrac{1}{2}$ 이므로 $\left|-\dfrac{1}{2}\right|>0$

③ $|-1|>\left|-\dfrac{1}{3}\right|$ 이므로 $-1<-\dfrac{1}{3}$

⑤ $\left|-\dfrac{2}{3}\right|=\dfrac{2}{3}=\dfrac{14}{21},\ \left|-\dfrac{5}{7}\right|=\dfrac{5}{7}=\dfrac{15}{21}$ 이므로 $\left|-\dfrac{2}{3}\right|<\left|-\dfrac{5}{7}\right|$

따라서 옳은 것은 ②, ④이다.   **답** ②, ④

확인 5 다음 중 □ 안에 알맞은 부등호가 나머지 넷과 <u>다른</u> 하나는?

① $0\ \square\ -1.7$ ② $\dfrac{1}{2}\ \square\ -3$ ③ $\dfrac{2}{3}\ \square\ \dfrac{3}{5}$

④ $-1.5\ \square\ -\dfrac{5}{4}$ ⑤ $\dfrac{13}{6}\ \square\ |-2|$

06 부등호를 사용하여 나타내기

● 더 다양한 문제는 RPM 1-1 44쪽

다음 중 부등호를 사용하여 나타낸 것으로 옳지 <u>않은</u> 것은?

① x는 6보다 작거나 같다. ➡ $x\leq6$
② x는 -5보다 크고 3보다 작다. ➡ $-5<x<3$
③ x는 -2 이상 4 미만이다. ➡ $-2\leq x<4$
④ x는 $-\dfrac{1}{2}$ 초과 $\dfrac{1}{3}$ 이하이다. ➡ $-\dfrac{1}{2}<x\leq\dfrac{1}{3}$
⑤ x는 -1보다 크거나 같고 $\dfrac{3}{4}$보다 크지 않다. ➡ $-1\leq x<\dfrac{3}{4}$

풀이 ⑤ $-1\leq x\leq\dfrac{3}{4}$ **답** ⑤

확인 6 다음을 부등호를 사용하여 나타내시오.

x는 $-\dfrac{5}{6}$보다 작지 않고 $\dfrac{1}{2}$보다 크지 않다.

▶정답 및 풀이 20쪽

01 다음 수를 수직선 위에 점으로 나타내었을 때, 0을 나타내는 점에서 가장 멀리 떨어져 있는 것은?

① -9 ② -6 ③ -3

④ 5 ⑤ 7

수의 절댓값이 클수록 그 수를 나타내는 점은 0을 나타내는 점으로부터 멀리 떨어져 있다.

02 다음 중 옳지 <u>않은</u> 것은?

① $|2.6|=|-2.6|$ 이다.   ② 0의 절댓값은 0이다.

③ $a>0$이면 $|a|=a$이다.   ④ 절댓값은 항상 0보다 크거나 같다.

⑤ 절댓값이 같은 수는 항상 2개이다.

03 절댓값이 같고 $a<b$인 두 수 a, b가 있다. 수직선 위에서 a, b를 나타내는 두 점 사이의 거리가 20일 때, a, b의 값을 구하시오.

두 수 a, b는 절댓값이 같고 부호가 반대이다.

04 다음 중 대소 관계가 옳은 것은?

① $\dfrac{1}{2}>\dfrac{2}{3}$ ② $4.2<\dfrac{19}{5}$ ③ $0<-\dfrac{1}{3}$

④ $-2>-\dfrac{13}{6}$ ⑤ $\left|-\dfrac{3}{4}\right|>|-1|$

양수끼리는 절댓값이 큰 수가 크고, 음수끼리는 절댓값이 큰 수가 작다.

05 다음 수에 대한 설명으로 옳지 <u>않은</u> 것을 모두 고르면? (정답 2개)

$$2.1, \quad -1, \quad 3, \quad -\frac{3}{2}, \quad \frac{2}{5}, \quad -3.2$$

① 가장 큰 수는 3이다.   ② 가장 작은 수는 -3.2이다.

③ 양수 중 가장 작은 수는 $\dfrac{2}{5}$이다.   ④ 절댓값이 가장 큰 수는 3이다.

⑤ 절댓값이 2보다 작은 수는 4개이다.

06 다음을 부등호를 사용하여 나타내고, 이를 만족시키는 정수 x의 개수를 구하시오.

$$x는 -\frac{4}{3}보다 작지 않고 5 미만이다.$$

01 다음 밑줄 친 부분을 부호 + 또는 −를 사용하여 나타낸 것으로 옳은 것은?

① 한라산의 높이는 해발 <u>1950 m</u>이다.
　➡ −1950 m
② 오늘의 기온은 <u>영하 7 ℃</u>이다. ➡ +7 ℃
③ 형우는 작년보다 연봉이 <u>20 % 올랐다.</u>
　➡ −20 %
④ 미정이는 몸무게가 <u>3 kg 감소</u>하였다.
　➡ +3 kg
⑤ 약속 시간 <u>30분 전</u>이다. ➡ −30분

꼭나와

02 다음 수에 대한 설명으로 옳지 <u>않은</u> 것을 모두 고르면? (정답 2개)

$$-13.2, \quad 1, \quad \frac{2}{5}, \quad -\frac{3}{11}, \quad 0, \quad -\frac{14}{7}$$

① 자연수는 1개이다.
② 양수는 2개이다.
③ 정수는 2개이다.
④ 유리수는 4개이다.
⑤ 정수가 아닌 유리수는 3개이다.

03 다음 수직선 위의 점 A, B, C, D, E가 나타내는 수로 옳은 것은?

① A: $-\dfrac{7}{3}$　② B: $-\dfrac{5}{3}$　③ C: $-\dfrac{1}{3}$
④ D: $\dfrac{2}{3}$　⑤ E: $\dfrac{7}{3}$

04 다음 보기 중 옳은 것을 모두 고른 것은?

보기

ㄱ. 모든 자연수는 유리수이다.
ㄴ. 정수는 양의 정수와 음의 정수로 이루어져 있다.
ㄷ. 0은 양의 정수도 아니고 음의 정수도 아니다.
ㄹ. 서로 다른 두 유리수 사이에는 무수히 많은 유리수가 존재한다.
ㅁ. 수직선 위에서 $-\dfrac{3}{2}$을 나타내는 점은 −1을 나타내는 점의 오른쪽에 있다.

① ㄱ, ㅁ　　　　　② ㄱ, ㄷ, ㄹ
③ ㄴ, ㄷ, ㄹ　　　④ ㄴ, ㄹ, ㅁ
⑤ ㄱ, ㄷ, ㄹ, ㅁ

05 $|a|=8$, $|b|=3$이고 수직선 위에서 a, b를 나타내는 점은 차례대로 0을 나타내는 점의 왼쪽과 오른쪽에 있을 때, a, b의 값을 구하시오.

꼭나와

06 다음 수를 수직선 위에 점으로 나타내었을 때, 0을 나타내는 점에서 가장 가까운 것은?

① -7　　　② $\dfrac{9}{2}$　　　③ -3.8

④ 4　　　⑤ $-\dfrac{25}{4}$

07 절댓값이 2 이상 $\dfrac{9}{2}$ 미만인 정수의 개수를 구하시오.

꼭나와

08 절댓값이 같고 $a>b$인 두 수 a, b가 있다. 수직선 위에서 a, b를 나타내는 두 점 사이의 거리가 $\dfrac{4}{9}$일 때, a, b의 값을 구하시오.

09 다음 중 대소 관계가 옳지 <u>않은</u> 것은?

① $|-1|>0$ ② $-0.2<\dfrac{1}{4}$

③ $\dfrac{3}{5}<\dfrac{7}{10}$ ④ $-4>-6$

⑤ $\left|+\dfrac{7}{3}\right|>\left|-\dfrac{5}{2}\right|$

꼭나와

10 다음 수에 대한 설명으로 옳지 <u>않은</u> 것은?

$$-5, \quad 2, \quad 0, \quad -\dfrac{2}{3}, \quad -\dfrac{3}{4}, \quad 4$$

① 가장 큰 수는 4이다.
② 가장 작은 수는 -5이다.
③ 절댓값이 가장 작은 수는 0이다.
④ 음수 중 가장 큰 수는 $-\dfrac{3}{4}$이다.
⑤ 작은 수부터 차례대로 나열할 때, 세 번째에 오는 수는 $-\dfrac{2}{3}$이다.

11 다음 중 부등호를 사용하여 나타낸 것으로 옳은 것은?

① x는 5보다 크거나 같다. ➡ $x>5$
② x는 -2보다 크고 6 미만이다. ➡ $-2<x\le6$
③ x는 0 이하이다. ➡ $x<0$
④ x는 7보다 크지 않다. ➡ $x<7$
⑤ x는 -3보다 작지 않고 8보다 작거나 같다.
　➡ $-3\le x\le8$

12 두 유리수 $-\dfrac{7}{2}$과 $\dfrac{5}{3}$ 사이에 있는 정수의 개수를 구하시오.

13 다음 중 수직선 위의 점 A, B, C, D, E가 나타내는 수에 대한 설명으로 옳지 <u>않은</u> 것은?

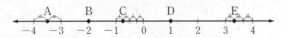

① 점 C가 나타내는 수는 $-\dfrac{3}{4}$이다.

② 점 E가 나타내는 수는 $\dfrac{10}{3}$이다.

③ 정수는 2개이다.

④ 음수는 3개이다.

⑤ 유리수는 3개이다.

14 수직선 위에서 두 수 a와 b를 나타내는 두 점 사이의 거리가 10이고 두 점의 한가운데에 있는 점이 나타내는 수가 4일 때, a, b의 값을 구하시오.

(단, $a > b$)

15 수직선 위에서 $-\dfrac{12}{5}$에 가장 가까운 정수를 a, $\dfrac{7}{4}$에 가장 가까운 정수를 b라 할 때, $|a| + |b|$의 값은?

① 2　　　　② 3　　　　③ 4
④ 5　　　　⑤ 6

16 수직선 위에서 두 수 a, b를 나타내는 두 점으로부터 같은 거리에 있는 점이 나타내는 수가 3이고 $|a| = 7$일 때, b의 값을 모두 구하시오.

17 두 유리수 a, b에 대하여 다음 **보기** 중 옳은 것을 모두 고른 것은?

> 보기
> ㄱ. $a < 0$이면 $|a| = a$이다.
> ㄴ. $a > 0$이면 $|-a| = a$이다.
> ㄷ. $|a| = |b|$이면 $a = b$이다.
> ㄹ. $a > b$이면 $|a| > |b|$이다.

① ㄴ　　　　② ㄱ, ㄷ　　　　③ ㄴ, ㄹ
④ ㄱ, ㄴ, ㄷ　　　　⑤ ㄴ, ㄷ, ㄹ

18 두 정수 a, b가 다음 조건을 만족시킬 때, a, b의 값을 구하시오.

> ㈎ $a < 0$, $b > 0$
> ㈏ a의 절댓값은 3이다.
> ㈐ a, b의 절댓값의 합은 10이다.

19 $\dfrac{n}{5}$의 절댓값이 1보다 작거나 같도록 하는 정수 n의 개수는?

① 8   ② 9   ③ 10

④ 11   ⑤ 12

20 다음 조건을 만족시키는 정수 A의 값을 구하시오.

> ㈎ A는 -5보다 크고 3보다 크지 않다.
> ㈏ $|A|>3$

꼭나와

21 두 유리수 $-\dfrac{5}{7}$와 $\dfrac{1}{2}$ 사이에 있는 정수가 아닌 유리수 중에서 분모가 14인 기약분수의 개수는?

① 6   ② 7   ③ 8

④ 9   ⑤ 10

STEP **3** 실력 UP

22 다음 조건을 만족시키는 정수 a의 값을 구하시오.

해설 강의

> ㈎ $6<|a|<10$
> ㈏ $|a|$의 약수의 개수가 4이다.
> ㈐ a와 부호가 같은 정수 b에 대하여 $a>b$일 때, $|a|<|b|$이다.

23 부호가 반대인 두 정수 a, b에 대하여 $a>b$이고 a와 b의 절댓값의 합이 12이다. a의 절댓값이 b의 절댓값의 3배일 때, a, b의 값을 구하시오.

해설 강의

24 다음 조건을 만족시키는 서로 다른 세 정수 a, b, c의 대소 관계를 나타낸 것으로 옳은 것은?

해설 강의

> ㈎ a와 b는 -5보다 크다.
> ㈏ a의 절댓값은 -5의 절댓값과 같다.
> ㈐ 수직선에서 c를 나타내는 점은 5를 나타내는 점의 오른쪽에 있다.
> ㈑ 수직선에서 c를 나타내는 점이 b를 나타내는 점보다 -5를 나타내는 점에 더 가깝다.

① $a<b<c$ ② $a<c<b$ ③ $b<a<c$

④ $c<a<b$ ⑤ $c<b<a$

예제 1

해설 강의

수직선 위에서 두 수 a, b를 나타내는 두 점 사이의 거리가 8이고 두 점의 한가운데에 있는 점이 나타내는 수가 3일 때, a, b의 값을 구하시오. (단, $a>b$) [7점]

(풀이 과정)

1단계 a, b를 나타내는 점과 3을 나타내는 점 사이의 거리 구하기
•3점

두 수 a, b를 나타내는 두 점은 3을 나타내는 점으로부터의 거리가 각각 $8\times\dfrac{1}{2}=4$이다.

2단계 a, b를 수직선 위에 점으로 나타내기 •2점

두 수 a, b를 수직선 위에 점으로 나타내면 다음과 같다.

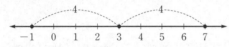

3단계 a, b의 값 구하기 •2점

그런데 $a>b$이므로 $a=7$, $b=-1$

(답) $a=7$, $b=-1$

유제 1 수직선 위에서 두 수를 나타내는 두 점 사이의 거리가 10이고 두 점의 한가운데에 있는 점이 나타내는 수가 -1일 때, 두 수 중 작은 수를 구하시오. [7점]

(풀이 과정)

1단계 두 수를 나타내는 점과 -1을 나타내는 점 사이의 거리 구하기
•3점

2단계 두 수를 수직선 위에 점으로 나타내기 •2점

3단계 두 수 중 작은 수 구하기 •2점

(답)

예제 2

해설 강의

두 유리수 $-\dfrac{16}{5}$과 $\dfrac{11}{4}$ 사이에 있는 정수 중에서 절댓값이 가장 큰 수를 구하시오. [6점]

(풀이 과정)

1단계 $-\dfrac{16}{5}$과 $\dfrac{11}{4}$ 사이에 있는 정수 구하기 •3점

$-\dfrac{16}{5}=-3.2$, $\dfrac{11}{4}=2.75$이므로 $-\dfrac{16}{5}$과 $\dfrac{11}{4}$ 사이에 있는 정수는

$$-3, -2, -1, 0, 1, 2$$

2단계 절댓값이 가장 큰 수 구하기 •3점

위의 수 중에서 절댓값이 가장 큰 수는 -3이다.

(답) -3

유제 2 두 유리수 $-\dfrac{7}{3}$과 $\dfrac{8}{5}$ 사이에 있는 정수 중에서 절댓값이 가장 큰 수를 구하시오. [6점]

(풀이 과정)

1단계 $-\dfrac{7}{3}$과 $\dfrac{8}{5}$ 사이에 있는 정수 구하기 •3점

2단계 절댓값이 가장 큰 수 구하기 •3점

(답)

스스로 서술하기

유제 3 다음 수 중 양수의 개수를 a, 음수의 개수를 b, 정수가 아닌 유리수의 개수를 c라 할 때, $a+b+c$의 값을 구하시오. [6점]

$$-3, \quad \frac{3}{11}, \quad -4.5, \quad 0, \quad \frac{29}{4}, \quad 0.9, \quad 25, \quad -\frac{1}{5}$$

풀이 과정

답

유제 5 $-\dfrac{10}{3}$보다 작은 수 중에서 가장 큰 정수를 a, $\dfrac{9}{2}$보다 큰 수 중에서 가장 작은 정수를 b라 할 때, $|a|+|b|$의 값을 구하시오. [6점]

풀이 과정

답

유제 4 다음 조건을 만족시키는 a, b의 값을 구하시오. [7점]

㉮ a와 b의 절댓값은 같다.
㉯ 두 수 a, b를 수직선 위에 점으로 나타내었을 때의 두 점 사이의 거리는 12이다.
㉰ $|a|=a$

풀이 과정

답

유제 6 다음 물음에 답하시오. [총 7점]

(1) 'x는 -5보다 작지 않고 2보다 크지 않다.'를 부등호를 사용하여 나타내시오. [3점]

(2) (1)을 만족시키는 정수 x의 개수를 구하시오. [4점]

풀이 과정

(1)

(2)

답 (1)　　　　　(2)

빛은
작은틈만 있어도
우릴 비춰줘

언제가 돼도 괜찮아

밝은 빛이될
너를 기다리고
기대해

『찌그러져도 괜찮아』, 임임(찌오) 지음, 북로망스, 2003

Ⅱ-2

정수와 유리수의 계산

이 단원의 학습 계획을 세우고
하나하나 실천하는 습관을 기르자!! 나는 할 수 있어!

		공부한 날		학습 완료도
01 유리수의 덧셈과 뺄셈	개념원리 이해 & 개념원리 확인하기	월	일	□□□
	핵심문제 익히기	월	일	○○○
	계산력 강화하기	월	일	○○○
	이런 문제가 시험에 나온다	월	일	○○○
02 유리수의 곱셈	개념원리 이해 & 개념원리 확인하기	월	일	□□□
	핵심문제 익히기	월	일	○○○
	이런 문제가 시험에 나온다	월	일	○○○
03 유리수의 나눗셈	개념원리 이해 & 개념원리 확인하기	월	일	□□□
	핵심문제 익히기	월	일	○○○
	계산력 강화하기	월	일	○○○
	이런 문제가 시험에 나온다	월	일	○○○
중단원 마무리하기		월	일	○○○
서술형 대비 문제		월	일	○○○

개념 학습 guide

- 개념을 이해했으면 ■■, 개념을 문제에 적용할 수 있으면 ■, 개념을 친구에게 설명할 수 있으면
  로 색칠한다.
- 부족한 부분의 개념을 반복 학습하여 ■■■ 3칸 모두 색칠하면 학습을 마친다.

문제 학습 guide

- 맞힌 문제가 전체의 50% 미만이면 ●●, 맞힌 문제가 50% 이상 90% 미만이면 ●, 맞힌 문제가 90% 이
  상이면 로 색칠한다. 문제를 찍지 말자!
- 틀린 문제는 왜 틀렸는지 그 이유를 파악한 후 다시 풀어 본다. 며칠 후 틀린 문제를 다시 풀어 보고, 풀이 과정과
  답이 맞으면 학습을 마친다.

01 유리수의 덧셈과 뺄셈

개념원리 이해

1 유리수의 덧셈은 어떻게 하는가?

◉ 핵심문제 01, 06~08

(1) **부호가 같은 두 수의 덧셈**: 두 수의 절댓값의 합에 공통인 부호를 붙인다.

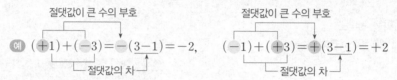

예 $(+2)+(+3)=+(2+3)=+5$, $(-2)+(-3)=-(2+3)=-5$

(2) **부호가 다른 두 수의 덧셈**: 두 수의 절댓값의 차에 절댓값이 큰 수의 부호를 붙인다.

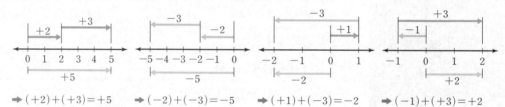

예 $(+1)+(-3)=-(3-1)=-2$, $(-1)+(+3)=+(3-1)=+2$

설명 위의 유리수의 덧셈을 수직선을 이용하여 나타내면 다음과 같다.

➡ $(+2)+(+3)=+5$ ➡ $(-2)+(-3)=-5$ ➡ $(+1)+(-3)=-2$ ➡ $(-1)+(+3)=+2$

참고 ① 어떤 수와 0의 합은 그 수 자신이다.

예 $(-5)+0=-5$, $0+\left(+\dfrac{1}{2}\right)=+\dfrac{1}{2}$

② 절댓값이 같고 부호가 다른 두 수의 합은 0이다.

예 $(+3)+(-3)=0$

2 덧셈에는 어떤 계산 법칙이 있는가?

◉ 핵심문제 02

세 수 a, b, c에 대하여

(1) **덧셈의 교환법칙**: $a+b=b+a$

(2) **덧셈의 결합법칙**: $(a+b)+c=a+(b+c)$

설명 두 수의 덧셈을 할 때,

$$(+6)+(-2)=+4, (-2)+(+6)=+4$$

와 같이 더하는 두 수의 순서를 바꾸어 더해도 그 결과는 같다.

이것을 덧셈의 교환법칙이라 한다.

또 세 수의 덧셈을 할 때,

$$\{(+2)+(-3)\}+(+5)=(-1)+(+5)=+4,$$
$$(+2)+\{(-3)+(+5)\}=(+2)+(+2)=+4$$

와 같이 어느 두 수를 먼저 더해도 그 결과는 같다.

이것을 덧셈의 결합법칙이라 한다.

예 $\left(+\dfrac{1}{2}\right)+(+7)+\left(-\dfrac{1}{2}\right)$

$=(+7)+\left(+\dfrac{1}{2}\right)+\left(-\dfrac{1}{2}\right)$ ← 덧셈의 교환법칙

$=(+7)+\left\{\left(+\dfrac{1}{2}\right)+\left(-\dfrac{1}{2}\right)\right\}$ ← 덧셈의 결합법칙

$=(+7)+0=+7$

참고 세 수의 덧셈에서는 결합법칙이 성립하므로 $(a+b)+c$ 또는 $a+(b+c)$를 괄호를 사용하지 않고 $a+b+c$로 나타낼 수 있다.

II-2 정수와 유리수의 계산

3 유리수의 뺄셈은 어떻게 하는가? ◑ 핵심문제 03, 06~08

두 유리수의 뺄셈은 빼는 수의 부호를 바꾸어 덧셈으로 고쳐서 계산한다.

┌ 덧셈으로 고친다. ┐

예 $(-3)-(+7)=(-3)+(-7)=-(3+7)=-10$

└ 부호를 바꾼다. ┘

참고 어떤 수에서 0을 뺀 값은 그 수 자신이다. 예 $(-5)-0=-5$, $\left(+\dfrac{1}{2}\right)-0=+\dfrac{1}{2}$

주의 뺄셈에서는 교환법칙과 결합법칙이 성립하지 않는다.

예 ① $(+6)-(+2)=+4$, $(+2)-(+6)=-4$이므로 $(+6)-(+2)\neq(+2)-(+6)$

② $\{(+6)-(+3)\}-(-2)=+5$, $(+6)-\{(+3)-(-2)\}=+1$이므로

$\{(+6)-(+3)\}-(-2)\neq(+6)-\{(+3)-(-2)\}$

4 덧셈과 뺄셈의 혼합 계산은 어떻게 하는가? ◑ 핵심문제 04

❶ 뺄셈은 모두 덧셈으로 고친다.

→ 덧셈의 교환법칙, 덧셈의 결합법칙

❷ 덧셈의 계산 법칙을 이용하여 계산한다.

예 $(+3)-(+2)+(-5)-(-9)$

$=(+3)+(-2)+(-5)+(+9)$ ← 뺄셈을 덧셈으로 고친다.

$=(+3)+(+9)+(-2)+(-5)$ ← 덧셈의 교환법칙

$=\{(+3)+(+9)\}+\{(-2)+(-5)\}$ ← 덧셈의 결합법칙

$=(+12)+(-7)=+5$

5 부호가 생략된 수의 덧셈과 뺄셈은 어떻게 하는가? ◑ 핵심문제 05, 07

❶ 생략된 양의 부호 +와 괄호를 넣는다.

❷ 뺄셈은 모두 덧셈으로 고친다.

❸ 덧셈의 계산 법칙을 이용하여 계산한다.

예 $2-5+4-6$

$=(+2)-(+5)+(+4)-(+6)$ ← 생략된 양의 부호 +와 괄호 넣기

$=(+2)+(-5)+(+4)+(-6)$ ← 뺄셈을 덧셈으로 고친다.

$=(+2)+(+4)+(-5)+(-6)$ ← 덧셈의 교환법칙

$=\{(+2)+(+4)\}+\{(-5)+(-6)\}$ ← 덧셈의 결합법칙

$=(+6)+(-11)=-5$

01 다음 식에서 ○ 안에는 + 또는 −를, □ 안에는 알맞은 수를 써넣으시오.

○ $(+)+(+)=$◯
$(-)+(-)=$◯
$\left.\begin{array}{l}(+)+(-)\\(-)+(+)\end{array}\right\}$ → 절댓값이
큰 수의
부호

(1) $(+7)+(+2)=$◯$(7+2)=$◯□

(2) $(-3)+(-5)=$◯$(3$◯$5)=$◯□

(3) $(-6)+(+3)=$◯$(6$◯□$)=$◯□

(4) $(+9)+(-4)=$◯$(9$◯□$)=$◯□

02 다음을 계산하시오.

(1) $(+4)+(+7)$

(2) $(-8)+(-5)$

(3) $(-11)+(+9)$

(4) $(-3)+(+12)$

(5) $(-0.5)+(-4.5)$

(6) $(+11.4)+(-17.5)$

(7) $\left(+\dfrac{3}{2}\right)+\left(+\dfrac{1}{6}\right)$

(8) $\left(-\dfrac{5}{3}\right)+\left(+\dfrac{7}{4}\right)$

(9) $(-0.5)+\left(-\dfrac{2}{7}\right)$

(10) $(+0.3)+\left(-\dfrac{3}{4}\right)$

03 다음 계산 과정에서 ㈎, ㈏에 알맞은 것을 구하시오.

○ 세 수 a, b, c에 대하여
① $a+b=b+a$
→ 덧셈의 □ 법칙
② $(a+b)+c=a+(b+c)$
→ 덧셈의 □ 법칙

$$\left(-\dfrac{1}{5}\right)+(-2)+\left(+\dfrac{6}{5}\right)$$
$$=(-2)+\left(-\dfrac{1}{5}\right)+\left(+\dfrac{6}{5}\right) \quad \text{덧셈의 ㈎ 법칙}$$
$$=(-2)+\left\{\left(-\dfrac{1}{5}\right)+\left(+\dfrac{6}{5}\right)\right\} \quad \text{덧셈의 ㈏ 법칙}$$
$$=(-2)+(+1)=-1$$

04 다음을 덧셈의 계산 법칙을 이용하여 계산하시오.

(1) $(-10)+(+2)+(+6)$

(2) $(-5)+(+15)+(-10)$

(3) $(-1.7)+(+8.5)+(-3.8)$

(4) $\left(+\dfrac{3}{4}\right)+(-3)+\left(+\dfrac{5}{4}\right)$

05 다음 식에서 ○ 안에는 + 또는 −를, □ 안에는 알맞은 수를 써넣으시오.

(1) $(-3)-(+5)=(-3)\bigcirc(\bigcirc 5)=\bigcirc(3\bigcirc\square)=\bigcirc\square$

(2) $(-5)-(-8)=(-5)\bigcirc(\bigcirc 8)=\bigcirc(\square\bigcirc\square)=\bigcirc\square$

◆ 유리수의 뺄셈은 빼는 수의 □를 바꾸어 덧셈으로 고쳐 서 계산한다.

II-2
정수와 유리수의 계산

06 다음을 계산하시오.

(1) $(+8)-(+12)$

(2) $(-7)-(+7)$

(3) $(+2)-(-5)$

(4) $(-6)-(-11)$

(5) $(+4.3)-(+5.7)$

(6) $(-1.9)-(-6.1)$

(7) $\left(+\dfrac{5}{6}\right)-\left(-\dfrac{4}{3}\right)$

(8) $\left(-\dfrac{1}{2}\right)-\left(+\dfrac{1}{5}\right)$

(9) $(+1.5)-\left(+\dfrac{9}{2}\right)$

(10) $\left(-\dfrac{1}{4}\right)-(-0.3)$

07 다음을 계산하시오.

(1) $(+10)-(-3)-(+7)$

(2) $(-3.2)-(+1.8)-(-2)$

(3) $\left(-\dfrac{1}{3}\right)-\left(-\dfrac{5}{4}\right)-\left(+\dfrac{3}{2}\right)$

08 다음을 계산하시오.

(1) $(-2)+(+5)-(-6)$

(2) $(+2.5)-(+2.8)-(-5.5)+(-3.2)$

(3) $\left(+\dfrac{1}{2}\right)+\left(-\dfrac{5}{3}\right)-\left(-\dfrac{3}{2}\right)-\left(+\dfrac{1}{3}\right)$

◆ 덧셈과 뺄셈의 혼합 계산
❶ 뺄셈은 모두 □으로 고 친다.
❷ 덧셈의 계산 법칙을 이용하 여 계산한다.

09 다음을 계산하시오.

(1) $4-12+5-7$

(2) $-1.7-4.5+8.2$

(3) $-\dfrac{1}{2}+\dfrac{2}{5}-\dfrac{3}{10}$

◆ 부호가 생략된 수의 덧셈과 뺄셈
❶ 생략된 양의 부호 +를 넣 는다.
❷ 뺄셈은 모두 □으로 고 친다.
❸ 덧셈의 계산 법칙을 이용하 여 계산한다.

01 유리수의 덧셈

● 더 다양한 문제는 RPM 1-1 54쪽

● 더 다양한 문제는 RPM 1-1 54쪽

다음을 계산하시오.

(1) $(-3.8)+(-1.2)$

(2) $\left(-\dfrac{5}{2}\right)+\left(+\dfrac{4}{3}\right)$

KEY POINT

① 부호가 같은 두 수의 덧셈
➡ ◯ (절댓값의 합)
└ 공통인 부호
② 부호가 다른 두 수의 덧셈
➡ ◯ (절댓값의 차)
└ 절댓값이 큰 수의 부호

풀이 (1) $(-3.8)+(-1.2)=-(3.8+1.2)=-5$

(2) $\left(-\dfrac{5}{2}\right)+\left(+\dfrac{4}{3}\right)=\left(-\dfrac{15}{6}\right)+\left(+\dfrac{8}{6}\right)=-\left(\dfrac{15}{6}-\dfrac{8}{6}\right)=-\dfrac{7}{6}$

답 (1) -5 (2) $-\dfrac{7}{6}$

확인 1 다음 중 계산 결과가 옳지 <u>않은</u> 것은?

① $(-2)+(-5)=-7$

② $(+5.1)+(-3.6)=1.5$

③ $(+2.1)+(-4.3)=-2.2$

④ $\left(-\dfrac{5}{6}\right)+\left(+\dfrac{2}{3}\right)=\dfrac{1}{6}$

⑤ $\left(-\dfrac{2}{3}\right)+\left(-\dfrac{1}{7}\right)=-\dfrac{17}{21}$

02 덧셈의 계산 법칙

● 더 다양한 문제는 RPM 1-1 54쪽

● 더 다양한 문제는 RPM 1-1 54쪽

KEY POINT

세 수 a, b, c에 대하여
① 덧셈의 교환법칙
➡ $a+b=b+a$
② 덧셈의 결합법칙
➡ $(a+b)+c=a+(b+c)$

다음 계산 과정에서 ㈎～㈒에 알맞은 것을 구하시오.

$(-2.5)+(+1)+(-1.5)$
$=(-2.5)+(-1.5)+(+1)$ ⎤ 덧셈의 ㈎ 법칙
$=\{(-2.5)+(-1.5)\}+(+1)$ ⎦ 덧셈의 ㈏ 법칙
$=(\ ㈐\ )+(+1)=\ ㈒$

풀이 $(-2.5)+(+1)+(-1.5)$
$=(-2.5)+(-1.5)+(+1)$ ⎤ 덧셈의 교환 법칙
$=\{(-2.5)+(-1.5)\}+(+1)$ ⎦ 덧셈의 결합 법칙
$=(-4)+(+1)=-3$

답 ㈎ 교환 ㈏ 결합 ㈐ -4 ㈒ -3

확인 2 다음을 덧셈의 계산 법칙을 이용하여 계산하시오.

(1) $(+7)+(-3)+(-7)$

(2) $\left(+\dfrac{2}{3}\right)+\left(-\dfrac{1}{2}\right)+\left(-\dfrac{5}{3}\right)+\left(+\dfrac{3}{2}\right)$

03 유리수의 뺄셈

● 더 다양한 문제는 RPM 1–1 55쪽

다음을 계산하시오.

(1) $(-5.3)-(+2.7)$　　　　(2) $\left(+\dfrac{3}{4}\right)-\left(-\dfrac{2}{3}\right)$

풀이　(1) $(-5.3)-(+2.7)=(-5.3)+(-2.7)=-(5.3+2.7)=-8$

(2) $\left(+\dfrac{3}{4}\right)-\left(-\dfrac{2}{3}\right)=\left(+\dfrac{3}{4}\right)+\left(+\dfrac{2}{3}\right)=\left(+\dfrac{9}{12}\right)+\left(+\dfrac{8}{12}\right)$

$=+\left(\dfrac{9}{12}+\dfrac{8}{12}\right)=\dfrac{17}{12}$　　　**답** (1) -8　(2) $\dfrac{17}{12}$

확인 3　다음 중 계산 결과가 옳은 것은?

① $(+8)-(-12)=-4$　　　② $(-1.3)-(+5.6)=-4.3$

③ $(+1)-\left(+\dfrac{3}{4}\right)=\dfrac{1}{2}$　　　④ $\left(-\dfrac{1}{4}\right)-\left(+\dfrac{13}{4}\right)=-3$

⑤ $\left(-\dfrac{3}{5}\right)-\left(-\dfrac{2}{3}\right)=\dfrac{1}{15}$

04 덧셈과 뺄셈의 혼합 계산

● 더 다양한 문제는 RPM 1–1 55쪽

다음을 계산하시오.

(1) $(+4)-(+6)+(-7)-(-5)$　　(2) $\left(+\dfrac{2}{3}\right)+\left(-\dfrac{3}{4}\right)-\left(-\dfrac{1}{2}\right)-(+2)$

풀이　(1) (주어진 식) $=(+4)+(-6)+(-7)+(+5)$

$=\{(+4)+(+5)\}+\{(-6)+(-7)\}=(+9)+(-13)=-4$

(2) (주어진 식) $=\left(+\dfrac{8}{12}\right)+\left(-\dfrac{9}{12}\right)+\left(+\dfrac{6}{12}\right)+\left(-\dfrac{24}{12}\right)$

$=\left\{\left(+\dfrac{8}{12}\right)+\left(+\dfrac{6}{12}\right)\right\}+\left\{\left(-\dfrac{9}{12}\right)+\left(-\dfrac{24}{12}\right)\right\}$

$=\left(+\dfrac{14}{12}\right)+\left(-\dfrac{33}{12}\right)=-\dfrac{19}{12}$　　　**답** (1) -4　(2) $-\dfrac{19}{12}$

확인 4　다음을 계산하시오.

(1) $(-6)-(+3.3)+(-1.7)-(-13)$

(2) $\left(-\dfrac{4}{5}\right)+\left(-\dfrac{9}{4}\right)-\left(+\dfrac{6}{5}\right)-\left(-\dfrac{3}{2}\right)$

05 부호가 생략된 수의 덧셈과 뺄셈

● 더 다양한 문제는 RPM 1-1 56쪽

다음을 계산하시오.

(1) $-6+4-3+7$

(2) $\dfrac{1}{4}-\dfrac{3}{8}-\dfrac{3}{2}+1$

● 더 다양한 문제는 RPM 1-1 56쪽

풀이 (1) (주어진 식)$=(-6)+(+4)-(+3)+(+7)=(-6)+(+4)+(-3)+(+7)$
$\qquad\qquad\quad =\{(-6)+(-3)\}+\{(+4)+(+7)\}=(-9)+(+11)=2$

(2) (주어진 식)$=\left(+\dfrac{1}{4}\right)-\left(+\dfrac{3}{8}\right)-\left(+\dfrac{3}{2}\right)+(+1)$
$\qquad\qquad\quad =\left(+\dfrac{2}{8}\right)+\left(-\dfrac{3}{8}\right)+\left(-\dfrac{12}{8}\right)+\left(+\dfrac{8}{8}\right)$
$\qquad\qquad\quad =\left\{\left(+\dfrac{2}{8}\right)+\left(+\dfrac{8}{8}\right)\right\}+\left\{\left(-\dfrac{3}{8}\right)+\left(-\dfrac{12}{8}\right)\right\}$
$\qquad\qquad\quad =\left(+\dfrac{10}{8}\right)+\left(-\dfrac{15}{8}\right)=-\dfrac{5}{8}$

답 (1) 2 (2) $-\dfrac{5}{8}$

확인 5 다음을 계산하시오.

(1) $-5+4-13+7+6-12$

(2) $-\dfrac{3}{4}+\dfrac{1}{2}-\dfrac{1}{3}+\dfrac{5}{6}$

● 더 다양한 문제는 RPM 1-1 56쪽

---

06 어떤 수보다 A만큼 큰 수 또는 작은 수

● 더 다양한 문제는 RPM 1-1 56쪽

다음을 구하시오.

(1) -8보다 3만큼 큰 수

(2) 7보다 -3만큼 작은 수

(3) $-\dfrac{3}{4}$보다 $-\dfrac{2}{3}$만큼 큰 수

(4) -4보다 $\dfrac{1}{2}$만큼 작은 수

풀이 (1) $-8+3=-5$
(2) $7-(-3)=7+3=10$
(3) $-\dfrac{3}{4}+\left(-\dfrac{2}{3}\right)=-\dfrac{9}{12}+\left(-\dfrac{8}{12}\right)=-\dfrac{17}{12}$
(4) $-4-\dfrac{1}{2}=-\dfrac{8}{2}-\dfrac{1}{2}=-\dfrac{9}{2}$

답 (1) -5 (2) 10 (3) $-\dfrac{17}{12}$ (4) $-\dfrac{9}{2}$

확인 6 1보다 $-\dfrac{2}{3}$만큼 큰 수를 a, -3보다 $-\dfrac{5}{2}$만큼 작은 수를 b라 할 때, $a+b$의 값을 구하시오.

KEY POINT

부호가 생략된 수의 덧셈과 뺄셈
❶ 생략된 양의 부호 +를 넣는다.
❷ 뺄셈은 모두 덧셈으로 고친다.
❸ 덧셈의 계산 법칙을 이용하여 계산한다.

KEY POINT

① 어떤 수보다 A만큼 큰 수
➡ (어떤 수)$+A$
② 어떤 수보다 A만큼 작은 수
➡ (어떤 수)$-A$

▶ 정답 및 풀이 27쪽

07 덧셈과 뺄셈 사이의 관계

● 더 다양한 문제는 RPM 1-1 57쪽

다음 □ 안에 알맞은 수를 구하시오.

(1) $\square - \left(-\dfrac{3}{2}\right) = \dfrac{5}{3}$

(2) $\dfrac{5}{4} + \square = -1$

KEY POINT

① $\square + A = B$

➡ $\square = B - A$

② $\square - A = B$

➡ $\square = B + A$

풀이

(1) $\square - \left(-\dfrac{3}{2}\right) = \dfrac{5}{3}$ 에서

$$\square = \dfrac{5}{3} + \left(-\dfrac{3}{2}\right) = \dfrac{10}{6} + \left(-\dfrac{9}{6}\right) = \dfrac{1}{6}$$

(2) $\dfrac{5}{4} + \square = -1$ 에서

$$\square = -1 - \dfrac{5}{4} = -\dfrac{4}{4} - \dfrac{5}{4} = -\dfrac{9}{4}$$

답 (1) $\dfrac{1}{6}$ (2) $-\dfrac{9}{4}$

확인 7 $-\dfrac{1}{3} + \dfrac{1}{2} + \square = 1$ 일 때, □ 안에 알맞은 수를 구하시오.

UP 08 바르게 계산한 답 구하기; 덧셈, 뺄셈

● 더 다양한 문제는 RPM 1-1 57쪽

어떤 수에서 $-\dfrac{1}{3}$ 을 빼야 할 것을 잘못하여 더했더니 그 결과가 $-\dfrac{3}{5}$ 이 되었다. 바르게 계산한 답을 구하시오.

KEY POINT

❶ 어떤 수를 □라 하고 식을 세운다.

❷ □를 구한다.

❸ 바르게 계산한 답을 구한다.

풀이 어떤 수를 □라 하면 $\square + \left(-\dfrac{1}{3}\right) = -\dfrac{3}{5}$

$$\therefore \square = -\dfrac{3}{5} - \left(-\dfrac{1}{3}\right) = -\dfrac{9}{15} + \dfrac{5}{15} = -\dfrac{4}{15}$$

따라서 바르게 계산하면

$$-\dfrac{4}{15} - \left(-\dfrac{1}{3}\right) = -\dfrac{4}{15} + \dfrac{5}{15} = \dfrac{1}{15}$$

답 $\dfrac{1}{15}$

확인 8 어떤 수에 $\dfrac{1}{5}$ 을 더해야 할 것을 잘못하여 뺐더니 그 결과가 $-\dfrac{1}{4}$ 이 되었다. 바르게 계산한 답을 구하시오.

II-2 정수와 유리수의 계산

01 다음을 계산하시오.

(1) $(+9)+(+7)$

(2) $(-8)+(+15)$

(3) $(+4)+(-17)$

(4) $(-11)+(-26)$

(5) $(+3.8)+(-1.3)$

(6) $(-1.9)+(-4.1)$

(7) $\left(-\dfrac{5}{6}\right)+\left(+\dfrac{7}{9}\right)$

(8) $\left(-\dfrac{1}{2}\right)+\left(-\dfrac{2}{5}\right)$

02 다음을 계산하시오.

(1) $(+5)-(+8)$

(2) $(-16)-(+10)$

(3) $(+12)-(-18)$

(4) $(-21)-(-40)$

(5) $(-0.7)-(+4.2)$

(6) $(+2.5)-(-1.5)$

(7) $\left(+\dfrac{3}{4}\right)-\left(+\dfrac{2}{3}\right)$

(8) $\left(-\dfrac{2}{7}\right)-\left(-\dfrac{3}{14}\right)$

03 다음을 계산하시오.

(1) $(+9)+(-12)-(+5)$

(2) $(-10)-(-5)+(+7)$

(3) $(-21)+(+15)-(+8)-(-9)$

(4) $(+1.5)+(-3.7)-(-5.2)$

(5) $(-4.9)-(-10)+(-1.1)$

(6) $(+1.4)-(+3.6)-(-5.4)+(-2.7)$

(7) $\left(-\dfrac{7}{2}\right)+\left(+\dfrac{5}{6}\right)-\left(+\dfrac{1}{3}\right)$

(8) $\left(+\dfrac{3}{5}\right)-\left(-\dfrac{1}{2}\right)+(-2.1)$

(9) $\left(+\dfrac{4}{3}\right)+\left(-\dfrac{1}{2}\right)+\left(+\dfrac{3}{2}\right)-\left(+\dfrac{5}{3}\right)$

04 다음을 계산하시오.

(1) $-9+7-2$

(2) $6-9+12-5$

(3) $-3.2-1.5+9.7$

(4) $-\dfrac{2}{3}+\dfrac{5}{4}-\dfrac{3}{8}$

(5) $\dfrac{7}{6}-\dfrac{7}{12}+\dfrac{1}{4}-\dfrac{1}{2}$

▶ 정답 및 풀이 29쪽

01 다음 중 계산 결과가 가장 큰 것은?

① $(-3)+(+9)$ ② $(-2)+(-5)$ ③ $(+7)+(-12)$

④ $(+8.5)+(-2.1)$ ⑤ $(-1)+(+5.7)$

02 다음 계산 과정에서 ㈎~㈜에 알맞은 것은?

$$(-1.8)+\left(+\frac{3}{4}\right)+(-1.2)+\left(+\frac{1}{4}\right)$$
$$=(-1.8)+(-1.2)+\left(+\frac{3}{4}\right)+\left(+\frac{1}{4}\right)$$ 덧셈의 ㈎ 법칙
$$=\{(-1.8)+(-1.2)\}+\left\{\left(+\frac{3}{4}\right)+\left(+\frac{1}{4}\right)\right\}$$ 덧셈의 ㈏ 법칙
$$=(\boxed{㈐})+(+1)$$
$$=\boxed{㈑}$$

	㈎	㈏	㈐	㈑
①	교환	결합	-3	-2
②	교환	결합	-3	2
③	교환	결합	$+3$	4
④	결합	교환	-3	-2
⑤	결합	교환	$+3$	4

• 덧셈의 교환법칙
➡ $a+b=b+a$
• 덧셈의 결합법칙
➡ $(a+b)+c=a+(b+c)$

II-2 정수와 유리수의 계산

03 -2.1, $-\dfrac{10}{3}$, -1, $+\dfrac{1}{2}$, $+\dfrac{1}{6}$ 중에서 절댓값이 가장 큰 수를 A, 절댓값이 가장 작은 수를 B라 할 때, $A-B$의 값을 구하시오.

뺄셈
➡ 빼는 수의 부호를 바꾸어 덧셈으로 고쳐서 계산한다.

04 다음 중 오른쪽 수직선으로 설명할 수 있는 계산식을 모두 고르면? (정답 2개)

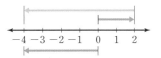

① $(-4)-(+2)=-6$
② $(-4)+(+2)=-2$
③ $(+2)-(+6)=-4$
④ $(-4)+(-2)=-6$
⑤ $(+2)+(-6)=-4$

수직선 위의 한 점에서 오른쪽으로 이동하는 것을 $+$, 왼쪽으로 이동하는 것을 $-$로 생각한다.

❯ 정답 및 풀이 30쪽

05 다음 중 계산 결과가 옳지 <u>않은</u> 것은?

① $(+6.4)-(+2.4)=4$

② $(+0.7)+\left(-\dfrac{2}{3}\right)-\left(-\dfrac{3}{10}\right)=\dfrac{1}{3}$

③ $(-4)+(+8)-(+7)-(-10)=7$

④ $-2.4-6.3+1.2=-7.5$

⑤ $-\dfrac{3}{2}+\dfrac{5}{3}-\dfrac{7}{6}+2=-1$

덧셈과 뺄셈의 혼합 계산
➡ 뺄셈은 모두 덧셈으로 고친 후, 덧셈의 계산 법칙을 이용하여 계산한다.

06 다음 **보기** 중 서로 같은 수끼리 짝 지은 것은?

> **보기**
>
> ㄱ. 4보다 -5만큼 큰 수　　　　ㄴ. -6보다 7만큼 큰 수
>
> ㄷ. 8보다 9만큼 작은 수　　　　ㄹ. -2보다 -4만큼 작은 수

① ㄱ, ㄴ　　　　　② ㄱ, ㄷ　　　　　③ ㄱ, ㄹ
④ ㄴ, ㄷ　　　　　⑤ ㄷ, ㄹ

• 어떤 수보다 A만큼 큰 수
➡ (어떤 수)$+A$
• 어떤 수보다 A만큼 작은 수
➡ (어떤 수)$-A$

07 다음 두 식을 만족시키는 두 수 A, B에 대하여 $A+B$의 값을 구하시오.

$$A+\left(-\dfrac{1}{2}\right)=-\dfrac{3}{10}, \qquad -2.5-B=-1.3$$

• $\square+a=b$ ➡ $\square=b-a$
• $a-\square=b$ ➡ $\square=a-b$

⑭ 08 어떤 수에서 $-\dfrac{3}{2}$을 빼야 할 것을 잘못하여 더했더니 그 결과가 $\dfrac{7}{5}$이 되었다. 바르게 계산한 답을 구하시오.

어떤 수를 $\square$라 하고 식을 세운다.

⑭ 09 오른쪽 그림에서 삼각형의 한 변에 놓인 네 수의 합이 모두 같을 때, $a-b$의 값을 구하시오.

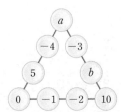

네 수가 전부 주어진 변에서 한 변에 놓인 네 수의 합을 먼저 구한다.

02 유리수의 곱셈

개념원리 이해

1 유리수의 곱셈은 어떻게 하는가?

◎ 핵심문제 01

(1) **부호가 같은 두 수의 곱셈**: 두 수의 절댓값의 곱에 양의 부호 $+$를 붙인다.

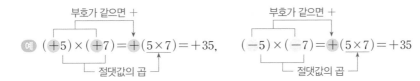

부호가 같으면 $+$

예 $(+5) \times (+7) = +(5 \times 7) = +35$, 　　　절댓값의 곱

부호가 같으면 $+$

$(-5) \times (-7) = +(5 \times 7) = +35$　　　절댓값의 곱

(2) **부호가 다른 두 수의 곱셈**: 두 수의 절댓값의 곱에 음의 부호 $-$를 붙인다.

부호가 다르면 $-$

예 $(+3) \times (-8) = -(3 \times 8) = -24$, 　　　절댓값의 곱

부호가 다르면 $-$

$(-3) \times (+8) = -(3 \times 8) = -24$　　　절댓값의 곱

참고 어떤 수와 0의 곱은 항상 0이다.

예 $(-3) \times 0 = 0$, 　 $0 \times 9 = 0$

2 곱셈에는 어떤 계산 법칙이 있는가?

◎ 핵심문제 02

세 수 a, b, c에 대하여

(1) **곱셈의 교환법칙**: $a \times b = b \times a$

(2) **곱셈의 결합법칙**: $(a \times b) \times c = a \times (b \times c)$

설명 두 수의 곱셈을 할 때,

$$(+5) \times (-3) = -15, \ (-3) \times (+5) = -15$$

와 같이 곱하는 두 수의 순서를 바꾸어 곱해도 그 결과는 같다. 이것을 곱셈의 교환법칙이라 한다.

또 세 수의 곱셈을 할 때,

$$\{(+2) \times (-3)\} \times (+4) = (-6) \times (+4) = -24,$$
$$(+2) \times \{(-3) \times (+4)\} = (+2) \times (-12) = -24$$

와 같이 어느 두 수를 먼저 곱해도 그 결과는 같다. 이것을 곱셈의 결합법칙이라 한다.

예 $\left(+\dfrac{2}{5}\right) \times (-6) \times \left(-\dfrac{5}{4}\right)$

$= (-6) \times \left(+\dfrac{2}{5}\right) \times \left(-\dfrac{5}{4}\right)$ 　　　곱셈의 교환법칙

$= (-6) \times \left\{\left(+\dfrac{2}{5}\right) \times \left(-\dfrac{5}{4}\right)\right\}$ 　　　곱셈의 결합법칙

$= (-6) \times \left(-\dfrac{1}{2}\right)$

$= +3$

참고 세 수의 곱셈에서는 결합법칙이 성립하므로 $(a \times b) \times c$ 또는 $a \times (b \times c)$를 괄호를 사용하지 않고 $a \times b \times c$로 나타낼 수 있다.

◆ 핵심문제 02

개념원리
이해

3 **셋 이상의 수의 곱셈은 어떻게 하는가?**

❶ 먼저 곱의 부호를 정한다.

➡ 곱해진 음수가 $\begin{cases} \text{짝수 개이면 부호는 } + \\ \text{홀수 개이면 부호는 } - \end{cases}$

❷ 각 수의 절댓값의 곱에 ❶에서 결정된 부호를 붙인다.

예 $\left(-\dfrac{2}{3}\right) \times (-10) \times \left(-\dfrac{3}{4}\right)$

$= -\left(\dfrac{2}{3} \times 10 \times \dfrac{3}{4}\right)$ ◀ 음수가 3개이므로 부호는 −

$= -5$ ◀ 절댓값의 곱에 − 부호 붙이기

4 **거듭제곱의 계산은 어떻게 하는가?**

◆ 핵심문제 03, 04

(1) **양수의 거듭제곱**: 항상 양수이다.

(2) **음수의 거듭제곱**: 지수에 의해 부호가 결정된다.

➡ 지수가 $\begin{cases} \text{짝수이면 부호는 } + \\ \text{홀수이면 부호는 } - \end{cases}$

예 $(+3)^2 = (+3) \times (+3) = +(3 \times 3) = +9$

$(+3)^3 = (+3) \times (+3) \times (+3) = +(3 \times 3 \times 3) = +27$

$(-3)^2 = (-3) \times (-3) = +(3 \times 3) = +9$

$(-3)^3 = (-3) \times (-3) \times (-3) = -(3 \times 3 \times 3) = -27$

주의 $(-3)^2$과 -3^2의 차이

$(-3)^2$은 −3을 2개 곱한 것이므로 $(-3)^2 = (-3) \times (-3) = +9$

-3^2은 3을 2개 곱한 후 −1을 곱한 것이므로 $-3^2 = -(3 \times 3) = -9$

$\therefore (-3)^2 \neq -3^2$

참고 $a > 0$일 때, $(-a)^n$의 계산

① n이 짝수일 때, $(-a)^n = a^n$

② n이 홀수일 때, $(-a)^n = -a^n$

5 **덧셈에 대한 곱셈의 분배법칙이란 무엇인가?**

◆ 핵심문제 05, 06

세 수 a, b, c에 대하여

(1) $a \times (b+c) = a \times b + a \times c$ (2) $(a+b) \times c = a \times c + b \times c$

설명 두 수의 합에 어떤 수를 곱한 것은 두 수 각각에 어떤 수를 곱한 다음 더한 것과 그 결과가 같다. 이것을 덧셈에 대한 곱셈의 분배법칙이라 한다.

예 $36 \times \left\{\dfrac{1}{3} + \left(-\dfrac{3}{4}\right)\right\} = 36 \times \left\{\dfrac{4}{12} + \left(-\dfrac{9}{12}\right)\right\} = 36 \times \left(-\dfrac{5}{12}\right) = -15$

$36 \times \left\{\dfrac{1}{3} + \left(-\dfrac{3}{4}\right)\right\} = 36 \times \dfrac{1}{3} + 36 \times \left(-\dfrac{3}{4}\right) = 12 + (-27) = -15$

같다.

01 다음 식에서 ○ 안에는 + 또는 −를, □ 안에는 알맞은 수를 써넣으시오.

(1) $(+7) \times (+3) = \bigcirc (7 \times 3) = \bigcirc \square$

(2) $(-12) \times (-2) = \bigcirc (12 \times 2) = \bigcirc \square$

(3) $(+5) \times (-6) = \bigcirc (5 \times 6) = \bigcirc \square$

(4) $(-15) \times (+4) = \bigcirc (15 \times 4) = \bigcirc \square$

◇ $\left.\begin{array}{l}(+)\times(+) \\ (-)\times(-)\end{array}\right] \Rightarrow \bigcirc$
$\left.\begin{array}{l}(+)\times(-) \\ (-)\times(+)\end{array}\right] \Rightarrow \bigcirc$

02 다음을 계산하시오.

(1) $(-8) \times (-5)$

(2) $(+6) \times (-9)$

(3) $\left(+\dfrac{3}{5}\right) \times \left(+\dfrac{5}{6}\right)$

(4) $\left(-\dfrac{4}{3}\right) \times \left(-\dfrac{9}{2}\right)$

(5) $(+12) \times \left(-\dfrac{3}{4}\right)$

(6) $(-2.5) \times \left(+\dfrac{1}{15}\right)$

03 다음 계산 과정에서 ⑺, ⑷에 알맞은 것을 구하시오.

$$
\begin{aligned}
&(-20) \times (-0.13) \times (+5) \\
&= (-20) \times (+5) \times (-0.13) \\
&= \{(-20) \times (+5)\} \times (-0.13) \\
&= (-100) \times (-0.13) \\
&= +13
\end{aligned}
$$

곱셈의 □(⑺) 법칙
곱셈의 □(⑷) 법칙

◇ 세 수 a, b, c에 대하여
① $a \times b = b \times a$
➡ 곱셈의 □법칙
② $(a \times b) \times c = a \times (b \times c)$
➡ 곱셈의 □법칙

04 다음을 계산하시오.

(1) $(-3) \times (+8) \times (+5)$

(2) $(-4) \times (-6) \times \left(-\dfrac{5}{12}\right)$

(3) $\left(-\dfrac{2}{3}\right) \times (+14) \times \left(-\dfrac{3}{7}\right) \times \left(+\dfrac{1}{2}\right)$

◇ 곱해진 음수의 개수가
$\begin{cases} \text{짝수 개이면 부호는?} \\ \text{홀수 개이면 부호는?} \end{cases}$

05 다음을 계산하시오.

(1) $(-4)^2$

(2) $(-2)^3$

(3) -5^2

(4) $(-1)^4$

(5) $\left(-\dfrac{1}{2}\right)^2$

(6) $\left(-\dfrac{1}{3}\right)^3$

◇ 음수의 거듭제곱에서 지수가
$\begin{cases} \text{짝수이면 부호는?} \\ \text{홀수이면 부호는?} \end{cases}$

01 유리수의 곱셈
● 더 다양한 문제는 **RPM** 1-1 59쪽

● 더 다양한 문제는 **RPM** 1-1 59쪽

KEY POINT
① 부호가 같은 두 수의 곱셈
　➡ + (절댓값의 곱)
② 부호가 다른 두 수의 곱셈
　➡ − (절댓값의 곱)

다음을 계산하시오.

(1) $(+15) \times \left(-\dfrac{2}{3}\right)$　　　　　(2) $\left(-\dfrac{5}{14}\right) \times \left(-\dfrac{7}{10}\right)$

풀이 (1) $(+15) \times \left(-\dfrac{2}{3}\right) = -\left(15 \times \dfrac{2}{3}\right) = -10$

(2) $\left(-\dfrac{5}{14}\right) \times \left(-\dfrac{7}{10}\right) = +\left(\dfrac{5}{14} \times \dfrac{7}{10}\right) = \dfrac{1}{4}$

답 (1) -10　(2) $\dfrac{1}{4}$

확인 1 다음 중 계산 결과가 옳은 것은?

① $(-9) \times (+2) = 18$　　　　② $(+30) \times \left(-\dfrac{5}{6}\right) = -20$

③ $\left(-\dfrac{3}{5}\right) \times \left(-\dfrac{10}{3}\right) = 4$　　　④ $\left(+\dfrac{1}{6}\right) \times (-10) = -\dfrac{5}{3}$

⑤ $(-0.8) \times \left(-\dfrac{15}{2}\right) = -6$

02 곱셈의 계산 법칙
● 더 다양한 문제는 **RPM** 1-1 60쪽

● 더 다양한 문제는 **RPM** 1-1 60쪽

KEY POINT
세 수 a, b, c에 대하여
① 곱셈의 교환법칙
　➡ $a \times b = b \times a$
② 곱셈의 결합법칙
　➡ $(a \times b) \times c = a \times (b \times c)$

다음 계산 과정에서 ㈎~㈑에 알맞은 것을 구하시오.

$$\left(+\dfrac{3}{4}\right) \times (-5) \times \left(-\dfrac{4}{3}\right)$$
$$= (-5) \times \left(+\dfrac{3}{4}\right) \times \left(-\dfrac{4}{3}\right)$$
곱셈의 ㈎ 법칙
$$= (-5) \times \left\{\left(+\dfrac{3}{4}\right) \times \left(-\dfrac{4}{3}\right)\right\}$$
곱셈의 ㈏ 법칙
$$= (-5) \times (\boxed{㈐}) = \boxed{㈑}$$

풀이 $\left(+\dfrac{3}{4}\right) \times (-5) \times \left(-\dfrac{4}{3}\right)$
$$= (-5) \times \left(+\dfrac{3}{4}\right) \times \left(-\dfrac{4}{3}\right)$$
곱셈의 교환 법칙
$$= (-5) \times \left\{\left(+\dfrac{3}{4}\right) \times \left(-\dfrac{4}{3}\right)\right\}$$
곱셈의 결합 법칙
$$= (-5) \times (\boxed{-1}) = \boxed{5}$$

답 ㈎ 교환　㈏ 결합　㈐ -1　㈑ 5

확인 2 다음을 곱셈의 계산 법칙을 이용하여 계산하시오.

(1) $(-2.5) \times (-7.2) \times (-4)$　　　(2) $(+16) \times \left(-\dfrac{1}{3}\right) \times \left(+\dfrac{3}{8}\right) \times (-9)$

03 거듭제곱의 계산

● 더 다양한 문제는 RPM 1-1 61쪽

다음 중 계산 결과가 옳지 <u>않은</u> 것은?

① $(-1)^5 = -1$　　　　　② $-(-3)^2 = -9$

③ $-\left(-\dfrac{1}{2}\right)^3 = -\dfrac{1}{8}$　　　　④ $\left(-\dfrac{3}{2}\right)^2 = \dfrac{9}{4}$

⑤ $(-2)^5 \times \left(-\dfrac{1}{2}\right)^3 = 4$

풀이 ③ $-\left(-\dfrac{1}{2}\right)^3 = -\left(-\dfrac{1}{8}\right) = \dfrac{1}{8}$

⑤ $(-2)^5 \times \left(-\dfrac{1}{2}\right)^3 = (-32) \times \left(-\dfrac{1}{8}\right) = 4$

따라서 옳지 않은 것은 ③이다.　　　　　**답** ③

확인 ③ 다음 중 계산 결과가 옳은 것은?

① $-2^4 = 16$　　　　　② $\left(-\dfrac{3}{5}\right)^2 = -\dfrac{9}{25}$

③ $-\left(-\dfrac{1}{4}\right)^3 = -\dfrac{1}{64}$　　　　④ $\left(-\dfrac{3}{2}\right)^3 \times (-4)^2 = 54$

⑤ $(-3)^3 \times (-1)^4 \times \left(-\dfrac{2}{3}\right)^2 = -12$

04 $(-1)^n$의 계산

● 더 다양한 문제는 RPM 1-1 61쪽

다음 중 계산 결과가 나머지 넷과 <u>다른</u> 하나는?

① $-(-1)^2$　　　　② $-(-1)^3$　　　　③ $\{-(-1)\}^5$

④ $(-1)^6$　　　　⑤ $-(-1)^7$

풀이 ① $-(-1)^2 = -1$　　　　② $-(-1)^3 = -(-1) = 1$

③ $\{-(-1)\}^5 = (+1)^5 = 1$　　　　④ $(-1)^6 = 1$

⑤ $-(-1)^7 = -(-1) = 1$

따라서 계산 결과가 나머지 넷과 다른 하나는 ①이다.　　　　　**답** ①

확인 ④ $(-1)^{20} + (-1)^{15} - (-1)^{50} - 1^{32}$을 계산하시오.

> 정답 및 풀이 31쪽

05 분배법칙 (1)

● 더 다양한 문제는 **RPM** 1–1 62쪽

KEY POINT

세 수 a, b, c에 대하여
① $a \times (b+c) = a \times b + a \times c$
② $(a+b) \times c = a \times c + b \times c$

다음은 분배법칙을 이용하여 계산하는 과정이다. □ 안에 알맞은 수를 써넣으시오.

(1) $(-15) \times 102 = (-15) \times (100 + \boxed{})$
$= (-15) \times \boxed{} + (-15) \times \boxed{}$
$= (\boxed{}) + (\boxed{})$
$= \boxed{}$

(2) $45 \times (-0.8) + 55 \times (-0.8) = (\boxed{} + 55) \times (\boxed{})$
$= \boxed{} \times (-0.8)$
$= \boxed{}$

풀이 (1) $(-15) \times 102 = (-15) \times (100 + \boxed{2})$
$= (-15) \times \boxed{100} + (-15) \times \boxed{2}$
$= (\boxed{-1500}) + (\boxed{-30})$
$= \boxed{-1530}$

(2) $45 \times (-0.8) + 55 \times (-0.8) = (\boxed{45} + 55) \times (\boxed{-0.8})$
$= \boxed{100} \times (-0.8)$
$= \boxed{-80}$

답 풀이 참조

확인 5 다음을 분배법칙을 이용하여 계산하시오.

(1) $72 \times \left\{ \left(-\dfrac{1}{4} \right) + \dfrac{1}{3} \right\}$

(2) $(-12) \times \dfrac{3}{5} + 7 \times \dfrac{3}{5}$

(3) $23.4 \times (-4.2) + 23.4 \times (-5.8)$

06 분배법칙 (2)

● 더 다양한 문제는 **RPM** 1–1 62쪽

KEY POINT

$\blacksquare \times (\blacktriangle + \bullet)$
$= \blacksquare \times \blacktriangle + \blacksquare \times \bullet$

세 수 a, b, c에 대하여 $a \times b = 8$, $a \times c = 4$일 때, $a \times (b+c)$의 값을 구하시오.

풀이 $a \times (b+c) = a \times b + a \times c$
$= 8 + 4 = 12$

답 12

확인 6 세 수 a, b, c에 대하여 다음 물음에 답하시오.

(1) $a \times b = -3$, $a \times c = 7$일 때, $a \times (b-c)$의 값을 구하시오.

(2) $a \times b = 5$, $a \times (b+c) = -2$일 때, $a \times c$의 값을 구하시오.

› 정답 및 풀이 32쪽

01 $A = \left(+\dfrac{7}{5}\right) \times \left(-\dfrac{10}{3}\right)$, $B = \left(-\dfrac{3}{4}\right) \times (-8)$일 때, $A \times B$의 값을 구하시오.

02 다음 계산 과정에서 ㈎~㈚에 알맞은 것을 구하시오.

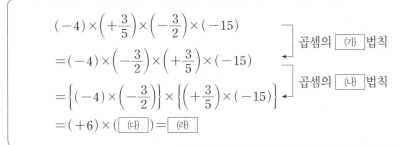

$$(-4) \times \left(+\dfrac{3}{5}\right) \times \left(-\dfrac{3}{2}\right) \times (-15)$$

곱셈의 ⎡㈎⎤ 법칙

$$= (-4) \times \left(-\dfrac{3}{2}\right) \times \left(+\dfrac{3}{5}\right) \times (-15)$$

곱셈의 ⎡㈐⎤ 법칙

$$= \left\{(-4) \times \left(-\dfrac{3}{2}\right)\right\} \times \left\{\left(+\dfrac{3}{5}\right) \times (-15)\right\}$$

$$= (+6) \times (\boxed{\text{㈐}}) = \boxed{\text{㈚}}$$

- 곱셈의 교환법칙
  ➡ $a \times b = b \times a$
- 곱셈의 결합법칙
  ➡ $(a \times b) \times c = a \times (b \times c)$

03 네 유리수 -2, $-\dfrac{3}{2}$, $\dfrac{1}{3}$, -3 중에서 서로 다른 세 수를 뽑아 곱한 값 중 가장 큰 값을 a, 가장 작은 값을 b라 할 때, $a \times b$의 값을 구하시오.

세 개 이상의 수의 곱셈
➡ 먼저 부호를 결정한다.

04 다음 중 계산 결과가 가장 큰 수는?

① $\left(-\dfrac{1}{3}\right)^2$　　　　② $\left(-\dfrac{1}{2}\right)^3$　　　　③ $-\left(-\dfrac{1}{2}\right)^3$

④ $-\left(-\dfrac{1}{3}\right)^2$　　　　⑤ $-\dfrac{1}{2^3}$

05 $(-1) + (-1)^2 + (-1)^3 + \cdots + (-1)^{49}$을 계산하시오.

$(-1)^{짝수} = 1$, $(-1)^{홀수} = -1$
임을 이용한다.

06 세 수 a, b, c에 대하여 $a \times b = 12$, $a \times (b-c) = -8$일 때, $a \times c$의 값을 구하시오.

분배법칙을 이용한다.

03 유리수의 나눗셈

개념원리
이해

1 유리수의 나눗셈은 어떻게 하는가?
◎ 핵심문제 02, 05, 06

(1) **부호가 같은 두 수의 나눗셈**: 두 수의 절댓값의 나눗셈의 몫에 양의 부호 $+$를 붙인다.

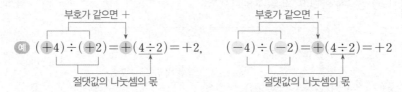

부호가 같으면 $+$ 부호가 같으면 $+$

예 $(+4) \div (+2) = +(4 \div 2) = +2,$ $(-4) \div (-2) = +(4 \div 2) = +2$

절댓값의 나눗셈의 몫   절댓값의 나눗셈의 몫

(2) **부호가 다른 두 수의 나눗셈**: 두 수의 절댓값의 나눗셈의 몫에 음의 부호 $-$를 붙인다.

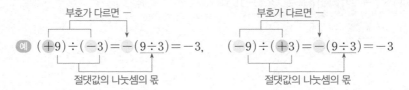

부호가 다르면 $-$ 부호가 다르면 $-$

예 $(+9) \div (-3) = -(9 \div 3) = -3,$ $(-9) \div (+3) = -(9 \div 3) = -3$

절댓값의 나눗셈의 몫   절댓값의 나눗셈의 몫

참고 ① $0 \div (0$이 아닌 수$) = 0$

예 $0 \div 2 = 0,$ $0 \div (-5) = 0$

② 어떤 수를 0으로 나누는 것은 생각하지 않는다.

주의 나눗셈에서는 교환법칙과 결합법칙이 성립하지 않는다.

예 ① $(+6) \div (+2) = +3,$ $(+2) \div (+6) = +\dfrac{1}{3}$이므로 $(+6) \div (+2) \neq (+2) \div (+6)$

② $\{(+12) \div (+6)\} \div (+2) = +1,$ $(+12) \div \{(+6) \div (+2)\} = +4$이므로

$\{(+12) \div (+6)\} \div (+2) \neq (+12) \div \{(+6) \div (+2)\}$

2 역수를 이용한 나눗셈은 어떻게 하는가?
◎ 핵심문제 01, 02, 05, 06

(1) **역수**: 두 수의 곱이 1일 때, 한 수를 다른 수의 역수라 한다.

예 $\left(-\dfrac{3}{4}\right) \times \left(-\dfrac{4}{3}\right) = 1$이므로 $-\dfrac{3}{4}$의 역수는 $-\dfrac{4}{3},$ $-\dfrac{4}{3}$의 역수는 $-\dfrac{3}{4}$이다.

참고 역수는 다음과 같이 구할 수 있다.

① 정수는 분모가 1인 분수로 생각하여 구한다.

② 소수는 분수로 바꾸어 구한다.

③ 대분수는 가분수로 바꾸어 구한다.

주의 역수를 구할 때, 부호는 바뀌지 않음에 주의한다.

(2) **역수를 이용한 나눗셈**: 나누는 수의 역수를 이용하여 곱셈으로 고쳐서 계산한다.

곱셈으로 고친다.

예 $\left(+\dfrac{2}{5}\right) \div \left(-\dfrac{4}{15}\right) = \left(+\dfrac{2}{5}\right) \times \left(-\dfrac{15}{4}\right) = -\left(\dfrac{2}{5} \times \dfrac{15}{4}\right) = -\dfrac{3}{2}$

역수로 바꾼다.

3 곱셈과 나눗셈의 혼합 계산은 어떻게 하는가? ◐ 핵심문제 03, 05

❶ 거듭제곱이 있으면 거듭제곱을 먼저 계산한다.
❷ 나눗셈은 역수를 이용하여 곱셈으로 고쳐서 계산한다.

예

$$\left(-\frac{1}{2}\right)^3 \times \left(-\frac{5}{3}\right) \div \left(-\frac{15}{8}\right)$$

$$=\left(-\frac{1}{8}\right) \times \left(-\frac{5}{3}\right) \div \left(-\frac{15}{8}\right)$$ ← 거듭제곱을 계산

$$=\left(-\frac{1}{8}\right) \times \left(-\frac{5}{3}\right) \times \left(-\frac{8}{15}\right)$$ ← 나눗셈을 곱셈으로 고친다.

$$=-\left(\frac{1}{8} \times \frac{5}{3} \times \frac{8}{15}\right)$$ ← 음수가 3개이므로 −

$$=-\frac{1}{9}$$

4 덧셈, 뺄셈, 곱셈, 나눗셈의 혼합 계산은 어떻게 하는가? ◐ 핵심문제 04

❶ 거듭제곱이 있으면 거듭제곱을 먼저 계산한다.
❷ 괄호가 있으면 괄호 안을 먼저 계산한다. 이때
　　소괄호 ( ) ➡ 중괄호 { } ➡ 대괄호 [ ]
　의 순서로 계산한다.
❸ 곱셈, 나눗셈을 계산한다.
❹ 덧셈, 뺄셈을 계산한다.

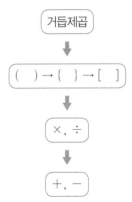

예

$$2-\left[\left\{(-3)^2-6 \div \frac{3}{2}\right\}+1\right]=2-\left\{\left(9-6 \div \frac{3}{2}\right)+1\right\}$$

$$=2-\left\{\left(9-6 \times \frac{2}{3}\right)+1\right\}$$

$$=2-\{(9-4)+1\}$$

$$=2-(5+1)$$

$$=2-6$$

$$=-4$$

보충학습　유리수의 부호

두 유리수 a, b에 대하여

(1) $a \times b > 0$, $a \div b > 0$ ➡ a, b는 같은 부호
　　　　　　　　　➡ $a > 0$, $b > 0$ 또는 $a < 0$, $b < 0$

(2) $a \times b < 0$, $a \div b < 0$ ➡ a, b는 다른 부호
　　　　　　　　　➡ $a > 0$, $b < 0$ 또는 $a < 0$, $b > 0$

예 두 유리수 a, b에 대하여 $a \times b < 0$이고 $a > b$일 때, a, b의 부호를 구해 보자.

➡ $a \times b < 0$이므로 a, b의 부호는 다르다.

그런데 $a > b$이므로

$$a > 0, \ b < 0$$

01 다음 식에서 ○ 안에는 + 또는 −를, □ 안에는 알맞은 수를 써넣으시오.

○ $(+) \div (+)$ ㄱ → ○
$(-) \div (-)$ ㄴ
$(+) \div (-)$ ㄱ → ○
$(-) \div (+)$ ㄴ

(1) $(+28) \div (+4) = \bigcirc(28 \div 4) = \bigcirc\square$

(2) $(-36) \div (-9) = \bigcirc(36 \div 9) = \bigcirc\square$

(3) $(+56) \div (-7) = \bigcirc(56 \div 7) = \bigcirc\square$

(4) $(-42) \div (+6) = \bigcirc(42 \div 6) = \bigcirc\square$

02 다음 수의 역수를 구하시오.

○ $\dfrac{b}{a}\ (a \neq 0,\ b \neq 0)$의 역수는?

(1) $\dfrac{5}{6}$　　　　(2) $-\dfrac{7}{12}$　　　　(3) 1

(4) -5　　　　(5) $1\dfrac{1}{4}$　　　　(6) -0.7

03 다음을 계산하시오.

○ 나눗셈은 나누는 수의 □를 곱하여 계산한다.

(1) $\left(-\dfrac{4}{5}\right) \div \left(-\dfrac{2}{3}\right)$　　　　(2) $\left(+\dfrac{15}{2}\right) \div \left(+\dfrac{5}{4}\right)$

(3) $(-3) \div \left(+\dfrac{9}{7}\right)$　　　　(4) $(+0.6) \div \left(-\dfrac{1}{5}\right)$

04 다음을 계산하시오.

○ 곱셈과 나눗셈의 혼합 계산
❶ 거듭제곱이 있으면 거듭제곱을 먼저 계산한다.
❷ 나눗셈은 역수를 이용하여 □으로 고쳐서 계산한다.

(1) $(-3) \times (-9) \div \left(-\dfrac{3}{5}\right)$　　　　(2) $\left(-\dfrac{3}{7}\right) \div (+9) \times \left(-\dfrac{7}{2}\right)$

(3) $(-2)^3 \times \dfrac{5}{4} \div \left(-\dfrac{1}{2}\right)$　　　　(4) $(-4) \div \left(-\dfrac{2}{3}\right)^2 \times \dfrac{2}{9}$

05 다음을 계산하시오.

○ 덧셈, 뺄셈, 곱셈, 나눗셈의 혼합 계산 순서는?

(1) $(-2)^3 \times \left(-\dfrac{1}{8}\right) + \dfrac{5}{4}$　　　　(2) $9 \times \left(-\dfrac{1}{3}\right)^2 - 10 \div \dfrac{5}{2}$

(3) $2 - \left(-\dfrac{1}{5}\right) \times \left\{1 + \left(\dfrac{1}{3} - \dfrac{1}{2}\right)\right\}$　　　　(4) $5 - 2 \times \left\{(-2)^4 + 4 \div \left(-\dfrac{2}{5}\right)\right\}$

핵심문제 익히기

01 역수
● 더 다양한 문제는 RPM 1-1 62쪽

─ KEY POINT ─

$\dfrac{b}{a}\,(a\neq0,\ b\neq0)$의 역수

➡ $\dfrac{a}{b}$

-2.5의 역수를 x, $-1\dfrac{3}{5}$의 역수를 y라 할 때, $x\times y$의 값을 구하시오.

풀이 $-2.5=-\dfrac{5}{2}$의 역수는 $-\dfrac{2}{5}$이므로 $\quad x=-\dfrac{2}{5}$

$\qquad -1\dfrac{3}{5}=-\dfrac{8}{5}$의 역수는 $-\dfrac{5}{8}$이므로 $\quad y=-\dfrac{5}{8}$

$\qquad \therefore x\times y=\left(-\dfrac{2}{5}\right)\times\left(-\dfrac{5}{8}\right)=+\left(\dfrac{2}{5}\times\dfrac{5}{8}\right)=\dfrac{1}{4}$

답 $\dfrac{1}{4}$

확인 1 $1\dfrac{2}{3}$의 역수를 a, -0.1의 역수를 b라 할 때, $a\times b$의 값을 구하시오.

02 유리수의 나눗셈
● 더 다양한 문제는 RPM 1-1 63쪽

─ KEY POINT ─

역수를 이용하여 곱셈으로 고쳐서 계산한다.

다음을 계산하시오.

(1) $\left(+\dfrac{2}{7}\right)\div\left(-\dfrac{4}{21}\right)$
(2) $\left(-\dfrac{14}{5}\right)\div(+7)\div\left(-\dfrac{2}{15}\right)$

풀이 (1) $\left(+\dfrac{2}{7}\right)\div\left(-\dfrac{4}{21}\right)=\left(+\dfrac{2}{7}\right)\times\left(-\dfrac{21}{4}\right)=-\left(\dfrac{2}{7}\times\dfrac{21}{4}\right)=-\dfrac{3}{2}$

$\qquad$ (2) $\left(-\dfrac{14}{5}\right)\div(+7)\div\left(-\dfrac{2}{15}\right)=\left(-\dfrac{14}{5}\right)\times\left(+\dfrac{1}{7}\right)\times\left(-\dfrac{15}{2}\right)$

$\qquad\qquad =+\left(\dfrac{14}{5}\times\dfrac{1}{7}\times\dfrac{15}{2}\right)=3$

답 (1) $-\dfrac{3}{2}$ (2) 3

확인 2 다음 중 계산 결과가 옳지 <u>않은</u> 것은?

① $(-35)\div(+7)=-5$
② $\left(+\dfrac{2}{5}\right)\div\left(-\dfrac{4}{15}\right)=-\dfrac{3}{2}$

③ $\left(-\dfrac{1}{8}\right)\div\left(-\dfrac{1}{2}\right)=\dfrac{1}{4}$
④ $\left(-\dfrac{4}{5}\right)\div(-2)\div\left(-\dfrac{2}{9}\right)=-\dfrac{5}{9}$

⑤ $\left(+\dfrac{3}{2}\right)\div\left(-\dfrac{1}{6}\right)\div(-9)=1$

II-2 정수와 유리수의 계산

● 더 다양한 문제는 RPM 1-1 63쪽

03 곱셈과 나눗셈의 혼합 계산

다음을 계산하시오.

(1) $\left(-\dfrac{5}{6}\right) \div \dfrac{2}{3} \times \left(-\dfrac{24}{5}\right)$

(2) $\left(-\dfrac{1}{6}\right) \times \left(-\dfrac{3}{4}\right) \div (-2)$

(3) $\left(+\dfrac{1}{2}\right)^2 \times \left(-\dfrac{3}{10}\right) \div \left(-\dfrac{1}{5}\right) \times (-8)$

풀이

(1) (주어진 식) $= \left(-\dfrac{5}{6}\right) \times \dfrac{3}{2} \times \left(-\dfrac{24}{5}\right) = +\left(\dfrac{5}{6} \times \dfrac{3}{2} \times \dfrac{24}{5}\right) = 6$

(2) (주어진 식) $= \left(-\dfrac{1}{6}\right) \times \left(-\dfrac{3}{4}\right) \times \left(-\dfrac{1}{2}\right) = -\left(\dfrac{1}{6} \times \dfrac{3}{4} \times \dfrac{1}{2}\right) = -\dfrac{1}{16}$

(3) (주어진 식) $= \dfrac{1}{4} \times \left(-\dfrac{3}{10}\right) \times (-5) \times (-8) = -\left(\dfrac{1}{4} \times \dfrac{3}{10} \times 5 \times 8\right) = -3$

답 (1) 6 (2) $-\dfrac{1}{16}$ (3) -3

확인 3 다음을 계산하시오.

(1) $\left(-\dfrac{10}{3}\right) \div 1.2 \times \left(-\dfrac{9}{5}\right)$

(2) $(-7) \times \left(-\dfrac{5}{12}\right) \div \left(-\dfrac{7}{3}\right)$

(3) $\left(-\dfrac{1}{2}\right)^3 \times \left(-\dfrac{3}{5}\right) \div \left(-\dfrac{3}{2}\right)^2 \times (-1)$

04 덧셈, 뺄셈, 곱셈, 나눗셈의 혼합 계산

● 더 다양한 문제는 RPM 1-1 64쪽

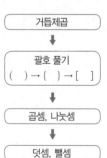

다음을 계산하시오.

(1) $\left(-\dfrac{3}{4}\right)^2 \div \left(-\dfrac{3}{8}\right) - (-2)^3 \times \dfrac{5}{16}$

(2) $\left\{-\dfrac{3}{2} - \left(-\dfrac{2}{5}\right) \div 2\right\} \times 5 - \dfrac{7}{2}$

풀이

(1) (주어진 식) $= \dfrac{9}{16} \div \left(-\dfrac{3}{8}\right) - (-8) \times \dfrac{5}{16}$

$= \dfrac{9}{16} \times \left(-\dfrac{8}{3}\right) - (-8) \times \dfrac{5}{16} = -\dfrac{3}{2} + \dfrac{5}{2} = 1$

(2) (주어진 식) $= \left\{-\dfrac{3}{2} - \left(-\dfrac{2}{5}\right) \times \dfrac{1}{2}\right\} \times 5 - \dfrac{7}{2} = \left\{-\dfrac{3}{2} - \left(-\dfrac{1}{5}\right)\right\} \times 5 - \dfrac{7}{2}$

$= \left(-\dfrac{13}{10}\right) \times 5 - \dfrac{7}{2} = -\dfrac{13}{2} - \dfrac{7}{2} = -10$

답 (1) 1 (2) -10

확인 4 다음을 계산하시오.

(1) $2 \times (-1)^3 - \dfrac{9}{2} \div \left\{5 \times \left(-\dfrac{1}{2}\right) + 1\right\}$

(2) $2 \times \left\{\left(-\dfrac{1}{2}\right)^2 \div \left(\dfrac{5}{6} - \dfrac{4}{3}\right) + 2\right\} - \dfrac{2}{3}$

05 곱셈과 나눗셈 사이의 관계

● 더 다양한 문제는 RPM 1–1 65쪽

다음 □ 안에 알맞은 수를 구하시오.

(1) $\square \times \left(-\dfrac{4}{9}\right) = \dfrac{8}{3}$ (2) $\left(-\dfrac{3}{7}\right) \div \square = -\dfrac{9}{14}$

풀이 (1) $\square \times \left(-\dfrac{4}{9}\right) = \dfrac{8}{3}$ 에서

$\square = \dfrac{8}{3} \div \left(-\dfrac{4}{9}\right) = \dfrac{8}{3} \times \left(-\dfrac{9}{4}\right) = -6$

(2) $\left(-\dfrac{3}{7}\right) \div \square = -\dfrac{9}{14}$ 에서

$\square = \left(-\dfrac{3}{7}\right) \div \left(-\dfrac{9}{14}\right) = \left(-\dfrac{3}{7}\right) \times \left(-\dfrac{14}{9}\right) = \dfrac{2}{3}$

답 (1) -6 (2) $\dfrac{2}{3}$

확인 5 $\dfrac{10}{3} \div \left(-\dfrac{5}{2}\right) \times \square = -\dfrac{2}{3}$ 일 때, □ 안에 알맞은 수를 구하시오.

UP

06 바르게 계산한 답 구하기 ; 곱셈, 나눗셈

● 더 다양한 문제는 RPM 1–1 65쪽

어떤 수를 $-\dfrac{2}{5}$ 로 나누어야 할 것을 잘못하여 곱했더니 그 결과가 $-\dfrac{4}{3}$ 가 되었다. 바르게 계산한 답을 구하시오.

풀이 어떤 수를 □라 하면

$\square \times \left(-\dfrac{2}{5}\right) = -\dfrac{4}{3}$

$\therefore \square = \left(-\dfrac{4}{3}\right) \div \left(-\dfrac{2}{5}\right) = \left(-\dfrac{4}{3}\right) \times \left(-\dfrac{5}{2}\right) = \dfrac{10}{3}$

따라서 바르게 계산하면

$\dfrac{10}{3} \div \left(-\dfrac{2}{5}\right) = \dfrac{10}{3} \times \left(-\dfrac{5}{2}\right) = -\dfrac{25}{3}$

답 $-\dfrac{25}{3}$

확인 6 어떤 수에 $\dfrac{3}{2}$ 을 곱해야 할 것을 잘못하여 나누었더니 그 결과가 $-\dfrac{4}{5}$ 가 되었다. 바르게 계산한 답을 구하시오.

01 다음을 계산하시오.

(1) $(-7) \times (-3)$

(2) $(+9) \times (-5)$

(3) $(-14) \times \left(+\dfrac{4}{7}\right)$

(4) $\left(+\dfrac{9}{4}\right) \times \left(+\dfrac{16}{3}\right)$

(5) $(-1.6) \times \left(-\dfrac{5}{2}\right)$

02 다음을 계산하시오.

(1) $(-5) \times (+2) \times (-3)$

(2) $\left(+\dfrac{5}{6}\right) \times \left(+\dfrac{9}{10}\right) \times \left(-\dfrac{2}{3}\right)$

(3) $(-27) \times (+1.5) \times \left(-\dfrac{4}{9}\right) \times \left(-\dfrac{1}{6}\right)$

03 다음을 계산하시오.

(1) $(+81) \div (-9)$

(2) $(-48) \div (-6)$

(3) $\left(+\dfrac{3}{5}\right) \div \left(+\dfrac{3}{10}\right)$

(4) $\left(-\dfrac{5}{9}\right) \div \left(+\dfrac{1}{3}\right)$

(5) $\left(-\dfrac{21}{2}\right) \div (-0.7)$

04 다음을 계산하시오.

(1) $(+64) \div (-4) \div (+8)$

(2) $(-6) \div \left(-\dfrac{3}{10}\right) \div \left(-\dfrac{4}{5}\right)$

(3) $(+28) \div \left(-\dfrac{7}{2}\right) \div \left(-\dfrac{2}{3}\right) \div (+0.5)$

05 다음을 계산하시오.

(1) $\left(+\dfrac{9}{2}\right) \times \left(-\dfrac{7}{6}\right) \div \left(-\dfrac{3}{8}\right)$

(2) $\left(+\dfrac{2}{5}\right) \div \left(+\dfrac{2}{15}\right) \times \left(-\dfrac{5}{9}\right)$

(3) $\left(-\dfrac{2}{3}\right) \times \left(-\dfrac{1}{6}\right) \div \left(-\dfrac{7}{3}\right)^{2}$

(4) $(-2^{4}) \div (-3)^{3} \times (-15) \div \left(+\dfrac{8}{9}\right)$

06 다음을 계산하시오.

(1) $(-2)^{2} \times 3 - 6 \div (-2)$

(2) $\{(-3) \times 7 - (-5)\} \div (-4)$

(3) $\left(-\dfrac{1}{2}\right) \div \left(-\dfrac{1}{4}\right)^{2} - (-3) \times \dfrac{2}{3} - 1$

(4) $\dfrac{3}{4} \div \left(-\dfrac{1}{2}\right)^{2} - 2^{2} \times \dfrac{7}{4} + (-3)^{2}$

(5) $5 - \left\{\left(-\dfrac{1}{2}\right)^{3} \div \left(-\dfrac{1}{4}\right) + 1\right\} \times \dfrac{4}{3}$

(6) $-4 - \left\{(-2)^{3} \times \dfrac{3}{4} - 10 \div \dfrac{5}{3}\right\} \times \dfrac{1}{6}$

II-2

정수와 유리수의 계산

01 $1\dfrac{a}{3}$의 역수가 $\dfrac{3}{5}$이고 $-\dfrac{2}{5}$의 역수가 b일 때, $a \times b$의 값을 구하시오.

$\dfrac{q}{p}$ $(p \neq 0, q \neq 0)$의 역수

➡ $\dfrac{p}{q}$

02 다음 중 계산 결과가 나머지 넷과 <u>다른</u> 하나는?

① $(-12) \div (+3)$

② $\left(+\dfrac{1}{2}\right) \div \left(-\dfrac{1}{8}\right)$

③ $\left(-\dfrac{16}{7}\right) \div \left(+\dfrac{4}{7}\right)$

④ $(-56) \div (-7) \div (-2)$

⑤ $\left(+\dfrac{8}{5}\right) \div \left(-\dfrac{1}{10}\right) \div (+2)$

나눗셈
➡ 역수를 이용하여 곱셈으로 고쳐서 계산한다.

03 $A = (+6) \times \left(+\dfrac{5}{3}\right) \div \left(-\dfrac{3}{2}\right)$, $B = (-3)^3 \div \left(-\dfrac{9}{5}\right) \times \left(-\dfrac{2}{27}\right)$일 때, $A \div B$의 값을 구하시오.

곱셈과 나눗셈의 혼합 계산
➡ 거듭제곱을 먼저 계산한 후 나눗셈은 역수를 이용하여 곱셈으로 고쳐서 계산한다.

04 다음 식의 계산 순서를 차례대로 나열하고, 식을 계산하시오.

$$6 - \left\{(-2)^2 \times \dfrac{3}{4} - (-7)\right\} \div 5$$
$$ \underset{\text{㉠}}{\uparrow} \phantom{-\left\{(} \underset{\text{㉡}}{\uparrow} \underset{\text{㉢}}{\uparrow} \phantom{\times \frac{3}{4}} \underset{\text{㉣}}{\uparrow} } \underset{\text{㉤}}{\uparrow}$$

덧셈, 뺄셈, 곱셈, 나눗셈의 혼합 계산
➡ 거듭제곱 → 괄호
   → 곱셈, 나눗셈 → 덧셈, 뺄셈의 순서로 계산한다.

05 $\dfrac{3}{2} \times \left(\dfrac{1}{4} - \dfrac{1}{3}\right) \div \square = \dfrac{1}{16}$일 때, $\square$ 안에 알맞은 수를 구하시오.

$A \div \square = B$
➡ $\square = A \div B$

06 세 유리수 a, b, c에 대하여 $a \times b > 0$, $b \div c < 0$, $b < c$일 때, 다음 중 옳은 것은?

① $a > 0$, $b > 0$, $c > 0$

② $a > 0$, $b < 0$, $c > 0$

③ $a < 0$, $b < 0$, $c > 0$

④ $a < 0$, $b > 0$, $c < 0$

⑤ $a < 0$, $b < 0$, $c < 0$

• $a \times b > 0$, $a \div b > 0$
 ➡ a, b는 같은 부호
• $a \times b < 0$, $a \div b < 0$
 ➡ a, b는 다른 부호

01 다음 중 계산 결과가 옳지 <u>않은</u> 것은?

① $(-10)+(-3)=-13$

② $(-5)-(+5)=-10$

③ $\left(+\dfrac{4}{7}\right)+\left(-\dfrac{1}{2}\right)=\dfrac{1}{14}$

④ $(-1.9)-(-5.7)=3.8$

⑤ $(+1)+\left(-\dfrac{2}{5}\right)-\left(+\dfrac{7}{10}\right)=\dfrac{1}{10}$

02 다음은 어느 해 1월 어느 날 세계의 5개의 도시 서울, 뉴욕, 파리, 시드니, 뉴델리의 최고 기온과 최저 기온을 나타낸 것이다. 5개의 도시 중 일교차가 가장 큰 도시를 구하시오.

도시	서울	뉴욕	파리	시드니	뉴델리
최고 기온 (℃)	−1	3	−1.8	26	20.8
최저 기온 (℃)	−9	−2.5	−7.2	20	13

꼭나와

03 다음 중 가장 큰 수는?

① 6보다 −3만큼 큰 수

② −4보다 −5만큼 작은 수

③ 1보다 $-\dfrac{1}{2}$만큼 작은 수

④ $-\dfrac{1}{2}$보다 $\dfrac{9}{4}$만큼 큰 수

⑤ $-\dfrac{3}{10}$보다 $-\dfrac{7}{5}$만큼 작은 수

04 $a+\left(-\dfrac{1}{2}\right)=-\dfrac{5}{6}$, $1-b=-\dfrac{4}{3}$일 때, $a+b$의 값을 구하시오.

05 다음 중 계산 결과가 옳은 것을 모두 고르면?

(정답 2개)

① $(-7)\times(+12)=-84$

② $(-15)\times\left(-\dfrac{3}{5}\right)=6$

③ $\left(+\dfrac{4}{3}\right)\times\left(-\dfrac{9}{8}\right)=-\dfrac{2}{3}$

④ $\left(-\dfrac{1}{2}\right)\times\left(-\dfrac{2}{3}\right)\times\left(-\dfrac{3}{4}\right)=-\dfrac{1}{4}$

⑤ $(+0.6)\times\left(-\dfrac{2}{3}\right)\times(-10)=2$

꼭나와

06 다음 중 가장 작은 수는?

① $\left(-\dfrac{1}{2}\right)^2$ ② $-\left(-\dfrac{1}{2}\right)^2$ ③ $-\dfrac{1}{2^4}$

④ $\left(-\dfrac{1}{2}\right)^3$ ⑤ $-\left(-\dfrac{1}{2}\right)^3$

07 다음은 분배법칙을 이용하여 계산하는 과정이다. ㈎, ㈏, ㈐에 알맞은 수를 구하시오.

$$(+2) \times \left(-\frac{5}{3}\right) + (-11) \times \left(-\frac{5}{3}\right)$$
$$= \{(+2) + (-11)\} \times \left(\boxed{㈎}\right)$$
$$= \left(\boxed{㈏}\right) \times \left(\boxed{㈎}\right)$$
$$= \boxed{㈐}$$

10 $A = \dfrac{5}{6} \div \left(-\dfrac{2}{3}\right) \times \dfrac{1}{10}$,

$B = \left(-\dfrac{3}{4}\right) \div \left(-\dfrac{3}{2}\right)^3 \times \dfrac{9}{8}$

일 때, $B \div A$의 값을 구하시오.

꼭나와

08 다음 중 두 수가 서로 역수가 <u>아닌</u> 것은?

① $2, \dfrac{1}{2}$ ② $\dfrac{1}{10}, 0.1$ ③ $-\dfrac{4}{3}, -\dfrac{3}{4}$

④ $-\dfrac{1}{5}, -5$ ⑤ $\dfrac{9}{8}, \dfrac{8}{9}$

꼭나와

11 다음 식의 계산 순서를 차례대로 나열하시오.

$$-2 - 4 \times \left\{5 - \left(-\frac{1}{3}\right)^3 \div \frac{3}{4}\right\}$$
$$\underset{㉠}{\uparrow} \quad \underset{㉡}{\uparrow} \quad \underset{㉢}{\uparrow} \quad \underset{㉣}{\uparrow} \quad \underset{㉤}{\uparrow}$$

09 다음 중 계산 결과가 나머지 넷과 <u>다른</u> 하나는?

① $(-1)^{97}$ ② $-3^2 \div (-3)^2$

③ $\dfrac{1}{27} \times (-3)^3$ ④ $\left(-\dfrac{1}{2}\right)^4 \div \dfrac{1}{16}$

⑤ $(+3) \div \left(-\dfrac{6}{5}\right) \div \left(+\dfrac{5}{2}\right)$

12 두 수 a, b에 대하여 $a < 0, b > 0$일 때, 다음 중 항상 양수인 것은?

① $a - b$ ② $a + b$ ③ $a \times b$

④ $b - a$ ⑤ $b \div a$

13 두 수 a, b에 대하여 $|a|=5$, $|b|=9$일 때, $a-b$의 값 중 가장 작은 값을 구하시오.

14 다음 표는 어느 전시회의 입장객 수를 전날과 비교하여 증가했으면 부호 $+$, 감소했으면 부호 $-$를 사용하여 나타낸 것이다. 수요일의 입장객이 500명이었을 때, 일요일의 입장객은 몇 명인지 구하시오.

목요일	금요일	토요일	일요일
-80명	$+120$명	$+200$명	-90명

(꼭나와)
15 오른쪽 그림과 같은 정육면체의 전개도가 있다. 이 전개도를 접으면 마주 보는 면에 적힌 두 수의 합이 $-\dfrac{2}{3}$일 때, $a-b-c$의 값을 구하시오.

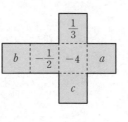

16 $\left(\dfrac{1}{3}-1\right)\times\left(\dfrac{1}{4}-1\right)\times\left(\dfrac{1}{5}-1\right)\times\cdots\times\left(\dfrac{1}{40}-1\right)$ 을 계산하면?

① $-\dfrac{1}{10}$ ② $-\dfrac{1}{20}$ ③ $\dfrac{1}{40}$

④ $\dfrac{1}{20}$ ⑤ $\dfrac{1}{10}$

17 $-1<a<0$인 유리수 a에 대하여 다음 중 가장 큰 수는?

① a ② $\dfrac{1}{a}$ ③ a^3

④ $-a^2$ ⑤ $-\dfrac{1}{a^2}$

(꼭나와)
18 $(-1)+(-1)^2+(-1)^3+\cdots+(-1)^{200}$을 계산하면?

① -200 ② -100 ③ 0
④ 100 ⑤ 200

19 다음 중 계산 결과가 가장 큰 것은?

① $2\times\left\{-\dfrac{5}{4}-\left(-\dfrac{2}{3}\right)\right\}-\dfrac{7}{12}$

② $3\div\left\{\left(\dfrac{1}{2}-3\right)\times0.2-(-2)^2\right\}$

③ $6-\left\{\left(-\dfrac{1}{2}\right)^3\div\left(-\dfrac{1}{4}\right)+1\right\}\times\dfrac{9}{5}$

④ $8-2\times\left[3-\left\{\left(-\dfrac{3}{2}\right)^2-\left(\dfrac{7}{4}-\dfrac{3}{2}\right)\div2\right\}\right]$

⑤ $1-\left[(-2)\div\{3\times(-1)-(-1)^3\}-\dfrac{4}{3}\right]$

(꼭나와)

20 어떤 수에 $-\dfrac{3}{5}$ 을 곱해야 할 것을 잘못하여 나누었더니 그 결과가 $-\dfrac{2}{3}$ 가 되었다. 바르게 계산한 답을 구하시오.

21 두 유리수 a, b에 대하여 $a-b>0$, $a\times b<0$이고 $|a|<|b|$일 때, 다음 중 옳지 <u>않은</u> 것은?

① $a+b<0$ ② $|a|-b>0$
③ $-a+b<0$ ④ $-a-b<0$
⑤ $a-|b|<0$

22 희강이와 수연이는 계단에서 가위바위보를 하여 이긴 사람은 3칸 올라가고, 진 사람은 2칸 내려가는 놀이를 하였다. 두 사람의 출발점은 같고 그 위에도 아래에도 계단이 50칸 이상이 있다. 가위바위보를 10번 하여 희강이는 6번 이기고 수연이는 3번 이겼을 때, 두 사람의 위치는 몇 칸 차이가 나는지 구하시오. (단, 비기면 그대로 있다.)

STEP 3 실력 UP

23 n이 홀수일 때, 다음을 계산하시오.

해설 강의

$$(-1)^{n+3}+(-1)^{n}-(-1)^{n+4}+(-1)^{2\times n}$$

24 다섯 개의 유리수 $-\dfrac{4}{3}$, $\dfrac{7}{2}$, -1, -6, $\dfrac{2}{3}$ 중에서 서로 다른 네 수를 뽑아 곱한 값 중 가장 큰 값을 a, 가장 작은 값을 b라 할 때, $a\div b$의 값을 구하시오.

해설 강의

25 다음 그림과 같이 수직선 위의 점 A는 두 점 B, C 사이를 3 : 2로 나누는 점이다. 이때 점 A가 나타내는 수를 구하시오.

해설 강의

예제 1

해설 강의

x의 절댓값은 4이고 y의 절댓값은 6일 때, $x-y$의 값 중에서 가장 큰 값을 M, 가장 작은 값을 m이라 하자. 이때 $M-m$의 값을 구하시오. [7점]

풀이 과정

1단계 x, y의 값 구하기 · 2점

x의 절댓값이 4이므로　　$x=4$ 또는 $x=-4$

y의 절댓값이 6이므로　　$y=6$ 또는 $y=-6$

2단계 M의 값 구하기 · 2점

$x-y$의 값 중에서 가장 큰 값은 x는 양수, y는 음수일 때이므로　　$M=4-(-6)=10$

3단계 m의 값 구하기 · 2점

$x-y$의 값 중에서 가장 작은 값은 x는 음수, y는 양수일 때이므로　　$m=-4-6=-10$

4단계 $M-m$의 값 구하기 · 1점

$M-m=10-(-10)=20$

답 20

유제 1 x의 절댓값은 $\dfrac{1}{3}$이고 y의 절댓값은 $\dfrac{1}{2}$일 때, $x+y$의 값 중에서 가장 큰 값을 M, 가장 작은 값을 m이라 하자. 이때 $M-m$의 값을 구하시오. [7점]

풀이 과정

1단계 x, y의 값 구하기 · 2점

2단계 M의 값 구하기 · 2점

3단계 m의 값 구하기 · 2점

4단계 $M-m$의 값 구하기 · 1점

답

예제 2

해설 강의

$\dfrac{1}{4}$보다 $-\dfrac{2}{3}$만큼 큰 수를 a, $-\dfrac{2}{5}$보다 -0.25만큼 작은 수를 b라 할 때, $a\times b$의 역수를 구하시오. [7점]

풀이 과정

1단계 a의 값 구하기 · 2점

$a=\dfrac{1}{4}+\left(-\dfrac{2}{3}\right)=-\dfrac{5}{12}$

2단계 b의 값 구하기 · 2점

$b=-\dfrac{2}{5}-(-0.25)=-\dfrac{2}{5}+\dfrac{1}{4}=-\dfrac{3}{20}$

3단계 $a\times b$의 역수 구하기 · 3점

$a\times b=\left(-\dfrac{5}{12}\right)\times\left(-\dfrac{3}{20}\right)=\dfrac{1}{16}$

따라서 $\dfrac{1}{16}$의 역수는 16이다.

답 16

유제 2 $-\dfrac{2}{9}$보다 $-\dfrac{2}{3}$만큼 큰 수를 a, $\dfrac{1}{3}$보다 $\dfrac{1}{9}$만큼 작은 수를 b라 할 때, $b\div a$의 역수를 구하시오. [7점]

풀이 과정

1단계 a의 값 구하기 · 2점

2단계 b의 값 구하기 · 2점

3단계 $b\div a$의 역수 구하기 · 3점

답

스스로 서술하기

유제 **3** 오른쪽 그림과 같은 정육면체에서 마주 보는 면에 적힌 두 수의 곱이 1일 때, 보이지 않는 세 면에 적힌 수의 합을 구하시오. [6점]

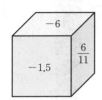

풀이 과정

답

유제 **5** 어떤 수를 $-\dfrac{2}{3}$ 로 나누어야 할 것을 잘못하여 더했더니 그 결과가 $\dfrac{1}{5}$ 이 되었다. 바르게 계산한 답을 구하시오. [7점]

풀이 과정

답

II-2

정수와 유리수의 계산

유제 **4** $A=(-3)\times\left[\dfrac{1}{6}+\left\{\dfrac{2}{3}\div\left(-\dfrac{2}{5}\right)+(-1)^3\right\}\right]$, $B=8\times\left(-\dfrac{1}{2}\right)^2\div(-2^2)$ 일 때, $A-B$의 값을 구하시오. [6점]

풀이 과정

답

유제 **6** 다음 수직선에서 세 점 P, Q, R는 두 점 A, B 사이를 4등분 하는 점이다. 세 점 P, Q, R가 나타내는 수를 각각 p, q, r라 할 때, $(p+q)\div r$의 값을 구하시오. [7점]

A ──=── P ──=── Q ──=── R ──=── B
$-\dfrac{3}{2}$ 4

풀이 과정

답

문자와 식

이 단원에서는 문자를 사용한 식으로 나타내 보고, 식의 값을 구해 보자.
또 일차식의 덧셈과 뺄셈의 원리를 이해하고, 그 계산을 해 보자.
또한 방정식과 그 해의 뜻을 알고, 등식의 성질을 설명해 보자.
일차방정식을 풀고, 이를 활용하여 문제를 해결해 보자.

Ⅲ-1

문자의 사용과 식의 계산

Ⅲ-2 | 일차방정식의 풀이　　Ⅲ-3 | 일차방정식의 활용

이 단원의 학습 계획을 세우고
하나하나 실천하는 습관을 기르자!!　　나는 할 수 있어!

		공부한 날		학습 완료도
01 문자의 사용	개념원리 이해 & 개념원리 확인하기	월	일	□□□
	핵심문제 익히기	월	일	○○○
	이런 문제가 시험에 나온다	월	일	○○○
02 일차식의 계산 (1)	개념원리 이해 & 개념원리 확인하기	월	일	□□□
	핵심문제 익히기	월	일	○○○
	이런 문제가 시험에 나온다	월	일	○○○
03 일차식의 계산 (2)	개념원리 이해 & 개념원리 확인하기	월	일	□□□
	핵심문제 익히기	월	일	○○○
	계산력 강화하기	월	일	○○○
	이런 문제가 시험에 나온다	월	일	○○○
중단원 마무리하기		월	일	○○○
서술형 대비 문제		월	일	○○○

개념 학습 guide

• 개념을 이해했으면 ■■, 개념을 문제에 적용할 수 있으면 ■, 개념을 친구에게 설명할 수 있으면 로 색칠한다.

• 부족한 부분의 개념을 반복 학습하여 ■■■ 3칸 모두 색칠하면 학습을 마친다.

문제 학습 guide

• 맞힌 문제가 전체의 50% 미만이면 ●●, 맞힌 문제가 50% 이상 90% 미만이면 ●, 맞힌 문제가 90% 이상이면 로 색칠한다.　문제를 찍지 말자!

• 틀린 문제는 왜 틀렸는지 그 이유를 파악한 후 다시 풀어 본다. 며칠 후 틀린 문제를 다시 풀어 보고, 풀이 과정과 답이 맞으면 학습을 마친다.

01 문자의 사용

1 문자를 사용하여 식을 어떻게 나타내는가?

◆ 핵심문제 02~04

(1) **문자의 사용**: 문자를 사용하면 수량 사이의 관계를 간단한 식으로 나타낼 수 있다.

(2) **문자를 사용하여 식 세우기**

　❶ 문제의 뜻을 파악하여 그에 맞는 규칙을 찾는다.

　❷ 문자를 사용하여 ❶의 규칙에 맞도록 식을 세운다.

　［예］ 한 자루에 700원인 연필 a자루의 가격 ➡ $700 \times a$ (원)

　［참고］ 문자를 사용한 식에 자주 쓰이는 수량 사이의 관계 ┈┈→ 문자를 사용하여 식을 세울 때에는 반드시 단위를 쓰도록 한다.

　　① (속력) $= \dfrac{(거리)}{(시간)}$,　(시간) $= \dfrac{(거리)}{(속력)}$,　(거리) $=$ (속력) $\times$ (시간)

　　② (소금물의 농도) $= \dfrac{(소금의 양)}{(소금물의 양)} \times 100$ (%),　(소금의 양) $= \dfrac{(소금물의 농도)}{100} \times$ (소금물의 양)

　　③ $1\% = 0.01 = \dfrac{1}{100}$ ➡ $a\% = \dfrac{a}{100}$

2 문자를 사용한 식은 어떻게 간단히 나타내는가?

◆ 핵심문제 01~04

(1) **곱셈 기호의 생략**: 문자를 사용한 식에서 곱셈 기호 $\times$를 생략하고 다음과 같이 나타낸다.

　① (수) $\times$ (문자): 곱셈 기호 $\times$를 생략하고 수를 문자 앞에 쓴다.

　　［예］ $6 \times a = 6a$,　$x \times (-9) = -9x$

　② $1 \times$ (문자), $(-1) \times$ (문자): 곱셈 기호 $\times$와 1을 생략한다.

　　［예］ $1 \times x = x$,　$(-1) \times a = -a$

　　［참고］ $\dfrac{1}{2} \times x$는 $\dfrac{1}{2}x$ 또는 $\dfrac{x}{2}$로 나타낸다.

　　［주의］ $0.1 \times a$는 $0.a$로 쓰지 않고 $0.1a$로 쓴다.

　③ (문자) $\times$ (문자): 곱셈 기호 $\times$를 생략하고 보통 알파벳 순서로 쓴다.

　　［예］ $b \times a = ab$,　$x \times y \times z = xyz$

　④ 같은 문자의 곱: 거듭제곱으로 나타낸다.

　　［예］ $a \times a = a^2$,　$y \times x \times x = x^2 y$

　⑤ 괄호가 있는 식과 수의 곱: 곱셈 기호 $\times$를 생략하고 수를 괄호 앞에 쓴다.

　　［예］ $2 \times (x-y) = 2(x-y)$,　$a \times (x+y) \times 3 = 3a(x+y)$

(2) **나눗셈 기호의 생략**: 나눗셈 기호 $\div$를 생략하고 분수의 꼴로 나타내거나 나눗셈을 역수의 곱셈으로 바꾼 후 곱셈 기호 $\times$를 생략한다.

　　［예］ $x \div 5 = \dfrac{x}{5}$ 또는 $x \div 5 = x \times \dfrac{1}{5} = \dfrac{1}{5}x$

　　［주의］ 문자를 1 또는 -1로 나눌 때에는 1을 생략한다.

　　［예］ $a \div 1 = \dfrac{a}{1} = a$,　$a \div (-1) = \dfrac{a}{-1} = -a$

3 **식의 값은 어떻게 구하는가?**　　　　　　　　　　　◎ 핵심문제 05, 06

(1) **대입**: 문자를 사용한 식에서 문자에 어떤 수를 바꾸어 넣는 것

(2) **식의 값**: 문자를 사용한 식에서 문자에 어떤 수를 대입하여 계산한 결과

(3) **식의 값을 구하는 방법**

　주어진 수를 문자에 대입할 때

　① 주어진 식에서 생략된 곱셈 기호 ×를 다시 쓴다.

　　　예 $x=3$일 때, $2x+5$의 값은

　　　　　$2x+5=2×x+5=2×3+5=11$

　② 대입하는 수가 음수이면 반드시 괄호 ( )를 사용한다.

　　　예 $x=-2$, $y=6$일 때, $-x-\dfrac{5}{2}y$의 값은

　　　　　$-x-\dfrac{5}{2}y=-(-2)-\dfrac{5}{2}×6=2-15=-13$

　③ 분모에 분수를 대입할 때에는 나눗셈 기호 ÷를 다시 쓴다.

　　　예 $x=\dfrac{1}{2}$일 때, $\dfrac{8}{x}$의 값은

　　　　　$\dfrac{8}{x}=8÷x=8÷\dfrac{1}{2}=8×2=16$

보충 학습 **[n번째] 도형을 만드는 데 사용된 바둑돌의 개수 구하기**

다음은 바둑돌을 규칙적으로 배열하여 [1번째], [2번째], [3번째], [4번째], … 도형을 만든 것이다.

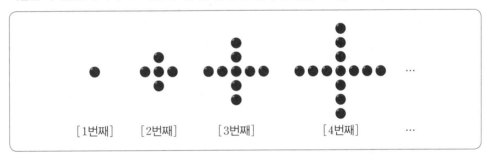

　[1번째]　　[2번째]　　　[3번째]　　　　[4번째]　　　…

(1) [n번째] 도형을 만드는 데 사용된 바둑돌의 개수를 n을 사용한 식으로 나타내는 방법은 다음과 같다.

　❶ [1번째], [2번째], [3번째], … 도형을 만드는 데 사용된 바둑돌의 개수를 구한다.

　❷ 규칙을 찾아 [n번째] 도형을 만드는 데 사용된 바둑돌의 개수를 n을 사용한 식으로 나타 낸다.

단계	1	2	3	4	…	n
바둑돌의 개수	1	5	9	13	…	
	$1+4×0$	$1+4×1$	$1+4×2$	$1+4×3$	…	$1+4×(n-1)$

　따라서 [n번째] 도형을 만드는 데 사용된 바둑돌의 개수를 n을 사용한 식으로 나타내면

　　　$1+4×(n-1)=1+4(n-1)$

(2) [n번째] 도형을 만드는 데 사용된 바둑돌의 개수는 $1+4(n-1)$이므로 [10번째] 도형을 만드는 데 사용된 바둑돌의 개수는 이 식에 $n=10$을 대입하여 구한다.

　➡ $1+4×(10-1)=1+4×9=37$

▶정답 및 풀이 41쪽

01 다음 식을 곱셈 기호를 생략하여 나타내시오.

(1) $a \times (-8)$

(2) $b \times \dfrac{1}{6} \times c \times a$

(3) $b \times a \times b \times 3 \times b \times a$

(4) $x \times x \times x \times (-1)$

(5) $0.1 \times y$

(6) $(a+b) \times (-2)$

02 다음 식을 나눗셈 기호를 생략하여 나타내시오.

(1) $6 \div x$

(2) $(-x) \div y$

(3) $y \div \dfrac{4}{5}$

(4) $(-8b) \div \left(-\dfrac{1}{a}\right)$

(5) $(a+b) \div c$

(6) $(3x-y) \div 2$

◈ 나눗셈 기호를 생략하고 분수의 꼴로 나타내거나 나눗셈을 ☐의 곱셈으로 바꾼 후 곱셈 기호를 생략한다.

03 다음 식을 곱셈 기호와 나눗셈 기호를 생략하여 나타내시오.

(1) $a \times b \div c$

(2) $a \div b \times (7-x)$

(3) $a \div b \div c \times d$

(4) $a \div (5+b) \times (-2)$

◈ 곱셈 기호와 나눗셈 기호가 혼합된 식
① 괄호가 있을 때에는 괄호 안을 먼저 계산한다.
② ☐에서부터 차례대로 계산한다.

04 다음을 문자를 사용한 식으로 나타내시오.

　　　　　　　(단, 곱셈 기호와 나눗셈 기호는 생략한다.)

(1) 1개에 3점인 수학 문제 a개를 맞혔을 때의 수학 점수

(2) x원인 물건을 사고 1000원을 냈을 때의 거스름돈

(3) 토끼 a마리, 타조 b마리의 다리의 개수의 합

05 다음은 식의 값을 구하는 과정이다. ☐ 안에 알맞은 수를 써넣으시오.

(1) $x=3$일 때, $6x-4=6 \times x-4=6 \times \boxed{}-4=\boxed{}$

(2) $x=-2$일 때, $4x+1=4 \times x+1=4 \times (\boxed{})+1=\boxed{}$

(3) $a=\dfrac{1}{2}$일 때, $\dfrac{6}{a}=6 \div a=6 \div \boxed{}=6 \times \boxed{}=\boxed{}$

◈ (1) 생략된 ☐ 기호를 다시 쓴다.
(2) 문자에 대입하는 수가 음수이면 반드시 ☐를 사용한다.
(3) 분모에 분수를 대입할 때에는 ☐ 기호를 다시 쓴다.

01 곱셈 기호와 나눗셈 기호의 생략

● 더 다양한 문제는 RPM 1-1 78쪽

다음 식을 곱셈 기호와 나눗셈 기호를 생략하여 나타내시오.

(1) $(-5) \times x \div y \times c$

(2) $a \times b \div (a-b) \div 3$

(3) $a \div (x+y) \div 2 \times a$

(4) $x \times 0.1 - 5 \div (a \times b)$

KEY POINT

곱셈 기호와 나눗셈 기호의 생략
① 나눗셈을 역수의 곱셈으로 바꾼다.
② 앞에서부터 차례대로 계산한다.
③ 괄호가 있을 때에는 괄호 안을 먼저
  계산한다.

풀이 (1) (주어진 식) $= (-5) \times x \times \dfrac{1}{y} \times c = -\dfrac{5cx}{y}$

(2) (주어진 식) $= a \times b \times \dfrac{1}{a-b} \times \dfrac{1}{3} = \dfrac{ab}{3(a-b)}$

(3) (주어진 식) $= a \times \dfrac{1}{x+y} \times \dfrac{1}{2} \times a = \dfrac{a^2}{2(x+y)}$

(4) (주어진 식) $= x \times 0.1 - 5 \times \dfrac{1}{ab} = 0.1x - \dfrac{5}{ab}$

답 (1) $-\dfrac{5cx}{y}$ (2) $\dfrac{ab}{3(a-b)}$ (3) $\dfrac{a^2}{2(x+y)}$ (4) $0.1x - \dfrac{5}{ab}$

확인 1 다음 식을 곱셈 기호와 나눗셈 기호를 생략하여 나타내시오.

(1) $x \times x \times x \div \dfrac{y}{4}$

(2) $(x-y) \div y + (x+3) \times 5$

(3) $a \times a \times (-2) - b \times c \div (-3)$

(4) $a \div (b \times c) + 2 \times x \div (-1)$

02 문자를 사용한 식으로 나타내기; 수, 단위, 금액

● 더 다양한 문제는 RPM 1-1 78쪽

다음을 문자를 사용한 식으로 나타내시오.

(1) 백의 자리의 숫자가 a, 십의 자리의 숫자가 b, 일의 자리의 숫자가 c인 세 자리 자연수

(2) 정가가 a원인 물건을 $b\%$ 할인하여 판매할 때, 판매 가격

KEY POINT

· $a\% = \dfrac{a}{100}$
· (판매 가격) = (정가) - (할인 금액)

풀이 (1) $a \times 100 + b \times 10 + c \times 1 = 100a + 10b + c$

(2) (판매 가격) = (정가) - (할인 금액) $= a - a \times \dfrac{b}{100} = a - \dfrac{ab}{100}$ (원)

답 (1) $100a + 10b + c$ (2) $\left(a - \dfrac{ab}{100}\right)$원

확인 2 다음을 문자를 사용한 식으로 나타내시오.

(1) 길이가 x m인 실을 5등분 했을 때, 한 조각의 길이

(2) 물 3 L가 들어 있는 욕조에 1분당 2 L씩 물을 채울 때, a분 후 욕조에 들어 있는 물의 양

● 더 다양한 문제는 RPM 1-1 79쪽

● 더 다양한 문제는 RPM 1-1 79쪽

03 문자를 사용한 식으로 나타내기; 도형

● 더 다양한 문제는 RPM 1-1 79쪽

KEY POINT

① (직사각형의 둘레의 길이)
= $2 \times \{($가로의 길이$) + ($세로의 길이$)\}$
② (삼각형의 넓이)
= $\frac{1}{2} \times ($밑변의 길이$) \times ($높이$)$

다음을 문자를 사용한 식으로 나타내시오.

(1) 가로의 길이가 x cm, 세로의 길이가 y cm인 직사각형의 둘레의 길이

(2) 밑변의 길이가 a cm, 높이가 h cm인 삼각형의 넓이

풀이 (1) (직사각형의 둘레의 길이) $= 2 \times (x+y) = 2(x+y)$ (cm)

(2) (삼각형의 넓이) $= \frac{1}{2} \times a \times h = \frac{1}{2}ah$ (cm²)

답 (1) $2(x+y)$ cm   (2) $\frac{1}{2}ah$ cm²

확인 3 오른쪽 그림과 같이 윗변의 길이가 a, 아랫변의 길이가 b 이고, 높이가 h인 사다리꼴의 넓이를 문자를 사용한 식으로 나타내시오.

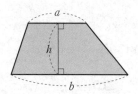

04 문자를 사용한 식으로 나타내기; 속력, 농도

KEY POINT

① (시간) $= \dfrac{(거리)}{(속력)}$
② (소금의 양)
$= \dfrac{(소금물의 농도)}{100} \times ($소금물의 양$)$

다음을 문자를 사용한 식으로 나타내시오.

(1) 20 km의 거리를 시속 x km로 달렸을 때, 걸린 시간

(2) 10 %의 소금물 a g과 15 %의 소금물 b g을 섞은 소금물에 들어 있는 소금의 양

풀이 (1) (시간) $= \dfrac{(거리)}{(속력)} = \dfrac{20}{x}$ (시간)

(2) (소금의 양) $= \dfrac{(소금물의 농도)}{100} \times ($소금물의 양$)$이므로

$\dfrac{10}{100} \times a + \dfrac{15}{100} \times b = \dfrac{1}{10}a + \dfrac{3}{20}b$ (g)

답 (1) $\dfrac{20}{x}$ 시간   (2) $\left(\dfrac{1}{10}a + \dfrac{3}{20}b\right)$ g

확인 4 다음을 문자를 사용한 식으로 나타내시오.

(1) A 지점에서 출발하여 140 km 떨어진 B 지점을 향하여 시속 70 km로 a시 간 동안 이동하고 있을 때, B 지점까지 남은 거리 (단, $a < 2$)

(2) 물 200 g에 소금 x g을 넣어 만든 소금물의 농도

> 정답 및 풀이 42쪽

05 식의 값 구하기

● 더 다양한 문제는 RPM 1-1 80쪽

KEY POINT

식의 값을 구할 때
① 대입하는 수가 음수이면 반드시 괄호를 사용한다.
② 분모에 분수를 대입할 때에는 나눗셈 기호 ÷를 다시 쓴다.

다음 식의 값을 구하시오.

(1) $x=-5$, $y=7$일 때, $2(x+y)$

(2) $x=4$, $y=-2$일 때, $\dfrac{y}{x}+\dfrac{x}{y}$

(3) $x=3$, $y=-\dfrac{1}{2}$일 때, $6xy-4y^2$

(4) $x=\dfrac{1}{3}$, $y=-\dfrac{1}{4}$일 때, $\dfrac{3}{x}+8y$

풀이

(1) $2(x+y)=2\times(-5+7)=4$

(2) $\dfrac{y}{x}+\dfrac{x}{y}=\dfrac{-2}{4}+\dfrac{4}{-2}=-\dfrac{1}{2}+\left(-\dfrac{4}{2}\right)=-\dfrac{5}{2}$

(3) $6xy-4y^2=6\times3\times\left(-\dfrac{1}{2}\right)-4\times\left(-\dfrac{1}{2}\right)^2=-9-1=-10$

(4) $\dfrac{3}{x}+8y=3\div x+8\times y=3\div\dfrac{1}{3}+8\times\left(-\dfrac{1}{4}\right)$

$\qquad\quad=3\times3+(-2)=9+(-2)=7$

답 (1) 4 (2) $-\dfrac{5}{2}$ (3) -10 (4) 7

확인 5 다음 식의 값을 구하시오.

(1) $a=-4$일 때, $-a^2+(-a)^2$

(2) $a=6$, $b=-3$일 때, $\dfrac{5ab}{a+b}$

(3) $a=-1$, $b=5$일 때, a^2-b^2

(4) $a=-\dfrac{2}{3}$, $b=\dfrac{1}{5}$일 때, $\dfrac{4}{a}+\dfrac{2}{b}$

06 식의 값의 활용

● 더 다양한 문제는 RPM 1-1 81쪽

KEY POINT

식의 값을 구할 때, 식이 주어진 경우
➡ 문자에 수를 대입한다.

공기 중에서 기온이 $x\,^\circ\mathrm{C}$일 때, 소리의 속력은 초속 $(331+0.6x)$ m라 한다. 기온이 $15\,^\circ\mathrm{C}$일 때, 소리의 속력을 구하시오.

풀이 $331+0.6x$에 $x=15$를 대입하면

$\qquad331+0.6\times15=331+9=340$

따라서 기온이 $15\,^\circ\mathrm{C}$일 때, 소리의 속력은 초속 340 m이다. **답** 초속 340 m

확인 6 3대 영양소인 탄수화물, 단백질, 지방은 1 g당 각각 4 kcal, 4 kcal, 9 kcal의 열량을 낸다고 한다. 혜선이가 탄수화물, 단백질, 지방을 각각 50 g, a g, b g 섭취했을 때, 다음 물음에 답하시오.

(1) 혜선이가 얻은 열량을 a, b를 사용한 식으로 나타내시오.

(2) $a=25$, $b=30$일 때, 혜선이가 얻은 열량은 몇 kcal인지 구하시오.

▶정답 및 풀이 42쪽

01 다음 중 곱셈 기호와 나눗셈 기호를 생략하여 나타낸 것으로 옳은 것은?

① $2 \times x \div y = \dfrac{x}{2y}$ ② $(-0.1) \times x \div y = -\dfrac{0.x}{y}$

③ $(-x) \div y \div z \times 2 = -\dfrac{2xz}{y}$ ④ $a \div 4 \times b \times c - 1 = \dfrac{ac}{4b} - 1$

⑤ $x \div 5 \div (x+y) \times z = \dfrac{xz}{5(x+y)}$

> 곱셈 기호와 나눗셈 기호가 혼합된 식은 괄호 안을 먼저 계산하고 앞에서부터 차례대로 계산한다.

02 다음 중 곱셈 기호와 나눗셈 기호를 생략하여 나타낸 식이 나머지 넷과 <u>다른</u> 하나는?

① $a \times c \div b$ ② $a \div b \times c$ ③ $a \div (b \div c)$

④ $a \times \dfrac{1}{b} \div \dfrac{1}{c}$ ⑤ $a \times \left(b \div \dfrac{1}{c}\right)$

03 다음 보기 중 옳은 것을 모두 고른 것은?

> **보기**
>
> ㄱ. x살인 형보다 3살만큼 적은 동생의 나이는 $(x-3)$살이다.
> ㄴ. x시간 40분은 $(60x+40)$분이다.
> ㄷ. 밑면의 가로의 길이가 a cm, 세로의 길이가 7 cm이고, 높이가 b cm인 직육면체의 부피는 $7a^3b^3$ cm³이다.
> ㄹ. 자동차를 타고 시속 50 km로 a시간 동안 달리다가 시속 90 km로 b시간 동안 달렸을 때 달린 거리는 $\left(\dfrac{50}{a}+\dfrac{90}{b}\right)$ km이다.

① ㄱ, ㄴ   ② ㄱ, ㄷ   ③ ㄴ, ㄷ
④ ㄴ, ㄹ   ⑤ ㄷ, ㄹ

> 주어진 문장에서 수량 사이의 관계를 파악한 후 문자를 사용하여 식을 세운다.

04 $x=1$, $y=-\dfrac{1}{2}$일 때, 다음 중 식의 값이 가장 큰 것은?

① $-2y-x$ ② y^2-x ③ x^2-8y^2
④ $-\dfrac{2}{y}+\dfrac{2}{x}$ ⑤ $\dfrac{x}{y}$

> 문자에 음수를 대입할 때에는 반드시 괄호를 사용하고, 분모에 분수를 대입할 때에는 생략된 나눗셈 기호를 다시 쓴다.

05 온도를 나타낼 때, 대한민국에서는 섭씨온도(°C)를 사용하고 미국에서는 화씨온도(°F)를 사용한다. 화씨 x °F는 섭씨 $\dfrac{5}{9}(x-32)$ °C일 때, 화씨 77 °F는 섭씨 몇 °C인지 구하시오.

02 일차식의 계산 (1)

개념원리 이해

1 다항식이란 무엇인가?

◎ 핵심문제 01

(1) **항**: 수 또는 문자의 곱으로만 이루어진 식

(2) **상수항**: 문자 없이 수로만 이루어진 항

　참고　상수항이 없을 때에는 상수항이 0인 것으로 생각한다.

(3) **계수**: 수와 문자의 곱으로 이루어진 항에서 문자에 곱해진 수

　예　$5x-2y-7$에서

　　① 항은 $5x$, $-2y$, -7이다.

　　② 상수항은 -7이다.

　　③ x의 계수는 5, y의 계수는 -2이다.

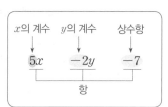

(4) **다항식**: 한 개의 항이나 여러 개의 항의 합으로 이루어진 식

　예　$5x$, $a-3b$

　주의　$\dfrac{2}{x}$, $\dfrac{1}{x-3}$ 과 같이 분모에 문자가 있는 식은 다항식이 아니다.

(5) **단항식**: 다항식 중에서 한 개의 항으로만 이루어진 식

　예　x, $-2a^2$, 7

　▶ 단항식은 항의 개수가 1인 다항식이라 할 수 있다.

　　즉 단항식도 다항식이다.

2 일차식이란 무엇인가?

◎ 핵심문제 02

(1) **차수**: 어떤 항에서 문자가 곱해진 개수를 그 문자에 대한 항의 차수라 한다.

　예　① x에 대한 $3x^2$의 차수는 2이다.

　　　　$\underset{\longrightarrow 3\times x \times x}{}$

　　② y에 대한 $-2y^3$의 차수는 3이다.

　　　　$\underset{\longrightarrow -2\times y\times y\times y}{}$

　참고　상수항의 차수는 0이다.

(2) **다항식의 차수**: 다항식에서 차수가 가장 큰 항의 차수

　예　다항식 x^2+6x-3에서 차수가 가장 큰 항은 x^2이고 x^2의 차수가 2이다.

　　➡ 다항식 x^2+6x-3의 차수는 2이다.

(3) **일차식**: 차수가 1인 다항식

　예　① $-5x+3$에서 $-5x$의 차수는 1이므로 일차식이다.

　　② $\dfrac{1}{3}a$에서 $\dfrac{1}{3}a$의 차수는 1이므로 일차식이다.

　참고　$\dfrac{5}{x}$, $\dfrac{1}{x-1}$과 같이 분모에 문자가 있는 식은 다항식이 아니므로 일차식이 아니다.

**개념원리
이해**

3 단항식과 수의 곱셈, 나눗셈은 어떻게 하는가?

○ 핵심문제 03

⑴ (수)×(단항식), (단항식)×(수)

곱셈의 교환법칙과 결합법칙을 이용하여 수끼리 곱한 후 수를 문자 앞에 쓴다.

예 $7a \times 3 = (7 \times a) \times 3$ ⎫ 결합법칙
$\quad = 7 \times (a \times 3)$ ⎫ 교환법칙
$\quad = 7 \times (3 \times a)$ ⎫ 결합법칙
$\quad = (7 \times 3) \times a$
$\quad = 21a$

▶ ① 곱셈의 교환법칙: $a \times b = b \times a$
② 곱셈의 결합법칙: $(a \times b) \times c = a \times (b \times c)$

⑵ (단항식)÷(수)

나눗셈을 곱셈으로 고쳐서 계산한다. 즉 나누는 수의 역수를 곱한다.

예 $(-8x) \div 6 = (-8x) \times \dfrac{1}{6}$
$\quad = (-8) \times x \times \dfrac{1}{6}$
$\quad = (-8) \times \dfrac{1}{6} \times x$
$\quad = \left\{ (-8) \times \dfrac{1}{6} \right\} \times x$
$\quad = -\dfrac{4}{3}x$

4 일차식과 수의 곱셈, 나눗셈은 어떻게 하는가?

○ 핵심문제 04

⑴ (수)×(일차식), (일차식)×(수)

분배법칙을 이용하여 일차식의 각 항에 수를 곱한다.

예 $-2(3x-5) = (-2) \times 3x + (-2) \times (-5) = -6x+10$

▶ 덧셈에 대한 곱셈의 분배법칙: $a \times (b+c) = a \times b + a \times c$, $(a+b) \times c = a \times c + b \times c$

주의 일차식과 수의 곱셈에서 곱하는 수의 부호도 각 항에 곱해야 한다.

⑵ (일차식)÷(수)

나눗셈을 곱셈으로 고쳐서 계산한다. 즉 분배법칙을 이용하여 일차식의 각 항에 나누는 수의 역수를 곱한다.

예 $(20x+8) \div (-4) = (20x+8) \times \left(-\dfrac{1}{4}\right)$ ← 나누는 수의 역수 곱하기
$\quad = 20x \times \left(-\dfrac{1}{4}\right) + 8 \times \left(-\dfrac{1}{4}\right)$ ← 분배법칙 이용하기
$\quad = -5x-2$

개념원리 확인하기

01 다음 표를 완성하시오.

다항식	상수항	계수	다항식의 차수
$2x+5$		x의 계수:	
$-\dfrac{1}{3}y+2$		y의 계수:	
$4x^2+x-1$		x^2의 계수: x의 계수:	

○ 상수항이란?
　계수란?
　다항식의 차수란?

02 다음 중 단항식인 것을 모두 고르시오.

$$x+3y, \quad 2x, \quad 7, \quad x^2y, \quad x-1, \quad \dfrac{3}{x}$$

03 다음 중 일차식인 것을 모두 고르시오.

$$x^2+1, \quad \dfrac{1}{x}-2x, \quad \dfrac{1}{2}x-5, \quad 1, \quad 0 \times x^2+x-1$$

○ 일차식은 차수가 □인 다항식
　이다.

04 다음을 계산하시오.

(1) $2x \times 3$

(2) $6 \times (-5x)$

(3) $12x \times \dfrac{1}{4}$

(4) $(-2a) \times (-5)$

(5) $12a \div 6$

(6) $6y \div \dfrac{3}{2}$

(7) $(-18x) \div \left(-\dfrac{2}{3}\right)$

(8) $\left(-\dfrac{5}{6}a\right) \div \dfrac{1}{3}$

○ ① (수)×(단항식),
　　(단항식)×(수)
　➡ □끼리 곱한 후 수를
　　문자 앞에 쓴다.
　② (단항식)÷(수)
　➡ 나누는 수의 □를
　　곱한다.

05 다음을 계산하시오.

(1) $3(x-2)$

(2) $-(2x+4)$

(3) $-3(3a-2)$

(4) $\left(\dfrac{8}{3}b+\dfrac{16}{9}\right) \times \dfrac{3}{2}$

(5) $\left(-14y-\dfrac{5}{3}\right) \div 2$

(6) $(12x+8) \div (-4)$

(7) $\left(-\dfrac{1}{9}b+\dfrac{4}{7}\right) \div \dfrac{1}{2}$

(8) $(2x-4) \div \left(-\dfrac{2}{3}\right)$

○ ① (수)×(일차식),
　　(일차식)×(수)
　➡ □□□□□을 이용하
　　여 일차식의 각 항에 수
　　를 곱한다.
　② (일차식)÷(수)
　➡ 분배법칙을 이용하여 나
　　누는 수의 □를 곱
　　한다.

01 다항식

● 더 다양한 문제는 RPM 1-1 82쪽

다음 중 다항식 $\dfrac{x^2}{3}-x+5$에 대한 설명으로 옳지 <u>않은</u> 것은?

① 항은 3개이다.　　　　　② 상수항은 5이다.
③ x^2의 계수는 3이다.　　④ x의 계수는 -1이다.
⑤ 다항식의 차수는 2이다.

| KEY POINT |

$4x^2-2x+3$
➡ ① 항: $4x^2$, $-2x$, 3
　② 다항식의 차수: 2
　③ x^2의 계수: 4
　④ x의 계수: -2
　⑤ 상수항: 3

풀이　③ x^2의 계수는 $\dfrac{1}{3}$이다.　　　　　　　　　**답** ③

확인 1　다음 중 옳은 것을 모두 고르면? (정답 2개)

① $-x+5$는 단항식이다.　　② $\dfrac{x^2-1}{2}$에서 x^2의 계수는 2이다.
③ $xy-3$에서 항은 2개이다.　④ $-6x^2$의 차수는 -6이다.
⑤ $7x-\dfrac{y}{4}-1$에서 상수항은 -1이다.

02 일차식

● 더 다양한 문제는 RPM 1-1 82쪽

다음 중 일차식인 것을 모두 고르면? (정답 2개)
① $-x^2+2$　　　② 7　　　　③ $-0.1x+2$
④ $\dfrac{2}{x}+3$　　　⑤ $3x-y$

| KEY POINT |

x에 대한 일차식
➡ $ax+b$의 꼴
　　(단, a, b는 상수, $a\neq0$)

풀이　① 다항식의 차수가 2이므로 일차식이 아니다.
　　② 상수항은 일차식이 아니다.
　　④ 분모에 문자가 있는 식은 다항식이 아니므로 일차식이 아니다.　　**답** ③, ⑤

확인 2　다음 중 일차식인 것의 개수를 구하시오.

$$5-3y, \quad a+\dfrac{6}{a}+2, \quad -x, \quad -1-4x+x^3, \quad \dfrac{a}{7}, \quad \dfrac{x+1}{5}$$

03 단항식과 수의 곱셈, 나눗셈

● 더 다양한 문제는 RPM 1-1 83쪽

다음 중 옳은 것은?

① $7 \times (-5x) = 35x$

② $(-4y) \times \left(-\dfrac{3}{4}\right) = 6y$

③ $(-12x) \div (-2) = -6x$

④ $36a \div \dfrac{9}{5} = 25a$

⑤ $\dfrac{1}{3}y \div \left(-\dfrac{5}{6}\right) = -\dfrac{2}{5}y$

풀이 ① $7 \times (-5x) = -35x$

② $(-4y) \times \left(-\dfrac{3}{4}\right) = 3y$

③ $(-12x) \div (-2) = 6x$

④ $36a \div \dfrac{9}{5} = 36a \times \dfrac{5}{9} = 20a$

⑤ $\dfrac{1}{3}y \div \left(-\dfrac{5}{6}\right) = \dfrac{1}{3}y \times \left(-\dfrac{6}{5}\right) = -\dfrac{2}{5}y$

따라서 옳은 것은 ⑤이다.

답 ⑤

확인 3 $\left(-\dfrac{3}{14}a\right) \div \left(-\dfrac{15}{28}\right)$를 계산한 식에서 a의 계수를 구하시오.

04 일차식과 수의 곱셈, 나눗셈

● 더 다양한 문제는 RPM 1-1 83쪽

다음 보기 중 옳은 것을 모두 고르시오.

보기

ㄱ. $-3(2x-6) = 6x - 18$

ㄴ. $\left(-6a - \dfrac{1}{3}\right) \times \dfrac{4}{3} = -8a - \dfrac{4}{9}$

ㄷ. $(-15b + 9) \div (-3) = 5b - 3$

ㄹ. $(10x + 4) \div \left(-\dfrac{2}{3}\right) = -15x - 8$

풀이 ㄱ. $-3(2x-6) = (-3) \times 2x + (-3) \times (-6) = -6x + 18$

ㄹ. $(10x + 4) \div \left(-\dfrac{2}{3}\right) = (10x + 4) \times \left(-\dfrac{3}{2}\right)$

$= 10x \times \left(-\dfrac{3}{2}\right) + 4 \times \left(-\dfrac{3}{2}\right) = -15x - 6$

이상에서 옳은 것은 ㄴ, ㄷ이다.

답 ㄴ, ㄷ

확인 4 두 식 $-6\left(\dfrac{2}{3}x - 4\right)$와 $(4y - 12) \div \dfrac{4}{3}$를 각각 계산하였을 때, 두 식의 상수항의 합을 구하시오.

> 정답 및 풀이 44쪽

01 다음 중 다항식 $-4x^2+\dfrac{x}{6}-y-2$에 대한 설명으로 옳은 것은?

① 항은 $-4x^2$, $\dfrac{x}{6}$, y, 2이다.　　② x^2의 계수는 4이다.

③ 이 다항식은 일차식이다.　　④ x의 계수는 6이다.

⑤ y의 계수와 상수항의 합은 -3이다.

> 계수를 구할 때 $-$ 부호를 빠뜨리지 않도록 주의한다.

02 다항식 $5x-\dfrac{1}{2}y+1$에서 x의 계수를 a, y의 계수를 b, 상수항을 c라 할 때, $a+2b-c$의 값을 구하시오.

03 다항식 $(a+2)x^2+(a-1)x+4a+3$이 x에 대한 일차식이 되도록 하는 상수 a의 값은?

① -2　　② -1　　③ 0

④ 1　　⑤ 2

> x에 대한 일차식
> ➡ $ax+b$의 꼴
> 　　(단, a, b는 상수, $a\neq0$)

04 다음 **보기** 중 옳은 것을 모두 고른 것은?

> 보기
>
> ㄱ. $\dfrac{7}{2}a\times\dfrac{6}{5}=\dfrac{21}{5}a$ 　　　　ㄴ. $(-9x)\div\dfrac{1}{3}=-3x$
>
> ㄷ. $\dfrac{2a-5}{4}\times8=4a-10$ 　　　ㄹ. $(4b-1)\div\left(-\dfrac{2}{3}\right)^2=-9b+\dfrac{9}{4}$

① ㄱ, ㄴ　　② ㄱ, ㄷ　　③ ㄴ, ㄷ

④ ㄴ, ㄹ　　⑤ ㄷ, ㄹ

> 일차식과 수의 곱셈, 나눗셈
> ➡ 분배법칙을 이용한다.

05 다음 중 계산 결과가 $3(2x-5)$와 같은 것은?

① $2(3x-5)$　　② $6\left(x+\dfrac{3}{2}\right)$　　③ $\left(x-\dfrac{5}{2}\right)\div\dfrac{1}{6}$

④ $(2x-15)\div\dfrac{1}{3}$　　⑤ $\dfrac{1}{2}(12x-5)$

일차식의 계산 (2)

1 동류항이란 무엇인가?

◉ 핵심문제 01~06

(1) **동류항**: 다항식에서 문자와 차수가 각각 같은 항을 그 문자에 대한 동류항이라 한다.

> 예 ① $3x$와 $2x$는 문자와 차수가 각각 같으므로 동류항이다.
>
> ② $3x^2$과 $-2x$는 곱해진 문자는 같지만 차수가 각각 2, 1로 다르므로 동류항이 아니다.
>
> ③ $3x$와 $2y$는 차수는 1로 같지만 문자가 각각 x, y로 다르므로 동류항이 아니다.

> 참고 상수항끼리는 모두 동류항이다.

(2) **동류항의 덧셈, 뺄셈**

분배법칙을 이용하여 동류항의 계수끼리 더하거나 뺀 후 문자 앞에 쓴다.

> 예 ① $3x+2x=(3+2)x=5x$
>
> ② $7a-3a=(7-3)a=4a$
>
> ③ $3x-2-7x+4=3x-7x-2+4$
> $$=(3-7)x+(-2+4)$$
> $$=-4x+2$$

2 일차식의 덧셈과 뺄셈은 어떻게 하는가?

◉ 핵심문제 02~06

일차식의 덧셈과 뺄셈은 다음과 같은 순서로 한다.
❶ 괄호가 있으면 분배법칙을 이용하여 괄호를 푼다.
❷ 동류항끼리 모아서 계산한다.

▶ 괄호 푸는 방법

괄호 앞에
┌ **+**가 있으면 ➡ 괄호 안의 각 항의 부호를 그대로
│   ➡ $A+(B-C)=A+B-C$
└ **−**가 있으면 ➡ 괄호 안의 각 항의 부호를 반대로
      ➡ $A-(B-C)=A-B+C$

> 예 ① $(2x+4)+(x-2)$ ⎫ 분배법칙을 이용하여 괄호 풀기
> $$=2x+4+x-2$$ ⎬ 동류항끼리 모으기
> $$=2x+x+4-2$$ ⎭ 동류항끼리 계산하기
> $$=3x+2$$
>
> ② $4(3x+1)-(6x-5)$ ⎫ 분배법칙을 이용하여 괄호 풀기
> $$=12x+4-6x+5$$ ⎬ 동류항끼리 모으기
> $$=12x-6x+4+5$$ ⎭ 동류항끼리 계산하기
> $$=6x+9$$

01 다음 중 $-x$와 동류항인 것을 모두 고르시오.

$$3x, \quad y, \quad -1, \quad -\frac{2}{5}x, \quad 6x^2, \quad -0.7x, \quad 9$$

02 다음 식을 간단히 하시오.

(1) $6x+2x$

(2) $-5x+3x$

(3) $-4y-y$

(4) $\frac{1}{2}a-\frac{1}{6}a$

(5) $4y-5y+7y$

(6) $-6+\frac{3}{4}b-\frac{2}{3}b$

(7) $5x+3-2x-5$

(8) $7a-2-8a+5$

○ ☐끼리 모은 다음
☐을 이용하여 간단히
계산한다.

03 다음 식을 계산하시오.

(1) $(3x+1)+(2x-3)$

(2) $3(2a-1)+(a+4)$

(3) $(4b-3)+2(-b+5)$

(4) $\frac{1}{2}(2y-4)+\frac{1}{4}(4y-8)$

○ ❶ 괄호가 있으면 분배법칙을
이용하여 ☐를 푼다.
❷ ☐끼리 모아 계산한다.

04 다음 식을 계산하시오.

(1) $(x+5)-(-2x+11)$

(2) $-2(3x+5)-(x-2)$

(3) $-3(a+1)-2(2a-1)$

(4) $\frac{1}{3}(3y-6)-\frac{1}{6}(12y-18)$

○ 괄호 앞에 '$-$'가 있는 경우 괄
호를 풀면 각 항의 ☐가 모
두 바뀐다.

▶ 정답 및 풀이 45쪽

01 동류항

● 더 다양한 문제는 RPM 1-1 83쪽

다음 중 동류항끼리 짝 지어진 것은?

① x와 x^2　　　② $4x$와 $5y$　　　③ 6과 -2

④ y와 $\dfrac{1}{y}$　　　⑤ x^2y와 xy^2

KEY POINT

동류항
➡ 문자와 차수가 각각 같은 항

풀이　① 문자는 x로 같으나 차수가 각각 1, 2로 다르다.
　　　② 차수는 1로 같으나 문자가 각각 x, y로 다르다.
　　　③ 상수항끼리는 모두 동류항이다.
　　　④ $\dfrac{1}{y}$은 다항식이 아니다.
　　　⑤ 각 문자의 차수가 다르므로 동류항이 아니다.　　　답 ③

확인 ❶　다음 중 $-2a$와 동류항인 것은?

① $-2b$　　② $3a^2$　　③ $\dfrac{4}{a}$　　④ $5a$　　⑤ -2

02 일차식의 덧셈과 뺄셈

● 더 다양한 문제는 RPM 1-1 84쪽

다음 중 옳지 <u>않은</u> 것은?

① $5x-2+3x+1=8x-1$　　　② $2(y+3)+y-8=3y-2$
③ $(6a-4)-(a+3)=5a-7$　　　④ $3(-4b+5)+4(b-2)=-8b+7$
⑤ $2(3x+2)-3(x+4)=-3x-8$

KEY POINT

일차식의 덧셈과 뺄셈
➡ 분배법칙을 이용하여 괄호를 푼 후 동류항끼리 모아서 계산한다.

풀이　② $2(y+3)+y-8=2y+6+y-8=3y-2$
　　　③ $(6a-4)-(a+3)=6a-4-a-3=5a-7$
　　　④ $3(-4b+5)+4(b-2)=-12b+15+4b-8=-8b+7$
　　　⑤ $2(3x+2)-3(x+4)=6x+4-3x-12=3x-8$
　　　따라서 옳지 않은 것은 ⑤이다.　　　답 ⑤

확인 ❷　$(15x-6)\div\dfrac{3}{2}+12\left(\dfrac{3}{4}x-\dfrac{5}{12}\right)$를 계산하면 $ax+b$일 때, 상수 a, b에 대하여 $a+b$의 값을 구하시오.

03 괄호가 여러 개인 일차식의 덧셈과 뺄셈 ● 더 다양한 문제는 RPM 1-1 84쪽

● 더 다양한 문제는 RPM 1-1 84쪽

다음 식을 계산하시오.

$(1) -x-\{-(4-x)-2(3-x)\}$ $\qquad$ $(2) x-[2x+3\{2x-(3x-1)\}]$

풀이 (1) (주어진 식)$= -x-(-4+x-6+2x)=-x-(3x-10)$
$\qquad\qquad\quad = -x-3x+10=-4x+10$
$\qquad$ (2) (주어진 식)$= x-\{2x+3(2x-3x+1)\}=x-\{2x+3(-x+1)\}$
$\qquad\qquad\quad = x-(2x-3x+3)=x-(-x+3)$
$\qquad\qquad\quad = x+x-3=2x-3$

답 $(1) -4x+10$ $\quad (2) 2x-3$

확인 ③ 다음 식을 계산하시오.

$(1) 3x-5-\{5-(3-x)\}$

$(2) 2x+\{x-3y-2(x-y)\}$

$(3) -4x+8-2\{4x-(3-7x)+1\}+14x$

$(4) 6x-[3x+2\{4x-(-7x+2)\}]$

---

04 분수 꼴인 일차식의 덧셈과 뺄셈 ● 더 다양한 문제는 RPM 1-1 85쪽

● 더 다양한 문제는 RPM 1-1 85쪽

다음 식을 계산하시오.

$(1) \dfrac{5x-2}{2}-\dfrac{10x+3}{5}$ $\qquad$ $(2) \dfrac{3x-4}{2}-\dfrac{2x-1}{3}+\dfrac{x+1}{6}$

풀이 (1) (주어진 식)$= \dfrac{5(5x-2)-2(10x+3)}{10}=\dfrac{25x-10-20x-6}{10}$
$\qquad\qquad\quad = \dfrac{5x-16}{10}=\dfrac{1}{2}x-\dfrac{8}{5}$
$\qquad$ (2) (주어진 식)$= \dfrac{3(3x-4)-2(2x-1)+x+1}{6}=\dfrac{9x-12-4x+2+x+1}{6}$
$\qquad\qquad\quad = \dfrac{6x-9}{6}=x-\dfrac{3}{2}$

답 $(1) \dfrac{1}{2}x-\dfrac{8}{5}$ $\quad (2) x-\dfrac{3}{2}$

확인 ④ 다음 식을 계산하시오.

$(1) \dfrac{4x-3}{5}-\dfrac{x-3}{4}$ $\qquad\qquad$ $(2) \dfrac{5x-2}{2}-\dfrac{6x-4}{3}+\dfrac{-x-3}{4}$

> 정답 및 풀이 45쪽

KEY POINT

① $\square + A = B$

➡ $\square = B - A$

② $A - \square = B$

➡ $\square = A - B$

③ $\square - A = B$

➡ $\square = B + A$

05 어떤 식 구하기

● 더 다양한 문제는 RPM 1-1 86쪽

다음 □ 안에 알맞은 식을 구하시오.

$$3x + 6 + \boxed{} = 5(2x - 1)$$

풀이 $3x + 6 + \boxed{} = 5(2x - 1)$에서

$\boxed{} = 5(2x - 1) - (3x + 6)$

$= 10x - 5 - 3x - 6$

$= 7x - 11$

답 $7x - 11$

확인 5 어떤 다항식에서 $6x - 4$를 뺐더니 $2x - 3$이 되었다. 이때 어떤 다항식은?

① $-4x + 1$ ② $-4x + 2$ ③ $8x - 7$

④ $8x - 1$ ⑤ $8x + 1$

UP

06 도형에서의 일차식의 덧셈과 뺄셈의 활용

● 더 다양한 문제는 RPM 1-1 87쪽

KEY POINT

도형의 둘레의 길이에 대한 식을 세운
후 계산한다.

오른쪽 그림과 같은 도형의 둘레의 길이를 x를 사용한 식으
로 나타내시오.

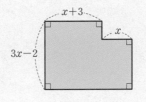

풀이 주어진 도형의 둘레의 길이는 오른쪽 직사각형의 둘레의 길
이와 같으므로

$2\{(x + 3) + x\} + 2(3x - 2) = 2(2x + 3) + 2(3x - 2)$

$= 4x + 6 + 6x - 4$

$= 10x + 2$

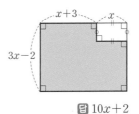

답 $10x + 2$

확인 6 오른쪽 그림과 같은 도형의 넓이를 x를 사용한 식으로 나타
내시오.

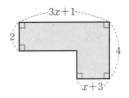

01 다음 식을 계산하시오.

(1) $(a-4)+8(2a+5)$

(2) $2(3x-1)+3(2x-3)$

(3) $6(3y-5)+2(-7y+5)$

(4) $15\left(-\dfrac{2}{3}b+\dfrac{1}{5}\right)+12\left(\dfrac{1}{4}b-\dfrac{5}{6}\right)$

(5) $\dfrac{1}{3}(6x+9)+\dfrac{1}{2}(4-10x)$

02 다음 식을 계산하시오.

(1) $(-a+3)-(1+2a)$

(2) $4(-3x+1)-3(3x-2)$

(3) $-2(b-3)-5(1-b)$

(4) $6\left(\dfrac{2}{3}y-\dfrac{1}{2}\right)-4\left(\dfrac{1}{2}y+\dfrac{3}{4}\right)$

(5) $\dfrac{2}{7}(14x-35)-\dfrac{1}{3}(9-6x)$

03 다음 식을 계산하시오.

(1) $-3x+8-\{2x-(x-5)\}$

(2) $5(x-3y)-\{3y-(2x-y)\}$

(3) $-9(x-1)-\{3(1-x)-4(-4+x)\}$

(4) $2x-[7y-2x-\{2x-(x-3y)\}]$

(5) $x+3y-[2x-y-\{4(x-y)-(x+y)\}]$

04 다음 식을 계산하시오.

(1) $\dfrac{5x+1}{2}-\dfrac{3x-4}{7}$

(2) $\dfrac{x-4}{8}+\dfrac{-x+1}{5}$

(3) $\dfrac{x-1}{4}+\dfrac{2x-3}{3}-\dfrac{2x+5}{2}$

(4) $\dfrac{4x+1}{4}-\dfrac{5(x-2)}{6}+\dfrac{2(x+1)}{3}$

(5) $\dfrac{2x-5}{3}-\left\{\dfrac{3x-1}{2}-\left(x+\dfrac{7}{6}\right)\right\}$

01 다음 **보기** 중 동류항끼리 짝 지은 것을 모두 고르시오.

동류항
➡ 문자와 차수가 각각 같은 항

> **보기**
> ㄱ. -6과 $-6x$ ㄴ. $\dfrac{7}{x}$과 $\dfrac{x}{7}$ ㄷ. $12x$와 $-24x$
>
> ㄹ. xy^3과 x^3y ㅁ. $\dfrac{1}{4}a^2$과 $-4a^2$

02 다음 중 옳은 것은?

① $-6x+15+2x-3=-4x-12$

② $-b-7+3\left(1-\dfrac{2}{3}b\right)=-3b+4$

③ $6\left(\dfrac{1}{2}y-\dfrac{1}{3}\right)-8\left(\dfrac{1}{4}y-\dfrac{5}{8}\right)=y-3$

④ $-4(2x+1)-\dfrac{1}{3}(6x-9)=-10x+1$

⑤ $(18a-6)\div\dfrac{3}{2}-15\left(\dfrac{5}{3}a-\dfrac{4}{15}\right)=-13a$

03 $7x-\{3x+1-(-5x+2)\}-4x$를 계산하였을 때, x의 계수와 상수항의 합을 구하시오.

04 $A=3x+2y$, $B=5x-3y$일 때, $A-2B$를 계산하면?

괄호를 사용하여 문자에 일차식을 대입한다.

① $-8x+7y$ ② $-7x-8y$ ③ $-7x+8y$

④ $7x-8y$ ⑤ $7x+8y$

05 어떤 다항식에 $5x-3$을 더해야 할 것을 잘못하여 **뺐**더니 $-4x+1$이 되었다. 다음 물음에 답하시오.

❶ 어떤 다항식을 □로 놓고 조건에 따라 식을 세운다.
❷ □를 구한다.
❸ 바르게 계산한 식을 구한다.

(1) 어떤 다항식을 구하시오.   (2) 바르게 계산한 식을 구하시오.

UP
06 오른쪽 그림과 같이 한 변의 길이가 a인 정사각형 모양의 땅을 나누어 꽃밭을 만들려고 한다. 두 꽃밭의 넓이의 합을 a를 사용한 식으로 나타내시오.

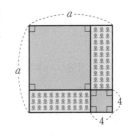

STEP **1** 기본 문제

01 다음 중 곱셈 기호와 나눗셈 기호를 생략하여 나타낸 것으로 옳지 <u>않은</u> 것은?

① $x \div (y \div 5) = \dfrac{5x}{y}$

② $x \div (y \times z) = \dfrac{x}{yz}$

③ $(-1) \times y \div (x + z) = -\dfrac{y}{x + z}$

④ $2 \times a \div \left(\dfrac{1}{3} \times b\right) = 6ab$

⑤ $a - 3 \div a \div b = a - \dfrac{3}{ab}$

02 다음 중 옳은 것은?

① 한 변의 길이가 x cm인 정삼각형의 둘레의 길이는 $(x + 3)$ cm이다.

② 1초마다 320 MB씩 자료를 전송할 때, x초 동안 전송한 자료의 용량은 $\dfrac{320}{x}$ MB이다.

③ 정가가 p원인 탁상시계를 10 % 할인하여 팔 때의 탁상시계의 가격은 $(p - 10)$원이다.

④ 5시간 동안 a km를 걸었을 때의 속력은 시속 $\dfrac{5}{a}$ km이다.

⑤ 지면에서 1 km씩 높아질 때마다 기온은 5 ℃씩 낮아질 때, 현재 지면의 기온이 21 ℃이고 높이가 지면으로부터 x km인 곳의 기온은 $(21 - 5x)$ ℃이다.

03 $a = -\dfrac{1}{3}$일 때, $9a(1 - 4a^2)$의 값을 구하시오.

04 지면에서 초속 20 m로 똑바로 위로 던져 올린 물체의 t초 후의 높이는 $(20t - 5t^2)$ m라 한다. 이 물체의 3초 후의 높이를 구하시오.

05 다음 중 단항식인 것을 모두 고르면? (정답 2개)

① $-xy^3$ ② $3a + b$ ③ $-x + y$

④ $\dfrac{1}{5}$ ⑤ $6x - 2$

06 다음 중 옳은 것은?

① $\dfrac{5}{a}$는 단항식이다.

② $2x$와 $2y$는 동류항이다.

③ $\dfrac{1}{3}a^2 - 4a + 1$의 차수는 $\dfrac{1}{3}$이다.

④ $\dfrac{x}{2} - 1$에서 x의 계수는 2이다.

⑤ $-y^2 + 3y - 8$에서 상수항은 -8이다.

정답 및 풀이 48쪽

07 다음 중 식을 계산하였을 때, x의 계수가 가장 작은 것은?

① $-2(3x-1)$ 　　　② $12x \div \left(-\dfrac{3}{2}\right)$

③ $(0.4x-3) \times 5$ 　　④ $(4x-8) \div \left(-\dfrac{4}{7}\right)$

⑤ $\left(\dfrac{4}{5}x - \dfrac{7}{10}\right) \times 10$

꼭나와

10 $\dfrac{6x-5}{6} - \dfrac{2x+1}{3}$ 을 계산하면?

① $\dfrac{1}{6}x + \dfrac{4}{3}$ 　② $\dfrac{1}{6}x - \dfrac{11}{6}$ 　③ $\dfrac{1}{3}x - \dfrac{7}{6}$

④ $\dfrac{1}{3}x + \dfrac{1}{3}$ 　⑤ $\dfrac{1}{3}x + \dfrac{4}{3}$

꼭나와

08 다음 중 $\dfrac{3}{4}x$와 동류항인 것의 개수를 구하시오.

$$0.1x, \quad \dfrac{3}{x}, \quad -4x^2, \quad -\dfrac{6}{7}x, \quad 5, \quad \dfrac{x}{2}$$

11 다음 □ 안에 알맞은 식을 구하시오.

$$-2x+3-\boxed{}=x-5$$

09 $-3(4x+1)+(12x-10) \div 2$를 계산하면 $ax+b$일 때, 상수 a, b에 대하여 ab의 값은?

① -48 　　② -24 　　③ 12

④ 24 　　⑤ 48

12 한 변의 길이가 $5x-1$ 인 정사각형 모양의 종이 두 장을 오른쪽 그림과 같이 가로의 길이가 $x+3$만큼 겹치도록 이

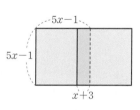

어 붙여 직사각형을 만들었다. 이 직사각형의 둘레의 길이를 x를 사용한 식으로 나타내시오.

13 다음 중 식을 계산한 결과가
$(x-2) \div (5y \div z)$와 <u>다른</u> 하나는?

① $(x-2) \div 5y \times z$ ② $z \div \left(5y \times \dfrac{1}{x-2}\right)$

③ $(x-2) \div 5y \div \dfrac{1}{z}$ ④ $5y \div \dfrac{1}{x-2} \div \dfrac{1}{z}$

⑤ $\dfrac{1}{5y} \div \dfrac{1}{x-2} \div \dfrac{1}{z}$

14 다음 그림과 같이 성냥개비를 사용하여 정사각형을 만들어 나간다. x개의 정사각형을 만들 때 사용한 성냥개비의 개수를 x를 사용한 식으로 나타내시오.

15 $x = -\dfrac{1}{5}$, $y = \dfrac{3}{4}$일 때, 다음 중 식의 값이 가장 큰 것은?

① $\dfrac{1}{x} + \dfrac{6}{y}$ ② $y + \dfrac{y}{x}$ ③ $\dfrac{1}{5x^2} - \dfrac{9}{y^2}$

④ $10x - \dfrac{15}{y}$ ⑤ $\dfrac{1}{x^2} + 12y$

꼭나와

16 다음 **보기**에 대한 설명 중 옳지 <u>않은</u> 것은?

보기

ㄱ. $\dfrac{2}{7}a$ ㄴ. $-6a + 3a^2$

ㄷ. $\dfrac{1}{3}a^2$ ㄹ. $-2 + 6x$

ㅁ. $0.6x + 5$ ㅂ. $7x - 1$

① 단항식은 2개이다.
② 일차식은 4개이다.
③ ㄱ과 ㄷ은 동류항이다.
④ ㄹ에서 x의 계수는 6이다.
⑤ ㅁ의 항은 2개이다.

17 다항식 $2(3x^2 - x) + ax^2 + 5x - 2$를 계산하였더니 x에 대한 일차식이 되었다. 이때 상수 a의 값을 구하시오.

18 $6x - 5 - (ax + b)$를 계산하였더니 x의 계수는 2, 상수항은 8이 되었다. 상수 a, b에 대하여 $a - b$의 값을 구하시오.

19 $A = \dfrac{x-5}{3}$, $B = \dfrac{3x+6}{2} \div \dfrac{3}{2}$일 때,
$3A + \{5A - 2(A + 3B) - 1\}$을 계산하시오.

20 다항식 A에 $2x-1$을 더했더니 $6x+2$가 되었고, 다항식 B에서 $5x+3$을 뺐더니 $-4x-1$이 되었다. 이때 $A+B$를 계산하면?

① $-3x-1$ ② $-3x+5$ ③ $5x-1$

④ $5x+5$ ⑤ $7x+5$

STEP **3** 실력 UP

23 $|x|=3$, $|y|=2$이고 $x<y$일 때,

$\dfrac{x^2+3xy+5y}{x+y}$의 값은? (단, $y>0$)

① -19 ② $-\dfrac{17}{5}$ ③ -1

④ $\dfrac{19}{5}$ ⑤ 17

꼭나와

21 오른쪽 그림에서 색칠한 부분의 넓이를 x를 사용한 식으로 나타내면?

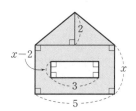

① $x+7$

② $x+11$

③ $2x+3$

④ $2x+7$

⑤ $2x+11$

24 n이 자연수일 때,

$$(-1)^{2n-1} \times \frac{x-2y}{3} - (-1)^{2n} \times \frac{3x+y}{2}$$

를 간단히 하시오.

22 정가가 a원인 가방을 30 % 할인하여 사고, 정가가 b원인 책을 20 % 할인하여 살 때, 지불해야 할 금액을 a, b를 사용한 식으로 나타내시오.

25 다음 표의 가로, 세로, 대각선에 놓인 세 식의 합이 모두 같도록 빈칸을 채울 때, 다항식 A, B에 대하여 $A-B$를 계산하시오.

A		
$12x-10$	$4x-2$	$-4x+6$
$-2x$		B

예제 1

해설 강의

$A=2a+3b$, $B=-4a-b$일 때, $-2(A-B)-3(A+3B)$를 계산하시오. [6점]

풀이 과정

1단계 주어진 식 간단히 하기 •2점

$-2(A-B)-3(A+3B)$
$=-2A+2B-3A-9B$
$=-5A-7B$

2단계 주어진 식 계산하기 •4점

$-5A-7B$
$=-5(2a+3b)-7(-4a-b)$
$=-10a-15b+28a+7b$
$=18a-8b$

답 $18a-8b$

유제 1

$A=2x-3$, $B=-2x+7$, $C=-x-1$일 때, $-(A+2B-C)+2(A-C)$를 계산하시오. [6점]

풀이 과정

1단계 주어진 식 간단히 하기 •2점

2단계 주어진 식 계산하기 •4점

답

예제 2

해설 강의

[그림 1]과 같이 아래의 이웃하는 두 칸의 식을 더한 것이 바로 위의 칸의 식이 된다고 할 때, [그림 2]의 ㈎, ㈏에 알맞은 식을 구하시오. [7점]

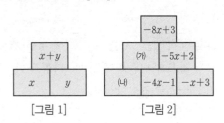

[그림 1]   [그림 2]

풀이 과정

1단계 ㈎에 알맞은 식 구하기 •3점

㈎에 알맞은 식은
$-8x+3-(-5x+2)=-3x+1$

2단계 ㈏에 알맞은 식 구하기 •4점

㈏에 알맞은 식은
$-3x+1-(-4x-1)=x+2$

답 ㈎ $-3x+1$ ㈏ $x+2$

유제 2

[그림]과 같은 규칙을 이용하여 ㈎, ㈏, ㈐에 알맞은 식을 구하시오. [7점]

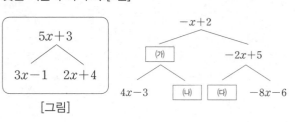

[그림]

풀이 과정

1단계 ㈎에 알맞은 식 구하기 •2점

2단계 ㈏에 알맞은 식 구하기 •3점

3단계 ㈐에 알맞은 식 구하기 •2점

답

스스로 서술하기

유제 3 $x=\dfrac{1}{4}$, $y=-\dfrac{7}{4}$일 때, $\dfrac{x}{y}-16xy$의 값을 구하시오. [6점]

풀이 과정

답

유제 4 $8\left(\dfrac{3}{4}x-\dfrac{1}{2}\right)-6\left(\dfrac{1}{3}x-\dfrac{1}{4}\right)$을 계산하였을 때, x의 계수를 a, 상수항을 b라 하자. 이때 ab의 값을 구하시오. [6점]

풀이 과정

답

유제 5 $x\,\%$의 설탕물 300 g에 물 100 g을 섞어 새로운 설탕물을 만들 때, 다음을 x를 사용한 식으로 나타내시오. [총 7점]

(1) 새로 만든 설탕물에 들어 있는 설탕의 양 [4점]

(2) 새로 만든 설탕물의 농도 [3점]

풀이 과정

(1)

(2)

답 (1)　　　　　　(2)

유제 6 오른쪽 그림과 같은 정사각형에서 색칠한 부분의 넓이를 구하려고 한다. 다음 물음에 답하시오. [총 7점]

(1) 색칠한 부분의 넓이를 x를 사용한 식으로 나타내시오. [5점]

(2) $x=2$일 때, 색칠한 부분의 넓이를 구하시오. [2점]

풀이 과정

(1)

(2)

답 (1)　　　　　　(2)

공감 한 스푼

"넘어지지 않는 사람은 없어.
단, 다시 일어나는 사람만이
앞으로 나가는 법을 배우는 거야."

Ⅲ-2

Ⅲ-1 | 문자의 사용과 식의 계산

일차방정식의 풀이

Ⅲ-3 | 일차방정식의 활용

이 단원의 학습 계획을 세우고
하나하나 실천하는 습관을 기르자!!

나는 할 수 있어!

		공부한 날		학습 완료도
01 방정식과 그 해	개념원리 이해 & 개념원리 확인하기	월	일	□□□
	핵심문제 익히기	월	일	○○○
	이런 문제가 시험에 나온다	월	일	○○○
02 일차방정식의 풀이	개념원리 이해 & 개념원리 확인하기	월	일	□□□
	핵심문제 익히기	월	일	○○○
	계산력 강화하기	월	일	○○○
	이런 문제가 시험에 나온다	월	일	○○○
중단원 마무리하기		월	일	○○○
서술형 대비 문제		월	일	○○○

개념 학습 guide

• 개념을 이해했으면 ■■, 개념을 문제에 적용할 수 있으면 ■, 개념을 친구에게 설명할 수 있으면 ■■■
로 색칠한다.

• 부족한 부분의 개념을 반복 학습하여 ■■■ 3칸 모두 색칠하면 학습을 마친다.

문제 학습 guide

• 맞힌 문제가 전체의 50% 미만이면 ●●, 맞힌 문제가 50% 이상 90% 미만이면 ●, 맞힌 문제가 90% 이
상이면 ● 로 색칠한다. 문제를 찍지 말자!

• 틀린 문제는 왜 틀렸는지 그 이유를 파악한 후 다시 풀어 본다. 며칠 후 틀린 문제를 다시 풀어 보고, 풀이 과정과
답이 맞으면 학습을 마친다.

01 방정식과 그 해

**개념원리
이해**

1 등식이란 무엇인가?

◉ 핵심문제 01

(1) **등식**: 등호 =를 사용하여 두 수 또는 두 식이 같음을 나타낸 식

예 $6-1=5$, $4x+2=10$ ➡ 등식

$x+3$, $4<7$ ➡ 등식이 아니다.

(2) **좌변**: 등식에서 등호의 왼쪽 부분

(3) **우변**: 등식에서 등호의 오른쪽 부분

(4) **양변**: 등식의 좌변과 우변을 통틀어 양변이라 한다.

> 등식
> $$\underset{\text{좌변}}{2x-3} = \underset{\text{우변}}{x+1}$$
> └ 양변 ┘

2 방정식이란 무엇인가?

◉ 핵심문제 02

(1) **x에 대한 방정식**: x의 값에 따라 참이 되기도 하고 거짓이 되기도 하는 등식을 x에 대한 방정식 이라 하며, 이때 문자 x를 그 방정식의 **미지수**라 한다. ───→ 등식에서 (좌변)=(우변)이면 참, (좌변)≠(우변)이면 거짓이다.

(2) **방정식의 해(근)**: 방정식을 참이 되게 하는 미지수의 값

(3) **방정식을 푼다**: 방정식의 해(근)을 모두 구하는 것

예 등식 $3x+4=10$의 x에 1, 2, 3, 4를 차례대로 대입하면 다음과 같다.

x의 값	좌변의 값	우변의 값	참, 거짓
1	$3 \times 1 + 4 = 7$	10	거짓
2	$3 \times 2 + 4 = 10$	10	참
3	$3 \times 3 + 4 = 13$	10	거짓
4	$3 \times 4 + 4 = 16$	10	거짓

위의 표에서 등식 $3x+4=10$은 $x=2$일 때 참이 되고, $x=1$, $x=3$, $x=4$일 때 거짓이 된다.

따라서 등식 $3x+4=10$은 x에 대한 방정식이고 $x=2$는 이 방정식의 해이다.

3 항등식이란 무엇인가?

◉ 핵심문제 03, 04

(1) **x에 대한 항등식**: 미지수 x가 어떤 값을 갖더라도 항상 참이 되는 등식을 x에 대한 항등식이라 한다. ───→ 항상 (좌변)=(우변)이다.

▶ 항등식을 나타내는 표현

① 모든 x의 값에 대하여 참인 등식

② x의 값에 관계없이 항상 참인 등식

(2) 등식의 좌변, 우변을 간단히 정리하였을 때, 양변이 같은 식이면 항등식이다.

예 $x+4x=5x$, $3x+6=3(x+2)$

(1) 등식의 성질

① 등식의 양변에 같은 수를 더해도 등식은 성립한다.

➡ $a=b$이면　$a+c=b+c$

② 등식의 양변에서 같은 수를 빼도 등식은 성립한다.

➡ $a=b$이면　$a-c=b-c$

③ 등식의 양변에 같은 수를 곱해도 등식은 성립한다.

➡ $a=b$이면　$ac=bc$

④ 등식의 양변을 0이 아닌 같은 수로 나누어도 등식은 성립한다.

➡ $a=b$이고 $c\neq0$이면　$\dfrac{a}{c}=\dfrac{b}{c}$

▶ ① 양변에서 c를 빼는 것은 양변에 $-c$를 더하는 것과 같다.

② 양변을 $c\,(c\neq0)$로 나누는 것은 양변에 $\dfrac{1}{c}$을 곱하는 것과 같다.

(2) 등식의 성질을 이용한 방정식의 풀이

등식의 성질을 이용하여 주어진 방정식을 $x=(수)$의 꼴로 바꾸어 해를 구할 수 있다.

예 (1) $x-3=5$　$\xrightarrow[\text{3을 더한다.}]{\text{양변에}}$　$x-3\boxed{+3}=5\boxed{+3}$　∴ $x=8$

(2) $x+2=-4$　$\xrightarrow[\text{2를 뺀다.}]{\text{양변에서}}$　$x+2\boxed{-2}=-4\boxed{-2}$　∴ $x=-6$

(3) $\dfrac{x}{5}=3$　$\xrightarrow[\text{5를 곱한다.}]{\text{양변에}}$　$\dfrac{x}{5}\boxed{\times5}=3\boxed{\times5}$　∴ $x=15$

(4) $7x=-21$　$\xrightarrow[\text{7로 나눈다.}]{\text{양변을}}$　$7x\boxed{\div7}=-21\boxed{\div7}$　∴ $x=-3$

보충
학습

윗접시저울과 등식의 성질

오른쪽 그림과 같이 윗접시저울의 양쪽 접시에 유리구슬과 주사위를
올려 놓았더니 윗접시저울이 평형을 이루었다. 다음과 같은 실험을 하
여 윗접시저울의 평형을 조사해 보자.

$\xrightarrow{\text{양쪽 접시에 같은 무게의 공깃돌을 올려 놓는다.}}$
$\xleftarrow{\text{양쪽 접시에서 같은 무게의 공깃돌을 내려 놓는다.}}$

$\xrightarrow{\text{양쪽 접시의 무게를 2배로 한다.}}$
$\xleftarrow{\text{양쪽 접시의 무게를 } \frac{1}{2}\text{배로 한다.}}$

위의 실험 결과로 윗접시저울은 평형을 유지한다는 사실을 알 수 있다. 여기서 윗접시저울이 평형을 유
지한다는 것은 양쪽의 무게가 같다는 것을 뜻한다.

따라서 두 식이 같음을 나타내는 등식에서도 이와 같은 성질이 성립함을 알 수 있다.

01 다음 중 등식인 것은 ○, 등식이 아닌 것은 ×를 ( ) 안에 써넣으시오.

(1) $5x-2=3x$ ( ) (2) $x>-8$ ( )

(3) $3+7=4$ ( ) (4) $2x+1$ ( )

◑ 등식이란?

02 다음 방정식 중 해가 $x=2$인 것은?

① $5x-10=-5$ ② $4x-4=2x$ ③ $3x-1=6$

④ $7x-6=5x$ ⑤ $x-6=3x-6+2x$

◑ 방정식의 해(근)
➡ 방정식을 □이 되게 하는 미지수의 값

03 다음 중 항등식인 것은 ○, 항등식이 아닌 것은 ×를 ( ) 안에 써넣으시오.

(1) $10x=10$ ( ) (2) $x-7x=-6x$ ( )

(3) $2(x-5)=2x-10$ ( ) (4) $8x-x=x$ ( )

◑ 항등식이란?

04 $a=b$일 때, 다음 중 옳지 않은 것은?

① $a+2=b+2$ ② $a-3=b-3$ ③ $-a=-b$

④ $\dfrac{a}{5}=\dfrac{b}{5}$ ⑤ $4a=\dfrac{b}{4}$

05 다음은 등식의 성질을 이용하여 방정식을 푸는 과정이다. □ 안에 알맞은 수를 써 넣으시오.

(1) $x-5=2$ ➡ 양변에 □를 더하면 $x-5+□=2+□$
$\therefore x=□$

(2) $x+7=-3$ ➡ 양변에서 □을 빼면 $x+7-□=-3-□$
$\therefore x=□$

(3) $\dfrac{x}{3}=2$ ➡ 양변에 □을 곱하면 $\dfrac{x}{3}×□=2×□$
$\therefore x=□$

(4) $4x=-8$ ➡ 양변을 □로 나누면 $\dfrac{4x}{□}=\dfrac{-8}{□}$
$\therefore x=□$

◑ 주어진 방정식을 등식의 성질을 이용하여 □=(수)의 꼴로 나타낸다.

핵심문제 익히기

01 문장을 등식으로 나타내기 ● 더 다양한 문제는 RPM 1-1 94쪽

등식
➡ 등호 =를 사용하여 두 수 또는 두 식이 같음을 나타낸 식

다음 문장을 등식으로 나타내시오.

(1) 어떤 수 x의 3배에 4를 더한 것은 7에서 어떤 수 x를 뺀 수의 2배와 같다.

(2) 밑변의 길이가 5 cm, 높이가 $(x+1)$ cm인 삼각형의 넓이는 32 cm²이다.

풀이 (1) 어떤 수 x의 3배에 4를 더한 것은 $3x+4$
       7에서 어떤 수 x를 뺀 수의 2배는 $2(7-x)$
       ∴ $3x+4=2(7-x)$
(2) 밑변의 길이가 5 cm, 높이가 $(x+1)$ cm인 삼각형의 넓이는
$$\frac{1}{2}\times5\times(x+1)=\frac{5}{2}(x+1)(\text{cm}^2) \qquad \therefore \frac{5}{2}(x+1)=32$$

답 (1) $3x+4=2(7-x)$ (2) $\frac{5}{2}(x+1)=32$

확인 1 다음 문장을 등식으로 나타내시오.

(1) 시속 x km로 6시간 동안 간 거리는 9 km이다.

(2) 400원짜리 볼펜을 x자루 사고 3000원을 내었더니 거스름돈이 200원이었다.

02 방정식의 해 ● 더 다양한 문제는 RPM 1-1 95쪽

방정식의 해(근)
➡ 방정식을 참이 되게 하는 미지수의 값

다음 중 [ ] 안의 수가 주어진 방정식의 해인 것은?

① $3-2x=7$ [2]   ② $2(1-x)=-6$ [-2]
③ $2(x+1)=3x$ [-1]   ④ $0.5x+1=x$ [-4]
⑤ $\frac{x-1}{3}=2$ [7]

풀이 [ ] 안의 수를 주어진 방정식의 x에 대입하면
① $3-2\times2\neq7$ ② $2\times\{1-(-2)\}\neq-6$
③ $2\times(-1+1)\neq3\times(-1)$ ④ $0.5\times(-4)+1\neq-4$
⑤ $\frac{7-1}{3}=2$

따라서 [ ] 안의 수가 주어진 방정식의 해인 것은 ⑤이다. **답** ⑤

확인 2 다음 **보기** 중 $x=-3$을 해로 갖는 방정식인 것을 모두 고르시오.

보기
ㄱ. $5x+9=2x$ ㄴ. $0.3x+1=0.5$
ㄷ. $\frac{2}{3}x-\frac{1}{2}=\frac{x}{6}+1$ ㄹ. $4(x+3)=-3x-9$

03 항등식

●더 다양한 문제는 RPM 1-1 95쪽

다음 **보기** 중 아래에 해당하는 것을 모두 고르시오.

> **보기**
>
> ㄱ. $7x=x+12$ ㄴ. $12>-5$ ㄷ. $2x+6x=8x$
> ㄹ. $4x+1$ ㅁ. $3(x-1)=3x-3$ ㅂ. $x+5=5+x$

(1) 등식   (2) 항등식

풀이 (1) ㄴ. 부등호가 있으므로 등식이 아니다.
　　　　ㄹ. 등호가 없으므로 등식이 아니다.
　　　　따라서 등식인 것은 ㄱ, ㄷ, ㅁ, ㅂ이다.
　　(2) ㄷ. (좌변)=(우변)이므로 항등식이다.
　　　　ㅁ. $3(x-1)=3x-3$에서
　　　　　　(좌변)$=3(x-1)=3x-3$
　　　　　　즉 (좌변)=(우변)이므로 항등식이다.
　　　　ㅂ. (좌변)=(우변)이므로 항등식이다.
　　　　따라서 항등식인 것은 ㄷ, ㅁ, ㅂ이다.

답 (1) ㄱ, ㄷ, ㅁ, ㅂ (2) ㄷ, ㅁ, ㅂ

확인 3 다음 중 x의 값에 관계없이 항상 성립하는 등식은?

① $x+3=5$ ② $x-3=2x$ ③ $2x-1=4x-2$
④ $2x-5=-5+2x$ ⑤ $2x+3=5x$

04 항등식이 되는 조건

●더 다양한 문제는 RPM 1-1 96쪽

| KEY POINT |

상수 a, b, c, d에 대하여
$ax+b=cx+d$가 x에 대한 항등식
➡ 양변의 x의 계수와 상수항이 각각
같아야 한다.
➡ $a=c$, $b=d$

등식 $ax-6=4x+3b$가 x에 대한 항등식일 때, 상수 a, b에 대하여 ab의 값을 구하시오.

풀이 $ax-6=4x+3b$에서
　　　$a=4$, $-6=3b$　∴ $b=-2$
　　　∴ $ab=4\times(-2)=-8$

답 -8

확인 4 등식 $(a-1)x+2=9x-\dfrac{1}{2}b$가 모든 x의 값에 대하여 항상 참이 될 때, $a+b$의 값을 구하시오. (단, a, b는 상수이다.)

› 정답 및 풀이 52쪽

05 등식의 성질

● 더 다양한 문제는 RPM 1-1 96쪽

다음 **보기** 중 옳은 것을 모두 고르시오.

> **보기**
> ㄱ. $a-c=b-c$이면 $a=b$이다.   ㄴ. $a=2b$이면 $a+1=2(b+1)$이다.
> ㄷ. $\dfrac{x}{3}=\dfrac{y}{2}$이면 $2x=3y$이다.   ㄹ. $x=3y$이면 $-3x+2=-6y+2$이다.

풀이 ㄱ. $a-c=b-c$의 양변에 c를 더하면 $a=b$
ㄴ. $a=2b$의 양변에 1을 더하면 $a+1=2b+1$
ㄷ. $\dfrac{x}{3}=\dfrac{y}{2}$의 양변에 6을 곱하면 $2x=3y$
ㄹ. $x=3y$의 양변에 -3을 곱하면 $-3x=-9y$
　　$-3x=-9y$의 양변에 2를 더하면 $-3x+2=-9y+2$
이상에서 옳은 것은 ㄱ, ㄷ이다.   **답** ㄱ, ㄷ

확인 5 다음 중 옳은 것은?

① $a-2=b+3$이면 $a+2=b-3$이다.
② $3a=-9b$이면 $a+1=3(b-1)$이다.
③ $a-3=b+2$이면 $a+5=b+10$이다.
④ $4a+5=4b+5$이면 $a=b+5$이다.
⑤ $\dfrac{a}{3}=\dfrac{b}{5}$이면 $5(a+1)=3(b+1)$이다.

06 등식의 성질을 이용한 방정식의 풀이

● 더 다양한 문제는 RPM 1-1 97쪽

등식의 성질을 이용하여 다음 방정식을 푸시오.

(1) $x-4=-1$ (2) $x+8=3$

(3) $\dfrac{1}{2}x=6$ (4) $-5x=25$

풀이 (1) $x-4=-1$의 양변에 4를 더하면 $x-4+4=-1+4$ ∴ $x=3$
(2) $x+8=3$의 양변에서 8을 빼면 $x+8-8=3-8$ ∴ $x=-5$
(3) $\dfrac{1}{2}x=6$의 양변에 2를 곱하면 $\dfrac{1}{2}x \times 2=6 \times 2$ ∴ $x=12$
(4) $-5x=25$의 양변을 -5로 나누면 $\dfrac{-5x}{-5}=\dfrac{25}{-5}$ ∴ $x=-5$
　　　　　　　　　답 (1) $x=3$　(2) $x=-5$　(3) $x=12$　(4) $x=-5$

확인 6 등식의 성질을 이용하여 다음 방정식을 푸시오.

(1) $3x+5=14$ (2) $-\dfrac{2}{3}x-4=6$

01 다음 **보기** 중 문장을 등식으로 나타낸 것으로 옳은 것을 모두 고른 것은?

등식
➡ 등호 ＝를 사용하여 두 수 또는 두 식이 같음을 나타낸 식

> **보기**
> ㄱ. 어떤 수 x에서 6을 뺀 수는 4이다. ➡ $x-6=4$
> ㄴ. 학생 1명의 입장료가 a원인 박물관에서 학생 5명의 입장료는 10000원이다.
>   ➡ $5a=10000$
> ㄷ. 20개의 마카롱을 6명의 학생에게 x개씩 나누어 주었더니 2개가 남았다.
>   ➡ $20-6x=-2$
> ㄹ. 밑변의 길이가 x cm이고 높이가 7 cm인 삼각형의 넓이는 14 cm²이다.
>   ➡ $\dfrac{7}{2}x=14$

① ㄱ   ② ㄱ, ㄴ   ③ ㄷ, ㄹ

④ ㄱ, ㄴ, ㄹ   ⑤ ㄴ, ㄷ, ㄹ

02 다음 중 [ ] 안의 수가 주어진 방정식의 해가 <u>아닌</u> 것은?

방정식
➡ 미지수의 값에 따라 참이 되기도 하고 거짓이 되기도 하는 등식

① $2x+1=1$ [0]   ② $3-x=5$ [-2]   ③ $\dfrac{x}{2}=-3$ [-6]

④ $x-4x=-9$ [3]   ⑤ $7(x-1)=0$ [7]

03 등식 $10x+3=a(2-5x)+b$가 x의 값에 관계없이 항상 성립할 때, 상수 a, b에 대하여 $a+b$의 값을 구하시오.

x에 대한 항등식의 표현
➡ ① x의 값에 관계없이 항상 성립
② 모든 x에 대하여 성립

04 $x=2y$일 때, 다음 중 옳지 <u>않은</u> 것은?

등식의 성질을 이용한다.

① $\dfrac{x}{2}=y$ ② $x-3=2y-3$ ③ $3x+6=6y+6$

④ $-3x+2=6y+2$ ⑤ $\dfrac{x+4}{2}=y+2$

05 다음 중 등식의 성질 '$a=b$이면 $ac=bc$이다.'를 이용한 것은? (단, c는 자연수이다.)

① $2x+9=-5$ ➡ $2x=-14$ ② $1-3x=7$ ➡ $-3x=6$

③ $5x-4=16$ ➡ $5x=20$ ④ $\dfrac{1}{4}x=3$ ➡ $x=12$

⑤ $-8x-2=14$ ➡ $-8x=16$

02 일차방정식의 풀이

개념원리 이해

1 일차방정식이란 무엇인가?

◆ 핵심문제 01, 02

(1) **이항**: 등식의 성질을 이용하여 등식의 어느 한 변에 있는 항을 그 항의 부호를 바꾸어 다른 변으로 옮기는 것을 이항이라 한다.

$+\bullet$를 이항 ➡ $-\bullet$
$-\bullet$를 이항 ➡ $+\bullet$ ── 이항하면 부호가 바뀐다.

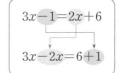

(2) **일차방정식**: 등식의 모든 항을 좌변으로 이항하여 정리했을 때,

$(x$에 대한 일차식$)=0$, 즉 $ax+b=0\,(a\neq0)$

의 꼴로 나타나는 방정식을 x에 대한 일차방정식이라 한다.

▶ 방정식의 미지수로 보통 x를 사용하지만 다른 문자를 사용해도 된다.

(예) ① $-x+8=0$, $3x-2=0$ ➡ x에 대한 일차방정식이다.

② $5x-4=x+8$ ──모든 항을 좌변으로 이항하여 정리→ $4x-12=0$ ➡ x에 대한 일차방정식이다.

2 일차방정식은 어떻게 푸는가?

◆ 핵심문제 03, 06~08

일차방정식은 다음과 같은 순서로 푼다.

❶ 괄호가 있으면 분배법칙을 이용하여 괄호를 먼저 푼다.
❷ 미지수 x를 포함한 항은 좌변으로, 상수항은 우변으로 이항한다.
❸ 양변을 정리하여 $ax=b\,(a\neq0)$의 꼴로 나타낸다.
❹ 양변을 미지수 x의 계수로 나누어 해를 구한다.

(예) $6x+15=9(x+4)$ ❶
　　　$6x+15=9x+36$ ❷
　　　$6x-9x=36-15$ ❸
　　　$-3x=21$ ❹
　　　$\therefore x=-7$

3 복잡한 일차방정식은 어떻게 푸는가?

◆ 핵심문제 04~08

계수가 소수 또는 분수이면 양변에 적당한 수를 곱하여 계수를 정수로 고친다.

(1) **계수가 소수인 경우**: 방정식의 양변에 10, 100, 1000, …과 같은 10의 거듭제곱을 곱한다.

(예) $0.4x+1=0.2x-0.4$ ──양변에 10을 곱한다.→ $4x+10=2x-4$

(2) **계수가 분수인 경우**: 방정식의 양변에 분모의 최소공배수를 곱한다.

(예) $\dfrac{1}{9}x-\dfrac{4}{3}=\dfrac{1}{6}x-1$ ──양변에 18을 곱한다.→ $2x-24=3x-18$

보충학습 **특수한 해를 갖는 방정식**

x에 대한 방정식 $ax=b$에서 a, b의 값에 따라 주어진 방정식이 특수한 해를 갖는 경우가 있다.

(1) $a=0$, $b=0$인 경우 ➡ $0\times x=0$에서 x에 어떤 수를 대입해도 항상 등식이 성립한다.

➡ 해가 무수히 많다.

(2) $a=0$, $b\neq0$인 경우 ➡ $0\times x=b$에서 x에 어떤 수를 대입해도 등식이 성립하지 않는다.

➡ 해가 없다.

 **확인하기**

▶ 정답 및 풀이 53쪽

01 다음 방정식에서 밑줄 친 항을 이항하시오.

(1) $x\underline{+6}=8$

(2) $4x=\underline{2x}-1$

(3) $3x\underline{-4}=-2$

(4) $\dfrac{1}{3}x\underline{-\dfrac{1}{2}}=\underline{\dfrac{1}{5}x}-2$

◎ 이항이란?

02 다음 중 일차방정식인 것은 ○, 일차방정식이 아닌 것은 ×를 ( ) 안에 써넣으시오.

(1) $2x-1$　　　　　(　)

(2) $3+5=8$　　　　(　)

(3) $6x-2=3x+4$　(　)

(4) $7x-1\geq13$　　(　)

◎ x에 대한 일차방정식
➡ $ax+b=0\,(a\neq0)$의 꼴

03 다음은 일차방정식을 푸는 과정이다. □ 안에 알맞은 것을 써넣으시오.

(1) $5x-6=9$

> 좌변의 -6을 우변으로 이항하여 정리하면　　$5x=\boxed{}$
> 양변을 $\boxed{}$로 나누면　　$x=\boxed{}$

(2) $4(x-3)=2x-16$

> 괄호를 풀면　　$\boxed{}=2x-16$
> 이항하여 정리하면　　$2x=\boxed{}$
> ∴ $x=\boxed{}$

(3) $0.25x-0.6=0.1x+0.15$

> 양변에 $\boxed{}$을 곱하면　　$25x-60=\boxed{}$
> 이항하여 정리하면　　$\boxed{}x=75$
> ∴ $x=\boxed{}$

(4) $\dfrac{x}{2}+\dfrac{1}{4}=\dfrac{2}{3}x$

> 양변에 $\boxed{}$를 곱하면　　$\boxed{}=8x$
> 이항하여 정리하면　　$-2x=\boxed{}$
> ∴ $x=\boxed{}$

◎ 일차방정식의 풀이
① 괄호가 있는 일차방정식
➡ 분배법칙을 이용하여 괄호를 푼다.
② 계수가 소수인 일차방정식
➡ 양변에 10의 거듭제곱을 곱하여 계수를 정수로 고친다.
③ 계수가 분수인 일차방정식
➡ 양변에 분모의 최소공배수를 곱하여 계수를 정수로 고친다.

01 이항

● 더 다양한 문제는 RPM 1-1 97쪽

KEY POINT

이항하면 부호가 바뀐다.
$+●$를 이항 ➡ $-●$
$-●$를 이항 ➡ $+●$

다음 중 이항을 바르게 한 것은?

① $9x-7=2$ ➡ $9x=2-7$ ② $2x=5-x$ ➡ $2x-x=5$

③ $-3x=5+2x$ ➡ $-3x-2=5+x$ ④ $5x+3=6$ ➡ $5x=6-3$

⑤ $3x+2=-x+5$ ➡ $3x+x=5+2$

> **풀이** ① -7을 우변으로 이항하면 $9x=2+7$
> ② $-x$를 좌변으로 이항하면 $2x+x=5$
> ③ $2x$를 좌변으로 이항하면 $-3x-2x=5$
> ⑤ 2를 우변으로, $-x$를 좌변으로 이항하면 $3x+x=5-2$
> 따라서 이항을 바르게 한 것은 ④이다.   **답** ④

> **확인 1** 다음 중 이항을 바르게 한 것을 모두 고르면? (정답 2개)
>
> ① $4x+10=2$ ➡ $4x=2+10$
> ② $5x-2=8$ ➡ $5x=8-2$
> ③ $-2x=7x+5$ ➡ $-2x-7x=5$
> ④ $8x+1=-x+2$ ➡ $8x+x=2+1$
> ⑤ $3x+2=6x-4$ ➡ $3x-6x=-4-2$

02 일차방정식

● 더 다양한 문제는 RPM 1-1 98쪽

KEY POINT

x에 대한 일차방정식
➡ (x에 대한 일차식)$=0$의 꼴

다음 중 일차방정식인 것은?

① $\dfrac{1}{x}=3$ ② $x-3=x+4$ ③ $3(4x+1)=6(2x-3)$

④ $2+x=3(x+3)$ ⑤ $x^2=x-2$

> **풀이** ② $0 \times x-7=0$
> ③ $3(4x+1)=6(2x-3)$에서 $12x+3=12x-18$ ∴ $0 \times x+21=0$
> ④ $2+x=3(x+3)$에서 $2+x=3x+9$ ∴ $-2x-7=0$
> ⑤ $x^2-x+2=0$
> 따라서 일차방정식인 것은 ④이다.   **답** ④

> **확인 2** 다음 중 일차방정식이 <u>아닌</u> 것은?
>
> ① $x-2=5-x$ ② $3(x+1)=10x$
> ③ $x^2-2x=x^2+x+1$ ④ $x+5=x$
> ⑤ $4(x-2)=3x-6$

III-2
일차방정식의 풀이

03 일차방정식의 풀이

● 더 다양한 문제는 **RPM** 1–1 98쪽

다음 일차방정식을 푸시오.

(1) $-8x+1=25$

(2) $5-2x=10-x$

(3) $9x-(4x+2)=7x-5$

(4) $4(x-1)=12-3(x+3)$

KEY POINT

일차방정식의 풀이
❶ 괄호가 있으면 먼저 괄호를 푼다.
❷ $ax=b\,(a\neq0)$의 꼴로 나타낸다.
❸ 양변을 a로 나누어 해를 구한다.

풀이 (1) $-8x+1=25$에서 $-8x=24$ $\therefore x=-3$

(2) $5-2x=10-x$에서 $-x=5$ $\therefore x=-5$

(3) $9x-(4x+2)=7x-5$에서 $9x-4x-2=7x-5$

　　　　$-2x=-3$ $\therefore x=\dfrac{3}{2}$

(4) $4(x-1)=12-3(x+3)$에서 $4x-4=12-3x-9$

　　　　$7x=7$ $\therefore x=1$

답 (1) $x=-3$ (2) $x=-5$ (3) $x=\dfrac{3}{2}$ (4) $x=1$

확인 ③ 다음 일차방정식을 푸시오.

(1) $6x+7=2x-9$

(2) $-5x+4=-13x-4$

(3) $3(x-2)=4+x$

(4) $2(2-3x)=-4(2x-3)$

04 계수가 소수인 일차방정식의 풀이

● 더 다양한 문제는 **RPM** 1–1 99쪽

다음 일차방정식을 푸시오.

(1) $0.2x-0.8=1.3x-3$

(2) $1.5(3-0.5x)=0.25x-3$

KEY POINT

계수가 소수인 일차방정식
➡ 양변에 10의 거듭제곱을 곱하여 계수를 정수로 고쳐서 푼다.

풀이 (1) 양변에 10을 곱하면 $2x-8=13x-30$

　　　　$-11x=-22$ $\therefore x=2$

(2) 양변에 100을 곱하면 $150(3-0.5x)=25x-300$

　　　　$450-75x=25x-300$, $-100x=-750$

　　　　$\therefore x=\dfrac{15}{2}$

답 (1) $x=2$ (2) $x=\dfrac{15}{2}$

확인 ④ 다음 일차방정식을 푸시오.

(1) $0.5x+2=0.7x-4$

(2) $0.3x-2=0.15x+1$

> 정답 및 풀이 54쪽

05 계수가 분수인 일차방정식의 풀이

● 더 다양한 문제는 RPM 1-1 99쪽

| KEY POINT |

계수가 분수인 일차방정식
➡ 양변에 분모의 최소공배수를 곱하여 계수를 정수로 고쳐서 푼다.

다음 일차방정식을 푸시오.

(1) $\dfrac{x+1}{5} - \dfrac{x-1}{3} = 1$

(2) $\dfrac{2}{5}x - \dfrac{6-x}{4} = \dfrac{3}{10}x - \dfrac{9}{20}$

풀이 (1) 양변에 $\underline{15}$를 곱하면 ⟶ 3, 5의 최소공배수

$$3(x+1) - 5(x-1) = 15$$
$$3x+3-5x+5 = 15, \qquad -2x = 7$$
$$\therefore x = -\dfrac{7}{2}$$

(2) 양변에 $\underline{20}$을 곱하면 ⟶ 4, 5, 10, 20의 최소공배수

$$8x - 5(6-x) = 6x-9, \qquad 8x-30+5x = 6x-9$$
$$7x = 21 \qquad \therefore x = 3$$

답 (1) $x = -\dfrac{7}{2}$ (2) $x = 3$

확인 5 다음 일차방정식을 푸시오.

(1) $\dfrac{4-x}{3} + \dfrac{3+x}{2} = 1$

(2) $\dfrac{3x-1}{4} - \dfrac{x-5}{2} = \dfrac{7x-2}{3}$

06 일차방정식의 해가 주어진 경우

● 더 다양한 문제는 RPM 1-1 101쪽

| KEY POINT |

일차방정식의 해가 $x = \blacktriangle$일 때
➡ 주어진 일차방정식에 $x = \blacktriangle$를 대입하면 등식이 성립한다.

x에 대한 일차방정식 $2x-2a=4x-12$의 해가 $x=4$일 때, 상수 a의 값을 구하시오.

풀이 주어진 방정식에 $x=4$를 대입하면

$$2 \times 4 - 2a = 4 \times 4 - 12, \qquad 8-2a = 4$$
$$-2a = -4 \qquad \therefore a = 2$$

답 2

확인 6 x에 대한 일차방정식 $\dfrac{8x+a}{6} = \dfrac{1}{4}x - 2a$의 해가 $x=-2$일 때, 상수 a의 값을 구하시오.

> 정답 및 풀이 54쪽

07 두 일차방정식의 해가 서로 같은 경우

● 더 다양한 문제는 RPM 1-1 101쪽

KEY POINT

해가 같은 두 일차방정식이 주어진 경우
➡ 해를 구할 수 있는 방정식에서 해를 구한 후 그 해를 다른 방정식에 대입한다.

x에 대한 두 일차방정식 $5x+a=7$, $6x-8=-2x$의 해가 같을 때, 상수 a의 값을 구하시오.

풀이 $6x-8=-2x$에서

$8x=8$ ∴ $x=1$

따라서 방정식 $5x+a=7$의 해가 $x=1$이므로 이 방정식에 $x=1$을 대입하면

$5\times1+a=7$ ∴ $a=2$

답 2

확인 7 x에 대한 두 일차방정식 $12x+3=8x-17$, $ax+8=28-2x$의 해가 같을 때, 상수 a의 값을 구하시오.

UP 08 해에 대한 조건이 주어진 경우

● 더 다양한 문제는 RPM 1-1 102쪽

KEY POINT

해에 대한 조건이 주어진 경우
❶ 주어진 방정식의 해를 미지수를 포함한 식으로 나타낸다.
❷ 해의 조건을 만족시키는 미지수의 값을 구한다.

x에 대한 일차방정식 $4x+a=3x+6$의 해가 자연수가 되도록 하는 자연수 a의 개수를 구하시오.

풀이 $4x+a=3x+6$에서 $x=6-a$

이때 $6-a$가 자연수이어야 하므로

$a=1, 2, 3, 4, 5$

따라서 구하는 자연수 a의 개수는 5이다.

답 5

참고 $x=6-a$가 자연수가 되기 위해서는 a는 6보다 작은 자연수이어야 한다. 즉

$a=1$일 때, $x=6-1=5$

$a=2$일 때, $x=6-2=4$

$a=3$일 때, $x=6-3=3$

$a=4$일 때, $x=6-4=2$

$a=5$일 때, $x=6-5=1$

따라서 해는 모두 자연수이다.

이때 $a=6$이면 $x=6-6=0$이므로 주어진 조건을 만족시키지 않는다.

확인 8 x에 대한 일차방정식 $\dfrac{1}{3}(x+6a)-x=8$의 해가 음의 정수가 되도록 하는 자연수 a의 값을 모두 구하시오.

01 다음 일차방정식을 푸시오.

(1) $3x+8=2(x+1)$

(2) $2(x-1)=5x+7$

(3) $5(x-3)=2(x+3)$

(4) $7(x-5)-3(2x+1)=4x-26$

(5) $x-4(2x-7)=3x-2$

02 다음 일차방정식을 푸시오.

(1) $3.5x-4.8=0.8$

(2) $0.2x+0.7=0.5x+1$

(3) $0.05x-0.12=0.03x$

(4) $0.6(2x-3)=0.7(x-4)$

(5) $1.8(x-1)=3.1x+2.1$

03 다음 일차방정식을 푸시오.

(1) $\dfrac{x}{2}-1=\dfrac{3}{7}x$

(2) $\dfrac{x}{3}+1=\dfrac{x-3}{5}$

(3) $\dfrac{x}{3}-\dfrac{1}{6}=\dfrac{1}{2}+\dfrac{2}{3}x$

(4) $3-\dfrac{5-3x}{4}=\dfrac{5}{8}(x-2)$

(5) $\dfrac{1}{5}(x-3)=\dfrac{1}{7}(x+1)$

04 다음 일차방정식을 푸시오.

(1) $0.4x=\dfrac{1}{2}x+1$

(2) $\dfrac{1}{2}x-0.75x=\dfrac{2x-7}{6}$

(3) $\dfrac{9x-4}{8}=1.5x-2$

(4) $\dfrac{x-4}{4}=0.1(x+2)$

(5) $0.2(x+4)-x=\dfrac{-x+2}{3}+2$

III-2

일차방정식의 풀이

01 다음 중 방정식 $-7x\underline{+4}=-10$에서 밑줄 친 부분을 이항하여 계산한 것은?

① $-7x=-14$ ② $-7x=14$ ③ $-7x=-7$

④ $7x=-14$ ⑤ $7x=6$

$+\bullet$ 를 이항 ➡ $-\bullet$
$-\bullet$ 를 이항 ➡ $+\bullet$

02 다음 **보기** 중 일차방정식인 것의 개수를 구하시오.

> **보기**
>
> ㄱ. $2(x+1)=2x+2$ ㄴ. $5x=0$
>
> ㄷ. $x=x+3$ ㄹ. $2x=3(x+1)$
>
> ㅁ. $-2x+3$ ㅂ. $x^2+x=x^2+2x$

03 등식 $2x+4=a(x-3)$이 x에 대한 일차방정식이 되기 위한 상수 a의 조건은?

① $a=-2$ ② $a\neq-2$ ③ $a=2$

④ $a\neq2$ ⑤ $a=5$

괄호를 풀고 모든 항을 좌변으로 이항하여
$$ax+b=0\,(a\neq0)$$
의 꼴이 되는 조건을 찾는다.

04 일차방정식 $0.12\left(x+\dfrac{5}{6}\right)=0.05\left(x-\dfrac{4}{5}\right)$를 푸시오.

양변에 10의 거듭제곱을 곱하여 x의 계수를 정수로 고친다.

05 다음 일차방정식 중 해가 나머지 넷과 <u>다른</u> 하나는?

① $5x=7x+6$ ② $-x+5=-2(x-1)$

③ $3(1-x)=2(x+9)$ ④ $2.3x+0.8=1.5x-1.6$

⑤ $\dfrac{2}{3}x-\dfrac{x+1}{4}=1$

06 비례식 $(3x-1):(4-x)=2:3$을 만족시키는 x의 값은?

① -1 ② 0 ③ 1

④ 2 ⑤ 3

비례식 $a:b=c:d$는 $ad=bc$임을 이용한다.

07 x에 대한 일차방정식 $\dfrac{3x-1}{5}+\dfrac{2x+a}{6}=\dfrac{5}{3}$의 해가 $x=\dfrac{3}{4}$일 때, 상수 a의 값은?

① -2 ② 0 ③ 1

④ 5 ⑤ 7

주어진 해를 방정식에 대입하기 전에 계수를 정수로 고친다.

08 x에 대한 두 일차방정식 $\dfrac{2x+a}{3}-\dfrac{x+1}{4}=\dfrac{5}{12}$,

$0.3(x-2)+0.2(-2x+b)=0$의 해가 모두 $x=4$일 때, 상수 a, b에 대하여 $a+b$의 값을 구하시오.

09 다음 x에 대한 두 일차방정식의 해가 같을 때, 상수 a의 값을 구하시오.

$$-3x+2(x-3)=-5, \quad \frac{5x-a}{2}=\frac{7x+a}{6}$$

한 방정식의 해를 구하여 다른 방정식에 대입한다.

(UP)
10 x에 대한 일차방정식 $x+2a=3(x+4)$의 해가 음의 정수가 되도록 하는 모든 자연수 a의 값의 합을 구하시오.

주어진 방정식의 해를 $x=(a$에 대한 식$)$으로 나타낸다.

01 다음 중 문장을 등식으로 나타낸 것으로 옳지 <u>않은</u> 것은?

① 어떤 수 x의 3배에서 -2를 빼면 x의 5배와 같다. ➡ $3x+2=5x$

② 시속 x km로 4시간 동안 달린 거리는 10 km이다. ➡ $4x=10$

③ 2개에 x원인 지우개 3개를 사고 1000원을 냈더니 거스름돈이 100원이었다.

➡ $1000-\dfrac{3}{2}x=100$

④ 길이가 20 cm인 막대를 x cm씩 4번 잘라 내면 3 cm가 남는다. ➡ $20-(x+4)=3$

⑤ 20 %의 설탕물 x g에 녹아 있는 설탕의 양은 35 g이다. ➡ $0.2x=35$

02 다음 방정식 중 해가 $x=-3$인 것은?

① $2(3-x)=-3x+4$

② $x+1=11-3x$

③ $0.1-0.2x=0.1x+1$

④ $\dfrac{x}{2}+\dfrac{1}{3}=1$

⑤ $\dfrac{2}{3}x-\dfrac{7}{6}=\dfrac{5}{4}x$

03 다음 **보기** 중 항등식인 것의 개수를 구하시오.

> **보기**
> ㄱ. $3(x+1)=3+3x$
> ㄴ. $2x+4=6$
> ㄷ. $0\times x=7$
> ㄹ. $5x-(x+1)=4x-1$
> ㅁ. $2-6x=6x-2$

04 등식 $ax-10=5(x+b)$가 x의 값에 관계없이 항상 성립할 때, 상수 a, b에 대하여 $a+b$의 값을 구하시오.

05 다음 중 등식의 성질 '$a=b$이면 $a+c=b+c$이다.'를 이용한 것이 <u>아닌</u> 것은?

① $x-\dfrac{1}{3}=\dfrac{2}{3}$ ➡ $x=1$

② $-3x-6=3$ ➡ $-3x=9$

③ $x-5=-8$ ➡ $x=-3$

④ $5x=-2x+14$ ➡ $7x=14$

⑤ $\dfrac{3}{4}x=6$ ➡ $3x=24$

06 다음은 방정식 $1-2x=-4x-5$를 등식의 성질을 이용하여 푸는 과정이다. ㈎~㈒에 알맞은 것은?

$$1-2x=-4x-5$$
$$1-2x+\boxed{㈎}=-4x-5+\boxed{㈎}$$
$$2x+1=-5$$
$$2x+1-\boxed{㈏}=-5-\boxed{㈏}$$
$$2x=\boxed{㈐}$$
$$\dfrac{2x}{\boxed{㈑}}=\dfrac{\boxed{㈐}}{\boxed{㈑}} \qquad \therefore x=\boxed{㈒}$$

① ㈎ $2x$ ② ㈏ 5   ③ ㈐ 6

④ ㈑ -2 ⑤ ㈒ -3

07 다음 중 이항한 결과가 옳지 <u>않은</u> 것을 모두 고르면? (정답 2개)

① $6x+2=8 \Rightarrow 6x=8+2$
② $5x+3=-4x+2 \Rightarrow 5x+4x=2-3$
③ $2x-7=6x \Rightarrow 2x-6x=7$
④ $4x+6=-3x \Rightarrow 4x+3x=-6$
⑤ $9+3x=5x \Rightarrow 3x-5x=9$

08 다음 **보기** 중 방정식의 풀이 과정에서 이항에 이용되는 등식의 성질을 모두 고른 것은?

> **보기**
> ㄱ. $a=b$이면 $a+c=b+c$이다.
> ㄴ. $a=b$이면 $a-c=b-c$이다.
> ㄷ. $a=b$이면 $ac=bc$이다.
> ㄹ. $a=b$이면 $\dfrac{a}{c}=\dfrac{b}{c}$이다. (단, $c \neq 0$)

① ㄱ, ㄴ ② ㄱ, ㄷ ③ ㄱ, ㄹ
④ ㄴ, ㄷ ⑤ ㄴ, ㄹ

09 다음 일차방정식 중 해가 가장 큰 것은?

① $-x+6=-5x+26$
② $0.3x+0.05=0.65$
③ $\dfrac{1}{6}x+\dfrac{1}{3}=\dfrac{4}{9}x+\dfrac{13}{9}$
④ $0.2x+0.4=-0.17x-0.34$
⑤ $2(3x-4)=3(x+5)+4$

10 다음 비례식을 만족시키는 x의 값을 구하시오.

$$(3x+2):6=\frac{3x+5}{2}:4$$

11 x에 대한 일차방정식 $\dfrac{a(x+2)}{3}-\dfrac{2-ax}{4}=\dfrac{1}{6}$의 해가 $x=-1$일 때, 상수 a의 값은?

① -8 ② -6 ③ 4
④ 6 ⑤ 8

12 다음 x에 대한 두 일차방정식의 해가 같을 때, 상수 a의 값을 구하시오.

$$\frac{x+3}{2}=2(x-1)-1, \quad ax+6=x+4a$$

III-2 일차방정식의 풀이

13 다음 문장을 등식으로 나타내시오.

> 채아가 가진 돈으로 900원짜리 빵을 $(x+6)$개 사면 300원이 남고, 1500원짜리 빵을 $(x-1)$개 사면 600원이 부족하다.

(꼭나와)

14 다음 중 옳지 <u>않은</u> 것은?

① $a=b$이면 $2-3a=2-3b$이다.
② $ac=bc$이면 $a=b$이다.
③ $3a=2b$이면 $\dfrac{a}{2}=\dfrac{b}{3}$이다.
④ $a+3=b+5$이면 $a+6=b+8$이다.
⑤ $2(a-c)=2(b-c)$이면 $a=b$이다.

15 등식 $ax^2+x-3=-2x^2-3bx+2$가 x에 대한 일차방정식이 되도록 하는 상수 a, b의 조건은?

① $a=-2$, $b=-\dfrac{1}{3}$
② $a=-2$, $b\neq-\dfrac{1}{3}$
③ $a\neq-2$, $b=\dfrac{1}{3}$
④ $a\neq-2$, $b=-\dfrac{1}{3}$
⑤ $a\neq-2$, $b\neq-\dfrac{1}{3}$

16 다음 그림에서 □ 안의 식은 바로 윗줄의 양옆에 있는 □ 안의 식의 합이다. 이때 x의 값을 구하시오.

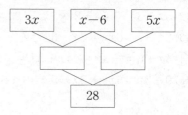

(꼭나와)

17 비례식 $2:(3-x)=4:(3x-4)$를 만족시키는 x의 값이 x에 대한 일차방정식 $\dfrac{5x-1}{3}=6-a$의 해일 때, a^2-4a의 값을 구하시오. (단, a는 상수이다.)

18 일차방정식 $\dfrac{x-4}{3}-\dfrac{x-1}{2}=-\dfrac{1}{2}$의 해가 x에 대한 일차방정식 $5(x-a)=4ax-7$의 해의 2배일 때, 상수 a의 값은?

① 1   ② 2   ③ 3
④ 4   ⑤ 5

19 일차방정식 $5x+2=3x+4$를 푸는데 좌변의 x의 계수 5를 잘못 보고 풀었더니 해가 $x=-2$일 때, 5를 어떤 수로 잘못 보았는가?

① -5 ② -3 ③ 2
④ 4 ⑤ 6

20 등식 $\dfrac{2(x-1)}{3}-a=bx+\dfrac{1}{2}$은 x에 대한 항등식이고 $x=b$는 일차방정식 $3(cx-2)-5=x$의 해일 때, $\dfrac{ab}{c}$의 값은? (단, a, b, c는 상수이다.)

① $-\dfrac{1}{5}$ ② $-\dfrac{2}{15}$ ③ $-\dfrac{1}{15}$
④ $\dfrac{2}{15}$ ⑤ $\dfrac{1}{5}$

21 비례식 $(x+2):(2x-3)=5:3$을 만족시키는 x의 값이 비례식 $(2x+a):(a-x)=3:2$를 만족시킬 때, 상수 a의 값을 구하시오.

STEP **3** 실력 UP

22 x에 대한 두 일차방정식
$$p(x+4)-6(q-2)+2=0 \quad \cdots\cdots\ \text{㉠}$$
$$2(x-3)=3(2x-1)+1 \quad \cdots\cdots\ \text{㉡}$$
에서 ㉡의 해가 ㉠의 해의 $\dfrac{1}{2}$배일 때, 상수 p, q에 대하여 $p-3q$의 값을 구하시오.

해설 강의

23 x에 대한 일차방정식 $x-\dfrac{1}{5}(x-2a)=6$의 해가 자연수가 되도록 하는 자연수 a의 개수를 구하시오.

해설 강의

24 x에 대한 방정식 $ax-3=2x+4$의 해가 없을 때, 상수 a의 값을 구하시오.

해설 강의

예제 1 해설 강의

x에 대한 두 일차방정식 $3x+1=\dfrac{x+a}{2}$, $x-b=5(x-2b)+4$의 해가 모두 $x=-1$일 때, 상수 a, b에 대하여 $b-a$의 값을 구하시오. [6점]

풀이 과정

1단계 a의 값 구하기 •2점

$3x+1=\dfrac{x+a}{2}$에 $x=-1$을 대입하면

$3\times(-1)+1=\dfrac{-1+a}{2}, \quad -2=\dfrac{-1+a}{2}$

$-4=-1+a \quad \therefore a=-3$

2단계 b의 값 구하기 •2점

$x-b=5(x-2b)+4$에 $x=-1$을 대입하면

$-1-b=5(-1-2b)+4$

$-1-b=-5-10b+4 \quad \therefore b=0$

3단계 $b-a$의 값 구하기 •2점

$b-a=0-(-3)=3$

답 3

유제 1 x에 대한 두 일차방정식 $5x+a=-2x+1$, $0.1(x+4)=bx-1.4$의 해가 모두 $x=2$일 때, 상수 a, b에 대하여 $a+b$의 값을 구하시오. [6점]

풀이 과정

1단계 a의 값 구하기 •2점

2단계 b의 값 구하기 •2점

3단계 $a+b$의 값 구하기 •2점

답

예제 2 해설 강의

다음 x에 대한 두 일차방정식의 해가 같을 때, 상수 a의 값을 구하시오. [7점]

$$2x-a=3x+1, \quad \frac{x}{3}-1=\frac{5x-3}{4}-x$$

풀이 과정

1단계 일차방정식의 해 구하기 •4점

$\dfrac{x}{3}-1=\dfrac{5x-3}{4}-x$의 양변에 12를 곱하면

$4x-12=3(5x-3)-12x$

$4x-12=15x-9-12x \quad \therefore x=3$

2단계 a의 값 구하기 •3점

두 일차방정식의 해가 같으므로 $2x-a=3x+1$에 $x=3$을 대입하면

$2\times3-a=3\times3+1$

$-a=4 \quad \therefore a=-4$

답 -4

유제 2 다음 x에 대한 두 일차방정식의 해가 같을 때, 상수 a의 값을 구하시오. [7점]

$$\frac{x}{3}+a=a(x-1)$$
$$\frac{2}{5}(2x-3)-\frac{3}{4}=\frac{1}{2}\left(x+\frac{3}{2}\right)$$

풀이 과정

1단계 일차방정식의 해 구하기 •4점

2단계 a의 값 구하기 •3점

답

스스로 서술하기

유제 3 등식 $3(ax+2)+9x+b=0$이 x의 값에 관계없이 항상 성립할 때, 상수 a, b에 대하여 $a-b$의 값을 구하시오. [6점]

(풀이 과정)

(답)

유제 5 일차방정식
$$1.8x-1.2(x+0.15)=0.05(3x-0.6)$$
의 해가 $x=a$일 때, $9a^2-3a$의 값을 구하시오. [6점]

(풀이 과정)

(답)

유제 4 일차방정식
$$x-\{4x+5(-x+1)\}=x+3$$
의 해를 $x=a$라 할 때, a의 약수의 개수를 구하시오. [5점]

(풀이 과정)

(답)

유제 6 x에 대한 일차방정식
$$5x-8a=x-64$$
의 해가 음의 정수가 되도록 하는 자연수 a의 개수를 구하시오. [7점]

(풀이 과정)

(답)

공감
한 스푼

하루 하루가 모여
나를 완성해가네

오늘을 견디느라
수고했어

나는 믿어!
언젠가 멋지게
완성돼 있을 너를

한걸음씩
천천히

『찌그러져도 괜찮아』, 임임(찌오) 지음, 북로망스, 2003

Ⅲ-3

Ⅲ-1 | 문자의 사용과 식의 계산   Ⅲ-2 | 일차방정식의 풀이

일차방정식의 활용

이 단원의 학습 계획을 세우고
하나하나 실천하는 습관을 기르재!! 나는 할 수 있어!

		공부한 날		학습 완료도
01 일차방정식의 활용 (1)	개념원리 이해 & 개념원리 확인하기	월	일	□□□
	핵심문제 익히기	월	일	○○○
	이런 문제가 시험에 나온다	월	일	○○○
02 일차방정식의 활용 (2)	개념원리 이해 & 개념원리 확인하기	월	일	□□□
	핵심문제 익히기	월	일	○○○
	이런 문제가 시험에 나온다	월	일	○○○
중단원 마무리하기		월	일	○○○
서술형 대비 문제		월	일	○○○

개념 학습 guide

- 개념을 이해했으면 ■■, 개념을 문제에 적용할 수 있으면 ■, 개념을 친구에게 설명할 수 있으면 로 색칠한다.

- 부족한 부분의 개념을 반복 학습하여 ■■■ 3칸 모두 색칠하면 학습을 마친다.

문제 학습 guide

- 맞힌 문제가 전체의 50% 미만이면 ●●, 맞힌 문제가 50% 이상 90% 미만이면 ●, 맞힌 문제가 90% 이상이면 로 색칠한다. 문제를 찍지 말자!

- 틀린 문제는 왜 틀렸는지 그 이유를 파악한 후 다시 풀어 본다. 며칠 후 틀린 문제를 다시 풀어 보고, 풀이 과정과 답이 맞으면 학습을 마친다.

01 일차방정식의 활용(1)

1 **일차방정식의 활용 문제는 어떻게 푸는가?** ○ 핵심문제 01~08

일차방정식의 활용 문제를 풀 때에는 다음과 같은 순서로 해결한다.

❶ 미지수 x 정하기 ➡ 문제의 뜻을 파악하고 구하려고 하는 것을 x로 놓는다.

❷ 방정식 세우기 ➡ 주어진 조건에 맞는 x에 대한 일차방정식을 세운다.

❸ 방정식 풀기 ➡ 일차방정식을 풀어 x의 값을 구한다.

❹ 확인하기 ➡ 구한 x의 값이 문제의 뜻에 맞는지 확인한다.

⑩ 어느 중학교의 1학년 전체 학생이 240명이다. 여학생은 남학생보다 12명이 더 많다고 할 때, 남학생 수를 구하시오.

❶ 미지수 x 정하기 ➡ 남학생 수를 x라 하면 여학생 수는 $x+12$이다.

❷ 방정식 세우기 ➡ $x+(x+12)=240$

❸ 방정식 풀기 ➡ $2x+12=240$, $2x=228$ ∴ $x=114$
따라서 남학생 수는 114이다.

❹ 확인하기 ➡ 여학생 수는 $114+12=126$
전체 학생 수는 $114+126=240$이므로 구한 해는 문제의 뜻에 맞는다.

2 **일차방정식의 활용 문제는 어떤 것이 있는가?** ○ 핵심문제 01~08

⑴ **연속하는 수에 대한 문제** ─ 연속하는 두 정수는 그 차가 1이다.

① 연속하는 두 정수 ➡ x, $x+1$ 또는 $x-1$, x

② 연속하는 세 정수 ➡ $x-1$, x, $x+1$ 또는 x, $x+1$, $x+2$

③ 연속하는 두 홀수(짝수) ➡ x, $x+2$ 또는 $x-2$, x

④ 연속하는 세 홀수(짝수) ➡ $x-2$, x, $x+2$ 또는 x, $x+2$, $x+4$

⑵ **자릿수에 대한 문제**

① 십의 자리의 숫자가 a, 일의 자리의 숫자가 b인 두 자리 자연수 ➡ $10a+b$

② 백의 자리의 숫자가 a, 십의 자리의 숫자가 b, 일의 자리의 숫자가 c인 세 자리 자연수
➡ $100a+10b+c$

⑶ **증가와 감소에 대한 문제**

어느 학교의 작년의 남학생 수와 여학생 수는 각각 x, y이고 올해의 남학생 수는 작년보다 $a\,\%$ 증가하고, 여학생 수는 작년보다 $b\,\%$ 감소했을 때,

① 남학생 수의 변화량 ➡ $+\dfrac{a}{100}x$　　② 여학생 수의 변화량 ➡ $-\dfrac{b}{100}y$

③ (전체 학생 수의 변화량)$=+\dfrac{a}{100}x-\dfrac{b}{100}y$

⑷ **원가, 정가에 대한 문제**

① (정가)$=$(원가)$+$(이익)　　　② (판매 가격)$=$(정가)$-$(할인 금액)

③ (이익)$=$(판매 가격)$-$(원가)

▶ 원가가 x원인 물건에 $a\,\%$의 이익을 붙여 정가를 정하면 (정가)$=x+\dfrac{a}{100}x$(원)

개념원리 확인하기

01 다음 설명이 옳으면 ○, 옳지 않으면 ×를 ( ) 안에 써넣으시오.

(1) 연속하는 두 홀수 중 작은 수를 x라 하면 큰 수는 $x+2$이다. ( )

(2) 지윤이와 언니의 나이의 차가 3살일 때, 언니의 나이를 x살이라 하면 지윤이의 나이는 $(x-3)$살이다. ( )

(3) 배와 사과를 합하여 8개를 살 때, 배를 x개 산다고 하면 사과는 $(x+8)$개 산다. ( )

(4) 십의 자리의 숫자가 a, 일의 자리의 숫자가 b인 두 자리 자연수의 십의 자리의 숫자와 일의 자리의 숫자를 바꾼 수는 ba이다. ( )

02 다음 문장을 방정식으로 나타내고, x의 값을 구하시오.

(1) 도넛 47개를 x명에게 5개씩 나누어 주었더니 7개가 남았다.

(2) 한 통에 7000원인 페인트 x통을 사고 30000원을 냈더니 2000원을 거슬러 주었다.

(3) 가로의 길이가 x cm, 세로의 길이가 6 cm인 직사각형의 둘레의 길이는 22 cm이다.

(4) 원가가 x원인 마스크에 15 %의 이익을 붙여 정가를 정하고 다시 정가에서 300원을 할인하여 판매한 가격은 850원이다.

◇ (4) (정가)＝(원가)＋(이익),
(판매 가격)
＝(정가)－(할인 금액)

03 다음은 어떤 수의 6배에서 3을 뺀 수는 어떤 수의 2배보다 9만큼 클 때, 어떤 수를 구하는 과정이다. □ 안에 알맞은 것을 써넣으시오.

◇ 어떤 수를 x라 하고 방정식을 세워서 푼다.

❶ 미지수 x 정하기	어떤 수를 x라 하자.
❷ 방정식 세우기	어떤 수의 6배에서 3을 뺀 수는　　$6x-3$ 어떤 수의 2배보다 9만큼 큰 수는　□ 방정식을 세우면　　$6x-3=$□
❸ 방정식 풀기	방정식에서 　　$4x=$□　　∴ $x=$□ 따라서 어떤 수는 □이다.
❹ 확인하기	□의 6배에서 3을 뺀 수는　□×6－3＝□ □의 2배보다 9만큼 큰 수는　□×2＋9＝□ 따라서 문제의 뜻에 맞는다.

01 연속하는 자연수에 대한 문제

● 더 다양한 문제는 RPM 1-1 108쪽

연속하는 세 홀수의 합이 69일 때, 가장 큰 수를 구하시오.

풀이 연속하는 세 홀수를 $x-2$, x, $x+2$라 하면

$$(x-2)+x+(x+2)=69$$
$$3x=69 \qquad \therefore x=23$$

따라서 연속하는 세 홀수는 21, 23, 25이므로 가장 큰 수는 25이다. **답** 25

다른 풀이 연속하는 세 홀수를 x, $x+2$, $x+4$라 하면

$$x+(x+2)+(x+4)=69$$
$$3x=63 \qquad \therefore x=21$$

따라서 연속하는 세 홀수는 21, 23, 25이므로 가장 큰 수는 25이다.

확인 ① 다음 물음에 답하시오.

(1) 연속하는 두 자연수의 합이 37일 때, 두 자연수를 구하시오.

(2) 연속하는 세 짝수의 합이 78일 때, 가장 작은 수를 구하시오.

02 자릿수에 대한 문제

● 더 다양한 문제는 RPM 1-1 109쪽

일의 자리의 숫자가 8인 두 자리 자연수가 있다. 이 자연수는 각 자리의 숫자의 합의 3배보다 2만큼 작다고 할 때, 이 자연수를 구하시오.

풀이 십의 자리의 숫자를 x라 하면 일의 자리의 숫자가 8이므로 구하는 자연수는

$$10x+8$$

각 자리의 숫자의 합은 $x+8$이므로

$$10x+8=3(x+8)-2, \qquad 10x+8=3x+24-2$$
$$7x=14 \qquad \therefore x=2$$

따라서 구하는 자연수는 28이다. **답** 28

확인 ② 십의 자리의 숫자가 5인 두 자리 자연수가 있다. 이 자연수의 십의 자리의 숫자와 일의 자리의 숫자를 바꾸면 처음 수보다 18만큼 크다고 할 때, 처음 자연수를 구하시오.

03 나이에 대한 문제

● 더 다양한 문제는 RPM 1-1 109쪽

● 더 다양한 문제는 RPM 1-1 109쪽

현재 아버지와 아들의 나이의 차는 26살이고, 7년 후에 아버지의 나이는 아들의 나이의 2배보다 5살이 더 많아진다고 한다. 현재 아버지의 나이를 구하시오.

풀이 현재 아버지의 나이를 x살이라 하면 아들의 나이는 $(x-26)$살이다.
7년 후에 아버지의 나이는 $(x+7)$살, 아들의 나이는 $(x-19)$살이므로

$$x+7=2(x-19)+5, \quad x+7=2x-38+5 \quad \overline{\quad (x-26)+7}$$
$$-x=-40 \quad \therefore x=40$$

따라서 현재 아버지의 나이는 40살이다.　　**답** 40살

확인 3 현재 유리의 나이는 9살, 어머니의 나이는 41살이다. 어머니의 나이가 유리의 나이의 3배가 되는 것은 몇 년 후인지 구하시오.

KEY POINT
① 나이의 차가 a살인 두 사람의 나이
➡ x살, $(x+a)$살
② 올해 나이가 a살, b살인 두 사람의 x년 후의 나이
➡ $(a+x)$살, $(b+x)$살

III-3 일차방정식의 활용

04 도형에 대한 문제

● 더 다양한 문제는 RPM 1-1 111쪽

둘레의 길이가 36 cm이고, 가로의 길이가 세로의 길이의 2배보다 3 cm만큼 짧은 직사각형이 있다. 이때 이 직사각형의 세로의 길이를 구하시오.

풀이 직사각형의 세로의 길이를 x cm라 하면 가로의 길이는 $(2x-3)$ cm이다.
이때 직사각형의 둘레의 길이가 36 cm이므로

$$2\{(2x-3)+x\}=36, \quad 2(3x-3)=36$$
$$6x-6=36, \quad 6x=42 \quad \therefore x=7$$

따라서 세로의 길이는 7 cm이다.　　**답** 7 cm

확인 4 윗변의 길이가 6 cm, 아랫변의 길이가 7 cm, 높이가 4 cm인 사다리꼴에서 아랫변의 길이를 x cm만큼 늘였더니 그 넓이가 처음 사다리꼴의 넓이보다 4 cm²만큼 늘어났다. 이때 x의 값을 구하시오.

KEY POINT
① (직사각형의 둘레의 길이)
$=2\times\{$(가로의 길이)$+$(세로의 길이)$\}$
② (직사각형의 넓이)
$=$(가로의 길이)$\times$(세로의 길이)
③ (사다리꼴의 넓이)
$=\frac{1}{2}\times\{$(윗변의 길이)$+$(아랫변의 길이)$\}\times$(높이)

05 과부족에 대한 문제

● 더 다양한 문제는 RPM 1-1 111쪽

학생들에게 연필을 나누어 주는데 한 학생에게 5자루씩 주면 10자루가 남고, 6자루씩 주면 5자루가 부족하다고 한다. 학생 수를 구하려고 할 때, 다음 물음에 답하시오.

(1) 학생 수를 x라 할 때, 방정식을 세우시오.

(2) 학생 수를 구하시오.

풀이 (1) 나누어 주는 방법에 관계없이 연필의 수는 같으므로 $5x+10=6x-5$

(2) $5x+10=6x-5$에서 $-x=-15$ $\therefore x=15$
따라서 학생 수는 15이다.

답 (1) $5x+10=6x-5$ (2) 15

확인 5 학생들에게 귤을 나누어 주는데 한 학생에게 6개씩 주면 5개가 남고, 7개씩 주면 9개가 부족하다고 할 때, 다음을 구하시오.

(1) 학생 수   (2) 귤의 개수

06 증가, 감소에 대한 문제

● 더 다양한 문제는 RPM 1-1 112쪽

G 중학교에서 올해의 여학생 수는 작년보다 8 % 증가했고, 남학생 수는 6 % 감소했다. 작년의 전체 학생은 850명이고, 올해는 작년보다 19명이 증가했다고 할 때, 작년의 여학생 수를 구하려고 한다. 다음 물음에 답하시오.

(1) 작년의 여학생 수를 x라 할 때,
   (여학생 수의 변화량)＋(남학생 수의 변화량)＝(전체 학생 수의 변화량)
임을 이용하여 방정식을 세우시오.

(2) 작년의 여학생 수를 구하시오.

풀이 (1) 작년의 남학생 수는 $850-x$이고 올해의 전체 학생은 작년보다 19명이 증가했으므로
$$\frac{8}{100}x-\frac{6}{100}(850-x)=19$$

(2) $\dfrac{2}{25}x-\dfrac{3}{50}(850-x)=19$에서 $4x-3(850-x)=950$
$4x-2550+3x=950$, $7x=3500$ $\therefore x=500$
따라서 작년의 여학생 수는 500이다.

답 풀이 참조

확인 6 N 중학교에서 올해의 남학생 수는 작년보다 10 % 증가했고, 여학생은 2명 감소했다. 작년의 전체 학생은 560명이고, 올해는 작년보다 5 % 증가했다고 할 때, 작년의 남학생 수를 구하시오.

> 정답 및 풀이 61쪽

① (정가)＝(원가)＋(이익)
② (판매 가격)＝(정가)－(할인 금액)
③ (이익)＝(판매 가격)－(원가)

UP

07 원가, 정가에 대한 문제　　　　● 더 다양한 문제는 RPM 1-1 116쪽

어떤 선물 세트의 원가에 20 %의 이익을 붙여서 정가를 정하고, 이 정가에서 600원을 할인하여 팔았더니 원가의 10 %의 이익이 생겼다. 이 선물 세트의 원가를 구하려고 할 때, 다음 물음에 답하시오.

(1) 선물 세트의 원가를 x원이라 할 때, 방정식을 세우시오.

(2) 선물 세트의 원가를 구하시오.

풀이　(1) (정가)＝$x+\dfrac{20}{100}x=\dfrac{6}{5}x$ (원)이므로　　(판매 가격)＝$\dfrac{6}{5}x-600$ (원)

이때 원가의 10 %의 이익이 생겼으므로　　$\left(\dfrac{6}{5}x-600\right)-x=\dfrac{10}{100}x$

(2) $\left(\dfrac{6}{5}x-600\right)-x=\dfrac{1}{10}x$에서　　$12x-6000-10x=x$　　∴ $x=6000$

따라서 선물 세트의 원가는 6000원이다.

답 (1) $\left(\dfrac{6}{5}x-600\right)-x=\dfrac{10}{100}x$　(2) 6000원

확인 7 어떤 상품의 원가에 30 %의 이익을 붙여서 정가를 정하고, 이 정가에서 1200원을 할인하여 팔았더니 1개를 팔 때마다 750원의 이익이 생겼다. 이때 이 상품의 원가를 구하시오.

Ⅲ-3

일차방정식의 활용

---

① 전체 일의 양을 1로 놓는다.
② 전체 일의 양이 1인 어떤 일을 완성하는 데 a일이 걸린다.
　➡ 하루 동안 하는 일의 양은 $\dfrac{1}{a}$
③ 하루에 하는 일의 양이 A이다.
　➡ x일 동안 하는 일의 양은 Ax

UP

08 일에 대한 문제　　　　● 더 다양한 문제는 RPM 1-1 117쪽

어떤 일을 완성하는 데 형이 혼자 하면 3시간, 동생이 혼자 하면 6시간이 걸린다고 한다. 이 일을 형과 동생이 함께하여 완성하려면 몇 시간이 걸리는지 구하려고 할 때, 다음 물음에 답하시오.

(1) 전체 일의 양을 1이라 할 때, 둘이 1시간 동안 하는 일의 양을 각각 구하시오.

(2) 둘이 함께 x시간 동안 일을 하여 완성했다고 할 때, 방정식을 세우시오.

(3) 둘이 함께 일을 하여 완성하려면 몇 시간이 걸리는지 구하시오.

풀이　(2) 형과 동생이 함께 x시간 동안 일을 했으므로　　$\left(\dfrac{1}{3}+\dfrac{1}{6}\right)x=1$

(3) $\left(\dfrac{1}{3}+\dfrac{1}{6}\right)x=1$에서　　$\dfrac{1}{2}x=1$　　∴ $x=2$

따라서 일을 완성하는 데 2시간이 걸린다.

답 (1) 형: $\dfrac{1}{3}$, 동생: $\dfrac{1}{6}$　(2) $\left(\dfrac{1}{3}+\dfrac{1}{6}\right)x=1$　(3) 2시간

확인 8 어떤 일을 완성하는 데 A가 혼자 하면 10시간, B가 혼자 하면 16시간이 걸린다고 한다. 이 일을 A와 B가 함께 5시간 동안 하다가 A는 쉬고 나머지는 B가 혼자 하여 일을 마쳤다고 할 때, B는 혼자서 몇 시간 동안 일을 했는지 구하시오.

> 정답 및 풀이 62쪽

01 연속하는 두 짝수 중 작은 수의 4배는 큰 수의 3배보다 6만큼 클 때, 두 짝수를 구하시오.

연속하는 두 짝수
➡ x, $x+2$로 놓는다.

02 현재 민주와 오빠의 나이의 합은 33살이고 나이의 차는 5살이다. 현재 오빠의 나이는?

① 15살 ② 16살 ③ 17살
④ 18살 ⑤ 19살

03 오른쪽 그림과 같이 가로의 길이가 14 m, 세로의 길이가 8 m인 직사각형 모양의 밭에 폭이 2 m로 일정한 길과 폭이 x m로 일정한 길을 내었더니 길을 제외한 밭의 넓이가 처음 밭의 넓이의 $\frac{3}{4}$배가 되었다. 이때 x의 값을 구하시오.

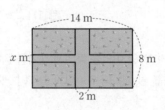

모든 길을 가장자리로 이동시킨 후 생각해 본다.

04 학생들에게 펜을 나누어 주는데 6자루씩 나누어 주면 4자루가 남고, 9자루씩 나누어 주면 11자루가 부족하다. 펜은 모두 몇 자루인지 구하시오.

05 어느 중학교의 올해의 남학생과 여학생 수는 작년에 비하여 남학생은 10 % 감소하고, 여학생은 8 % 증가하여 전체적으로 10명이 감소하였다. 작년의 전체 학생은 820명일 때, 올해의 남학생 수는?

① 374 ② 376 ③ 378
④ 380 ⑤ 382

UP
06 원가에 30 %의 이익을 붙여서 정가를 정한 상품이 팔리지 않아서 정가에서 30 %를 할인하여 팔았더니 810원의 손해를 보았다. 이때 이 상품의 원가를 구하시오.

① (정가)＝(원가)＋(이익)
② (판매 가격)
 ＝(정가)－(할인 금액)

02 일차방정식의 활용(2)

개념원리 이해

1 거리, 속력, 시간에 대한 문제

◎ 핵심문제 01, 02

거리, 속력, 시간에 대한 문제는 다음 관계를 이용하여 방정식을 세운다.

(1) (거리)＝(속력)×(시간)

(2) (속력)＝$\dfrac{(거리)}{(시간)}$

(3) (시간)＝$\dfrac{(거리)}{(속력)}$

주의 거리, 속력, 시간에 대한 활용 문제를 풀 때 단위가 각각 다른 경우에는 방정식을 세우기 전에 먼저 단위를 통일시킨 후 방정식을 세운다.

➡ $1\,km=1000\,m$, $1\,m=\dfrac{1}{1000}\,km$, 1시간=60분, 1분=$\dfrac{1}{60}$시간

2 농도에 대한 문제

◎ 핵심문제 03, 04

소금물의 농도에 대한 문제는 다음 관계를 이용하여 방정식을 세운다.

(1) (소금물의 농도)＝$\dfrac{(소금의 양)}{(소금물의 양)}×100$ (%)

└─ (물의 양)+(소금의 양)

(2) (소금의 양)＝$\dfrac{(소금물의 농도)}{100}×(소금물의 양)$

▶ 소금물에 물을 넣거나 증발시키는 경우 소금물의 양과 농도는 변하지만 소금의 양은 변하지 않음을 이용하여 방정식을 세운다.

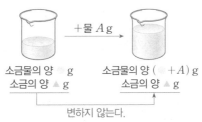

참고 ① 농도는 물에 녹는 물질이 물 속에 녹아 있는 양의 정도를 백분율 (%)로 나타낸 것이다.

② $a\,\%$의 소금물 $x\,g$ 속에 들어 있는 소금의 양은 $\dfrac{a}{100}×x\,(g)$이다.

01 다음 설명이 옳으면 ○, 옳지 않으면 ×를 ( ) 안에 써넣으시오.

(1) 시속 70 km로 x시간 동안 달린 거리는 $\dfrac{x}{70}$ km이다. ( )

(2) 4시간 동안 x km를 달렸을 때의 속력은 시속 $\dfrac{x}{4}$ km이다. ( )

(3) 물 150 g에 소금 50 g을 넣었을 때 소금물의 농도는 25 %이다. ( )

(4) 9 %의 소금물 x g에 들어 있는 소금의 양은 $\dfrac{9}{100}x$ g이다. ( )

02 일규가 집과 학교 사이를 왕복하는데 갈 때는 시속 3 km로 걷고, 올 때는 시속 4 km로 걸었더니 총 70분이 걸렸다. 집과 학교 사이의 거리를 구하려고 할 때, 다음 물음에 답하시오.

○ (시간) = $\dfrac{(거리)}{(속력)}$

(1) 집과 학교 사이의 거리를 x km라 할 때, 다음 표를 완성하시오.

	갈 때	올 때
거리	x km	
속력	시속 3 km	시속 4 km
시간	$\dfrac{x}{3}$ 시간	

(2) (갈 때 걸린 시간)+(올 때 걸린 시간)=(총 걸린 시간)임을 이용하여 방정식을 세우시오.

(3) 집과 학교 사이의 거리를 구하시오.

03 6 %의 소금물 200 g에서 물을 증발시켜 10 %의 소금물을 만들려고 할 때, 증발시켜야 하는 물의 양을 구하려고 한다. 다음 물음에 답하시오.

○ (소금의 양)
$=\dfrac{(소금물의 농도)}{100}$
$\times (소금물의 양)$

(1) 증발시켜야 하는 물의 양을 x g이라 할 때, 다음 표를 완성하시오.

	증발시키기 전	증발시킨 후
농도 (%)	6	10
소금물의 양 (g)	200	
소금의 양 (g)	$\dfrac{6}{100}\times 200$	

(2) 소금물에서 물을 증발시켜도 소금의 양은 변하지 않음을 이용하여 방정식을 세우시오.

(3) 증발시켜야 하는 물의 양을 구하시오.

▶정답 및 풀이 63쪽

01 **거리, 속력, 시간에 대한 문제; 속력이 바뀌는 경우** ● 더 다양한 문제는 RPM 1-1 113쪽

KEY POINT

속력에 따라 구간을 나누어
(시속 a km로 이동한 시간)
+(시속 b km로 이동한 시간)
=(총 걸린 시간)
임을 이용하여 방정식을 세운다.

집에서 65 km 떨어진 박물관까지 자동차를 타고 가는데 처음에는 시속 80 km로 이동하다가 도중에 시속 100 km로 이동하였더니 총 45분이 걸렸다. 시속 80 km로 이동한 거리를 구하시오.

풀이 시속 80 km로 이동한 거리를 x km라 하면 박물관까지 도착하는 데 총 45분, 즉

$$\frac{45}{60}=\frac{3}{4}(\text{시간})\text{이 걸렸으므로}$$

$$\frac{x}{80}+\frac{65-x}{100}=\frac{3}{4}$$

$$5x+4(65-x)=300$$

$$5x+260-4x=300 \quad \therefore x=40$$

따라서 시속 80 km로 이동한 거리는 40 km이다. **답** 40 km

	구간 1	구간 2
거리	x km	$(65-x)$ km
속력	시속 80 km	시속 100 km
시간	$\dfrac{x}{80}$ 시간	$\dfrac{65-x}{100}$ 시간

확인 ① 민철이가 산악자전거를 타고 산 정상까지 올라갔다 내려오는데 올라갈 때는 시속 4 km, 내려올 때는 같은 길을 시속 12 km로 달렸더니 올라갈 때보다 내려올 때 50분 적게 걸렸다. 이때 민철이가 올라간 거리를 구하시오.

02 **거리, 속력, 시간에 대한 문제; 시간 차를 두고 출발하는 경우** ● 더 다양한 문제는 RPM 1-1 114쪽

KEY POINT

A가 출발한 지 a분 후에 B가 출발하여 x분 후에 A를 만난다.
➡ A가 $(x+a)$분 동안 간 거리와 B가 x분 동안 간 거리는 같다.

동생이 집을 출발한 지 12분 후에 형이 자전거를 타고 동생을 따라나섰다. 동생은 분속 60 m로 걷고, 형은 분속 150 m로 자전거를 타고 따라간다면 형이 출발한 지 몇 분 후에 동생을 만날 수 있는지 구하시오.

풀이 형이 출발한 지 x분 후에 동생을 만난다고 하면 동생이 $(x+12)$분 동안 간 거리와 형이 x분 동안 간 거리가 같으므로

$$150x=60(x+12)$$

$$150x=60x+720$$

$$90x=720 \quad \therefore x=8$$

따라서 형이 출발한 지 8분 후에 동생을 만난다. **답** 8분

	형	동생
시간	x분	$(x+12)$분
속력	분속 150 m	분속 60 m
거리	$150x$ m	$60(x+12)$ m

확인 ② 형이 집을 출발한 지 10분 후에 동생이 자전거를 타고 형을 따라나섰다. 형은 시속 5 km로 가고, 동생은 시속 15 km로 자전거를 타고 가면 동생은 출발한 지 몇 분 후에 형과 만날 수 있는지 구하시오.

III-3
일차방정식의 활용

▶ 정답 및 풀이 63쪽

03 농도에 대한 문제: 물을 넣거나 증발시키는 경우   ● 더 다양한 문제는 **RPM** 1-1 115쪽

KEY POINT

물을 넣기 전이나 물을 더 넣은 후의 소금의 양은 같음을 이용하여 방정식을 세운다.

20 %의 소금물 500 g이 있다. 여기에 몇 g의 물을 더 넣으면 16 %의 소금물이 되는지 구하시오.

풀이 더 넣는 물의 양을 x g이라 하면 물을 넣어도 소금의 양은 변하지 않으므로

	물을 넣기 전	물을 넣은 후
농도(%)	20	16
소금물의 양(g)	500	$500+x$
소금의 양(g)	$\dfrac{20}{100}\times 500$	$\dfrac{16}{100}\times(500+x)$

$$\frac{20}{100}\times 500=\frac{16}{100}\times(500+x)$$
$$10000=8000+16x$$
$$-16x=-2000 \qquad \therefore x=125$$

따라서 더 넣어야 하는 물의 양은 125 g이다.

답 125 g

확인 ③ 5 %의 소금물 300 g이 있다. 여기에서 몇 g의 물을 증발시키면 12 %의 소금물이 되는지 구하시오.

04 농도에 대한 문제: 농도가 다른 두 소금물을 섞는 경우   ● 더 다양한 문제는 **RPM** 1-1 116쪽

KEY POINT

(섞기 전 두 소금물에 들어 있는 소금의 양의 합)
=(섞은 후 소금물에 들어 있는 소금의 양)
임을 이용하여 방정식을 세운다.

10 %의 소금물 200 g과 4 %의 소금물을 섞었더니 8 %의 소금물이 되었다. 이때 4 %의 소금물의 양을 구하시오.

풀이 4 %의 소금물의 양을 x g이라 하면 섞기 전 두 소금물 각각에 들어 있는 소금의 양의 합과 섞은 후 소금물에 들어 있는 소금의 양은 같으므로

	10 %의 소금물	4 %의 소금물	8 %의 소금물
농도(%)	10	4	8
소금물의 양(g)	200	x	$200+x$
소금의 양(g)	$\dfrac{10}{100}\times 200$	$\dfrac{4}{100}\times x$	$\dfrac{8}{100}\times(200+x)$

$$\frac{10}{100}\times 200+\frac{4}{100}\times x=\frac{8}{100}\times(200+x)$$
$$2000+4x=1600+8x, \qquad -4x=-400 \qquad \therefore x=100$$

따라서 4 %의 소금물의 양은 100 g이다.

답 100 g

확인 ④ 8 %의 설탕물과 14 %의 설탕물을 섞었더니 10 %의 설탕물 300 g이 되었다. 이때 8 %의 설탕물의 양을 구하시오.

01 은지가 집에서 출발하여 마트에 가는데 절반까지는 자전거를 타고 시속 15 km로 가고, 나머지 절반은 시속 10 km로 가서 총 1시간이 걸렸다고 한다. 집에서 마트까지의 거리는?

① 10 km ② 12 km ③ 14 km
④ 16 km ⑤ 18 km

02 동생이 집을 출발한 지 30분 후에 형이 동생을 따라나섰다. 동생은 시속 4 km로 걷고, 형은 자전거를 타고 시속 16 km로 동생을 따라간다면 형이 출발한 지 몇 분 후에 동생을 만날 수 있는지 구하시오.

형과 동생이 이동한 거리는 같다.

03 둘레의 길이가 600 m인 트랙을 민정이는 분속 80 m, 지훈이는 분속 70 m로 같은 지점에서 동시에 출발하여 서로 반대 방향으로 걷고 있다. 두 사람은 출발한 지 몇 분 후에 처음으로 만나는지 구하시오.

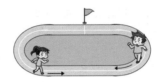

트랙의 같은 지점에서 동시에 출발하여 반대 방향으로 돌다가 처음으로 만나는 경우
➡ (두 사람이 움직인 거리의 합)
  = (트랙의 둘레의 길이)

04 8 %의 소금물 330 g에 소금을 넣어 12 %의 소금물을 만들려고 한다. 넣어야 할 소금의 양은 몇 g인지 구하시오.

(소금의 양)
$= \dfrac{(소금물의 농도)}{100} \times (소금물의 양)$

05 5 %의 소금물과 10 %의 소금물을 섞어 8 %의 소금물 300 g을 만들려고 한다. 이 때 10 %의 소금물을 몇 g 섞어야 하는가?

① 100 g ② 140 g ③ 180 g
④ 200 g ⑤ 240 g

01 어떤 수에 5를 더한 수의 $\frac{1}{4}$은 어떤 수보다 7만큼 작다. 어떤 수는?

① 10   ② 11   ③ 12
④ 13   ⑤ 14

(꼭나와)

02 십의 자리의 숫자가 5인 두 자리 자연수가 있다. 이 자연수의 십의 자리의 숫자와 일의 자리의 숫자를 바꾸면 처음 수보다 9만큼 커진다고 할 때, 처음 자연수의 일의 자리의 숫자는?

① 1   ② 2   ③ 3
④ 6   ⑤ 7

03 현재 세 남매의 나이를 모두 합하면 37살이고 첫째는 둘째보다 3살 많으며, 셋째는 둘째보다 5살이 적다고 한다. 현재 둘째의 나이를 구하시오.

04 현재 저금통에 지우는 4000원, 준서는 2000원이 들어 있다. 두 사람이 내일부터 매일 500원씩 저금통에 넣을 때, 지우의 저금통에 들어 있는 금액의 2배와 준서의 저금통에 들어 있는 금액의 3배가 같아지는 것은 며칠 후인지 구하시오.

(꼭나와)

05 성현이는 농구 시합에서 2점짜리와 3점짜리 슛을 합하여 18골을 넣어 총 42점을 득점하였다. 성현이가 넣은 3점짜리 슛은 몇 골인가?

① 4골   ② 5골   ③ 6골
④ 7골   ⑤ 8골

06 다음 그림과 같이 가로, 세로의 길이가 각각 8 cm, 4 cm인 직사각형의 가로의 길이를 x cm, 세로의 길이를 3 cm만큼 늘였더니 넓이가 처음 넓이보다 38 cm² 만큼 늘어났다. 이때 x의 값을 구하시오.

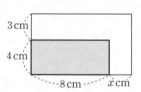

07 사육사가 동물원에 있는 토끼에게 당근을 주는데 6개씩 나누어 주면 4개가 남고, 7개씩 나누어 주면 5개가 모자란다고 할 때, 나누어 주려는 당근의 개수는?

① 52   ② 54   ③ 56
④ 58   ⑤ 60

08 채원이는 책 한 권을 4일 동안 모두 읽었는데, 첫째 날에는 전체 쪽수의 $\frac{1}{3}$을, 둘째 날에는 남은 쪽수의 $\frac{1}{4}$을, 셋째 날에는 77쪽을, 넷째 날에는 전체 쪽수의 $\frac{1}{9}$을 읽어서 책 한 권을 모두 읽었다고 한다. 이때 채원이가 읽은 책의 전체 쪽수는?

① 162   ② 171   ③ 180
④ 189   ⑤ 198

꼭나와

09 어떤 블록을 조립하여 완성하는 데 A는 40분, B는 32분이 걸린다고 한다. 이 블록을 A와 B가 8분 동안 같이 조립하다가 B는 쉬고 나머지는 A가 혼자 하여 완성했다고 할 때, A는 혼자서 몇 분 동안 조립했는지 구하시오.

10 규리네 식구는 자동차를 타고 할머니 댁에 다녀오는데 갈 때는 시속 80 km, 올 때는 갈 때보다 20 km 더 먼 길을 시속 60 km로 달렸더니 모두 5시간이 걸렸다. 올 때 걸린 시간은?

① 1시간 30분   ② 2시간
③ 2시간 30분   ④ 3시간
⑤ 3시간 30분

11 현진이네 집과 우제네 집 사이의 거리는 1.5 km이다. 현진이는 분속 90 m, 우제는 분속 60 m로 각자의 집에서 동시에 출발하여 상대방의 집을 향해 걸어갔다. 두 사람은 출발한 지 몇 분 후에 만나게 되는지 구하시오.

12 12 %의 설탕물 300 g에 물을 더 넣어 2 %의 설탕물을 만들려고 한다. 더 넣어야 하는 물의 양을 구하시오.

13 어떤 수의 5배에 3을 더해야 할 것을 잘못하여 어떤 수에 3을 더하여 4배 하였더니 처음 구하려고 했던 수보다 1만큼 작아졌다. 처음 구하려고 했던 수는?

① 38 ② 43 ③ 48
④ 53 ⑤ 58

14 다음 그림은 어느 달의 달력이다. 이 달력에서 날짜 4개를 택하여 그림과 같은 도형으로 묶었을 때, 도형 안의 날짜의 합이 81이 되도록 하는 네 날짜 중 가장 마지막 날의 날짜를 구하시오.

일	월	화	수	목	금	토
			1	2	3	4
5	6	7	8	9	10	11
12	13	14	15	16	17	18
19	20	21	22	23	24	25
26	27	28	29	30	31	

15 강당의 긴 의자에 학생들이 앉는데 한 의자에 4명씩 앉으면 13명이 앉지 못하고, 5명씩 앉으면 남는 의자는 없지만 마지막 의자에는 2명만 앉게 된다. 이때 의자의 개수와 학생 수를 각각 구하시오.

16 자동차 회사의 영업 사원인 A는 기본급 60만 원에 한 달 동안 판매한 금액의 5 %를 판매 수당으로 합하여 월급을 받는다. 자동차 한 대의 가격이 1200만 원일 때, A가 월급으로 300만 원을 받기 위해서는 한 달 동안 자동차를 몇 대 팔아야 하는지 구하시오.

17 수연이네 학교의 작년의 전체 학생은 600명이었다. 올해 여학생은 작년에 비하여 10 % 증가하고, 남학생은 2명 감소하여 전체적으로 5 % 증가하였다. 이때 올해의 여학생 수는?

① 320 ② 328 ③ 336
④ 344 ⑤ 352

18 원가가 2000원인 팥빙수를 정가의 20 %를 할인해서 팔아도 원가의 8 %의 이익이 생기기 위해서는 원가에 얼마의 이익을 붙여 정가를 정해야 하는지 구하시오.

▶ 정답 및 풀이 66쪽

19 지성이가 오른쪽 그림과 같은 과녁에 화살을 쏘는 게임을 하고 있다. 지성이가 쏜 화살 전체의 $\frac{1}{6}$은 A 영역을, 전체의 $\frac{1}{3}$은 B 영역을, 전체의 $\frac{1}{4}$은 C 영역을 맞혔고, 3개의 화살은 과녁을 맞히지 못했다. 과녁에 따른 점수는 다음 표와 같을 때, 지성이가 화살 쏘기 게임에서 얻은 점수를 구하시오.

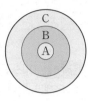

과녁	A 영역	B 영역	C 영역
점수(점)	10	8	6

꼭나와

20 열차가 일정한 속력으로 달려서 300 m의 터널을 완전히 통과하는 데 12초가 걸리고, 1 km의 철교를 완전히 지나는 데 33초가 걸렸다. 이 열차의 길이는?

① 60 m ② 80 m ③ 100 m
④ 110 m ⑤ 120 m

21 10 %의 소금물 200 g에서 40 g의 물을 증발시킨 후 소금을 더 넣어서 20 %의 소금물을 만들려고 할 때, 더 넣어야 하는 소금의 양은?

① 8 g ② 12 g ③ 15 g
④ 20 g ⑤ 26 g

STEP 3 실력 UP

22 해설 강의
어느 학교의 입학시험에서 입학 지원자의 남녀의 비는 3 : 2이고, 합격자의 남녀의 비는 5 : 2, 불합격자의 남녀의 비는 1 : 1, 합격자의 수는 140이었다. 입학 지원자의 수를 구하시오.

23 해설 강의
어느 빈 물통에 물을 가득 채우는 데 A 호스로는 3시간, B 호스로는 2시간이 걸리고 이 물통에 가득 찬 물을 C 호스로 다시 빼는 데에는 6시간이 걸린다고 한다. A, B 호스로 물을 채우면서 동시에 C 호스로 물을 뺀다면 이 물통에 물을 가득 채우는 데 걸리는 시간은?

① 1시간 ② 1시간 15분
③ 1시간 30분 ④ 1시간 45분
⑤ 2시간

24 해설 강의
시속 3 km로 흐르는 강물에서 배를 타고 강물이 흐르는 방향으로 6 km를 가는 데 40분이 걸렸다. 다음 물음에 답하시오. (단, 강물의 속력과 정지한 물에서의 배의 속력은 각각 일정하다.)

(1) 정지한 물에서의 배의 속력을 구하시오.

(2) 이 강을 배로 5 km 거슬러 올라가는 데 걸리는 시간을 구하시오.

III-3
일차방정식의 활용

예제 1

어느 중학교의 작년의 전체 학생은 1150명이었다. 올해는 작년보다 남학생 수가 3 % 감소하고, 여학생 수가 2 % 증가하여 전체 학생은 1143명이 되었다. 올해의 남학생 수를 구하시오. [7점]

풀이 과정

1단계 방정식 세우기 • 3점

작년의 남학생 수를 x라 하면 작년의 여학생 수는 $1150-x$이므로

$$-\frac{3}{100}x+\frac{2}{100}(1150-x)=1143-1150$$

2단계 방정식 풀기 • 2점

$-3x+2(1150-x)=-700$에서

$-5x=-3000$ ∴ $x=600$

3단계 올해의 남학생 수 구하기 • 2점

작년의 남학생은 600명이므로 올해의 남학생 수는

$$600-\frac{3}{100}\times600=582$$

답 582

유제 1

어느 중학교의 작년의 전체 학생은 820명이었다. 올해는 작년보다 남학생 수가 5 % 증가하고, 여학생 수가 10 % 감소하여 전체 학생은 작년에 비하여 19명이 감소하였다. 올해의 여학생 수를 구하시오. [7점]

풀이 과정

1단계 방정식 세우기 • 3점

2단계 방정식 풀기 • 2점

3단계 올해의 여학생 수 구하기 • 2점

답

예제 2

집에서 월드컵 경기장까지 가는데 시속 8 km로 자전거를 타고 가면 시속 4 km로 걸어서 가는 것보다 45분 빨리 도착한다고 한다. 집에서 월드컵 경기장까지의 거리를 구하시오. [7점]

풀이 과정

1단계 방정식 세우기 • 3점

집에서 월드컵 경기장까지의 거리를 x km라 하면 걸린 시간의 차가 45분, 즉 $\frac{45}{60}=\frac{3}{4}$(시간)이므로

$$\frac{x}{4}-\frac{x}{8}=\frac{3}{4}$$

2단계 방정식 풀기 • 3점

$2x-x=6$에서 $x=6$

3단계 집에서 월드컵 경기장까지의 거리 구하기 • 1점

집에서 월드컵 경기장까지의 거리는 6 km이다.

답 6 km

유제 2

A 지점에서 B 지점까지 자동차로 왕복하는데 갈 때는 시속 80 km, 올 때는 시속 60 km로 달렸더니 올 때는 갈 때보다 30분이 더 걸렸다. A 지점에서 B 지점까지의 거리를 구하시오. [7점]

풀이 과정

1단계 방정식 세우기 • 3점

2단계 방정식 풀기 • 3점

3단계 A 지점에서 B 지점까지의 거리 구하기 • 1점

답

스스로 서술하기

유제 3 십의 자리의 숫자가 6인 두 자리 자연수가 있다. 이 자연수의 십의 자리의 숫자와 일의 자리의 숫자를 바꾼 수는 처음 수보다 18만큼 클 때, 처음 수를 구하시오. [7점]

풀이 과정

답

유제 5 둘레의 길이가 3 km인 호수 둘레의 어느 한 지점에서 A가 출발한 지 5분 후에 B가 같은 지점에서 A와 반대 방향으로 출발하였다. A는 분속 60 m, B는 분속 75 m로 걸을 때, B가 출발한 지 몇 분 후에 A와 처음으로 만나게 되는지 구하시오. [6점]

풀이 과정

답

유제 4 원가에 20 %의 이익을 붙여 정가를 정한 상품이 있다. 이 상품이 잘 팔리지 않아 정가에서 300원을 할인하여 팔았더니 700원의 이익이 생겼다. 이때 이 상품의 원가를 구하시오. [7점]

풀이 과정

답

유제 6 8 %의 소금물 500 g이 있다. 여기에 물 80 g을 넣은 후 몇 g의 소금을 더 넣으면 10 %의 소금물이 되는지 구하시오. [6점]

풀이 과정

답

IV

좌표평면과 그래프

이 단원에서는 순서쌍과 좌표를 이해하고,
다양한 상황을 그래프로 나타내며 주어진 그래프를 해석해 보자.
또 정비례, 반비례 관계를 이해하고, 그 관계를 표, 식, 그래프로 나타내 보자.

IV-1

좌표와 그래프

IV-2 | 정비례와 반비례

이 단원의 학습 계획을 세우고 하나하나 실천하는 습관을 기르자!!

나는 할 수 있어!

		공부한 날		학습 완료도
01 순서쌍과 좌표	개념원리 이해 & 개념원리 확인하기	월	일	□□□
	핵심문제 익히기	월	일	○○○
	이런 문제가 시험에 나온다	월	일	○○○
02 그래프와 그 해석	개념원리 이해 & 개념원리 확인하기	월	일	□□□
	핵심문제 익히기	월	일	○○○
	이런 문제가 시험에 나온다	월	일	○○○
중단원 마무리하기		월	일	○○○
서술형 대비 문제		월	일	○○○

개념 학습 guide

• 개념을 이해했으면 ■■, 개념을 문제에 적용할 수 있으면 ■, 개념을 친구에게 설명할 수 있으면 로 색칠한다.

• 부족한 부분의 개념을 반복 학습하여 ■■■ 3칸 모두 색칠하면 학습을 마친다.

문제 학습 guide

• 맞힌 문제가 전체의 50% 미만이면 ●●, 맞힌 문제가 50% 이상 90% 미만이면 ●, 맞힌 문제가 90% 이상이면 로 색칠한다. 문제를 찍지 말자!

• 틀린 문제는 왜 틀렸는지 그 이유를 파악한 후 다시 풀어 본다. 며칠 후 틀린 문제를 다시 풀어 보고, 풀이 과정과 답이 맞으면 학습을 마친다.

01 순서쌍과 좌표

개념원리 이해

1 수직선 위의 점의 위치는 어떻게 나타내는가?

(1) **좌표**: 수직선 위의 한 점에 대응하는 수를 그 점의 좌표라 한다.

(2) 수직선에서 점 P의 좌표가 a일 때, 기호로 P(a)와 같이 나타낸다.

(3) **원점**: 좌표가 0인 점을 원점이라 하며, 기호로 O(0)과 같이 나타낸다.

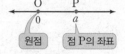

참고 원점 O는 Origin의 첫 글자인 O를 나타내며 숫자 0 대신 기호 O로 나타낸다.

예

위의 그림에서 점 A, B, O, C, D의 좌표는 기호로 다음과 같이 나타낸다.

$$A(-3), B\left(-\frac{1}{2}\right), O(0), C(3), D\left(\frac{9}{2}\right)$$

2 좌표평면이란 무엇인가?

두 수직선이 점 O에서 서로 수직으로 만날 때

① x축: 가로의 수직선

② y축: 세로의 수직선

③ x축과 y축을 통틀어 **좌표축**이라 한다.

④ **원점**: 두 좌표축이 만나는 점 O

⑤ **좌표평면**: 좌표축이 정해져 있는 평면

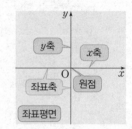

3 좌표평면 위의 점의 위치는 어떻게 나타내는가?

◐ 핵심문제 01~05

(1) **순서쌍**: 두 수나 문자의 순서를 정하여 짝 지어 나타낸 쌍

예 $(1, 3)$, $(4, -6)$

주의 $a \neq b$일 때, 순서쌍 (a, b)와 (b, a)는 서로 다르다.

(2) **좌표평면 위의 점의 좌표**

좌표평면 위의 한 점 P에서 x축, y축에 각각 수선을 내려 이 수선이 x축, y축과 만나는 점에 대응하는 수를 각각 a, b라 할 때, 순서쌍 (a, b)를 점 P의 **좌표**라 하고, 기호로 P(a, b)와 같이 나타낸다.

이때 a를 점 P의 x**좌표**, b를 점 P의 y**좌표**라 한다.

참고 좌표평면에서 원점의 좌표는 $(0, 0)$이고 x축 위의 점의 좌표는 $(x$좌표, $0)$, y축 위의 점의 좌표는 $(0, y$좌표$)$이다.

예 오른쪽 좌표평면 위의 점 A, B, C, D, E, F의 좌표는

$A(3, 2)$ $B(-3, 5)$

$C(-5, -4)$ $D(4, -2)$

$E(2, 0)$ $F(0, 2)$

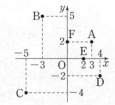

4 **사분면이란 무엇인가?** ● 핵심문제 06, 07

(1) 좌표평면은 좌표축에 의하여 네 부분으로 나뉜다.

이 네 부분을 각각

제1사분면, 제2사분면, 제3사분면, 제4사분면

이라 한다.

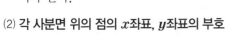

(2) **각 사분면 위의 점의 x좌표, y좌표의 부호**

① 제1사분면: $x>0$, $y>0$

② 제2사분면: $x<0$, $y>0$

③ 제3사분면: $x<0$, $y<0$

④ 제4사분면: $x>0$, $y<0$

참고 좌표축은 어느 사분면에도 속하지 않으므로 원점과 좌표축 위의 점은 어느 사분면에도 속하지 않는다.

예 ① 점 $(3, 5)$는 제1사분면 위의 점이다.

② 점 $(-1, 2)$는 제2사분면 위의 점이다.

③ 점 $(-3, -4)$는 제3사분면 위의 점이다.

④ 점 $(5, -2)$는 제4사분면 위의 점이다.

 대칭인 점의 좌표

점 (a, b)와

(1) x축에 대하여 대칭인 점의 좌표

$(a, b) \Rightarrow (a, -b)$ ← y좌표의 부호만 바뀐다.

(2) y축에 대하여 대칭인 점의 좌표

$(a, b) \Rightarrow (-a, b)$ ← x좌표의 부호만 바뀐다.

(3) 원점에 대하여 대칭인 점의 좌표

$(a, b) \Rightarrow (-a, -b)$ ← x좌표, y좌표의 부호가 모두 바뀐다.

설명 x축, y축으로 접었을 때 완전히 겹쳐지는 것을 각각 x축에 대하여 대칭, y축에 대하여 대칭이라

하며, 이때 대칭인 두 점은 각각 x축, y축을 기준으로 서로 반대 방향으로 같은 거리에 있으므로

각각 y좌표, x좌표의 부호만 바뀐다.

예 점 $(3, -1)$과

(1) x축에 대하여 대칭인 점의 좌표는

$(3, 1)$

(2) y축에 대하여 대칭인 점의 좌표는

$(-3, -1)$

(3) 원점에 대하여 대칭인 점의 좌표는

$(-3, 1)$

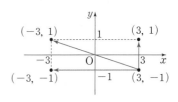

01 다음 점을 아래의 수직선 위에 나타내시오.

$$A\left(-\frac{3}{2}\right), \quad B(-3), \quad C(2), \quad D\left(\frac{7}{2}\right)$$

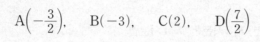

◆ 수직선에서 점 P의 좌표가 a 일 때, 기호로 [   ]와 같이 나타낸다.

02 오른쪽 좌표평면 위의 점 A, B, C, D, E, F, G의 좌표를 각각 기호로 나타내시오.

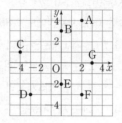

03 다음 점을 오른쪽 좌표평면 위에 나타내시오.

$$A(4, 3), \quad B(-3, 4), \quad C(-3, -2),$$
$$D(0, -4), \quad E(2, -3), \quad F(1, 0)$$

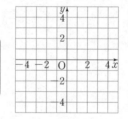

◆ P(a, b)
[   ]좌표 [   ]좌표

04 다음 표를 완성하시오.

	제1사분면	제2사분면	제3사분면	제4사분면
x좌표의 부호	+			
y좌표의 부호	+			

◆ 좌표평면은 좌표축에 의하여 [   ]부분으로 나뉜다.

05 다음 점은 제몇 사분면 위의 점인지 구하시오.

(1) A$(-3, 2)$

(2) B$\left(4, -\frac{7}{2}\right)$

(3) C$(-2, -3)$

(4) D$(5, 8)$

핵심문제 익히기

01 순서쌍

● 더 다양한 문제는 RPM 1-1 126쪽

● 더 다양한 문제는 RPM 1-1 126쪽

두 순서쌍 $(3a, 2b-4)$, $(2a-5, 3b)$가 같을 때, $a-b$의 값을 구하시오.

KEY POINT

두 순서쌍 (a, b), (c, d)가 같다.
➡ $a=c$, $b=d$

풀이 두 순서쌍이 같으므로

$3a=2a-5$ ∴ $a=-5$

$2b-4=3b$ ∴ $b=-4$

∴ $a-b=-5-(-4)=-1$

답 -1

확인 1 두 순서쌍 $(3x+2, y+7)$, $(4x-1, 3-y)$가 같을 때, xy의 값을 구하시오.

02 좌표평면 위의 점의 좌표

● 더 다양한 문제는 RPM 1-1 126쪽

● 더 다양한 문제는 RPM 1-1 126쪽

네 점 $A(3, a)$, $B(b, 4)$, $C(c, d)$, $D(-1, e)$를 좌표평면 위에 나타내면 오른쪽 그림과 같을 때, $a+b+c+d+e$의 값을 구하시오.

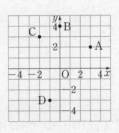

KEY POINT

$P(a, b)$

x좌표 y좌표

풀이 점 A의 좌표는 $(3, 2)$이므로 $a=2$

점 B의 좌표는 $(0, 4)$이므로 $b=0$

점 C의 좌표는 $(-2, 3)$이므로 $c=-2$, $d=3$

점 D의 좌표는 $(-1, -3)$이므로 $e=-3$

∴ $a+b+c+d+e=2+0+(-2)+3+(-3)=0$

답 0

확인 2 다음 중 오른쪽 좌표평면 위의 점 A, B, C, D, E의 좌표를 나타낸 것으로 옳지 <u>않은</u> 것은?

① $A(4, 0)$ ② $B(1, 3)$

③ $C(-2, 2)$ ④ $D(-4, -1)$

⑤ $E(-4, 2)$

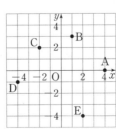

● 더 다양한 문제는 **RPM** 1-1 126쪽

| KEY POINT |
① x축 위의 점의 좌표
➡ y좌표가 0
➡ $(x$좌표, 0$)$
② y축 위의 점의 좌표
➡ x좌표가 0
➡ $(0,\ y$좌표$)$

다음 점의 좌표를 구하시오.

(1) x축 위에 있고, x좌표가 3인 점

(2) y축 위에 있고, y좌표가 -2인 점

풀이 (1) x축 위에 있으므로 y좌표가 0이고, x좌표가 3이므로　(3, 0)
(2) y축 위에 있으므로 x좌표가 0이고, y좌표가 -2이므로　(0, -2)
답 (1) $(3,\ 0)$　(2) $(0,\ -2)$

확인 3 다음 점의 좌표를 구하시오.

(1) x축 위에 있고, x좌표가 $-\dfrac{1}{3}$인 점

(2) y축 위에 있고, y좌표가 5인 점

● 더 다양한 문제는 **RPM** 1-1 126쪽

점 $A(a,\ 2a+4)$는 x축 위에 있고 점 $B(b-3,\ b+1)$은 y축 위에 있을 때, $a+b$의 값을 구하시오.

풀이 점 A는 x축 위의 점이므로 $2a+4=0$에서
$2a=-4$　∴ $a=-2$
점 B는 y축 위의 점이므로 $b-3=0$에서
$b=3$
∴ $a+b=-2+3=1$
답 1

확인 4 두 점 $P\left(a-2,\ \dfrac{1}{3}a+1\right)$, $Q(b-1,\ 3b-2)$는 각각 x축, y축 위의 점일 때, ab의 값을 구하시오.

> 정답 및 풀이 69쪽

05 좌표평면 위의 도형의 넓이

● 더 다양한 문제는 RPM 1-1 127쪽

KEY POINT

도형의 꼭짓점을 좌표평면 위에 나타내고 선분으로 연결하여 도형을 그린 후 넓이를 구한다.

세 점 A(2, 2), B(−2, −2), C(3, −2)를 꼭짓점으로 하는 삼각형 ABC의 넓이를 구하시오.

풀이 세 점 A, B, C를 꼭짓점으로 하는 삼각형 ABC를 그리면 오른쪽 그림과 같다.

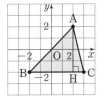

$$\therefore \text{(삼각형 ABC의 넓이)}$$
$$= \frac{1}{2} \times \text{(선분 BC의 길이)} \times \text{(선분 AH의 길이)}$$
$$= \frac{1}{2} \times 5 \times 4 = 10$$

답 10

확인 5 네 점 A(−3, 2), B(−3, −2), C(2, −2), D(1, 2)를 꼭짓점으로 하는 사각형 ABCD의 넓이를 구하시오.

06 사분면

● 더 다양한 문제는 RPM 1-1 127쪽

KEY POINT

• x축 또는 y축 위의 점
 ➡ 어느 사분면에도 속하지 않는다.

• 사분면

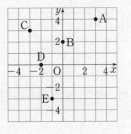

다음 중 오른쪽 좌표평면 위의 점 A, B, C, D, E에 대한 설명으로 옳지 **않은** 것을 모두 고르면? (정답 2개)

① 점 A의 좌표는 (4, 3)이다.
② 점 B는 y축 위의 점이다.
③ 점 C는 제2사분면 위의 점이다.
④ 점 D는 제2사분면과 제3사분면에 속한다.
⑤ 점 E의 x좌표는 −1이다.

풀이 ① 점 A의 좌표는 (3, 4)이다.
④ 점 D는 어느 사분면에도 속하지 않는다.
따라서 옳지 않은 것은 ①, ④이다.

답 ①, ④

확인 6 다음 중 옳지 **않은** 것은?

① 점 $\left(\frac{1}{2}, 1\right)$은 제1사분면 위의 점이다.
② 점 (−3, 4)는 제2사분면 위의 점이다.
③ 점 (5, −2)는 제4사분면 위의 점이다.
④ 점 (1, 3)과 점 (3, 1)은 서로 다른 사분면 위의 점이다.
⑤ 점 (0, −5)는 어느 사분면에도 속하지 않는다.

▶ 정답 및 풀이 70쪽

07 사분면 위의 점: 점 (a, b)가 속한 사분면이 주어진 경우
● 더 다양한 문제는 **RPM** 1-1 128쪽

점 $(x+y,\ xy)$가 제2사분면 위의 점일 때, 점 $(-x,\ y)$는 제몇 사분면 위의 점인지 구하시오.

KEY POINT
점 (a, b)가 속한 사분면이 주어지고 점 P의 좌표가 a, b에 대한 식으로 주어졌을 때, 점 P가 속한 사분면을 구하려면
❶ a, b의 부호를 판별한다.
❷ 점 P의 x좌표, y좌표의 부호를 판별한다.

풀이▶ 점 $(x+y,\ xy)$가 제2사분면 위의 점이므로　$x+y<0$, $xy>0$
$xy>0$이므로 x와 y의 부호가 같다.
그런데 $x+y<0$이므로　$x<0$, $y<0$
따라서 $-x>0$, $y<0$이므로 점 $(-x,\ y)$는 제4사분면 위의 점이다.　**답** 제4사분면

확인 ⑦ 다음 물음에 답하시오.

(1) 점 $(-a,\ b)$가 제3사분면 위의 점일 때, 점 $\left(\dfrac{a}{b},\ -b\right)$는 제몇 사분면 위의 점인지 구하시오.

(2) $xy<0$, $x-y>0$일 때, 점 $(x,\ y)$는 제몇 사분면 위의 점인지 구하시오.

UP 08 대칭인 점의 좌표
● 더 다양한 문제는 **RPM** 1-1 131쪽

다음 물음에 답하시오.
(1) 점 $(6,\ -2)$와 x축에 대하여 대칭인 점의 좌표를 구하시오.
(2) 두 점 $(a+1,\ -3)$, $(-4,\ 2-b)$가 y축에 대하여 대칭일 때, $a+b$의 값을 구하시오.

KEY POINT
점 (a, b)와
① x축에 대하여 대칭인 점의 좌표
➡ $(a,\ -b)$
② y축에 대하여 대칭인 점의 좌표
➡ $(-a,\ b)$
③ 원점에 대하여 대칭인 점의 좌표
➡ $(-a,\ -b)$

풀이▶ (1) 점 $(6,\ -2)$와 x축에 대하여 대칭인 점은 y좌표의 부호만 바뀌므로　$(6,\ 2)$
(2) 두 점이 y축에 대하여 대칭이므로 두 점의 좌표는 x좌표의 부호만 다르다.
　　$a+1=4$에서　$a=3$
　　$-3=2-b$에서　$b=5$
　　∴ $a+b=3+5=8$　**답** (1) $(6,\ 2)$　(2) 8

확인 ⑧ 다음 물음에 답하시오.

(1) 점 $(-3,\ 5)$와 원점에 대하여 대칭인 점의 좌표를 구하시오.

(2) 두 점 $(2,\ a+1)$, $(a-2,\ b)$가 x축에 대하여 대칭일 때, $a-b$의 값을 구하시오.

01 네 점 A$(-1, -2)$, B$(2, -2)$, C$(2, 3)$, D를 꼭짓점으로 하는 사각형 ABCD
가 직사각형이 되도록 하는 점 D의 좌표는?

① $(-1, -1)$ ② $(-1, 3)$ ③ $(-1, 5)$

④ $(1, -3)$ ⑤ $(1, 3)$

02 좌표평면 위의 두 점 P$\left(a-1, \frac{1}{2}a+3\right)$, Q$(b+2, b)$가 각각 x축, y축 위의 점일
때, 두 점 P, Q와 원점 O$(0, 0)$을 꼭짓점으로 하는 삼각형 OPQ의 넓이를 구하
시오.

03 다음 중 옳지 <u>않은</u> 것은?

① 점 $(0, -1)$은 어느 사분면에도 속하지 않는다.
② x축 위의 점은 y좌표가 0이다.
③ x축과 y축이 만나는 점의 좌표는 $(0, 0)$이다.
④ x축 위에 있고 x좌표가 5인 점의 좌표는 $(5, 0)$이다.
⑤ 점 $(0, 0)$은 모든 사분면에 속하는 점이다.

좌표축 위의 점은 어느 사분면에
도 속하지 않는다.

04 $a<0$, $b>0$일 때, 다음 중 점 $(ab, b-a)$와 같은 사분면 위의 점은?

① $(-3, -2)$ ② $(-3, 0)$ ③ $(-2, 4)$

④ $(1, 5)$ ⑤ $(2, -1)$

$a<0$, $b>0$
➡ $ab<0$, $b-a>0$

05 점 $(xy, x+y)$가 제4사분면 위의 점일 때, 다음 중 제3사분면 위의 점인 것은?

① $(-xy, -y)$ ② $(-y, x+y)$ ③ $(x+y, y)$

④ $\left(-y, \dfrac{x}{y}\right)$ ⑤ $\left(\dfrac{x}{y}, xy\right)$

· 점 (a, b)가 제4사분면 위의 점
➡ $a>0$, $b<0$
· 점 (a, b)가 제3사분면 위의 점
➡ $a<0$, $b<0$

UP
06 두 점 $(-a+5, -4)$, $(-3, b+2)$가 y축에 대하여 대칭일 때, 점 (a, b)는 제
몇 사분면 위의 점인지 구하시오.

y축에 대하여 대칭인 점
➡ x좌표의 부호만 반대

02 그래프와 그 해석

개념원리 이해

1 다양한 상황을 그래프로 어떻게 나타내는가?

◆ 핵심문제 01

(1) **변수**: x, y와 같이 여러 가지로 변하는 값을 나타내는 문자

(2) **그래프**: 두 변수 x, y의 순서쌍 (x, y)를 좌표로 하는 점을 좌표평면 위에 모두 나타낸 것

설명 냄비에 찬물을 넣고 가열하여 물의 온도를 1분 간격으로 측정하였다. 가열하기 시작한 지 x분이 지났을 때 물의 온도를 y ℃라 하면 x와 y 사이의 관계는 다음 표와 같다.

x(분)	0	1	2	3	4	5
y(℃)	10	25	45	65	85	100
(x, y)	$(0, 10)$	$(1, 25)$	$(2, 45)$	$(3, 65)$	$(4, 85)$	$(5, 100)$

표에서 구한 순서쌍

$$(0, 10), (1, 25), (2, 45), (3, 65), (4, 85), (5, 100)$$

을 좌표평면 위에 나타내어 그래프를 그리면 오른쪽 그림과 같다.

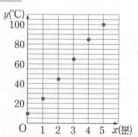

2 그래프를 어떻게 해석하는가?

◆ 핵심문제 02, 03

두 양 사이의 관계를 좌표평면 위에 그래프로 나타내면 두 양의 변화 관계를 알아보기 쉽다.

예 다음 그래프는 시간에 따른 자동차의 속력을 나타낸 것이다. 이 그래프에서 속력의 변화를 해석하면 표와 같다.

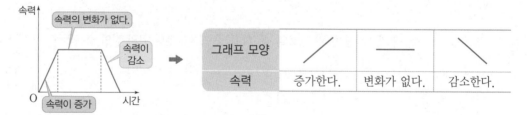

그래프 모양			
속력	증가한다.	변화가 없다.	감소한다.

참고 그래프는 다음과 같이 곡선으로도 나타낸다.

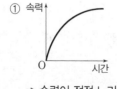

➡ 속력이 점점 느리게 증가한다.

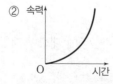

➡ 속력이 점점 빠르게 증가한다.

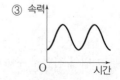

➡ 속력이 증가와 감소를 반복한다.

> 정답 및 풀이 71쪽

개념원리 확인하기

01 아래 표는 지성이가 화분에 강낭콩을 심은 지 x일 후 자란 식물의 키를 y cm라 할 때, x와 y 사이의 관계를 나타낸 것이다. 다음 물음에 답하시오.

x(일)	1	2	3	4	5	6	7
y(cm)	1	2	4	6	9	13	18

(1) 순서쌍 (x, y)를 모두 구하시오.

(2) 오른쪽 좌표평면 위에 두 변수 x, y에 대한 그래프를 그리시오.

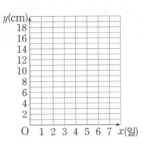

○ 두 변수 x, y의 순서쌍 (x, y)를 좌표로 하는 점을 좌표평면 위에 모두 나타낸 것을 [ ]라 한다.

02 다음 각 상황에 알맞은 그래프를 **보기**에서 고르시오.

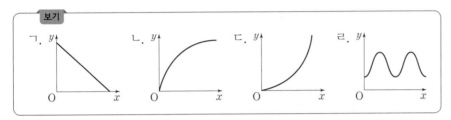

(1) 양초에 불을 붙일 때, 경과 시간 x에 따른 남은 양초의 길이 y

(2) 일정한 속력으로 움직이는 관람차가 운행을 시작할 때, 경과 시간 x에 따른 관람차의 높이 y

03 오른쪽 그래프는 슬기가 집에서 출발하여 2000 m 떨어진 공원까지 자전거를 타고 갈 때, 슬기의 이동 시간 x분과 이동 거리 y m 사이의 관계를 나타낸 것이다. 그래프를 보고 □ 안에 알맞은 것을 써넣으시오.

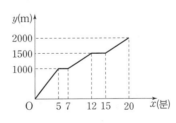

○ 그래프를 바르게 해석함으로써 상황을 이해하고 문제를 해결할 수 있다.

(1) 그래프에서 x축은 이동 시간을 나타내고, y축은 [ ]를 나타낸다.

(2) 슬기가 집에서 출발하여 공원까지 가는데 □번 멈춰 있었고, 멈춰 있었던 시간은 모두 □분이다.

(3) 슬기가 집에서 출발하여 15분 동안 이동한 거리는 [ ]m이다.

(4) 슬기가 집에서 출발하여 공원에 도착할 때까지 걸린 시간은 [ ]분이다.

01 상황을 그래프로 나타내기

● 더 다양한 문제는 **RPM** 1-1 129쪽

KEY POINT

상황에 따른 그래프의 모양
① 높아진다. 온도가 올라간다.
 ➡ 오른쪽 위로 향한다. (↗)
② 일정하게 유지한다. 온도의 변화가
 없다.
 ➡ 수평이다. (→)
③ 낮아진다. 온도가 내려간다.
 ➡ 오른쪽 아래로 향한다. (↘)

다음 그래프는 이동 시간 x와 집으로부터의 거리 y 사이의 관계를 나타낸 것이다. 각 그래프에 알맞은 상황을 **보기**에서 고르시오. (단, 서점, 도서관은 집과 학교 사이에 있다.)

(1) 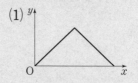 (2) 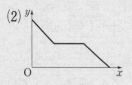 (3)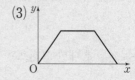

보기

ㄱ. 현우는 집에서 출발하여 일정한 속력으로 걸어서 서점에 갔다가 바로 돌아왔다.
ㄴ. 준희는 집에서 출발하여 일정한 속력으로 자전거를 타고 학교에 갔다.
ㄷ. 수영이는 학교에서 출발하여 일정한 속력으로 걸어서 서점에 들른 후 집에 왔다.
ㄹ. 소윤이는 자전거를 타고 집에서 출발하여 일정한 속력으로 도서관에 가서 책을 본 후 집에 왔다.

풀이
(1) 이동 시간 x에 따른 집으로부터의 거리 y가 일정하게 증가하다가 일정하게 감소한다.
(2) 이동 시간 x에 따른 집으로부터의 거리 y가 일정하게 감소하다가 변화없이 유지되고, 다시 일정하게 감소한다.
(3) 이동 시간 x에 따른 집으로부터의 거리 y가 일정하게 증가하다가 변화없이 유지되고, 다시 일정하게 감소한다.
따라서 위의 그래프와 맞는 상황을 각각 찾으면 (1) ㄱ (2) ㄷ (3) ㄹ이다.

답 (1) ㄱ (2) ㄷ (3) ㄹ

확인 1 다음 그림과 같은 4개의 물병 A, B, C, D가 있다. 4개의 물병에 시간당 일정한 양의 물을 부을 때, 시간에 따른 물의 높이를 나타낸 그래프로 알맞은 것을 **보기**에서 골라 짝 지으시오.

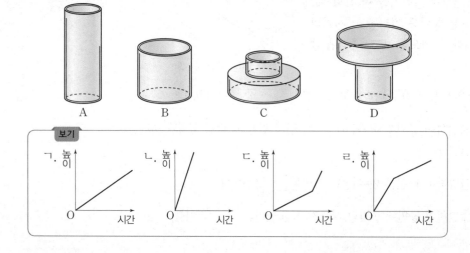

02 경과 시간에 따른 그래프의 해석

● 더 다양한 문제는 RPM 1-1 130쪽

경과 시간에 따른 속력의 변화를 나타낸 그래프의 모양
① 오른쪽 위로 향한다.
  ➡ 속력이 증가한다.
② 수평이다.
  ➡ 속력이 일정하다.
③ 오른쪽 아래로 향한다.
  ➡ 속력이 감소한다.

오른쪽 그래프는 기영이네 가족이 자동차를 타고 집에서 출발하여 미술관에 도착할 때까지 자동차의 속력을 시간에 따라 나타낸 것이다. 자동차가 출발한 지 x분 후 자동차의 속력을 시속 y km라 할 때, 다음 물음에 답하시오.

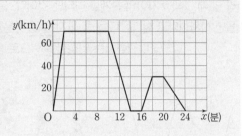

(1) 자동차가 가장 빨리 달렸을 때, 자동차의 속력을 구하시오.

(2) 자동차의 속력이 두 번째로 감소하기 시작한 때는 집에서 출발한 지 몇 분 후인지 구하시오.

(3) 집에서 출발하여 미술관에 도착할 때까지 자동차는 몇 분 동안 정지해 있었는지 구하시오.

(4) 집에서 출발하여 미술관에 도착할 때까지 걸린 시간을 구하시오.

풀이 (1) 자동차가 가장 빨리 달렸을 때는 출발한 지 2분 후부터 10분 후까지이고, 이때의 속력은 시속 70 km이다.
(2) 그래프가 오른쪽 아래로 향하기 시작한 때가 속력이 감소하기 시작한 때이므로 자동차의 속력이 첫 번째로 감소하기 시작한 때는 집에서 출발한 지 10분 후이고, 두 번째로 감소하기 시작한 때는 집에서 출발한 지 20분 후이다.
(3) 자동차가 정지해 있었을 때 속력이 시속 0 km이므로 출발한 지 14분 후부터 16분 후까지 2분 동안 정지해 있었다.
(4) 집에서 출발하여 미술관에 도착할 때까지 걸린 시간은 24분이다.

답 (1) 시속 70 km 또는 70 km/h (2) 20분 (3) 2분 (4) 24분

확인 2 오른쪽 그래프는 지우가 집에서 출발하여 1.5 km 떨어져 있는 영화관에 다녀왔을 때 집으로부터의 거리를 시간에 따라 나타낸 것이다. 지우가 집에서 출발한 지 x분 후 집으로부터의 거리를 y km라 할 때, 다음 물음에 답하시오.

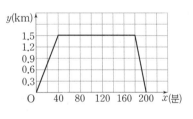

(1) 지우가 집에서 출발한 지 몇 분 후에 영화관에 도착하였는지 구하시오.

(2) 지우가 집에서 출발하여 영화관에 다녀오는 데 걸린 시간을 구하시오.

(3) 지우가 영화관에 몇 분 동안 머물렀는지 구하시오.

(4) 지우가 집을 향해 영화관을 떠난 때는 집에서 출발한 지 몇 분 후인지 구하시오.

> 정답 및 풀이 71쪽

03 주기적 변화를 나타내는 그래프의 해석   ● 더 다양한 문제는 RPM 1-1 130쪽

KEY POINT

주기적 변화를 나타내는 그래프
➡ 같은 모양이 계속 반복되는 그래프에서 주기를 찾아본다.

아래 그래프는 시계 방향으로 회전하는 관람차가 운행을 시작한 지 x분 후의 지면으로부터 관람차 A 칸의 높이를 y m라 할 때, x와 y 사이의 관계를 나타낸 것이다. 은우가 관람차 A 칸에 탑승한 후 3바퀴를 돌면 하차한다고 할 때, 다음 중 옳지 <u>않은</u> 것은?
(단, 관람차는 일정한 속력으로 움직인다.)

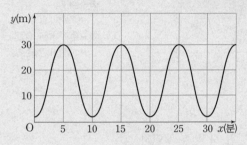 

① 관람차는 쉬지 않고 계속 운행되고 있다.
② 관람차가 한 바퀴 도는 데 걸리는 시간은 10분이다.
③ 은우가 탑승해서 하차할 때까지 꼭대기에 올라간 횟수는 3회이다.
④ 관람차 A 칸이 가장 높이 올라갔을 때 지면으로부터의 높이는 60 m이다.
⑤ 관람차를 한 시간 동안 운행했을 때, 관람차 A 칸이 꼭대기에 올라간 횟수는 6회이다.

풀이 ④ 관람차 A 칸이 가장 높이 올라갔을 때의 높이는 30 m이다.
⑤ 관람차가 10분에 한 번씩 꼭대기에 올라가므로 한 시간, 즉 60분 동안 운행했을 때, 관람차 A 칸이 꼭대기에 올라간 횟수는 6회이다.
따라서 옳지 않은 것은 ④이다.   **답** ④

확인 3 아래 그래프는 A 지점과 B 지점 사이를 왕복하는 장난감 로봇의 시간에 따른 위치를 나타낸 것이다. 장난감 로봇이 출발한 지 x초 후의 A 지점으로부터 장난감 로봇 사이의 거리를 y m라 할 때, 다음 물음에 답하시오.

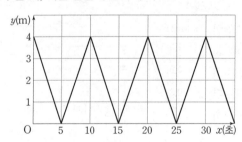

(1) 두 지점 A, B 사이의 거리는 몇 m인지 구하시오.

(2) 로봇이 두 지점 A, B 사이를 한 번 왕복하는 데 걸리는 시간은 몇 초인지 구하시오.

(3) 로봇이 30초 동안 두 지점 A, B 사이를 왕복하는 횟수는 몇 회인지 구하시오.

(4) 로봇이 20초 동안 움직인 거리는 몇 m인지 구하시오.

01 오른쪽 그림과 같은 컵에 시간당 일정한 양의 음료수를 채울 때, 다음 중 경과 시간 x에 따른 음료수의 높이 y 사이의 관계를 나타내는 그래프로 알맞은 것은?

바닥에서부터 위로 올라갈수록 폭이 점점 좁아지는 모양의 컵에 일정한 속도로 음료수를 채울 때의 음료수의 높이

➡ 느리게 증가하다가 점점 빠르게 증가

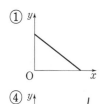

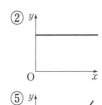

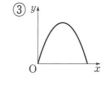

02 오른쪽 그래프는 지은이가 집 앞 버스 정류장에서 버스를 타고 2500 m 떨어진 학교 앞 버스 정류장까지 갈 때 지은이의 이동 거리를 나타낸 것이다. 버스를 탄 지 x분 후 지은이가 집 앞 버스 정류장으로부터 떨어진 거리를 y m라 할 때, 다음 **보기** 중 옳은 것을 모두 고르시오.

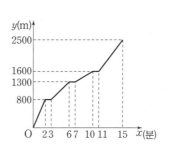

보기

ㄱ. 지은이가 버스에 탄 후 내릴 때까지 버스는 3번 멈춰 있었다.

ㄴ. 지은이가 버스를 타고 이동한 시간은 모두 15분이다.

ㄷ. 지은이가 버스에 탄 지 10분 후 버스가 두 번째로 멈추었다.

UP

03 대성이는 수도꼭지를 틀어 욕조에 물을 받은 후 수도꼭지를 잠그고 목욕을 시작하여 목욕이 끝나자마자 욕조에 담긴 물을 빼기 시작했다. 수도꼭지를 튼 지 x분 후 욕조에 담긴 물의 양 y L 사이의 관계를 나타낸 그래프가 오른쪽과 같을 때, 다음 중 옳지 **않은** 것은?

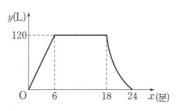

x와 y 사이의 관계를 파악한 후 그래프의 모양을 살펴본다.

① 수도꼭지를 잠근 때는 수도꼭지를 튼 지 6분 후이다.

② 욕조에 담긴 물을 빼기 시작한 때는 수도꼭지를 튼 지 18분 후이다.

③ 목욕하는 데 걸린 시간은 12분이다.

④ 욕조에 받은 물의 양은 120 L이다.

⑤ 욕조에 담긴 물을 모두 빼는 데 걸린 시간은 24분이다.

STEP **1** 기본 문제

01 두 순서쌍 $(2+a, 5)$, $(-1, 2b-3)$이 같을 때, $a+b$의 값을 구하시오.

02 점 (a, b)는 x축 위에 있고 x좌표가 -1일 때, $a-b$의 값을 구하시오.

03 다음 중 오른쪽 좌표평면 위의 점 A, B, C, D, E에 대한 설명으로 옳지 <u>않은</u> 것은?

① 점 B의 좌표는 $(-2, 3)$이다.
② 점 A와 점 E의 x좌표가 같다.
③ 점 D와 점 E의 y좌표가 같다.
④ 제2사분면에 속하는 점은 2개이다.
⑤ 점 D의 x좌표와 y좌표는 모두 음수이다.

_{꼭나와}
04 다음 중 옳지 <u>않은</u> 것을 모두 고르면? (정답 2개)

① 점 $(0, -5)$는 y축 위의 점이다.
② y축 위의 점은 y좌표가 0이다.
③ 원점은 어느 사분면에도 속하지 않는다.
④ 점 $(3, -2)$는 제4사분면 위의 점이다.
⑤ 제2사분면과 제3사분면 위의 점의 x좌표는 양수이다.

_{꼭나와}
05 $xy<0$, $x>y$일 때, 점 $(x, -y)$는 제몇 사분면 위의 점인가?

① 제1사분면
② 제2사분면
③ 제3사분면
④ 제4사분면
⑤ 어느 사분면에도 속하지 않는다.

06 점 $(2, 3)$과 y축에 대하여 대칭인 점의 좌표를 (a, b), 원점에 대하여 대칭인 점의 좌표를 (c, d)라 할 때, $a+b+c+d$의 값을 구하시오.

07 영호가 타고 있는 자동차가 일정한 속력으로 움직일 때, 자동차의 이동 시간 x에 따른 자동차의 속력 y를 나타낸 그래프로 알맞은 것을 **보기**에서 고르시오.

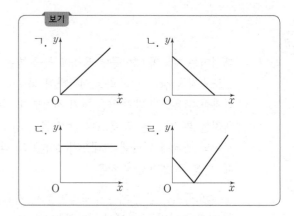

08 아래 그래프는 어느 지하철이 A 역을 출발하여 B 역에 정차할 때까지 시간에 따른 속력의 변화를 나타낸 것이다. 지하철이 A 역을 출발한 지 x초 후 지하철의 속력을 초속 y m라 할 때, 다음 물음에 답하시오.

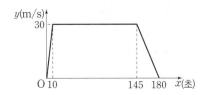

(1) 지하철이 가장 빨리 움직일 때의 속력을 구하시오.

(2) 지하철이 일정한 속력으로 움직인 시간은 몇 초 동안인지 구하시오.

(3) 지하철이 A 역을 출발하여 B 역에 정차할 때까지 걸린 시간은 몇 초인지 구하시오.

09 아래 그래프는 민서가 집에서 출발하여 문화센터에 도착할 때까지 경과 시간 x분에 따른 민서의 집으로부터의 거리 y m를 나타낸 것이다. 다음에 주어진 상황과 그래프에 표시된 ①, ②, ③, ④, ⑤ 구간을 짝 지으시오.

(단, 편의점은 집과 문화센터 사이에 있다.)

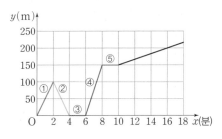

㉮ 민서는 문화센터에 도착하기 전에 편의점에서 음료수를 샀다.

㉯ 민서는 놓고 온 물건이 생각나서 집으로 다시 돌아갔다.

㉰ 민서는 집에 돌아와서 놓고 온 물건을 찾는 데 2분이 걸렸다.

10 다음 그래프는 어느 지역에서 오전 1시부터 밤 12시까지 1시간 간격으로 초미세먼지의 양을 측정하여 시각에 따라 나타낸 것이다. 이날 x시에 측정된 초미세먼지의 양이 y μg/m³일 때, 초미세먼지의 양이 가장 많은 시각과 가장 적은 시각을 차례대로 구하시오.

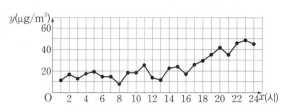

11 오른쪽 그래프는 정우가 집에서 우체국을 향해 출발했을 때, 경과 시간 x에 따른 정우의 집으로부터의 거리 y를 나타낸 것이다. 이 그래프에 알맞은 상황은?

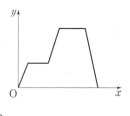

① 정우는 집에서 우체국까지만 이동했고, 중간에 1번 멈춰 있었다.

② 정우는 집에서 우체국까지만 이동했고, 중간에 2번 멈춰 있었다.

③ 정우는 집에서 우체국까지 갔다가 다시 집에 왔고, 중간에 1번 멈춰 있었다.

④ 정우는 집에서 우체국까지 갔다가 다시 집에 왔고, 중간에 2번 멈춰 있었다.

⑤ 정우는 집에서 우체국까지 갔다가 다시 집에 왔고, 중간에 3번 멈춰 있었다.

12 점 $\left(a, \dfrac{1}{3}a-1\right)$이 x축 위의 점일 때,

점 $\left(-2a+5, \dfrac{2a+1}{7}\right)$을 좌표평면 위에 바르게

나타낸 점은?

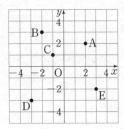

① A   ② B   ③ C
④ D   ⑤ E

13 네 점 $A(-2, 3)$, $B(-4, -1)$, $C(2, -1)$, $D(1, 3)$을 꼭짓점으로 하는 사각형 ABCD의 넓이를 구하시오.

14 점 $(ab, a+b)$가 제4사분면 위의 점일 때, 다음 중 제2사분면 위의 점은?

① (a, b) ② $(a, -b)$
③ $(-a, b)$ ④ $(-a, -b)$
⑤ (b, a)

꼭나와
15 좌표평면 위에 세 점 A, B, C가 있다. 두 점 $A(a-2, 1)$, $B(3, 2-b)$는 원점에 대하여 대칭이고, 점 $C(c+1, 4)$는 y축 위의 점일 때, $a+b-c$의 값은?

① -5 ② -3 ③ -1
④ 1 ⑤ 3

16 다음 상황에서 경과 시간 x에 따른 남은 아이스크림의 양 y 사이의 관계를 나타낸 그래프로 알맞은 것은?

인서는 아이스크림을 먹다가 냉동실에 넣은 후 책을 읽었다. 책을 다 읽고 냉동실에 넣어 둔 아이스크림을 꺼내 먹다가 아이스크림의 양이 처음의 절반이 되었을 때, 다시 냉동실에 넣었다.

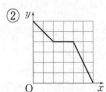
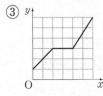
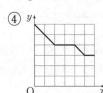

꼭나와
17 다음 그림과 같은 빈 그릇에 시간당 일정한 양의 물을 채울 때, 경과 시간 x에 따른 물의 높이 y 사이의 관계를 나타낸 그래프로 알맞은 것을 **보기**에서 고르시오.

(1)   (2)

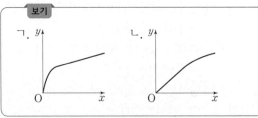

보기

꼭나와

18 아래 그래프는 드론이 움직이기 시작한 지 x초 후의 지면으로부터의 높이 y m 사이의 관계를 나타낸 것이다. 다음 중 옳지 <u>않은</u> 것은?

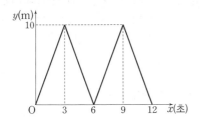

① 드론은 10 m 높이까지 올라갔다.
② 드론은 지면으로부터 거리가 일정하게 멀어졌다가 가까워지는 것이 주기적으로 반복된다.
③ 드론이 떠올랐다가 처음으로 지상으로 내려오는 것은 드론이 움직이기 시작한 지 6초 후이다.
④ 드론이 가장 높은 곳에 위치한 후 다시 가장 높은 곳에 위치할 때까지 걸린 시간은 9초이다.
⑤ 드론이 지면에서 출발하여 12초 동안 가장 높은 곳까지 올라간 횟수는 2회이다.

19 아래 그래프는 경비행기가 이륙한 후부터 시간에 따른 고도를 나타낸 것이다. 경비행기가 이륙한 지 x분 후의 지면으로부터의 높이를 y km라 할 때, 다음 중 옳지 <u>않은</u> 것은?

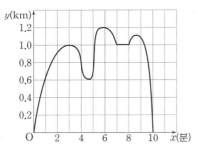

① 경비행기의 고도가 가장 높았을 때의 고도는 1.2 km이다.
② 경비행기가 이륙한 후 4분에서 6분 사이에 고도가 가장 높았을 때와 가장 낮았을 때의 고도 차이는 600 m이다.
③ 경비행기는 이륙한 지 10분 후에 지면으로 다시 내려왔다.
④ 경비행기가 일정한 고도를 유지하며 날아간 적은 없다.
⑤ 경비행기가 이륙한 후 8분에서 10분 사이에는 경비행기의 고도가 높아지다가 다시 낮아진다.

STEP **3** 실력 UP

20 해설 강의

$|a| < |b|$이고 $a+b < 0$, $ab > 0$일 때, 다음 **보기**의 점 중 속하는 사분면이 다른 하나를 고르시오.

보기
ㄱ. $(a, -b)$ ㄴ. $(b-a, ab)$
ㄷ. $(a-b, -a-b)$ ㄹ. $\left(-\dfrac{b}{a}, -a\right)$

21 해설 강의

점 $(2, -4)$와 x축에 대하여 대칭인 점 A와 두 점 B$(-1, -1)$, C$(3, 0)$을 꼭짓점으로 하는 삼각형 ABC의 넓이를 구하시오.

22 해설 강의

태민이와 예준이가 학교에서 출발한 후 학교에서 2 km만큼 떨어진 공원까지 가는데 태민이는 자전거를 타고 가고 예준

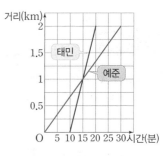

이는 걸어간다고 한다. 위의 그래프는 태민이와 예준이가 공원에 도착할 때까지 학교로부터 떨어진 거리를 시간에 따라 나타낸 것이다. 다음 중 이 그래프에 대한 설명으로 옳지 <u>않은</u> 것은?
(단, 학교에서 공원까지 가는 길은 하나이다.)

① 태민이는 예준이보다 10분 늦게 출발했다.
② 예준이는 출발한 후 멈추지 않고 계속 걸었다.
③ 태민이는 공원까지 가는 데 10분이 걸렸다.
④ 예준이는 태민이보다 10분 먼저 도착하였다.
⑤ 태민이는 출발한 후 5분 후에 예준이와 만났다.

예제 1 해설 강의

점 (a, b)가 제3사분면 위의 점일 때, 점 $(ab, a+b)$는 제몇 사분면 위의 점인지 구하시오. [6점]

풀이 과정

1단계 a, b의 부호 구하기 • 2점

점 (a, b)가 제3사분면 위의 점이므로

$$a<0, \ b<0$$

2단계 ab, $a+b$의 부호 구하기 • 2점

$a<0$, $b<0$이므로　　$ab>0$, $a+b<0$

3단계 점 $(ab, a+b)$가 속하는 사분면 구하기 • 2점

점 $(ab, a+b)$는 제4사분면 위의 점이다.

답 제4사분면

유제 1 점 $(a, -b)$가 제1사분면 위의 점일 때, 점 $(ab, a-b)$는 제몇 사분면 위의 점인지 구하시오.

[6점]

풀이 과정

1단계 a, b의 부호 구하기 • 2점

2단계 ab, $a-b$의 부호 구하기 • 2점

3단계 점 $(ab, a-b)$가 속하는 사분면 구하기 • 2점

답

예제 2 해설 강의

세 점 $A(-3, -3)$, $B(2, -3)$, $C(1, 3)$을 꼭짓점으로 하는 삼각형 ABC의 넓이를 구하시오. [7점]

풀이 과정

1단계 좌표평면 위에 삼각형 그리기 • 3점

세 점 A, B, C를 꼭짓점으로 하는 삼각형 ABC를 그리면 오른쪽 그림과 같다.

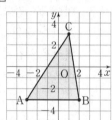

2단계 선분 AB를 밑변으로 할 때, 삼각형의 밑변의 길이와 높이 구하기 • 2점

삼각형 ABC의 밑변의 길이는 5이고 높이는 6이다.

3단계 삼각형의 넓이 구하기 • 2점

$$(삼각형 \ ABC의 \ 넓이)=\frac{1}{2}\times 5\times 6$$
$$=15$$

답 15

유제 2 세 점 $A(3, 2)$, $B(-3, -2)$, $C(1, -2)$를 꼭짓점으로 하는 삼각형 ABC의 넓이를 구하시오. [7점]

풀이 과정

1단계 좌표평면 위에 삼각형 그리기 • 3점

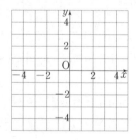

2단계 선분 BC를 밑변으로 할 때, 삼각형의 밑변의 길이와 높이 구하기 • 2점

3단계 삼각형의 넓이 구하기 • 2점

답

스스로 서술하기

유제 3 두 점 $\mathrm{A}(2a,\ b+3)$, $\mathrm{B}(b-2,\ 2a-1)$이 모두 x축 위의 점이고 점 C의 좌표가 $\left(4a-1,\ \dfrac{1}{3}b+3\right)$일 때, 세 점 A, B, C를 꼭짓점으로 하는 삼각형 ABC의 넓이를 구하시오. [7점]

풀이 과정

답

유제 5 x의 값이 10 이하의 자연수이고 $y=(x$의 약수의 개수$)$라 할 때, x, y에 대한 그래프를 다음 좌표평면 위에 그리시오. [7점]

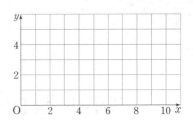

풀이 과정

답

유제 4 두 점 $(3a+2,\ 6b+4)$, $(-a,\ b-6)$이 y축에 대하여 대칭일 때, $a-b$의 값을 구하시오. [5점]

풀이 과정

답

유제 6 오른쪽 그래프는 형과 동생이 집에서 700 m 떨어진 학교에 갈 때, 동생이 출발한 지 x분 후 집으로부터의 거리 y m를 나타낸 것이다. 동

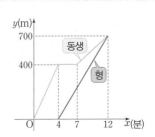

생은 중간에 a분 동안 멈춰 있었고 학교까지 가는 데 걸린 시간은 b분이며, 형은 동생보다 c분 늦게 출발하여 d분 만에 학교에 도착하였다. 이때 $a+b-c+d$의 값을 구하시오. [6점]

풀이 과정

답

"너의 장미꽃이 그토록 소중한 것은
그 꽃을 위해 네가 공들인 그 시간 때문이야."

IV-2

정비례와 반비례

이 단원의 학습 계획을 세우고
하나하나 실천하는 습관을 기르자!!

나는 할 수 있어!

		공부한 날		학습 완료도
01 정비례	개념원리 이해 & 개념원리 확인하기	월	일	□□□
	핵심문제 익히기	월	일	○○○
	이런 문제가 시험에 나온다	월	일	○○○
02 반비례	개념원리 이해 & 개념원리 확인하기	월	일	□□□
	핵심문제 익히기	월	일	○○○
	이런 문제가 시험에 나온다	월	일	○○○
중단원 마무리하기		월	일	○○○
서술형 대비 문제		월	일	○○○

개념 학습 guide

• 개념을 이해했으면 ■■, 개념을 문제에 적용할 수 있으면 ■, 개념을 친구에게 설명할 수 있으면 로 색칠한다.

• 부족한 부분의 개념을 반복 학습하여 ■■■ 3칸 모두 색칠하면 학습을 마친다.

문제 학습 guide

• 맞힌 문제가 전체의 50% 미만이면 ●●, 맞힌 문제가 50% 이상 90% 미만이면 ●, 맞힌 문제가 90% 이상이면 로 색칠한다. 문제를 찍지 말자!

• 틀린 문제는 왜 틀렸는지 그 이유를 파악한 후 다시 풀어 본다. 며칠 후 틀린 문제를 다시 풀어 보고, 풀이 과정과 답이 맞으면 학습을 마친다.

01 정비례

1 정비례 관계란 무엇인가?

◎ 핵심문제 01, 02

(1) **정비례**: 두 변수 x, y에 대하여 x의 값이 2배, 3배, 4배, …로 변함에 따라 y의 값도 2배, 3배, 4배, …로 변할 때, y는 x에 정비례한다고 한다.

(2) y가 x에 정비례하면 $y=ax\,(a\neq0)$가 성립한다.

$$y = ax$$
↑
일정한 수

참고 y가 x에 정비례할 때, $\dfrac{y}{x}\,(x\neq0)$의 값은 항상 일정하다.

즉 $y=ax\,(a\neq0)$에서 $\dfrac{y}{x}=a$

▶ 정비례 관계 $y=ax\,(a\neq0)$에서 a는 0이 아닌 일정한 수이다.

예 유신이는 '북한산 둘레길 걷기' 행사에 참가하여 시속 4 km로 걸었다고 한다. 유신이가 x시간 동안 걸은 거리를 y km라 할 때, x와 y 사이의 관계를 표로 나타내면 다음과 같다.

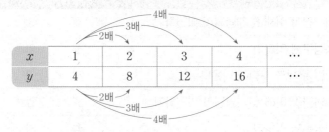

x	1	2	3	4	…
y	4	8	12	16	…

① x의 값이 2배, 3배, 4배, …로 변함에 따라 y의 값도 2배, 3배, 4배, …로 변하므로 y는 x에 정비례한다.

② x와 y 사이의 관계를 식으로 나타내면 $y=4x$

이때 $\dfrac{y}{x}=4$로 일정하다.

2 정비례 관계를 활용한 문제는 어떻게 푸는가?

◎ 핵심문제 03

정비례 관계를 활용한 문제를 풀 때에는 다음과 같은 순서로 해결한다.

❶ 변수 x, y 정하기 ➡ 변하는 두 양을 x, y로 놓는다.

❷ 식 구하기 ➡ y가 x에 정비례하면 $y=ax\,(a\neq0)$로 놓고 x와 y 사이의 관계를 식으로 나타낸다.

❸ 답 구하기 ➡ ❷에서 구한 식에 주어진 조건을 대입하여 필요한 값을 구한다.

3 정비례 관계 $y=ax\,(a\neq0)$의 그래프는 어떻게 그리는가?

◎ 핵심문제 04

정비례 관계 $y=2x$에 대하여 x의 값이 -3, -2, -1, 0, 1, 2, 3일 때, x, y의 순서쌍 (x, y)를 구하면 다음과 같다.

x	-3	-2	-1	0	1	2	3
y	-6	-4	-2	0	2	4	6

순서쌍 ➡ $(-3, -6)$, $(-2, -4)$, $(-1, -2)$, $(0, 0)$, $(1, 2)$, $(2, 4)$, $(3, 6)$

위에서 구한 x, y의 순서쌍 (x, y)를 좌표로 하는 점을 좌표평면 위에 나타내면 [그림 1]과 같다. 또 x의 값 사이의 간격을 점점 좁게 하면 [그림 2]와 같이 점점 촘촘하게 나타나고, x의 값이 수 전체일 때에는 [그림 3]과 같이 원점을 지나는 직선이 된다.

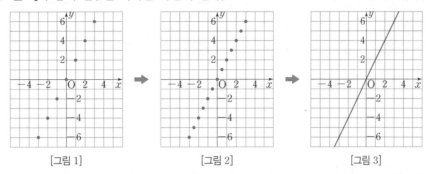

[그림 1] [그림 2] [그림 3]

---

4 **정비례 관계 $y=ax$ ($a \neq 0$)의 그래프의 성질** ○ 핵심문제 04~08

x의 값의 범위가 수 전체일 때, 정비례 관계 $y=ax$ ($a \neq 0$)의 그래프는 원점을 지나는 직선이다.

	$a > 0$일 때	$a < 0$일 때
그래프	(1, a) 증가	(1, a) 증가, 감소
그래프의 모양	오른쪽 위(╱)로 향하는 직선	오른쪽 아래(╲)로 향하는 직선
지나는 사분면	제 1 사분면, 제 3 사분면	제 2 사분면, 제 4 사분면
증가, 감소 상태	x의 값이 증가하면 y의 값도 증가	x의 값이 증가하면 y의 값은 감소

▶ ① 변수 x의 값이 유한개이면 그래프는 유한개의 점으로 나타나고, 수 전체이면 직선으로 나타난다.

② 특별한 말이 없으면 정비례 관계 $y=ax$ ($a \neq 0$)에서 변수 x의 값의 범위는 수 전체로 생각한다.

③ 정비례 관계 $y=ax$ ($a \neq 0$)의 그래프는 항상 점 $(1, a)$를 지난다.

참고 정비례 관계 $y=ax$ ($a \neq 0$)의 그래프는 a의 절댓값이 클수록 y축에 가깝다.

예 오른쪽은 정비례 관계

$$y=\frac{1}{2}x,\ y=x,\ y=2x,\ y=-\frac{1}{2}x,\ y=-x,\ y=-2x$$

의 그래프를 나타낸 것이다.

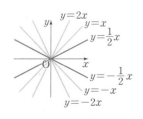

01 y가 x에 정비례할 때, 다음 물음에 답하시오.

(1) 다음 표를 완성하시오.

x	1	2	3	4	5	$\cdots$
y	5	10				$\cdots$

(2) x와 y 사이의 관계를 식으로 나타내시오.

◐ x와 y 사이의 관계를 살펴본다.

02 1분에 7 L씩 일정하게 물이 나오는 수도꼭지에서 x분 동안 나온 물의 양을 y L라 할 때, 다음 물음에 답하시오.

(1) 다음 표를 완성하시오.

x	1	2	3	4	5	$\cdots$
y	7					$\cdots$

(2) x와 y 사이의 관계를 식으로 나타내시오.

(3) 15분 동안 나온 물의 양을 구하시오.

03 다음 중 y가 x에 정비례하는 것은 ○, 정비례하지 않는 것은 ×를 ( ) 안에 써 넣으시오.

(1) $y=6x$ (   )   (2) $y=-\dfrac{x}{3}$ (   )

(3) $y=x-2$ (   )   (4) $y=\dfrac{x}{2}$ (   )

(5) $\dfrac{y}{x}=-7$ (   )   (6) $xy=3$ (   )

◐ 0이 아닌 a에 대하여 $y=ax$, $\dfrac{y}{x}=a$의 꼴
➡ y가 x에 정비례한다.

04 y가 x에 정비례하고 다음 조건을 만족시킬 때, x와 y 사이의 관계를 식으로 나타내시오.

(1) $x=2$일 때 $y=8$

(2) $x=3$일 때 $y=-12$

(3) $x=\dfrac{5}{6}$일 때 $y=\dfrac{1}{3}$

◐ 정비례 관계의 식 구하기
➡ $y=ax\,(a\neq0)$로 놓고 주어진 x, y의 값을 대입하여 a의 값을 구한다.

05 다음 정비례 관계에 대하여 변수 x의 값이 수 전체일 때, □ 안에 알맞은 것을 써 넣고 그래프를 그리시오.

○ 정비례 관계 $y=ax\,(a\neq0)$의 그래프 그리기
➡ 원점과 그래프가 지나는 다른 한 점을 찾아 직선으로 연결한다.

(1) $y=-2x$

정비례 관계의 그래프는 □을 지난다.
또 $x=1$일 때, $y=-2\times$□$=$□이므로 그래프는
점 (□, □)를 지난다.
따라서 □과 점 (□, □)를 지나는 □을 그리면
$y=-2x$의 그래프는 오른쪽 그림과 같다.

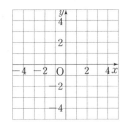

(2) $y=\dfrac{3}{2}x$

정비례 관계의 그래프는 □을 지난다.
또 $x=2$일 때, $y=\dfrac{3}{2}\times$□$=$□이므로 그래프는
점 (□, □)을 지난다.
따라서 □과 점 (□, □)을 지나는 □을 그리면
$y=\dfrac{3}{2}x$의 그래프는 오른쪽 그림과 같다.

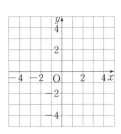

06 다음 정비례 관계의 그래프를 좌표평면 위에 그리시오.

(1) $y=4x$

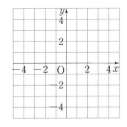

(2) $y=-\dfrac{3}{4}x$

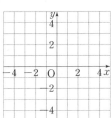

07 다음 그림과 같은 그래프가 나타내는 식을 구하시오.

○ 정비례 관계의 그래프가 주어졌을 때 식 구하기
➡ $y=ax\,(a\neq0)$로 놓고 그래프가 지나는 원점이 아닌 한 점의 좌표를 대입하여 a의 값을 구한다.

(1)

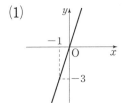

(2)

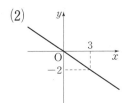

01 정비례 관계

● 더 다양한 문제는 **RPM** 1-1 138쪽

KEY POINT

0이 아닌 a에 대하여 x와 y 사이의 관계를 나타내는 식이 $y=ax$, $\dfrac{y}{x}=a$의 꼴이면 y는 x에 정비례한다.

다음 **보기** 중 y가 x에 정비례하는 것의 개수를 구하시오.

> **보기**
>
> ㄱ. $3y=-x$　　　　ㄴ. $y=x+2$　　　　ㄷ. $y=\dfrac{x}{4}$
>
> ㄹ. $y=\dfrac{1}{x}$　　　　ㅁ. $y=0.5x$　　　　ㅂ. $y=0\times x$

풀이　ㄱ. $3y=-x$에서　$y=-\dfrac{1}{3}x$

ㅂ. $y=ax$의 꼴에서 $a=0$이므로 y는 x에 정비례하지 않는다.

따라서 y가 x에 정비례하는 것은 ㄱ, ㄷ, ㅁ의 3개이다.　　**답** 3

확인 1 다음 중 y가 x에 정비례하지 <u>않는</u> 것을 모두 고르면? (정답 2개)

① 시속 60 km로 x시간 동안 달린 거리는 y km이다.
② 밑변의 길이가 x cm, 높이가 y cm인 삼각형의 넓이는 20 cm²이다.
③ 한 개에 1800원인 아이스크림 x개의 가격은 y원이다.
④ 한 변의 길이가 x cm인 정사각형의 둘레의 길이는 y cm이다.
⑤ 두 대각선의 길이가 각각 x cm, y cm인 마름모의 넓이는 30 cm²이다.

02 정비례 관계의 식 구하기

● 더 다양한 문제는 **RPM** 1-1 138쪽

KEY POINT

y가 x에 정비례할 때, x와 y 사이의 관계를 나타내는 식은 다음과 같은 순서로 구한다.
❶ $y=ax\,(a\neq0)$로 놓는다.
❷ 주어진 x, y의 값을 대입하여 a의 값을 구한다.

y가 x에 정비례하고, $x=8$일 때 $y=-6$이다. $x=4$일 때, y의 값을 구하시오.

풀이　$y=ax\,(a\neq0)$라 하고 $x=8$, $y=-6$을 대입하면

$-6=8a$　　$\therefore a=-\dfrac{3}{4}$　　$\therefore y=-\dfrac{3}{4}x$

따라서 $y=-\dfrac{3}{4}x$에 $x=4$를 대입하면　$y=-\dfrac{3}{4}\times4=-3$　　**답** -3

확인 2 y가 x에 정비례할 때, x와 y 사이의 관계를 표로 나타내면 다음과 같다. 이때 $A+B$의 값을 구하시오.

x	-16	-12	-10	B	$\cdots$
y	8	A	5	-2	$\cdots$

▶ 정답 및 풀이 77쪽

03 **정비례 관계 $y=ax\,(a\neq0)$의 활용** ● 더 다양한 문제는 RPM 1-1 139쪽

7 L의 휘발유를 넣으면 63 km를 달릴 수 있는 자동차가 있다. x L의 휘발유로 y km 를 달릴 수 있다고 할 때, x와 y 사이의 관계를 식으로 나타내고, 이 자동차로 450 km 를 달리는 데 필요한 휘발유의 양을 구하시오.

① y가 x에 정비례하는 경우
② $\dfrac{y}{x}$의 값이 일정한 경우
와 같은 상황이 주어지면 $y=ax\,(a\neq0)$ 로 놓고 x, y 사이의 관계를 식으로 나타낸 후 x 또는 y에 값을 대입하여 필요한 값을 구한다.

IV-2 정비례와 반비례

풀이 1 L의 휘발유로 $\dfrac{63}{7}=9\,(\mathrm{km})$를 달릴 수 있으므로 x L의 휘발유로 $9x$ km를 달릴 수 있다.
따라서 구하는 식은 $y=9x$
$y=9x$에 $y=450$을 대입하면 $450=9x$ ∴ $x=50$
따라서 450 km를 달리는 데 필요한 휘발유의 양은 50 L이다. 답 $y=9x$, 50 L

확인 ③ 용량이 20 L인 빈 물통에 매분 2 L씩 물을 넣는다. 물을 넣기 시작한 지 x분 후의 물의 양을 y L라 할 때, 다음 물음에 답하시오.

(1) x와 y 사이의 관계를 식으로 나타내시오.

(2) 물통에 물을 가득 채우는 데 걸리는 시간을 구하시오.

04 **정비례 관계 $y=ax\,(a\neq0)$의 그래프** ● 더 다양한 문제는 RPM 1-1 140쪽

다음 중 정비례 관계 $y=-\dfrac{3}{2}x$의 그래프는?

① ② ③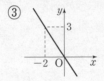

④ ⑤

풀이 $y=-\dfrac{3}{2}x$에서 $x=-2$일 때 $y=-\dfrac{3}{2}\times(-2)=3$ ─ 점 $(-2, 3)$을 지난다.
따라서 $y=-\dfrac{3}{2}x$의 그래프는 ③이다. 답 ③

확인 ④ 다음 정비례 관계의 그래프 중 y축에 가장 가까운 것은?

① $y=2x$ ② $y=-\dfrac{1}{2}x$ ③ $y=\dfrac{3}{5}x$

④ $y=-4x$ ⑤ $y=3x$

● 더 다양한 문제는 **RPM** 1-1 141쪽

05 정비례 관계 $y=ax\,(a\ne0)$의 그래프가 지나는 점

KEY POINT

정비례 관계 $y=ax$의 그래프가 점 $(-3,\ -4)$를 지날 때, 다음 중 이 그래프 위의 점이 아닌 것은? (단, a는 상수이다.)

① $(-9,\ -12)$　　　② $\left(-1,\ -\dfrac{4}{3}\right)$　　　③ $\left(1,\ \dfrac{4}{3}\right)$

④ $(3,\ 4)$　　　⑤ $(6,\ -8)$

정비례 관계 $y=ax\,(a\ne0)$의 그래프가 점 $(p,\ q)$를 지난다.
➡ $y=ax$에 $x=p$, $y=q$를 대입하면 등식이 성립한다.

풀이 $y=ax$에 $x=-3$, $y=-4$를 대입하면

$$-4=-3a \quad \therefore a=\frac{4}{3} \quad \therefore y=\frac{4}{3}x$$

⑤ $y=\dfrac{4}{3}x$에 $x=6$, $y=-8$을 대입하면 　 $-8\ne\dfrac{4}{3}\times6$

따라서 점 $(6,\ -8)$은 정비례 관계 $y=\dfrac{4}{3}x$의 그래프 위의 점이 아니다.　　**답** ⑤

확인 5 두 점 $(a,\ -4)$, $(-1,\ 2)$가 정비례 관계 $y=bx$의 그래프 위의 점일 때, $a+b$의 값을 구하시오. (단, b는 상수이다.)

06 정비례 관계 $y=ax\,(a\ne0)$의 그래프의 성질

● 더 다양한 문제는 **RPM** 1-1 141쪽

다음 중 정비례 관계 $y=-\dfrac{3}{2}x$의 그래프에 대한 설명으로 옳지 <u>않은</u> 것을 모두 고르면?

(정답 2개)

① 원점을 지나는 직선이다.
② 점 $(6,\ -9)$를 지난다.
③ 제1사분면과 제3사분면을 지난다.
④ x의 값이 증가하면 y의 값은 감소한다.
⑤ 정비례 관계 $y=x$의 그래프보다 x축에 가깝다.

KEY POINT

정비례 관계 $y=ax\,(a\ne0)$의 그래프
① 원점을 지나는 직선
② $a>0$일 때
➡ 제1사분면과 제3사분면을 지난다.
　$a<0$일 때
➡ 제2사분면과 제4사분면을 지난다.
③ a의 절댓값이 클수록 y축에 가깝다.

풀이 ③ 제2사분면과 제4사분면을 지난다.

⑤ $y=-\dfrac{3}{2}x$와 $y=x$에서 $\left|-\dfrac{3}{2}\right|>|1|$이므로 정비례 관계 $y=x$의 그래프보다 y축에 가깝다.　　**답** ③, ⑤

확인 6 다음 **보기** 중 정비례 관계 $y=6x$의 그래프에 대한 설명으로 옳은 것을 모두 고르시오.

보기
ㄱ. 오른쪽 위로 향하는 직선이다.
ㄴ. x의 값이 증가하면 y의 값은 감소한다.
ㄷ. 점 $(1,\ 6)$과 점 $(-1,\ -6)$을 지난다.
ㄹ. 제2사분면과 제4사분면을 지난다.

> 정답 및 풀이 77쪽

07 정비례 관계의 그래프가 주어진 경우 식 구하기

● 더 다양한 문제는 RPM 1-1 142쪽

다음 중 오른쪽 그림과 같은 그래프 위의 점은?

① $(-3, -9)$ ② $\left(-1, -\dfrac{1}{2}\right)$ ③ $(4, 6)$

④ $\left(5, \dfrac{13}{2}\right)$ ⑤ $(8, 14)$

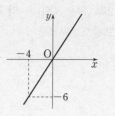

| KEY POINT |

정비례 관계의 그래프가 주어진 경우 x와 y 사이의 관계를 나타내는 식은 다음과 같은 순서로 구한다.

❶ $y=ax\,(a\neq0)$로 놓는다.
❷ 그래프가 점 (p, q)를 지나면 $x=p$, $y=q$를 대입하여 a의 값을 구한다.

IV-2
정비례와 반비례

풀이 그래프가 원점과 점 $(-4, -6)$을 지나는 직선이므로 $y=ax\,(a\neq0)$로 놓고, $x=-4$, $y=-6$을 대입하면

$$-6=-4a \qquad \therefore a=\dfrac{3}{2} \qquad \therefore y=\dfrac{3}{2}x$$

$y=\dfrac{3}{2}x$에 주어진 점의 좌표를 대입하면

① $-9\neq\dfrac{3}{2}\times(-3)$ ② $-\dfrac{1}{2}\neq\dfrac{3}{2}\times(-1)$ ③ $6=\dfrac{3}{2}\times4$

④ $\dfrac{13}{2}\neq\dfrac{3}{2}\times5$ ⑤ $14\neq\dfrac{3}{2}\times8$

따라서 주어진 그래프 위의 점인 것은 ③이다.   **답** ③

확인 7 오른쪽 그림과 같은 그래프가 두 점 $(-4, 1)$, $(k, -2)$를 지날 때, k의 값을 구하시오.

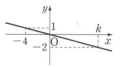

UP 08 정비례 관계 $y=ax\,(a\neq0)$의 그래프와 도형의 넓이

● 더 다양한 문제는 RPM 1-1 142쪽

오른쪽 그림과 같이 정비례 관계 $y=\dfrac{5}{7}x$의 그래프 위의 한 점 P에서 x축에 그은 수선이 x축과 만나는 점 Q의 좌표가 $(14, 0)$이다. 삼각형 POQ의 넓이를 구하시오. (단, O는 원점이다.)

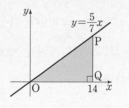

| KEY POINT |

정비례 관계 $y=ax\,(a\neq0)$의 그래프 위의 한 점 P에 대하여 점 P의 좌표가 (k, ak)일 때

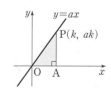

삼각형 POA에서
(선분 OA의 길이)$=|k|$
(선분 PA의 길이)$=|ak|$
이므로
(삼각형 POA의 넓이)
$=\dfrac{1}{2}\times|k|\times|ak|$

풀이 $Q(14, 0)$이므로 점 P의 x좌표는 14이다.

$y=\dfrac{5}{7}x$에 $x=14$를 대입하면 $y=\dfrac{5}{7}\times14=10$

따라서 $P(14, 10)$이므로

(삼각형 POQ의 넓이)$=\dfrac{1}{2}\times14\times10=70$ **답** 70

확인 8 오른쪽 그림과 같이 두 정비례 관계 $y=\dfrac{1}{3}x$, $y=-x$의 그래프가 점 $(6, 0)$을 지나고 y축과 평행한 직선과 만나는 점을 각각 A, B라 할 때, 삼각형 AOB의 넓이를 구하시오.

(단, O는 원점이다.)

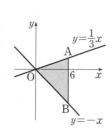

01 다음 보기 중 x의 값이 2배, 3배, 4배, …가 될 때, y의 값도 2배, 3배, 4배, …가 되는 관계가 있는 것을 모두 고르시오.

> **보기**
>
> ㄱ. $y=2x-1$ ㄴ. $x-2y=0$ ㄷ. $xy=5$
>
> ㄹ. $y=\dfrac{2}{x}$ ㅁ. $y=-\dfrac{3}{2x}$ ㅂ. $y=\dfrac{x}{3}$

> x가 2배, 3배, 4배, …가 될 때
> y도 2배, 3배, 4배, …가 되는 관계
> ➡ y는 x에 정비례

02 다음 중 y가 x에 정비례하는 것은?

① 하루 중 밤의 길이 x시간과 낮의 길이 y시간
② 반지름의 길이가 x cm인 원의 넓이 y cm²
③ 한 변의 길이가 x cm인 정삼각형의 둘레의 길이 y cm
④ 100 g의 물에 소금 x g을 넣어 만든 소금물의 농도 y%
⑤ 사과 30개를 남김없이 x명에게 똑같이 나누어 줄 때 한 명이 받게 되는 사과의 개수 y

03 y가 x에 정비례하고, $x=2$일 때 $y=12$이다. $y=-24$일 때, x의 값을 구하시오.

> y가 x에 정비례한다.
> ➡ $y=ax\,(a\neq0)$로 놓는다.

04 y가 x에 정비례하고, $x=3$일 때 $y=6$이다. 다음 중 옳지 <u>않은</u> 것은?

① x와 y 사이의 관계를 식으로 나타내면 $y=2x$이다.
② $\dfrac{y}{x}$의 값은 항상 일정하다.
③ $x=2$일 때 $y=4$이다.
④ x의 값이 3배가 되면 y의 값은 $\dfrac{1}{3}$배가 된다.
⑤ $y=10$일 때 $x=5$이다.

05 어떤 치즈에는 100 g당 80 mg의 칼슘이 들어 있다고 한다. 치즈 x g에 들어 있는 칼슘의 양을 y mg이라 할 때, 다음 물음에 답하시오.

(1) x와 y 사이의 관계를 식으로 나타내시오.

(2) 치즈 800 g에 들어 있는 칼슘의 양을 구하시오.

> 치즈 1 g당 들어 있는 칼슘의 양을 구한다.

06 x가 -3, -2, -1, 0, 1, 2, 3일 때, 다음 중 정비례 관계 $y=2x$의 그래프는?

x가 -3, -2, -1, $\cdots$, 3일 때 y의 값을 구한다.

① 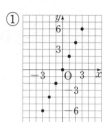 ② 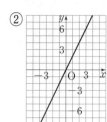 ③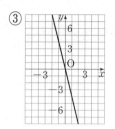

④ 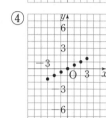 ⑤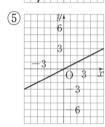

Ⅳ-2
정비례와 반비례

07 다음 중 정비례 관계 $y=-\dfrac{1}{2}x$의 그래프에 대한 설명으로 옳지 <u>않은</u> 것을 모두 고르면? (정답 2개)

① 원점을 지나는 직선이다.

② 점 $(-2, 1)$을 지난다.

③ 정비례 관계 $y=\dfrac{1}{3}x$의 그래프보다 x축에 가깝다.

④ x의 값이 증가하면 y의 값은 감소한다.

⑤ 제2사분면과 제4사분면을 지나는 한 쌍의 곡선이다.

정비례 관계 $y=ax\,(a\neq0)$의 그래프는 a의 절댓값이 클수록 y축에 가깝다.

08 오른쪽 그림과 같은 그래프가 점 $(k, -3)$을 지날 때, k의 값은?

① $\dfrac{1}{8}$ ② $\dfrac{1}{4}$ ③ $\dfrac{3}{4}$

④ 3 ⑤ 4

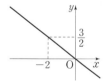

주어진 그래프의 식을 $y=ax\,(a\neq0)$로 놓고 그래프가 지나는 한 점의 좌표를 대입하여 a의 값을 구한다.

UP

09 오른쪽 그림과 같이 두 정비례 관계 $y=\dfrac{1}{2}x$, $y=-3x$의 그래프가 y좌표가 -6인 점 P, Q를 각각 지날 때, 삼각형 OPQ의 넓이를 구하시오. (단, O는 원점이다.)

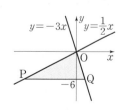

02 반비례

1 반비례 관계란 무엇인가?

○ 핵심문제 01, 02

⑴ **반비례**: 두 변수 x, y에 대하여 x의 값이 2배, 3배, 4배, $\cdots$로 변함에 따라 y의 값은 $\frac{1}{2}$배, $\frac{1}{3}$배, $\frac{1}{4}$배, $\cdots$로 변할 때, y는 x에 반비례한다고 한다.

⑵ y가 x에 반비례하면 $y = \dfrac{a}{x}\,(a \neq 0)$가 성립한다.

참고 y가 x에 반비례할 때, xy의 값은 항상 일정하다.

즉 $y = \dfrac{a}{x}\,(a \neq 0)$에서 $xy = a$

▶ 반비례 관계 $y = \dfrac{a}{x}\,(a \neq 0)$에서 a는 0이 아닌 일정한 수이고, x는 분모이므로 0이 될 수 없다.

예 이서가 집에서 $12\,\mathrm{km}$ 떨어진 공원까지 자전거를 타고 시속 $x\,\mathrm{km}$로 달렸을 때, 걸린 시간을 y시간이라 하자. 이때 x와 y 사이의 관계를 표로 나타내면 다음과 같다.

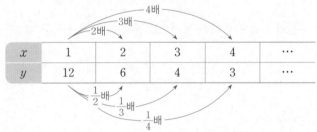

x	1	2	3	4	$\cdots$
y	12	6	4	3	$\cdots$

① x의 값이 2배, 3배, 4배, $\cdots$로 변함에 따라 y의 값은 $\frac{1}{2}$배, $\frac{1}{3}$배, $\frac{1}{4}$배, $\cdots$로 변하므로 y는 x에 반비례한다.

② x와 y 사이의 관계를 식으로 나타내면 $y = \dfrac{12}{x}$

이때 $xy = 12$로 일정하다.

2 반비례 관계를 활용한 문제는 어떻게 푸는가?

○ 핵심문제 03

반비례 관계를 활용한 문제를 풀 때에는 다음과 같은 순서로 해결한다.

❶ 변수 x, y 정하기 ➡ 변하는 두 양을 x, y로 놓는다.

❷ 식 구하기 ➡ y가 x에 반비례하면 $y = \dfrac{a}{x}\,(a \neq 0)$로 놓고 x와 y 사이의 관계를 식으로 나타낸다.

❸ 답 구하기 ➡ ❷에서 구한 식에 주어진 조건을 대입하여 필요한 값을 구한다.

3 반비례 관계 $y = \dfrac{a}{x}\,(a \neq 0)$의 그래프는 어떻게 그리는가?

○ 핵심문제 04

반비례 관계 $y = \dfrac{6}{x}$에 대하여 x의 값이 -6, -3, -2, -1, 1, 2, 3, 6일 때, x, y의 순서쌍 (x, y)를 구하면 다음과 같다.

x	-6	-3	-2	-1	1	2	3	6
y	-1	-2	-3	-6	6	3	2	1

순서쌍 ➡ $(-6, -1)$, $(-3, -2)$, $(-2, -3)$, $(-1, -6)$, $(1, 6)$, $(2, 3)$, $(3, 2)$, $(6, 1)$

위에서 구한 x, y의 순서쌍 (x, y)를 좌표로 하는 점을 좌표평면 위에 나타내면 [그림 1]과 같다. 또 x의 값 사이의 간격을 점점 좁게 하면 [그림 2]와 같이 점점 촘촘하게 나타나고, x의 값이 0을 제외한 수 전체일 때에는 [그림 3]과 같이 좌표축에 점점 가까워지면서 한없이 뻗어 나가는 한 쌍의 매끄러운 곡선이 된다.

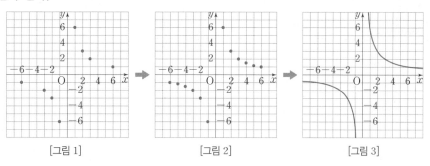

[그림 1]　　　　　[그림 2]　　　　　[그림 3]

4 **반비례 관계 $y=\dfrac{a}{x}$ $(a\neq0)$의 그래프의 성질**　　◎ 핵심문제 04~08

x의 값의 범위가 0을 제외한 수 전체일 때, 반비례 관계 $y=\dfrac{a}{x}$ $(a\neq0)$의 그래프는 좌표축에 가까워지면서 한없이 뻗어 나가는 한 쌍의 매끄러운 곡선이다.

	$a>0$일 때	$a<0$일 때
그래프	증가, (1, a) 감소	(1, a) 증가, 증가
지나는 사분면	제1사분면, 제3사분면	제2사분면, 제4사분면
증가, 감소 상태	각 사분면에서 x의 값이 증가하면 y의 값은 감소	각 사분면에서 x의 값이 증가하면 y의 값도 증가

▶ ① a의 부호에 관계없이 원점에 대하여 대칭이고 x축, y축과 만나지 않는다.

② 특별한 말이 없으면 반비례 관계 $y=\dfrac{a}{x}(a\neq0)$에서 변수 x의 값의 범위는 0을 제외한 수 전체로 생각한다.

③ 반비례 관계 $y=\dfrac{a}{x}(a\neq0)$의 그래프는 항상 점 $(1, a)$를 지난다.

참고 반비례 관계 $y=\dfrac{a}{x}(a\neq0)$의 그래프는 a의 절댓값이 클수록 원점에서 멀다.

예 오른쪽은 반비례 관계

$$y=\frac{1}{x},\ y=\frac{4}{x},\ y=-\frac{1}{x},\ y=-\frac{4}{x}$$

의 그래프를 나타낸 것이다.

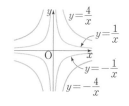

01 y가 x에 반비례할 때, 다음 물음에 답하시오.

(1) 다음 표를 완성하시오.

x	1	2	3	4	$\cdots$
y	36	18			$\cdots$

(2) x와 y 사이의 관계를 식으로 나타내시오.

○ x와 y 사이의 관계를 살펴본다.

02 자동차를 타고 240 km 떨어진 두 지점 사이를 시속 x km로 가는 데 걸린 시간을 y시간이라 할 때, 다음 물음에 답하시오.

(1) 다음 표를 완성하시오.

x	10	20	30	40	60	$\cdots$
y	24					$\cdots$

(2) x와 y 사이의 관계를 식으로 나타내시오.

(3) 걸린 시간이 3시간일 때, 속력을 구하시오.

03 다음 중 y가 x에 반비례하는 것은 ○, 반비례하지 않는 것은 ×를 ( ) 안에 써 넣으시오.

(1) $y = -\dfrac{11}{x}$ ( )   (2) $y = \dfrac{x}{12}$ ( )

(3) $y = -\dfrac{x}{6}$ ( )   (4) $xy = 4$ ( )

(5) $y = -x + 2$ ( )   (6) $y = -5x$ ( )

○ 0이 아닌 a에 대하여 $y = \dfrac{a}{x}$, $xy = a$의 꼴
➡ y가 x에 반비례한다.

04 y가 x에 반비례하고 다음 조건을 만족시킬 때, x와 y 사이의 관계를 식으로 나타내시오.

(1) $x = 5$일 때 $y = -2$

(2) $x = -10$일 때 $y = 3$

(3) $x = 4$일 때 $y = \dfrac{1}{2}$

○ 반비례 관계의 식 구하기
➡ $y = \dfrac{a}{x}$ $(a \neq 0)$로 놓고 주어진 x, y의 값을 대입하여 a의 값을 구한다.

05 다음 반비례 관계에 대하여 표를 완성하고 □ 안에 알맞은 것을 써넣으시오. 또 변수 x의 값이 0을 제외한 수 전체일 때 그래프를 그리시오.

(1) $y=\dfrac{4}{x}$

x	-4	-2	-1	1	2	4
y						

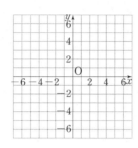

x, y의 순서쌍 (x, y)를 좌표로 하는 점을 좌표평면 위에 나타내고 매끄러운 □으로 연결하면 $y=\dfrac{4}{x}$의 그래프는 오른쪽 그림과 같다.

(2) $y=-\dfrac{6}{x}$

x	-3	-2	-1	1	2	3
y						

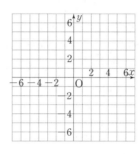

x, y의 순서쌍 (x, y)를 좌표로 하는 점을 좌표평면 위에 나타내고 매끄러운 □으로 연결하면 $y=-\dfrac{6}{x}$의 그래프는 오른쪽 그림과 같다.

06 다음 반비례 관계의 그래프를 좌표평면 위에 그리시오.

(1) $y=\dfrac{5}{x}$

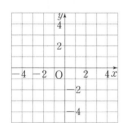

(2) $y=-\dfrac{4}{x}$

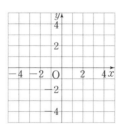

07 다음 그림과 같은 그래프가 나타내는 식을 구하시오.

(1)

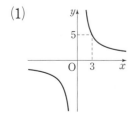

(2)

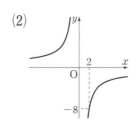

반비례 관계 $y=\dfrac{a}{x}\,(a\neq0)$의 그래프 그리기
➡ 그래프가 지나는 몇 개의 점을 찾아 매끄러운 곡선으로 연결한다.

IV-2

정비례와 반비례

반비례 관계의 그래프가 주어졌을 때 식 구하기
➡ $y=\dfrac{a}{x}\,(a\neq0)$로 놓고 그래프가 지나는 한 점의 좌표를 대입하여 a의 값을 구한다.

01 반비례 관계

● 더 다양한 문제는 RPM 1-1 143쪽

● 더 다양한 문제는 RPM 1-1 143쪽

KEY POINT

0이 아닌 a에 대하여 x와 y 사이의 관계를 나타내는 식이 $y=\dfrac{a}{x}$, $xy=a$의 꼴이면 y는 x에 반비례한다.

다음 중 y가 x에 반비례하는 것을 모두 고르면? (정답 2개)

① $y=6-x$ ② $x+y=2$ ③ $xy=3$

④ $\dfrac{x}{y}=-2$ ⑤ $y=-\dfrac{4}{x}$

풀이 ①, ② 정비례 관계도 아니고 반비례 관계도 아니다.

④ $\dfrac{x}{y}=-2$에서 $y=-\dfrac{1}{2}x$이므로 y는 x에 정비례한다.

따라서 y가 x에 반비례하는 것은 ③, ⑤이다.   **답** ③, ⑤

확인 1 다음 중 y가 x에 반비례하는 것을 모두 고르면? (정답 2개)

① 넓이가 40 cm²인 평행사변형의 밑변의 길이는 x cm, 높이는 y cm이다.

② 무게가 300 g인 그릇에 물 x g을 넣었을 때, 전체 무게는 y g이다.

③ x %의 소금물 300 g에 녹아 있는 소금의 양은 y g이다.

④ 3000 mL의 주스를 x명이 똑같이 나누어 마실 때, 한 명이 마시는 주스의 양은 y mL이다.

⑤ 18 cm인 초가 x cm만큼 타고 남은 초의 길이는 y cm이다.

02 반비례 관계의 식 구하기

● 더 다양한 문제는 RPM 1-1 143쪽

KEY POINT

y가 x에 반비례할 때, x와 y 사이의 관계를 나타내는 식은 다음과 같은 순서로 구한다.

❶ $y=\dfrac{a}{x}$ ($a\neq0$)로 놓는다.

❷ 주어진 x, y의 값을 대입하여 a의 값을 구한다.

y가 x에 반비례하고, $x=-3$일 때 $y=\dfrac{7}{3}$이다. $y=-\dfrac{1}{2}$일 때, x의 값을 구하시오.

풀이 $y=\dfrac{a}{x}$ ($a\neq0$)라 하고 $x=-3$, $y=\dfrac{7}{3}$을 대입하면

$$\dfrac{7}{3}=\dfrac{a}{-3} \qquad \therefore a=-7 \qquad \therefore y=-\dfrac{7}{x}$$

따라서 $y=-\dfrac{7}{x}$에 $y=-\dfrac{1}{2}$을 대입하면 $-\dfrac{1}{2}=-\dfrac{7}{x}$ $\therefore x=14$ **답** 14

확인 2 y가 x에 반비례할 때, x와 y 사이의 관계를 표로 나타내면 다음과 같다. 이때 $A+B+C$의 값을 구하시오.

x	2	3	B	6	$\cdots$
y	A	4	3	C	$\cdots$

> 정답 및 풀이 80쪽

① y가 x에 반비례하는 경우
② xy의 값이 일정한 경우

와 같은 상황이 주어지면 $y=\dfrac{a}{x}(a\neq0)$ 로 놓고 x, y 사이의 관계를 식으로 나타낸 후 x 또는 y에 값을 대입하여 필요한 값을 구한다.

IV-2
정비례와 반비례

03 반비례 관계 $y=\dfrac{a}{x}(a\neq0)$의 활용 ● 더 다양한 문제는 RPM 1-1 144쪽

온도가 일정할 때, 기체의 부피는 압력에 반비례한다. 일정한 온도에서 압력이 5기압일 때 부피가 30 cm³인 기체가 있다. x기압일 때 기체의 부피를 y cm³라 할 때, x와 y 사이의 관계를 식으로 나타내고, 같은 온도에서 압력이 10기압일 때, 이 기체의 부피를 구하시오.

풀이 온도가 일정할 때, 기체의 부피는 압력에 반비례하므로 $y=\dfrac{a}{x}(a\neq0)$로 놓고, $x=5$,

$y=30$을 대입하면 $\quad 30=\dfrac{a}{5}\quad\therefore a=150\quad\therefore y=\dfrac{150}{x}$

$y=\dfrac{150}{x}$에 $x=10$을 대입하면 $\quad y=\dfrac{150}{10}=15$

따라서 압력이 10기압일 때, 이 기체의 부피는 15 cm³이다. **답** $y=\dfrac{150}{x}$, 15 cm³

확인 3 빈 물탱크에 매분 40 L씩 물을 채우면 25분 만에 물이 가득 찬다고 한다. 매분 x L씩 물을 넣으면 y분 만에 물탱크가 가득 찬다고 할 때, 다음 물음에 답하시오.

(1) x와 y 사이의 관계를 식으로 나타내시오.

(2) 이 물탱크에 물을 20분 만에 가득 채우려면 매분 몇 L씩 물을 넣어야 하는지 구하시오.

04 반비례 관계 $y=\dfrac{a}{x}(a\neq0)$의 그래프 ● 더 다양한 문제는 RPM 1-1 145쪽

반비례 관계 $y=\dfrac{a}{x}(a\neq0)$의 그래프
➡ 좌표축에 점점 가까워지면서 한없이 뻗어 나가는 한 쌍의 매끄러운 곡선

다음 보기 중 반비례 관계 $y=-\dfrac{9}{x}$의 그래프를 고르시오.

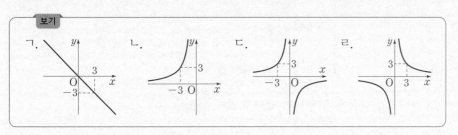

풀이 반비례 관계 $y=-\dfrac{9}{x}$에서 $-9<0$이므로 그래프는 제2사분면과 제4사분면을 지나는 한 쌍의 매끄러운 곡선이다. 또 $x=-3$일 때 $y=3$이므로 점 $(-3, 3)$을 지난다.

따라서 반비례 관계 $y=-\dfrac{9}{x}$의 그래프는 ㄷ이다. **답** ㄷ

확인 4 다음 반비례 관계의 그래프 중 원점에서 가장 멀리 떨어진 것은?

① $y=\dfrac{2}{x}$ ② $y=\dfrac{4}{x}$ ③ $y=\dfrac{5}{3x}$ ④ $y=-\dfrac{3}{x}$ ⑤ $y=-\dfrac{5}{2x}$

05 반비례 관계 $y=\dfrac{a}{x}\,(a\neq0)$의 그래프가 지나는 점

● 더 다양한 문제는 RPM 1-1 146쪽

반비례 관계 $y=\dfrac{a}{x}\,(a\neq0)$의 그래프
가 점 $(p,\,q)$를 지난다.
→ $y=\dfrac{a}{x}$에 $x=p$, $y=q$를 대입하면
등식이 성립한다.

반비례 관계 $y=\dfrac{a}{x}$의 그래프가 두 점 $(2,\,-3)$, $(-1,\,b)$를 지날 때, $a+b$의 값을 구하시오. (단, a는 상수이다.)

풀이 $y=\dfrac{a}{x}$에 $x=2$, $y=-3$을 대입하면 $-3=\dfrac{a}{2}$ ∴ $a=-6$

$\quad\quad\quad$ ∴ $y=-\dfrac{6}{x}$

$\quad\quad y=-\dfrac{6}{x}$에 $x=-1$, $y=b$를 대입하면 $b=-\dfrac{6}{-1}=6$

$\quad\quad\quad$ ∴ $a+b=-6+6=0$

답 0

확인 ⑤ 반비례 관계 $y=\dfrac{a}{x}$의 그래프가 두 점 $\left(b,\,\dfrac{2}{3}\right)$, $(-8,\,1)$을 지날 때, $a-b$의 값을 구하시오. (단, a는 상수이다.)

---

06 반비례 관계 $y=\dfrac{a}{x}\,(a\neq0)$의 그래프의 성질

● 더 다양한 문제는 RPM 1-1 146쪽

반비례 관계 $y=\dfrac{a}{x}\,(a\neq0)$의 그래프
① 좌표축에 가까워지면서 한없이 뻗어 나가는 한 쌍의 매끄러운 곡선
② $a>0$일 때
→ 제1사분면과 제3사분면을 지난다.
$a<0$일 때
→ 제2사분면과 제4사분면을 지난다.
③ a의 절댓값이 클수록 원점에서 멀리 떨어져 있다.

다음 중 반비례 관계 $y=\dfrac{6}{x}$의 그래프에 대한 설명으로 옳지 <u>않은</u> 것을 모두 고르면?

(정답 2개)

① 원점을 지나는 한 쌍의 곡선이다.
② 제1사분면과 제3사분면을 지난다.
③ 점 $(-2,\,-3)$을 지난다.
④ $y=\dfrac{12}{x}$의 그래프보다 원점에서 멀리 떨어져 있다.
⑤ $x>0$일 때, x의 값이 증가하면 y의 값은 감소한다.

풀이 ① 원점을 지나지 않는다.

$\quad\quad$ ③ $y=\dfrac{6}{x}$에 $x=-2$를 대입하면 $y=\dfrac{6}{-2}=-3$이므로 점 $(-2,\,-3)$을 지난다.

$\quad\quad$ ④ $|12|>|6|$이므로 $y=\dfrac{12}{x}$의 그래프가 원점에서 더 멀리 떨어져 있다. **답** ①, ④

확인 ⑥ 다음 **보기** 중 반비례 관계 $y=-\dfrac{18}{x}$의 그래프에 대한 설명으로 옳은 것을 모두 고르시오.

> **보기**
>
> ㄱ. 점 $(-3,\,-6)$을 지난다.
> ㄴ. 제2사분면과 제4사분면을 지난다.
> ㄷ. $x>0$일 때, x의 값이 증가하면 y의 값은 감소한다.
> ㄹ. 원점에 대하여 대칭이다.

▶ 정답 및 풀이 80쪽

 07 반비례 관계의 그래프가 주어진 경우 식 구하기 ● 더 다양한 문제는 RPM 1-1 147쪽

반비례 관계의 그래프가 주어진 경우 x와 y 사이의 관계를 나타내는 식은 다음과 같은 순서로 구한다.

❶ $y=\dfrac{a}{x}\,(a\neq0)$로 놓는다.
❷ 그래프가 점 $(p,\,q)$를 지나면 $x=p$, $y=q$를 대입하여 a의 값을 구한다.

오른쪽 그림과 같은 그래프가 두 점 $(4,\,-3)$, $(-8,\,k)$를 지날 때, k의 값은?

① 1   ② $\dfrac{3}{2}$ ③ 2

④ $\dfrac{5}{2}$ ⑤ 3

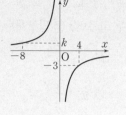

IV-2
정비례와 반비례

풀이 그래프가 좌표축에 점점 가까워지면서 한없이 뻗어 나가는 한 쌍의 매끄러운 곡선이고 점 $(4,\,-3)$을 지나므로 $y=\dfrac{a}{x}\,(a\neq0)$로 놓고, $x=4$, $y=-3$을 대입하면

$$-3=\frac{a}{4} \qquad \therefore a=-12 \qquad \therefore y=-\frac{12}{x}$$

$y=-\dfrac{12}{x}$에 $x=-8$, $y=k$를 대입하면 $\quad k=-\dfrac{12}{-8}=\dfrac{3}{2}$ **답** ②

확인 7 오른쪽 그림과 같은 그래프가 두 점 $(-3,\,-7)$, $(k,\,5)$를 지날 때, k의 값을 구하시오.

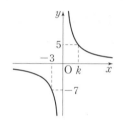

---

08 정비례 관계와 반비례 관계의 그래프가 만나는 점 ● 더 다양한 문제는 RPM 1-1 148쪽

정비례 관계 $y=ax\,(a\neq0)$의 그래프와 반비례 관계 $y=\dfrac{b}{x}\,(b\neq0)$의 그래프가 만나는 점의 좌표가 $(p,\,q)$이다.
➡ $y=ax$, $y=\dfrac{b}{x}$에 $x=p$, $y=q$를 각각 대입하면 등식이 성립한다.

오른쪽 그림은 정비례 관계 $y=\dfrac{3}{2}x$의 그래프와 반비례 관계 $y=\dfrac{a}{x}$의 그래프이다. 두 그래프가 만나는 점 A의 y좌표가 6일 때, 상수 a의 값을 구하시오.

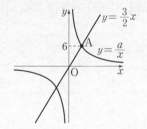

풀이 $y=\dfrac{3}{2}x$에 $y=6$을 대입하면 $\quad 6=\dfrac{3}{2}x \quad \therefore x=4 \quad \therefore$ A$(4,\,6)$

$y=\dfrac{a}{x}$에 $x=4$, $y=6$을 대입하면 $\quad 6=\dfrac{a}{4} \quad \therefore a=24$ **답** 24

확인 8 오른쪽 그림은 정비례 관계 $y=ax$의 그래프와 반비례 관계 $y=-\dfrac{12}{x}$의 그래프이다. 두 그래프가 만나는 점 P의 y좌표가 -6일 때, 상수 a의 값을 구하시오.

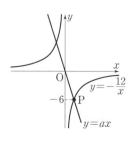

01 다음 중 x의 값이 2배, 3배, 4배, …가 될 때, y의 값은 $\frac{1}{2}$배, $\frac{1}{3}$배, $\frac{1}{4}$배, …가 되는 관계가 있는 것을 모두 고르면? (정답 2개)

① $x+y=5$　　　② $y=-\dfrac{9}{x}$　　　③ $x-2y=0$

④ $xy=6$　　　⑤ $y=-\dfrac{x}{2}$

x가 2배, 3배, 4배, …가 될 때
y는 $\frac{1}{2}$배, $\frac{1}{3}$배, $\frac{1}{4}$배, …가 되는
관계
➡ y는 x에 반비례

02 다음 중 y가 x에 반비례하는 것은?

① 밑면의 넓이가 $7\ \text{cm}^2$이고 높이가 $x\ \text{cm}$인 원기둥의 부피는 $y\ \text{cm}^3$이다.
② 1시간에 $320\ \text{kcal}$의 열량이 소모되는 운동을 x시간 했을 때 소모되는 열량은 $y\ \text{kcal}$이다.
③ 농도가 $x\ \%$인 설탕물 $y\ \text{g}$ 속에 녹아 있는 설탕의 양이 $20\ \text{g}$이다.
④ 180쪽인 책을 x쪽 읽고 남은 쪽수는 y쪽이다.
⑤ 두께가 $15\ \text{mm}$인 책 x권을 쌓았을 때의 전체 두께는 $y\ \text{mm}$이다.

03 y가 x에 반비례하고, $x=8$일 때 $y=2$이다. $x=\dfrac{1}{2}$일 때, y의 값을 구하시오.

y가 x에 반비례한다.
➡ $y=\dfrac{a}{x}\,(a\neq0)$로 놓는다.

04 y가 x에 반비례할 때, x와 y 사이의 관계를 표로 나타내면 다음과 같다. $A-B$의 값은?

x	-5	-2	4	B
y	A	10	-5	-1

① -16　　　② -14　　　③ -12
④ -10　　　⑤ -8

주어진 x, y의 값을 $y=\dfrac{a}{x}\,(a\neq0)$
에 대입하여 a의 값을 먼저 구한
다.

05 기타 소리의 주파수 $y\ \text{Hz}$(헤르츠)는 기타 줄의 길이 $x\ \text{cm}$에 반비례한다. 기타 줄의 길이가 $15\ \text{cm}$일 때, 기타 소리의 주파수는 $160\ \text{Hz}$이다. 다음 물음에 답하시오.

(1) x와 y 사이의 관계를 식으로 나타내시오.

(2) 기타 줄의 길이가 $20\ \text{cm}$일 때, 기타 소리의 주파수는 몇 Hz인지 구하시오.

06 다음 정비례 관계 또는 반비례 관계의 그래프 중 제2사분면을 지나는 것을 모두 고르면? (정답 2개)

① $y = \dfrac{2}{3}x$ ② $y = -3x$ ③ $y = -\dfrac{5}{x}$

④ $y = \dfrac{3}{x}$ ⑤ $y = 2x$

07 오른쪽 그림과 같이 반비례 관계 $y = \dfrac{a}{x}$의 그래프가 두 점 $(1, 3)$, $\left(b, -\dfrac{3}{2}\right)$을 지날 때, $a+b$의 값을 구하시오. (단, a는 상수이다.)

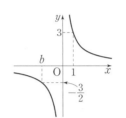

그래프가 점 (p, q)를 지난다.
➡ x와 y 사이의 관계를 나타낸 식에 $x = p$, $y = q$를 대입한다.

08 오른쪽 그림과 같이 정비례 관계 $y = \dfrac{5}{3}x$의 그래프와 반비례 관계 $y = \dfrac{a}{x}(x>0)$의 그래프가 점 A에서 만난다. 점 A의 x좌표가 3일 때, 상수 a의 값을 구하시오.

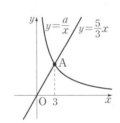

09 반비례 관계 $y = \dfrac{8}{x}$의 그래프 위의 점 중에서 x좌표와 y좌표가 모두 정수인 점은 몇 개인지 구하시오.

반비례 관계 $y = \dfrac{a}{x}(a \neq 0)$의 그래프에서 x좌표와 y좌표가 모두 정수인 점의 개수
➡ $xy = a$를 만족시키는 정수 x와 y의 순서쌍 (x, y)의 개수

(UP)
10 오른쪽 그림과 같이 반비례 관계 $y = \dfrac{10}{x}(x>0)$의 그래프 위의 한 점 P에서 x축, y축에 수선을 그어 x축, y축과 만나는 점을 각각 A, B라 할 때, 사각형 OAPB의 넓이를 구하시오. (단, O는 원점이다.)

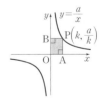

➡ (직사각형 OAPB의 넓이)
= (선분 OA의 길이)
× (선분 OB의 길이)
= $|k| \times \left|\dfrac{a}{k}\right| = |a|$

01 다음 중 y가 x에 정비례하는 것은?

① 한 개에 800원인 빵 x개를 사고 5000원을 냈을 때의 거스름돈 y원

② 합이 20인 두 자연수 x와 y

③ 가로의 길이가 세로의 길이 x cm보다 5 cm 더 긴 직사각형의 넓이 y cm^2

④ 넓이가 24 cm^{2}인 직사각형의 가로의 길이 x cm와 세로의 길이 y cm

⑤ 밑면의 넓이가 6 cm^{2}이고 높이가 x cm인 원기둥의 부피 y cm^3

꼭나와

02 다음 두 조건을 만족시키는 x, y에 대하여 $x=12$일 때, y의 값을 구하시오.

> ㈎ x의 값이 2배, 3배, 4배, …가 될 때, y의 값도 2배, 3배, 4배, …가 된다.
>
> ㈏ $x=-5$일 때, $y=\dfrac{5}{4}$이다.

03 톱니의 수가 각각 14, 35인 두 톱니바퀴 A, B가 서로 맞물려 돌고 있다. A가 x번 회전하는 동안 B가 y번 회전할 때, 다음 물음에 답하시오.

(1) x와 y 사이의 관계를 식으로 나타내시오.

(2) A가 10번 회전하는 동안 B는 몇 번 회전하는지 구하시오.

꼭나와

04 다음 중 $y=-3x$에 대한 설명으로 옳은 것은?

① y가 x에 반비례한다.

② x의 값이 2배가 되면 y의 값은 $\dfrac{1}{2}$배가 된다.

③ 그래프가 제1사분면과 제3사분면을 지난다.

④ 그래프가 점 $\left(-\dfrac{2}{3},\ 2\right)$를 지난다.

⑤ 그래프가 $y=2x$의 그래프와 만나지 않는다.

05 정비례 관계 $y=ax$의 그래프가 두 점 $(2,\ -8)$, $(b,\ 10)$을 지날 때, ab의 값을 구하시오.

(단, a는 상수이다.)

06 다음 정비례 관계의 그래프 중 x축에 가장 가까운 것은?

① $y=-3x$ ② $y=-\dfrac{2}{3}x$

③ $y=\dfrac{1}{6}x$ ④ $y=2x$

⑤ $y=\dfrac{8}{3}x$

꼭나와

07 x와 y 사이의 관계를 아래 표와 같이 나타낼 때, 다음 중 옳지 <u>않은</u> 것은?

x	-4	-2	-1	1	2	4
y	2	4	8	-8	A	-2

① x와 y 사이의 관계를 식으로 나타내면 $y = -\dfrac{8}{x}$ 이다.

② y는 x에 반비례한다.

③ A의 값은 -4이다.

④ x에 대한 y의 비의 값이 항상 일정하다.

⑤ $x = 8$일 때 $y = -1$이다.

08 새로 개업한 카페를 홍보하기 위해 어제 10명이 거리에 나가 30장씩 전단지를 돌렸다. 오늘은 6명이 나가 어제 돌린 총 전단지 분량만큼 돌리려고 할 때, 한 사람이 돌려야 하는 전단지는 몇 장인지 구하시오.

09 다음 중 **보기**의 정비례 관계 또는 반비례 관계의 그래프가 제3사분면을 지나는 것을 모두 고른 것은?

보기

ㄱ. $y = 9x$　　　　ㄴ. $y = -\dfrac{12}{x}$

ㄷ. $y = -\dfrac{x}{3}$　　　　ㄹ. $y = \dfrac{3}{x}$

ㅁ. $y = -\dfrac{5}{7}x$　　　　ㅂ. $y = \dfrac{2}{5}x$

① ㄱ, ㄴ, ㄹ　　　　② ㄱ, ㄹ, ㅁ
③ ㄱ, ㄹ, ㅂ　　　　④ ㄴ, ㄷ, ㅁ
⑤ ㄴ, ㄹ, ㅂ

10 반비례 관계 $y = \dfrac{12}{x}$의 그래프 위의 점 중에서 x좌표와 y좌표가 모두 정수인 점의 개수는?

① 6　　　　② 8　　　　③ 10
④ 12　　　　⑤ 15

꼭나와

11 오른쪽 그림의 그래프는 원점에 대하여 대칭인 한 쌍의 곡선으로 점 $(2, -5)$를 지날 때, 다음 중 옳은 것은?

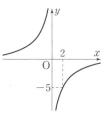

① y가 x에 정비례한다.

② x의 값의 범위는 수 전체이다.

③ $x > 0$일 때, x의 값이 증가하면 y의 값은 감소한다.

④ 반비례 관계 $y = \dfrac{10}{x}$의 그래프이다.

⑤ 점 $\left(-\dfrac{1}{2}, 20\right)$을 지난다.

12 오른쪽 그림과 같이 반비례 관계 $y = \dfrac{a}{x}$의 그래프가 두 점 $(3, 4)$, $(k, -6)$을 지날 때, k의 값을 구하시오.
　　　　(단, a는 상수이다.)

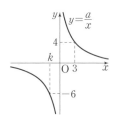

13 두 정비례 관계
$y=-x$, $y=2x$의 그래프가 오른쪽 그림과 같을 때, 정비례 관계 $y=4x$의 그래프로 알맞은 것은 ①~⑤ 중 어느 것인가?

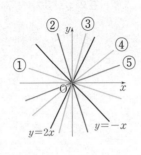

14 정비례 관계 $y=-3x$의 그래프가 세 점 A($2a$, 12), B(4, $3b$), C(c, -9)를 지날 때, $a+b+c$의 값을 구하시오.

🗨꼭나와

15 오른쪽 그림과 같이 두 정비례 관계 $y=2x$, $y=\frac{1}{2}x$의 그래프에서 y좌표가 4인 점을 각각 A, B라 할 때, 삼각형 AOB의 넓이를 구하시오. (단, O는 원점이다.)

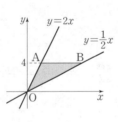

16 오른쪽 그림과 같이 두 점 A, C는 각각 두 정비례 관계 $y=3x$, $y=\frac{1}{3}x$의 그래프 위의 점이다. 사각형 ABCD는 넓이가 16인 정사각형이고 모든 변이 좌표축과 평행할 때, 점 D의 좌표를 구하시오. (단, 네 점 A, B, C, D는 모두 제1사분면 위의 점이다.)

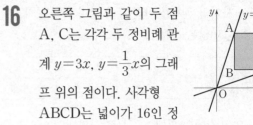

17 y가 x에 정비례하고, $x=4$일 때 $y=12$이다. 또 z가 y에 반비례하고, $y=3$일 때 $z=-5$이다. $x=-1$일 때 z의 값을 구하시오.

18 다음 정비례 관계 또는 반비례 관계의 그래프 중 각 사분면에서 x의 값이 증가하면 y의 값은 감소하는 것을 모두 고르면? (정답 2개)

① $y=-5x$　　② $y=-\frac{5}{x}$　　③ $y=\frac{5}{x}$

④ $y=\frac{x}{5}$　　　⑤ $y=5x$

> 정답 및 풀이 83쪽

19 반비례 관계 $y=\dfrac{a}{x}$의 그래프가 오른쪽 그림과 같을 때, 다음 중 정비례 관계 $y=ax$의 그래프는? (단, a는 상수이다.)

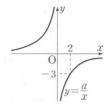

① 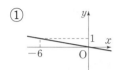 ②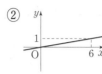

③ 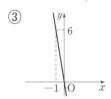 ④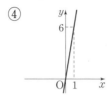

⑤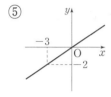

꼭나와

20 오른쪽 그림과 같이 정비례 관계 $y=-\dfrac{5}{2}x$의 그래프와 반비례 관계 $y=\dfrac{a}{x}$의 그래프가 점 A에서 만난다. 점 A의 x좌표가 -2일 때, 상수 a의 값은?

① -12 ② -11 ③ -10
④ -9 ⑤ -8

21 오른쪽 그림과 같이 정비례 관계 $y=2x$의 그래프 위의 점 A, x축 위의 두 점 B, C, 반비례 관계 $y=\dfrac{a}{x}$의 그래프 위의 점

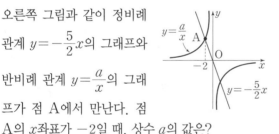

D에 대하여 사각형 ABCD가 정사각형이다. 점 B의 x좌표가 2일 때, 상수 a의 값을 구하시오.

STEP 3 실력 UP

22 점 $(a,\ b)$가 제4사분면 위의 점일 때, 다음 중 그 그래프가 제1사분면과 제3사분면을 지나는 것을 모두 고르면? (정답 2개)

① $y=-\dfrac{b}{a}x$ ② $y=\dfrac{a}{b}x$ ③ $y=\dfrac{a}{x}$

④ $y=\dfrac{b}{x}$ ⑤ $y=bx$

23 오른쪽 그림은 윤모와 현우가 같은 지점에서 동시에 출발하여 호수 공원을 돌 때 x분 동안 이동한 거리 y m 사이의 관계를 나타낸 그래프이다. 호수의 둘레의 길이가 6 km일 때, 윤모가 호수 공원을 한 바퀴 돈 후 처음 출발 지점에서 몇 분 동안 기다려야 현우가 도착하는지 구하시오. (단, 윤모와 현우는 호수 공원을 각각 일정한 속력으로 돈다.)

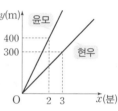

24 다음 그림은 정비례 관계 $y=ax$의 그래프와 반비례 관계 $y=\dfrac{b}{x}$의 그래프이다. 점 B의 x좌표가 2이고 직각삼각형 AOB의 넓이가 12일 때, 상수 a, b에 대하여 $b-a$의 값을 구하시오.

(단, O는 원점이다.)

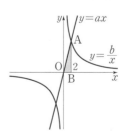

IV-2
정비례와 반비례

예제 1

해설 강의

어떤 기계 6대를 12시간 동안 가동해야 끝나는 작업이 있다. 이 기계 x대를 y시간 동안 가동해서 작업을 끝내려고 할 때, x와 y 사이의 관계를 식으로 나타내고, 기계 8대를 가동하면 작업을 끝내는 데 몇 시간이 걸리는지 구하시오. [5점]

풀이 과정

1단계 x와 y 사이의 관계를 식으로 나타내기 • 3점

기계 6대를 12시간 동안 가동해서 끝내는 작업의 양과 기계 x대를 y시간 동안 가동해서 끝내는 작업의 양은 같으므로

$$6 \times 12 = xy \qquad \therefore y = \frac{72}{x}$$

2단계 기계 8대를 가동할 때 걸리는 시간 구하기 • 2점

$y = \dfrac{72}{x}$에 $x = 8$을 대입하면 $\quad y = \dfrac{72}{8} = 9$

따라서 구하는 시간은 9시간이다.

답 $y = \dfrac{72}{x}$, 9시간

유제 1 어느 중학교에서 동아리 발표회를 위하여 의자 126개를 한 줄에 x개씩 y줄로 배열하려고 한다. x와 y 사이의 관계를 식으로 나타내고, 의자를 9줄로 배열하려면 한 줄에 몇 개씩 배열해야 하는지 구하시오. [5점]

풀이 과정

1단계 x와 y 사이의 관계를 식으로 나타내기 • 3점

2단계 한 줄에 놓이는 의자는 몇 개인지 구하기 • 2점

답

예제 2

해설 강의

오른쪽 그림과 같이 정비례 관계 $y = 4x$의 그래프와 반비례 관계 $y = \dfrac{a}{x}(x > 0)$의 그래프가 점 $(3, b)$에서 만날 때, $a + b$의 값을 구하시오. (단, a는 상수이다.) [7점]

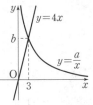

풀이 과정

1단계 b의 값 구하기 • 3점

$y = 4x$에 $x = 3$, $y = b$를 대입하면 $\quad b = 4 \times 3 = 12$

2단계 a의 값 구하기 • 3점

두 그래프가 만나는 점의 좌표가 $(3, 12)$이므로

$y = \dfrac{a}{x}$에 $x = 3$, $y = 12$를 대입하면

$$12 = \frac{a}{3} \qquad \therefore a = 36$$

3단계 $a + b$의 값 구하기 • 1점

$$a + b = 36 + 12 = 48$$

답 48

유제 2 오른쪽 그림과 같이 정비례 관계 $y = ax$의 그래프와 반비례 관계 $y = -\dfrac{12}{x}$의 그래프가 점 $(b, 4)$에서 만날 때, $a + b$의 값을 구하시오.

(단, a는 상수이다.) [7점]

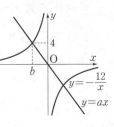

풀이 과정

1단계 b의 값 구하기 • 3점

2단계 a의 값 구하기 • 3점

3단계 $a + b$의 값 구하기 • 1점

답

스스로 서술하기

유제 3 어떤 물체의 달에서의 무게는 지구에서의 무게의 $\frac{1}{6}$ 이라고 한다. 이 물체의 지구에서의 무게를 x kg, 달에서의 무게를 y kg이라 할 때, 다음 물음에 답하시오. [총 5점]

(1) x와 y 사이의 관계를 식으로 나타내시오. [3점]

(2) 지구에서의 무게가 72 kg인 우주 비행사의 달에서의 무게를 구하시오. [2점]

풀이 과정

(1)

(2)

답 (1)　　　　　(2)

유제 5 다음 표에서 y가 x에 반비례할 때, AB의 값을 구하시오. [5점]

x	1	A	3	4	⋯
y	6	3	2	B	⋯

풀이 과정

답

유제 4 오른쪽 그림과 같이 정비례 관계 $y=3x$의 그래프 위의 한 점 A에서 x축에 그은 수선이 x축과 만나는 점을 B라 하자. 정비례 관계 $y=ax$의 그래프가 삼각형 AOB의 넓이를 이등분하고 점 A의 x좌표가 6일 때, 상수 a의 값을 구하시오. (단, O는 원점이다.) [7점]

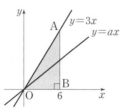

풀이 과정

답

유제 6 반비례 관계 $y=\dfrac{18}{x}$의 그래프가 점 $(2, a)$를 지나고 정비례 관계 $y=-3x$의 그래프가 점 $(b, -1)$을 지날 때, ab의 값을 구하시오. [5점]

풀이 과정

답

함께 만드는 개념원리

개념원리는

선생님이 가르치기 쉽고

학생이 배우기 쉬운

교육 콘텐츠를 만듭니다.

전국 360명 선생님이 교재 개발 참여

총 2,540명 학생의 실사용 의견 청취

(2017년도~2023년도 교재 VOC 누적)

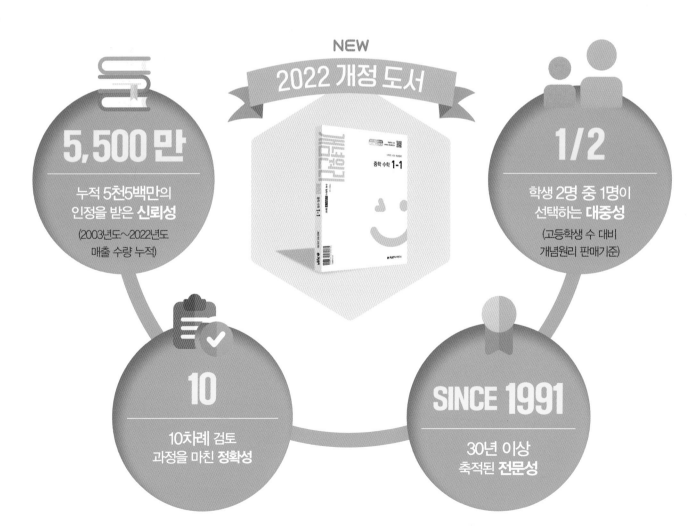

NEW
2022 개정 도서

중학 수학 1-1

5,500 만
누적 5천5백만의
인정을 받은 **신뢰성**
(2003년도~2022년도
매출 수량 누적)

1/2
학생 2명 중 1명이
선택하는 **대중성**
(고등학생 수 대비
개념원리 판매기준)

10
10차례 검토
과정을 마친 **정확성**

SINCE 1991
30년 이상
축적된 **전문성**

2022 개정 **더 좋아진 개념원리**

2022 개정 교재는 학습자의 학습 편의성을 강화했습니다.
학습 과정에서 필요한 각종 학습자료를 추가해 더욱더 완전한 학습을 지원합니다.

A

2022 개정 | 교재 + 교재 연계 서비스 (APP)

개념원리&RPM + 교재 연계 서비스 제공

• 서비스를 통해 교재의 완전 학습 및 지속적인 학습 성장 지원

2015 개정

• 교재 학습으로
  학습종료

B

2022 개정 | 무료 해설 강의 확대

RPM
영상 0% 제공

RPM 전 문항
해설 강의 100% 제공

• QR 1개당 1년 평균 **3,900명** 이상 인입 (2015 개정 개념원리 수학(상) p.34 기준)
• 완전한 학습을 위해 RPM **전 문항 무료 해설 강의 제공**

2015 개정

• 개념원리 주요 문항만
  무료 해설 강의 제공
  (RPM 미제공)

학생 모두가 수학을 쉽게 배울 수 있는 환경이 조성될 때까지
개념원리의 노력은 계속됩니다.

개념원리 중학 수학 **1-1**

개념원리

중학 수학 **1-1**

정답 및 풀이

개념원리 수학연구소

개념원리 중학 수학 **1-1**

정답 및 풀이

 친절한 풀이 정확하고 이해하기 쉬운 친절한 풀이 제시

 다른 풀이 수학적 사고력을 키우는 다양한 해결 방법 제시

 개념 더하기 문제와 연관된 중요개념과 보충설명 제공

 해결 전략 중단원 마무리 문제 해결의 실마리 제시

교재 만족도 조사

이 교재는 학생 2,540명과 선생님 360명의
의견을 반영하여 만든 교재입니다.

개념원리는 개념원리, RPM을 공부하는
여러분의 목소리에 항상 귀 기울이겠습니다.

여러분의 소중한 의견을 전해 주세요.
단 5분이면 충분해요!
매월 초 10명을 추첨하여 문화상품권
1만 원권을 선물로 드립니다.

수학의 시작 개념원리

중학 수학 **1-1**

정답 및 풀이

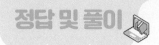
I-1 소인수분해

01 소인수분해

01 (1) 소수 (2) 합성수 (3) 합성수 (4) 소수
02 (1)○ (2)× (3)× (4)○
03 (1) 밑: 3, 지수: 4 (2) 밑: $\frac{1}{2}$, 지수: 3
04 (1) 5^4 (2) $2^2 \times 3^3$ (3) $\left(\frac{1}{7}\right)^3$ 또는 $\frac{1}{7^3}$ (4) $\frac{1}{2 \times 3^3 \times 5^2}$
05 풀이 참조
06 (1) 소인수분해: $2^4 \times 3$, 소인수: 2, 3
   (2) 소인수분해: $2^3 \times 3 \times 5$, 소인수: 2, 3, 5

01 (1) 17의 약수는 1, 17이므로 소수이다.
   (2) 21의 약수는 1, 3, 7, 21이므로 합성수이다.
   (3) 39의 약수는 1, 3, 13, 39이므로 합성수이다.
   (4) 43의 약수는 1, 43이므로 소수이다.
      🖎 (1) 소수 (2) 합성수 (3) 합성수 (4) 소수

개념 더하기

어떤 자연수의
① 약수가 2개 ➡ 소수
② 약수가 3개 이상 ➡ 합성수

02 (2) 가장 작은 합성수는 4이다.
   (3) 자연수는 1, 소수, 합성수로 이루어져 있다.
      🖎 (1)○ (2)× (3)× (4)○

03 (1) 3^4에서 밑은 3, 지수는 4이다.
   (2) $\left(\frac{1}{2}\right)^3$에서 밑은 $\frac{1}{2}$, 지수는 3이다.
      🖎 (1) 밑: 3, 지수: 4 (2) 밑: $\frac{1}{2}$, 지수: 3

04 (1) $5 \times 5 \times 5 \times 5 = 5^4$
   (2) $2 \times 2 \times 3 \times 3 \times 3 = 2^2 \times 3^3$
   (3) $\frac{1}{7} \times \frac{1}{7} \times \frac{1}{7} = \left(\frac{1}{7}\right)^3$ 또는
      $\frac{1}{7} \times \frac{1}{7} \times \frac{1}{7} = \frac{1 \times 1 \times 1}{7 \times 7 \times 7} = \frac{1}{7^3}$
   (4) $\frac{1}{2 \times 3 \times 5 \times 3 \times 3 \times 5} = \frac{1}{2 \times 3^3 \times 5^2}$
      🖎 (1) 5^4 (2) $2^2 \times 3^3$ (3) $\left(\frac{1}{7}\right)^3$ 또는 $\frac{1}{7^3}$ (4) $\frac{1}{2 \times 3^3 \times 5^2}$

05 (1)
$$36 \begin{array}{c} \boxed{2} \\ 18 \end{array} \begin{array}{c} \boxed{2} \\ 9 \end{array} \begin{array}{c} \boxed{3} \\ 3 \end{array}$$
   따라서 36을 소인수분해 하면 $36 = 2^2 \times 3^2$
   (2) $\boxed{2}$) 84
      $\boxed{2}$) $\boxed{42}$
      $\boxed{3}$) 21
           7
   따라서 84를 소인수분해 하면 $84 = 2^2 \times 3 \times 7$
      🖎 풀이 참조

06 (1) 2) 48
      2) 24
      2) 12
      2) 6
           3
   따라서 48을 소인수분해 하면 $48 = 2^4 \times 3$이고, 소인수
   는 2, 3이다.
   (2) 2) 120
      2) 60
      2) 30
      3) 15
            5
   따라서 120을 소인수분해 하면 $120 = 2^3 \times 3 \times 5$이고,
   소인수는 2, 3, 5이다.
      🖎 (1) 소인수분해: $2^4 \times 3$, 소인수: 2, 3
         (2) 소인수분해: $2^3 \times 3 \times 5$, 소인수: 2, 3, 5

1 소수: 5, 13, 67, 합성수: 57, 91, 121
2 ⑤   3 5   4 6   5 ②
6 ③

1 5의 약수는 1, 5이므로 소수이다.
   13의 약수는 1, 13이므로 소수이다.
   57의 약수는 1, 3, 19, 57이므로 합성수이다.
   67의 약수는 1, 67이므로 소수이다.
   91의 약수는 1, 7, 13, 91이므로 합성수이다.
   121의 약수는 1, 11, 121이므로 합성수이다.
      🖎 소수: 5, 13, 67, 합성수: 57, 91, 121

2 ② 5의 배수 중 소수는 5의 1개뿐이다.
   ③ 49의 약수는 1, 7, 49이므로 합성수이다.

⑤ 2, 3은 소수이지만 $2 \times 3 = 6$에서 6은 소수가 아니다.
　 즉 두 소수의 곱은 소수가 아니다.
　 따라서 옳지 않은 것은 ⑤이다.　　　　　　　　답 ⑤

3 $2 \times 5 \times 2 \times 2 \times 5 \times 7 \times 2 \times 7 \times 7 = 2^4 \times 5^2 \times 7^3$이므로
　　 $a = 4$, $b = 2$, $c = 3$
　　 $\therefore a - b + c = 4 - 2 + 3 = 5$　　　　　　답 5

4 $360 = 2^3 \times 3^2 \times 5$이므로
　　 $a = 3$, $b = 2$, $c = 1$
　　 $\therefore a + b + c = 3 + 2 + 1 = 6$　　　　　답 6

5 ① $54 = 2 \times 3^3$이므로 소인수는 2, 3이다.
　 ② $63 = 3^2 \times 7$이므로 소인수는 3, 7이다.
　 ③ $72 = 2^3 \times 3^2$이므로 소인수는 2, 3이다.
　 ④ $96 = 2^5 \times 3$이므로 소인수는 2, 3이다.
　 ⑤ $144 = 2^4 \times 3^2$이므로 소인수는 2, 3이다.
　 따라서 소인수가 나머지 넷과 다른 하나는 ②이다.
　　　　　　　　　　　　　　　　　　　　답 ②

6 250을 소인수분해 하면　　$250 = 2 \times 5^3$
　 따라서 가장 작은 자연수 a의 값은　$2 \times 5 = 10$
　 이때 $250 \times 10 = 2500 = 50^2$이므로　$b = 50$
　　 $\therefore a + b = 10 + 50 = 60$　　　　　답 ③

개념 더하기

어떤 자연수의 제곱인 수는 소인수분해 했을 때, 모든 소인수의 지수가 짝수이다.
따라서 어떤 자연수의 제곱인 수는 다음과 같은 순서로 만들 수 있다.
❶ 주어진 수를 소인수분해 한다.
❷ 지수가 홀수인 소인수를 찾아 지수가 짝수가 되도록 적당한 수를 곱하거나 적당한 수로 나눈다.

이런 문제가 시험 에 나온다　　　　　　＞본문 16쪽

01 1　　　 02 ②　　　 03 7　　　 04 3
05 17　　 06 ③

01 1은 소수도 아니고 합성수도 아니다.
　 소수는 7, 19, 31, 59, 73의 5개이므로　　$a = 5$
　 합성수는 9, 15, 25, 81의 4개이므로　　$b = 4$
　　 $\therefore a - b = 5 - 4 = 1$　　　　　답 1

02 ㄴ. 20보다 작은 소수는 2, 3, 5, 7, 11, 13, 17, 19의 8개이다.
　 ㄷ. 6의 배수는 6, 12, 18, …이므로 모두 합성수이다.
　 ㄹ. 33은 일의 자리의 숫자가 3이지만 소수가 아니다.
　 이상에서 옳은 것은 ㄱ, ㄷ이다.　　　　답 ②

03 $2^4 = 16$이므로　　　$a = 4$
　　 $5^3 = 125$이므로　　$b = 3$
　　 $\therefore a + b = 4 + 3 = 7$　　　　　답 7

04 $28 = 2^2 \times 7$, $126 = 2 \times 3^2 \times 7$이므로
　　 $28 \times 126 = (2^2 \times 7) \times (2 \times 3^2 \times 7)$
　　　　　　　 $= 2 \times 2 \times 7 \times 2 \times 3 \times 3 \times 7$
　　　　　　　 $= 2^3 \times 3^2 \times 7^2$
　 따라서 $a = 3$, $b = 2$, $c = 2$이므로
　　 $a + b - c = 3 + 2 - 2 = 3$　　　　　답 3

05 $420 = 2^2 \times 3 \times 5 \times 7$이므로 소인수는 2, 3, 5, 7이다.
　 따라서 420의 모든 소인수의 합은
　　 $2 + 3 + 5 + 7 = 17$　　　　　　　답 17

06 $75 \times x = 3 \times 5^2 \times x$가 어떤 자연수의 제곱이 되려면
　 $x = 3 \times (자연수)^2$의 꼴이어야 한다.
　 ① $3 = 3 \times 1^2$　　　　　② $12 = 3 \times 2^2$
　 ③ $18 = 3 \times 6$　　　　　 ④ $27 = 3 \times 3^2$
　 ⑤ $48 = 3 \times 4^2$
　 따라서 x의 값이 될 수 없는 것은 ③이다.　　답 ③

02 소인수분해를 이용하여 약수 구하기

개념원리 확인하기　　　　　　　　　＞본문 18쪽

01 (1) 표는 풀이 참조 / 1, 2, 5, 10, 25, 50
　　(2) 표는 풀이 참조 / 1, 3, 7, 9, 21, 27, 63, 189
02 (1) $2^2 \times 13$　(2) 표는 풀이 참조 / 1, 2, 4, 13, 26, 52
　　(3) 6
03 (1) 1, 2, 4, 8　(2) 1, 2, 3, 4, 6, 9, 12, 18, 36
　　(3) 1, 2, 4, 17, 34, 68　(4) 1, 3, 5, 15, 25, 75
　　(5) 1, 2, 4, 8, 11, 22, 44, 88　(6) 1, 5, 7, 25, 35, 175
04 (1) 6　(2) 12　(3) 18　(4) 10　(5) 8　(6) 15

01 (1) 표를 완성하면 오른쪽과 같으므로 2×5^2의 약수는 1, 2, 5, 10, 25, 50이다.

$\times$	1	5	5^2
1	1	5	25
2	2	10	50

　 (2) 표를 완성하면 오른쪽과 같으므로 $3^3 \times 7$의 약수는 1, 3, 7, 9, 21, 27, 63, 189이다.

$\times$	1	7
1	1	7
3	3	21
3^2	9	63
3^3	27	189

　　 답 (1) 표는 풀이 참조 / 1, 2, 5, 10, 25, 50
　　　 (2) 표는 풀이 참조 / 1, 3, 7, 9, 21, 27, 63, 189

02 (1) 52를 소인수분해 하면 $52=2^2\times13$

(2) 표를 완성하면 오른쪽과 같으므로 52의 약수는 1, 2, 4, 13, 26, 52이다.

×	1	13
1	1	13
2	2	26
2^2	4	52

(3) $(2+1)\times(1+1)=6$

🔲 (1) $2^2\times13$ (2) 표는 풀이 참조 / 1, 2, 4, 13, 26, 52
(3) 6

03 (1) 2^3의 약수는 1, 2, 2^2, 2^3, 즉 1, 2, 4, 8이다.

(2) $2^2\times3^2$의 약수는 오른쪽 표에서 1, 2, 3, 4, 6, 9, 12, 18, 36이다.

×	1	3	3^2
1	1	3	9
2	2	6	18
2^2	4	12	36

(3) $2^2\times17$의 약수는 오른쪽 표에서 1, 2, 4, 17, 34, 68이다.

×	1	17
1	1	17
2	2	34
2^2	4	68

(4) 75를 소인수분해 하면
$75=3\times5^2$
따라서 75의 약수는 오른쪽 표에서 1, 3, 5, 15, 25, 75이다.

×	1	5	5^2
1	1	5	25
3	3	15	75

(5) 88을 소인수분해 하면
$88=2^3\times11$
따라서 88의 약수는 오른쪽 표에서 1, 2, 4, 8, 11, 22, 44, 88이다.

×	1	11
1	1	11
2	2	22
2^2	4	44
2^3	8	88

(6) 175를 소인수분해 하면
$175=5^2\times7$
따라서 175의 약수는 오른쪽 표에서 1, 5, 7, 25, 35, 175이다.

×	1	7
1	1	7
5	5	35
5^2	25	175

🔲 (1) 1, 2, 4, 8   (2) 1, 2, 3, 4, 6, 9, 12, 18, 36
(3) 1, 2, 4, 17, 34, 68   (4) 1, 3, 5, 15, 25, 75
(5) 1, 2, 4, 8, 11, 22, 44, 88   (6) 1, 5, 7, 25, 35, 175

04 (1) $5+1=6$
(2) $(2+1)\times(3+1)=12$
(3) $(2+1)\times(2+1)\times(1+1)=18$
(4) $48=2^4\times3$이므로 약수의 개수는
$(4+1)\times(1+1)=10$
(5) $105=3\times5\times7$이므로 약수의 개수는
$(1+1)\times(1+1)\times(1+1)=8$
(6) $400=2^4\times5^2$이므로 약수의 개수는
$(4+1)\times(2+1)=15$

🔲 (1) 6   (2) 12   (3) 18   (4) 10   (5) 8   (6) 15

개념 더하기

a, b, c는 서로 다른 소수이고 l, m, n은 자연수일 때
① a^n의 약수의 개수 ➡ $n+1$
② $a^m\times b^n$의 약수의 개수 ➡ $(m+1)\times(n+1)$
③ $a^l\times b^m\times c^n$의 약수의 개수
➡ $(l+1)\times(m+1)\times(n+1)$

핵심문제 익히기 ▶본문 19~20쪽

1 ④   2 ⑤   3 2   4 ③

1 $450=2\times3^2\times5^2$이므로 450의 약수는
(2의 약수)×(3^2의 약수)×(5^2의 약수)의 꼴이다.
④ $2^2\times5^2$에서 2^2은 2의 약수가 아니므로 450의 약수가 아니다.
따라서 450의 약수가 아닌 것은 ④이다.   🔲 ④

2 각각의 약수의 개수를 구하면 다음과 같다.
① $(2+1)\times(3+1)=12$
② $(1+1)\times(1+1)\times(2+1)=12$
③ $72=2^3\times3^2$이므로 $(3+1)\times(2+1)=12$
④ $90=2\times3^2\times5$이므로
$(1+1)\times(2+1)\times(1+1)=12$
⑤ $112=2^4\times7$이므로 $(4+1)\times(1+1)=10$
따라서 약수의 개수가 나머지 넷과 다른 하나는 ⑤이다.
🔲 ⑤

3 $180=2^2\times3^2\times5$이므로 약수의 개수는
$(2+1)\times(2+1)\times(1+1)=18$
$2\times3^a\times5^2$의 약수의 개수는
$(1+1)\times(a+1)\times(2+1)=6\times(a+1)$
약수의 개수가 같으므로
$6\times(a+1)=18$, $a+1=3$
∴ $a=2$ 🔲 2

4 ① $2^4\times3$이므로 약수의 개수는
$(4+1)\times(1+1)=10$
② $2^4\times6=2^4\times2\times3=2^5\times3$이므로 약수의 개수는
$(5+1)\times(1+1)=12$
③ $2^4\times9=2^4\times3^2$이므로 약수의 개수는
$(4+1)\times(2+1)=15$
④ $2^4\times16=2^4\times2^4=2^8$이므로 약수의 개수는
$8+1=9$
⑤ $2^4\times27=2^4\times3^3$이므로 약수의 개수는
$(4+1)\times(3+1)=20$
따라서 □ 안에 들어갈 수 있는 수는 ③이다.   🔲 ③

이런 문제가 시험 에 나온다

01 ⑤   02 112   03 ①   04 14
05 6   06 ②

01 $2^2 \times 3^2 \times 5$의 약수는
$(2^2$의 약수$) \times (3^2$의 약수$) \times (5$의 약수$)$의 꼴이다.
① $6 = 2 \times 3$ ② $20 = 2^2 \times 5$
③ $30 = 2 \times 3 \times 5$ ④ $36 = 2^2 \times 3^2$
⑤ $100 = 2^2 \times 5^2$에서 5^2은 5의 약수가 아니다.
따라서 $2^2 \times 3^2 \times 5$의 약수가 아닌 것은 ⑤이다.   답 ⑤

02 $2^5 \times 7$의 약수 중에서 가장 큰 수는 자기 자신, 즉 $2^5 \times 7$이고 두 번째로 큰 수는 자기 자신을 가장 작은 소인수인 2로 나눈 것이므로
$$2^4 \times 7 = 112$$
답 112

03 각각의 약수의 개수를 구하면 다음과 같다.
① $(1+1) \times (2+1) = 6$
② $(1+1) \times (1+1) \times (2+1) = 12$
③ $64 = 2^6$이므로 $6+1 = 7$
④ $135 = 3^3 \times 5$이므로
$$(3+1) \times (1+1) = 8$$
⑤ $196 = 2^2 \times 7^2$이므로
$$(2+1) \times (2+1) = 9$$
따라서 약수의 개수가 가장 적은 것은 ①이다.   답 ①

04 $\dfrac{192}{x}$가 자연수이려면 x는 192의 약수이어야 한다.
$192 = 2^6 \times 3$이므로 자연수 x의 개수는
$$(6+1) \times (1+1) = 14$$
답 14

05 $3^3 \times 5^a \times 7$의 약수의 개수가 56이므로
$$(3+1) \times (a+1) \times (1+1) = 56$$
$$8 \times (a+1) = 56, \quad a+1 = 7$$
$$\therefore a = 6$$
답 6

06 72를 소인수분해 하면 $72 = 2^3 \times 3^2$
① $72 \times 5 = 2^3 \times 3^2 \times 5$이므로 약수의 개수는
$$(3+1) \times (2+1) \times (1+1) = 24$$
② $72 \times 10 = 2^3 \times 3^2 \times 10 = 2^3 \times 3^2 \times (2 \times 5)$
$$= 2 \times 2 \times 2 \times 3^2 \times 2 \times 5 = 2^4 \times 3^2 \times 5$$
이므로 약수의 개수는
$$(4+1) \times (2+1) \times (1+1) = 30$$
③ $72 \times 13 = 2^3 \times 3^2 \times 13$이므로 약수의 개수는
$$(3+1) \times (2+1) \times (1+1) = 24$$
④ $72 \times 16 = 2^3 \times 3^2 \times 16 = 2^3 \times 3^2 \times 2^4$
$$= 2 \times 2 \times 2 \times 3^2 \times 2 \times 2 \times 2 \times 2 = 2^7 \times 3^2$$
이므로 약수의 개수는
$$(7+1) \times (2+1) = 24$$

⑤ $72 \times 27 = 2^3 \times 3^2 \times 27 = 2^3 \times 3^2 \times 3^3$
$$= 2^3 \times 3 \times 3 \times 3 \times 3 \times 3 = 2^3 \times 3^5$$
이므로 약수의 개수는
$$(3+1) \times (5+1) = 24$$
따라서 □ 안에 들어갈 수 없는 수는 ②이다.
답 ②

중단원 마무리하기

01 4개	02 ④, ⑤	03 ①	04 1
05 ③	06 ②	07 ④	08 7
09 ③	10 ④	11 ③	12 4
13 ②	14 2	15 ③	16 ④
17 40	18 ④	19 3	20 ①
21 189	22 9	23 63	24 12

01 전략 소수의 약수는 2개이고, 합성수의 약수는 3개 이상이다.
49의 약수는 1, 7, 49이므로 합성수이다.
289의 약수는 1, 17, 289이므로 합성수이다.
37, 71, 97, 131의 약수는 1과 자기 자신뿐이므로 소수이다.
따라서 소수는 37, 71, 97, 131의 4개이다.   답 4개

02 전략 소수와 합성수의 성질을 생각해 본다.
① 7의 배수 중에서 소수는 7의 1개뿐이다.
④ 소수이면서 합성수인 자연수는 없다.
⑤ 2, 3은 소수이지만 $2 \times 3 = 6$에서 6은 짝수이다. 즉 두 소수의 곱은 홀수가 아닐 수도 있다.
따라서 옳지 않은 것은 ④, ⑤이다.   답 ④, ⑤

03 전략 $\underbrace{a \times a \times \cdots \times a}_{n개} = a^n$에서 a는 밑, n은 지수이다.
ㄴ. $7^3 = 7 \times 7 \times 7 = 343$
ㄷ. 밑은 7이다.
ㄹ. 지수는 3이다.
이상에서 옳은 것은 ㄱ, ㄴ이다.   답 ①

04 전략 64와 243은 2와 3을 각각 몇 번 곱한 수인지 알아본다.
$2^6 = 64$이므로 $a = 6$
$3^5 = 243$이므로 $b = 5$
$$\therefore a - b = 6 - 5 = 1$$
답 1

05 전략 소인수분해 한 결과는 반드시 소인수만의 곱으로 나타내어야 한다.
① $75 = 3 \times 5^2$ ② $98 = 2 \times 7^2$

④ $150=2\times3\times5^2$　　　⑤ $225=3^2\times5^2$

따라서 옳은 것은 ③이다.　　　　　　　　　답 ③

06 전략 6, 8, 9, 10을 각각 소인수분해 한다.

$6\times7\times8\times9\times10=(2\times3)\times7\times2^3\times3^2\times(2\times5)$

$\qquad\qquad\qquad\quad=2\times3\times7\times2\times2\times2\times3\times3\times2\times5$

$\qquad\qquad\qquad\quad=2^5\times3^3\times5\times7$

따라서 $a=5$, $b=3$, $c=5$이므로

$a+b+c=5+3+5=13$　　　　　　　　답 ②

07 전략 주어진 수를 각각 소인수분해 한 후 소인수를 모두 구한다.

① $24=2^3\times3$이므로 모든 소인수의 합은

$\qquad2+3=5$

② $50=2\times5^2$이므로 모든 소인수의 합은

$\qquad2+5=7$

③ $84=2^2\times3\times7$이므로 모든 소인수의 합은

$\qquad2+3+7=12$

④ $117=3^2\times13$이므로 모든 소인수의 합은

$\qquad3+13=16$

⑤ $270=2\times3^3\times5$이므로 모든 소인수의 합은

$\qquad2+3+5=10$

따라서 모든 소인수의 합이 가장 큰 것은 ④이다.

답 ④

08 전략 어떤 자연수의 제곱인 수는 소인수분해 했을 때, 모든 소인수의 지수가 짝수이다.

$2^4\times5^2\times7\times a$에서 소인수의 지수가 모두 짝수가 되어야 하므로 가장 작은 자연수 a의 값은 7이다.　　답 7

09 전략 252를 소인수분해 한 후 약수가 아닌 것을 찾는다.

$252=2^2\times3^2\times7$이므로 252의 약수는

(2^2의 약수)$\times$(3^2의 약수)$\times$(7의 약수)의 꼴이다.

③ $2^3\times3^2$에서 2^3은 2^2의 약수가 아니므로 252의 약수가 아니다.

따라서 252의 약수가 아닌 것은 ③이다.　　　답 ③

10 전략 먼저 600을 소인수분해 한다.

① $600=2^3\times3\times5^2$

② 약수의 개수는

$\qquad(3+1)\times(1+1)\times(2+1)=24$

③ 소인수는 2, 3, 5이다.

④ $600\times2\times3=3600=60^2$이므로 60의 제곱이 된다.

⑤ 600의 약수는 (2^3의 약수)$\times$(3의 약수)$\times$(5^2의 약수)

의 꼴이다.

$2^2\times3\times5^3$에서 5^3은 5^2의 약수가 아니므로 600의 약수가 아니다.

따라서 옳은 것은 ④이다.　　　　　　　답 ④

11 전략 먼저 44의 약수의 개수를 구한다.

$44=2^2\times11$이므로 약수의 개수는

$\qquad(2+1)\times(1+1)=6$

① $(2+1)\times(2+1)=9$

② $(1+1)\times(1+1)\times(1+1)=8$

③ $32=2^5$이므로 약수의 개수는　　$5+1=6$

④ $80=2^4\times5$이므로 약수의 개수는

$\qquad(4+1)\times(1+1)=10$

⑤ $126=2\times3^2\times7$이므로 약수의 개수는

$\qquad(1+1)\times(2+1)\times(1+1)=12$

따라서 44와 약수의 개수가 같은 것은 ③이다.　　답 ③

12 전략 $2^a\times9\times13$에서 9를 소인수분해 한 후 약수의 개수가 30임을 이용한다.

$2^a\times9\times13=2^a\times3^2\times13$의 약수의 개수가 30이므로

$\qquad(a+1)\times(2+1)\times(1+1)=30$

$\qquad6\times(a+1)=30,\qquad a+1=5\qquad\therefore a=4$　　답 4

13 전략 먼저 10 이상 40 미만의 자연수 중 소수의 개수를 구한다.

10 이상 40 미만의 자연수 중 소수는 11, 13, 17, 19, 23, 29, 31, 37의 8개이다.

따라서 구하는 합성수의 개수는

$\qquad30-8=22$　　　　　　　　　　　답 ②

14 전략 $1\ kg=1000\ g$, $1\ L=1000\ mL$, $1\ m=100\ cm$임을 이용한다.

$1\ kg=1000\ g=10^3\ g$이므로　　$x=3$

$1\ L=1000\ mL$이므로

$\qquad10\ L=(10\times1000)\ mL$

$\qquad\qquad=(10\times10\times10\times10)\ mL=10^4\ mL$

$\therefore y=4$

$1\ m=100\ cm$이므로

$\qquad1000\ m=(1000\times100)\ cm$

$\qquad\qquad=(10\times10\times10\times10\times10)\ cm=10^5\ cm$

$\therefore z=5$

$\therefore x+y-z=3+4-5=2$　　　　　答 2

15 전략 $1\times2\times3\times4\times\cdots\times50$을 소인수분해 했을 때, 소인수 5가 곱해진 개수를 구한다.

1부터 50까지의 자연수 중 5를 소인수로 갖는 수는 5의 배수이고

$\qquad5=5$, $10=2\times5$, $15=3\times5$, $20=2^2\times5$, $25=5^2$,

$\qquad30=2\times3\times5$, $35=5\times7$, $40=2^3\times5$, $45=3^2\times5$,

$\qquad50=2\times5^2$

이므로 $1\times2\times3\times4\times\cdots\times50=\boxed{}\times5^{12}$의 꼴로 소인수분해 된다.

따라서 구하는 5의 지수는 12이다.　　　　答 ③

16 전략 504를 소인수분해 한 후 소인수의 지수가 짝수가 되도록 나눌 수 있는 가장 작은 자연수를 구한다.

504를 소인수분해 하면

$$504=2^3\times3^2\times7$$

따라서 가장 작은 자연수 a의 값은

$$2\times7=14$$

이때 $504\div14=36=6^2$이므로　　$b=6$

$$\therefore a-b=14-6=8$$　　답 ④

17 전략 90을 소인수분해 한 후 소인수의 지수가 짝수가 되도록 곱할 수 있는 두 번째로 작은 자연수를 구한다.

$90=2\times3^2\times5$이므로 $90\times a=2\times3^2\times5\times a$가 어떤 자연수의 제곱이 되려면 $a=2\times5\times$(자연수)^{2}의 꼴이어야 한다.

$$\therefore a=2\times5\times1^2,\ 2\times5\times2^2,\ 2\times5\times3^2,\ \cdots$$

따라서 a의 값 중에서 두 번째로 작은 자연수는

$$2\times5\times2^2=40$$　　답 40

18 전략 A의 약수를 작은 것부터 차례대로 나열한다.

$A=2^2\times3^2\times5^2$의 약수를 작은 것부터 차례대로 나열하면

$$1,\ 2,\ 3,\ 2^2,\ 5,\ \cdots,\ 2\times3^2\times5^2,\ 2^2\times3^2\times5^2$$

세 번째로 작은 수는 3이므로　　$a=3$

가장 큰 수는 자기 자신, 즉 $2^2\times3^2\times5^2$이고 두 번째로 큰 수는 자기 자신을 가장 작은 소인수인 2로 나눈 것이므로 $2\times3^2\times5^2$이다.

$$\therefore b=2\times3^2\times5^2=450$$

$$\therefore a+b=3+450=453$$　　답 ④

19 전략 먼저 216의 약수의 개수를 구한다.

$216=2^3\times3^3$이므로 216의 약수의 개수는

$$(3+1)\times(3+1)=16$$

(i) $2^7\times\square=2^k$ (k는 자연수)의 꼴이면 약수의 개수가 16이므로

$$k+1=16\qquad\therefore k=15$$

따라서 $\square$ 안에 들어갈 수는 2^8, 즉 256이다.

(ii) $2^7\times\square$에서 $\square=a^b$ (a는 2가 아닌 소수, b는 자연수)의 꼴이면 $2^7\times a^b$의 약수의 개수가 16이므로

$$(7+1)\times(b+1)=16$$

$$b+1=2\qquad\therefore b=1$$

그런데 a가 될 수 있는 수 중 가장 작은 자연수는 3이므로 $\square$ 안에 들어갈 수 있는 가장 작은 자연수는 3이다.

(i), (ii)에서 구하는 가장 작은 자연수는 3이다.　　답 3

20 전략 약수의 개수가 3인 자연수는 (소수)^{2}의 꼴임을 이용한다.

약수의 개수가 3인 자연수는 (소수)^{2}의 꼴이다.

따라서 200 이하의 자연수 중에서 약수의 개수가 3인 자연수는

$$2^2=4,\ 3^2=9,\ 5^2=25,\ 7^2=49,\ 11^2=121,\ 13^2=169$$

의 6개이다.　　답 ①

개념 더하기

① 약수의 개수가 3 ➡ (소수)^{2}의 꼴

② 약수의 개수가 홀수 ➡ (자연수)^{2}의 꼴

21 전략 A의 소인수가 3과 7뿐이므로 $A=3^a\times7^b$ (a, b는 자연수)의 꼴임을 이용한다.

조건 ㈎에서 $A=3^a\times7^b$ (a, b는 자연수)의 꼴이고

조건 ㈏에서 약수의 개수가 8이므로

$$A=3^3\times7\ \text{또는}\ A=3\times7^3$$

따라서 주어진 조건을 만족시키는 가장 작은 자연수 A의 값은　　$3^3\times7=189$　　답 189

22 전략 3의 거듭제곱과 7의 거듭제곱의 일의 자리의 숫자의 규칙을 각각 찾는다.

$3^1=3,\ 3^2=9,\ 3^3=27,\ 3^4=81,\ 3^5=243,\ \cdots$이므로 3의 거듭제곱의 일의 자리의 숫자는 3, 9, 7, 1이 이 순서대로 반복된다.

이때 $1001=4\times250+1$이므로 3^{1001}의 일의 자리의 숫자는 3이다.

$7^1=7,\ 7^2=49,\ 7^3=343,\ 7^4=2401,\ 7^5=16807,\ \cdots$이므로 7의 거듭제곱의 일의 자리의 숫자는 7, 9, 3, 1이 이 순서대로 반복된다.

이때 $1503=4\times375+3$이므로 7^{1503}의 일의 자리의 숫자는 3이다.

따라서 $3^{1001}\times7^{1503}$의 일의 자리의 숫자는 $3\times3=9$에서 9이다.　　답 9

23 전략 20과 75를 각각 소인수분해 한 후 주어진 식을 만족시키는 c의 값을 먼저 구한다.

$20=2^2\times5,\ 75=3\times5^2$이므로

$$2^2\times5\times a=3\times5^2\times b=c^2$$

이 식을 만족시키는 가장 작은 자연수 c에 대하여

$$c^2=2^2\times3^2\times5^2=900=30^2\qquad\therefore c=30$$

$20\times a=900$에서　　$a=45$

$75\times b=900$에서　　$b=12$

$$\therefore a-b+c=45-12+30=63$$　　답 63

24 전략 126, 99의 약수의 개수를 각각 구한 후 주어진 식을 만족시키는 $f(x)$의 값을 구한다.

$126=2\times3^2\times7$이므로

$$f(126)=(1+1)\times(2+1)\times(1+1)=12$$

$99=3^2\times11$이므로

$$f(99)=(2+1)\times(1+1)=6$$

$f(126)\div f(99)\times f(x)=12$에서

$$12\div6\times f(x)=12\qquad\therefore f(x)=6$$

(i) $f(x)=6=5+1$일 때, 가장 작은 자연수 x의 값은

$$2^5=32$$

(ii) $f(x)=6=(2+1)\times(1+1)$일 때, 가장 작은 자연수 x의 값은
$$2^2\times3=12$$
(i), (ii)에서 구하는 가장 작은 자연수 x의 값은 12이다.

답 12

서술형 대비 문제

▶ 본문 26~27쪽

1 11
2 3
3 (1) $2^4\times5^2$ (2) 2, 5
   (3) 1, 2, 4, 5, 8, 10, 16, 20, 25, 40, 50, 80, 100, 200, 400
4 18
5 5
6 4

1 **1단계** 44를 소인수분해 하면
$$44=2^2\times11$$
2단계 소인수의 지수가 모두 짝수가 되어야 하므로 가장 작은 자연수 x의 값은 11이다.
3단계 이때 $44\times11=484=22^2$이므로 $y=22$
4단계 $y-x=22-11=11$

답 11

2 **1단계** $360=2^3\times3^2\times5$이므로 360의 약수의 개수는
$$(3+1)\times(2+1)\times(1+1)=24$$
2단계 $2^2\times3^a\times11$의 약수의 개수는
$$(2+1)\times(a+1)\times(1+1)=6\times(a+1)$$
3단계 약수의 개수가 같으므로
$$6\times(a+1)=24, \quad a+1=4$$
$$\therefore a=3$$

답 3

3 **1단계** (1) 400을 소인수분해 하면
$$400=2^4\times5^2$$
2단계 (2) 400의 소인수는 2, 5이다.
3단계 (3)

$\times$	1	5	5^2
1	1	5	25
2	2	10	50
2^2	4	20	100
2^3	8	40	200
2^4	16	80	400

위의 표에서 400의 약수는
$$1, 2, 4, 5, 8, 10, 16, 20, 25, 40, 50, 80,$$
$$100, 200, 400$$

답 (1) $2^4\times5^2$ (2) 2, 5
(3) 1, 2, 4, 5, 8, 10, 16, 20, 25, 40, 50, 80, 100, 200, 400

단계	채점 요소	배점
1	400을 소인수분해 하기	2점
2	400의 소인수 구하기	1점
3	400의 약수 구하기	3점

4 **1단계** 30 미만의 자연수 중에서 가장 큰 합성수는 28이므로
$$a=28$$
2단계 $260=2^2\times5\times13$이므로 260의 모든 소인수의 합은
$$2+5+13=20$$
$$\therefore b=20$$
3단계 $405=3^4\times5$이므로 약수의 개수는
$$(4+1)\times(1+1)=10$$
$$\therefore c=10$$
4단계 $a-b+c=28-20+10=18$

답 18

단계	채점 요소	배점
1	a의 값 구하기	2점
2	b의 값 구하기	2점
3	c의 값 구하기	2점
4	$a-b+c$의 값 구하기	1점

5 **1단계** 252를 소인수분해 하면
$$252=2^2\times3^2\times7$$
2단계 252가 $2^a\times3^b\times7^c$의 약수이므로 가장 작은 a, b, c의 값은 각각 2, 2, 1이다.
3단계 $a+b+c$의 값 중 가장 작은 값은
$$2+2+1=5$$

답 5

단계	채점 요소	배점
1	252를 소인수분해 하기	2점
2	가장 작은 a, b, c의 값 구하기	2점
3	$a+b+c$의 값 중 가장 작은 값 구하기	2점

6 **1단계** 1000을 소인수분해 하면
$$1000=2^3\times5^3$$
2단계 1000의 약수 중에서 어떤 자연수의 제곱이 되는 수는
$$1, 2^2, 5^2, 2^2\times5^2$$
의 4개이다.

답 4

단계	채점 요소	배점
1	1000을 소인수분해 하기	2점
2	1000의 약수 중에서 어떤 자연수의 제곱이 되는 수의 개수 구하기	5점

I-2 최대공약수와 최소공배수

01 공약수와 최대공약수

▶ 본문 31쪽

개념원리 확인하기

01 1, 2, 4, 8

02 (1) 최대공약수: 2, 서로소가 아니다.
   (2) 최대공약수: 1, 서로소이다.
   (3) 최대공약수: 3, 서로소가 아니다.
   (4) 최대공약수: 1, 서로소이다.

03 (1) 2×5^2 (2) 2×3
   (3) $2^2 \times 3 \times 5$ (4) $2^3 \times 3 \times 7^2$
   (5) $2^2 \times 5$ (6) 2×5

04 (1) 28   (2) 12   (3) 12   (4) 15

---

01 두 자연수 A, B의 공약수는 두 수의 최대공약수인 8의 약수이므로   1, 2, 4, 8   🖪 1, 2, 4, 8

02 (1) 2와 8의 최대공약수는 2이므로 서로소가 아니다.
   (3) 9의 약수: 1, 3, 9
      21의 약수: 1, 3, 7, 21
      따라서 공약수는 1, 3이고 최대공약수는 3이므로 서로소가 아니다.

   🖪 (1) 최대공약수: 2, 서로소가 아니다.
      (2) 최대공약수: 1, 서로소이다.
      (3) 최대공약수: 3, 서로소가 아니다.
      (4) 최대공약수: 1, 서로소이다.

03 (1)
$$\begin{array}{r} 2^2 \times 5^3 \\ 2 \times 5^2 \\ \hline (\text{최대공약수}) = 2 \times 5^2 \end{array}$$

   (2)
$$\begin{array}{r} 2 \times 3^2 \\ 2^2 \times 3 \times 5 \\ \hline (\text{최대공약수}) = 2 \times 3 \end{array}$$

   (3)
$$\begin{array}{r} 2^2 \times 3^2 \times 5 \\ 2^2 \times 3 \times 5 \\ \hline (\text{최대공약수}) = 2^2 \times 3 \times 5 \end{array}$$

   (4)
$$\begin{array}{r} 2^3 \times 3^3 \times 7^2 \\ 2^3 \times 3 \times 7^3 \\ \hline (\text{최대공약수}) = 2^3 \times 3 \times 7^2 \end{array}$$

   (5)
$$\begin{array}{r} 2^2 \times 5 \\ 2^2 \times 3^3 \times 5 \\ 2^3 \times 3^2 \times 5^2 \\ \hline (\text{최대공약수}) = 2^2 \times 5 \end{array}$$

   (6)
$$\begin{array}{r} 2 \times 3^2 \times 5 \\ 2^3 \times 3^2 \times 5 \\ 2^2 \times 5 \times 7^2 \\ \hline (\text{최대공약수}) = 2 \times 5 \end{array}$$

   🖪 (1) 2×5^2 (2) 2×3 (3) $2^2 \times 3 \times 5$
      (4) $2^3 \times 3 \times 7^2$ (5) $2^2 \times 5$ (6) 2×5

04 (1)
$$\begin{array}{r} 28 = 2^2 \times 7 \\ 84 = 2^2 \times 3 \times 7 \\ \hline (\text{최대공약수}) = 2^2 \times 7 = 28 \end{array}$$

   (2)
$$\begin{array}{r} 36 = 2^2 \times 3^2 \\ 60 = 2^2 \times 3 \times 5 \\ \hline (\text{최대공약수}) = 2^2 \times 3 = 12 \end{array}$$

   (3)
$$\begin{array}{r} 24 = 2^3 \times 3 \\ 60 = 2^2 \times 3 \times 5 \\ 72 = 2^3 \times 3^2 \\ \hline (\text{최대공약수}) = 2^2 \times 3 = 12 \end{array}$$

   (4)
$$\begin{array}{r} 45 = 3^2 \times 5 \\ 75 = 3 \times 5^2 \\ 90 = 2 \times 3^2 \times 5 \\ \hline (\text{최대공약수}) = 3 \times 5 = 15 \end{array}$$

   🖪 (1) 28   (2) 12   (3) 12   (4) 15

핵심문제 익히기

▶ 본문 32~33쪽

1 ⑤
2 (1) 12   (2) 9
3 (1) ④   (2) 9
4 12명

1 최대공약수를 구해 보면 다음과 같다.
   ① 1   ② 1   ③ 1   ④ 1   ⑤ 5
   따라서 두 수가 서로소가 아닌 것은 ⑤ 35, 60이다.
   🖪 ⑤

2 (1)
$$\begin{array}{r} 2^3 \times 3 \times 5 \\ 2^2 \times 3^2 \times 7 \\ 2^2 \times 3 \times 5 \\ \hline (\text{최대공약수}) = 2^2 \times 3 = 12 \end{array}$$

   (2)
$$\begin{array}{r} 2^2 \times 3^2 \times 7 \\ 2 \times 3^3 \times 7 \\ \hline (\text{최대공약수}) = 2 \times 3^2 \times 7 \end{array}$$

   따라서 $a = 2$, $b = 7$이므로
   $a + b = 2 + 7 = 9$

   🖪 (1) 12   (2) 9

3 (1) 두 수의 최대공약수가 $2^2 \times 3^2$이므로 공약수는 $2^2 \times 3^2$의 약수이다.

따라서 ④ $2^2 \times 5$는 $2^2 \times 3^2$의 약수가 아니므로 공약수가 아니다.

(2) 공약수의 개수는 최대공약수 $2^2 \times 3^2$의 약수의 개수와 같으므로

$$(2+1) \times (2+1) = 9$$

🔲 (1) ④ (2) 9

4 똑같이 나누어 주려면 학생 수는 48, 72, 180의 공약수이어야 한다.

그런데 가능한 한 많은 학생들에게 나누어 주려고 하므로 48, 72, 180의 최대공약수이어야 한다.

$$48 = 2^4 \times 3$$
$$72 = 2^3 \times 3^2$$
$$\underline{180 = 2^2 \times 3^2 \times 5}$$
$$(최대공약수) = 2^2 \times 3 \qquad = 12$$

따라서 나누어 줄 수 있는 학생은 12명이다. 🔲 12명

이런 문제가 시험 에 나온다 ▸본문 34쪽

01 ②, ④ 　　 02 ①, ② 　　 03 12 　　 04 ⑤

05 3 　　　　 06 8

01 ① 28과 40은 최대공약수가 4이므로 서로소가 아니다.

② 서로소인 두 자연수의 공약수는 1이다.

③ 18과 43의 최대공약수는 1이므로 서로소이다.

④ 두 자연수 4, 9는 최대공약수가 1이므로 서로소이지만 둘 다 소수가 아니다.

따라서 옳지 않은 것은 ②, ④이다. 🔲 ②, ④

02 세 수의 최대공약수가 $2^2 \times 3$이므로 공약수는 $2^2 \times 3$의 약수이다.

따라서 공약수인 것은 ①, ②이다. 🔲 ①, ②

03 세 수의 최대공약수가 $3^2 \times 5 \times 7$이므로 공약수는 $3^2 \times 5 \times 7$의 약수이다.

따라서 구하는 공약수의 개수는

$$(2+1) \times (1+1) \times (1+1) = 12$$ 🔲 12

04 $18 = 2 \times 3^2$, $54 = 2 \times 3^3$

$A = 2 \times 3 \times a$라 하면 최대공약수가 $6 = 2 \times 3$이기 위해서는 A의 소인수 3의 지수가 1이어야 한다.

① $6 = 2 \times 3$ 　　　 ② $12 = 2^2 \times 3$

③ $24 = 2^3 \times 3$ 　　 ④ $30 = 2 \times 3 \times 5$

⑤ $36 = 2^2 \times 3^2$

따라서 A의 값이 될 수 없는 것은 ⑤이다. 🔲 ⑤

05 최대공약수는 $50 = 2 \times 5^2$이므로

$$2^3 \qquad \times 5^4$$
$$2^a \qquad \times 5^3$$
$$\underline{2^2 \times 3^3 \times 5^b}$$
$$(최대공약수) = 2 \qquad \times 5^2 = 50$$

공통인 소인수 2의 지수인 3, a, 2 중 가장 작은 것이 1이므로 $a = 1$

공통인 소인수 5의 지수인 4, 3, b 중 가장 작은 것이 2이므로 $b = 2$

$$\therefore a + b = 1 + 2 = 3$$ 🔲 3

06 어떤 자연수는 24와 40의 공약수이다.

$$24 = 2^3 \times 3$$
$$\underline{40 = 2^3 \qquad \times 5}$$
$$(최대공약수) = 2^3 \qquad\quad = 8$$

따라서 어떤 자연수 중에서 가장 큰 수는 24와 40의 최대공약수이므로 8이다. 🔲 8

02 공배수와 최소공배수

개념원리 확인하기 ▸본문 36쪽

01 96

02 (1) $2^3 \times 3^2$ 　　　　 (2) $2^3 \times 3 \times 5$

(3) $2^2 \times 3^2 \times 5$ 　　 (4) $2^2 \times 3 \times 7$

(5) $2^2 \times 3^2 \times 5 \times 7$ 　 (6) $2^2 \times 3^2 \times 5^2 \times 7$

03 (1) 108 (2) 144 (3) 420 (4) 240

04 60

01 두 자연수 A, B의 공배수는 두 수의 최소공배수인 16의 배수이므로

$$16, 32, 48, 64, 80, 96, 112, \cdots$$

따라서 A, B의 공배수 중에서 100에 가장 가까운 수는 96이다. 🔲 96

02 (1)
$$2^2 \times 3$$
$$\underline{2^3 \times 3^2}$$
$$(최소공배수) = 2^3 \times 3^2$$

(2)
$$2^3 \times 3$$
$$\underline{2^2 \times 3 \times 5}$$
$$(최소공배수) = 2^3 \times 3 \times 5$$

(3)
$$2^2 \times 3 \times 5$$
$$2 \times 3^2 \times 5$$
$$\overline{\text{(최소공배수)}=2^2 \times 3^2 \times 5}$$

(4)
$$2^2 \qquad \times 7$$
$$2^2 \times 3 \times 7$$
$$\overline{\text{(최소공배수)}=2^2 \times 3 \times 7}$$

(5)
$$2 \times 3^2$$
$$2^2 \times 3 \times 5$$
$$2 \qquad \times 5 \times 7$$
$$\overline{\text{(최소공배수)}=2^2 \times 3^2 \times 5 \times 7}$$

(6)
$$2 \times 3^2 \times 5$$
$$2^2 \times 3 \times 5^2$$
$$2 \times 3 \qquad \times 7$$
$$\overline{\text{(최소공배수)}=2^2 \times 3^2 \times 5^2 \times 7}$$

目 (1) $2^3 \times 3^2$ (2) $2^3 \times 3 \times 5$ (3) $2^2 \times 3^2 \times 5$
(4) $2^2 \times 3 \times 7$ (5) $2^2 \times 3^2 \times 5 \times 7$ (6) $2^2 \times 3^2 \times 5^2 \times 7$

03 (1)
$$36 = 2^2 \times 3^2$$
$$54 = 2 \times 3^3$$
$$\overline{\text{(최소공배수)}=2^2 \times 3^3 = 108}$$

(2)
$$48 = 2^4 \times 3$$
$$72 = 2^3 \times 3^2$$
$$\overline{\text{(최소공배수)}=2^4 \times 3^2 = 144}$$

(3)
$$12 = 2^2 \times 3$$
$$42 = 2 \times 3 \qquad \times 7$$
$$60 = 2^2 \times 3 \times 5$$
$$\overline{\text{(최소공배수)}=2^2 \times 3 \times 5 \times 7 = 420}$$

(4)
$$16 = 2^4$$
$$24 = 2^3 \times 3$$
$$40 = 2^3 \qquad \times 5$$
$$\overline{\text{(최소공배수)}=2^4 \times 3 \times 5 = 240}$$

目 (1) 108 (2) 144 (3) 420 (4) 240

04 (두 수의 곱)=(최대공약수)×(최소공배수)이므로
$$180 = 3 \times (\text{최소공배수})$$
$$\therefore (\text{최소공배수}) = 60$$
目 60

핵심문제 익히기 ▶본문 37~39쪽

1 (1) 168 (2) 10   2 (1) ①, ⑤ (2) 2
3 (1) 13 (2) 8   4 (1) 15 (2) 45
5 (1) 6 (2) 42   6 150개

---

1 (1)
$$2^3 \times 3$$
$$2 \times 3 \times 7$$
$$2^2 \times 3 \times 7$$
$$\overline{\text{(최소공배수)}=2^3 \times 3 \times 7 = 168}$$

(2)
$$2 \times 3^2 \times 5$$
$$2^2 \times 3^3 \times 5$$
$$\overline{\text{(최소공배수)}=2^2 \times 3^3 \times 5}$$
따라서 $a=2$, $b=3$, $c=5$이므로
$$a+b+c=2+3+5=10$$

目 (1) 168 (2) 10

2 (1) 공배수는 최소공배수의 배수이고 두 수의 최소공배수가 $2^2 \times 3^2 \times 5$이므로 공배수는 $2^2 \times 3^2 \times 5 \times \square$ (□는 자연수)의 꼴이어야 한다.
② $2^2 \times 3^2 \times 5 = 2^2 \times 3^2 \times 5 \times \boxed{1}$
③ $2^2 \times 3^2 \times 5^2 = 2^2 \times 3^2 \times 5 \times \boxed{5}$
④ $2^2 \times 3^2 \times 5^3 = 2^2 \times 3^2 \times 5 \times \boxed{5^2}$
따라서 공배수가 아닌 것은 ①, ⑤이다.
(2) $36 = 2^2 \times 3^2$이고 세 수의 최소공배수가 $2^3 \times 3^2 = 72$이므로 공배수는 72의 배수이다.
따라서 구하는 공배수는 72, 144의 2개이다.

目 (1) ①, ⑤ (2) 2

3 (1)
$$2^3 \times 3^a \times 5$$
$$2^b \times 3^4 \times 5^c \times d$$
$$\overline{\text{(최대공약수)}=2^2 \times 3 \times 5}$$
$$\text{(최소공배수)}=2^3 \times 3^4 \times 5^3 \times 7$$
최대공약수는 공통인 소인수를 모두 곱하고 지수는 작거나 같은 것을 택하여 곱하므로
$$a=1, b=2$$
최소공배수는 공통인 소인수와 공통이 아닌 소인수를 모두 곱하고 지수는 크거나 같은 것을 택하여 곱하므로
$$c=3, d=7$$
$$\therefore a+b+c+d=1+2+3+7=13$$
(2) 최대공약수는 $12 = 2^2 \times 3$이므로
$$2^4 \times 3 \times a$$
$$2^b \times 3^2 \qquad \times 7^c$$
$$\overline{\text{(최대공약수)}=2^2 \times 3}$$
$$\text{(최소공배수)}=2^4 \times 3^2 \times 5 \times 7$$
최대공약수는 공통인 소인수를 모두 곱하고 지수는 작거나 같은 것을 택하여 곱하므로 $b=2$
최소공배수는 공통인 소인수와 공통이 아닌 소인수를 모두 곱하고 지수는 크거나 같은 것을 택하여 곱하므로
$$a=5, c=1$$
$$\therefore a+b+c=5+2+1=8$$

目 (1) 13 (2) 8

I-2
최대공약수와
최소공배수

I. 소인수분해 **11**

4 (1)
$$6\times x=2\times 3\times x$$
$$9\times x=3^2\times x$$
$$12\times x=2^2\times 3\times x$$
$$\overline{\text{(최소공배수)}=2^2\times 3^2\times x=36\times x}$$
세 수의 최소공배수가 180이므로
$$36\times x=180 \qquad \therefore x=5$$
따라서 세 자연수의 최대공약수는
$$3\times x=3\times 5=15$$
(2) 세 자연수를 $2\times x$, $6\times x$, $9\times x$ (x는 자연수)라 하면
$$2\times x=2\times x$$
$$6\times x=2\times 3\times x$$
$$9\times x=3^2\times x$$
$$\overline{\text{(최소공배수)}=2\times 3^2\times x=18\times x}$$
세 수의 최소공배수가 90이므로
$$18\times x=90 \qquad \therefore x=5$$
따라서 세 자연수 중 가장 큰 수는
$$9\times x=9\times 5=45$$

답 (1) 15 (2) 45

다른 풀이

(1)
```
 x ) 6×x   9×x   12×x
 3 )  6     9     12
 2 )  2     3      4
      1     3      2
```
$$\therefore \text{(최소공배수)}=x\times 3\times 2\times 1\times 3\times 2=36\times x$$
세 수의 최소공배수가 180이므로
$$36\times x=180 \qquad \therefore x=5$$
따라서 세 자연수의 최대공약수는
$$3\times x=3\times 5=15$$

(2) 세 자연수를 $2\times x$, $6\times x$, $9\times x$ (x는 자연수)라 하면
```
 x ) 2×x   6×x   9×x
 2 )  2     6     9
 3 )  1     3     9
      1     1     3
```
$$\therefore \text{(최소공배수)}=x\times 2\times 3\times 1\times 1\times 3=18\times x$$
세 수의 최소공배수가 90이므로
$$18\times x=90 \qquad \therefore x=5$$
따라서 세 자연수 중 가장 큰 수는
$$9\times x=9\times 5=45$$

5 (1) (두 수의 곱)$=$(최대공약수)$\times$(최소공배수)이므로
$$540=\text{(최대공약수)}\times 90 \qquad \therefore \text{(최대공약수)}=6$$
(2) $28=14\times 2$, $A=14\times a$ (a는 2와 서로소)라 하자.
$$14\times 2\times a=84$$이므로 $a=3$
$$\therefore A=14\times 3=42$$

답 (1) 6 (2) 42

다른 풀이

(2) (두 수의 곱)$=$(최대공약수)$\times$(최소공배수)이므로
$$28\times A=14\times 84 \qquad \therefore A=42$$

6 정육면체의 한 모서리의 길이는 20, 12, 6의 최소공배수이어야 한다.
$$20=2^2\times 5$$
$$12=2^2\times 3$$
$$6=2\times 3$$
$$\overline{\text{(최소공배수)}=2^2\times 3\times 5=60}$$
정육면체의 한 모서리의 길이는 60 cm이므로 필요한 벽돌은
$$\text{가로}: 60\div 20=3\,(개),$$
$$\text{세로}: 60\div 12=5\,(개),$$
$$\text{높이}: 60\div 6=10\,(개)$$
이므로 $\quad 3\times 5\times 10=150\,(개)$

답 150개

이런 문제가 시험 에 나온다 ▶본문 40~41쪽

01 16	02 ③	03 1080	04 5
05 ⑤	06 3	07 84	08 5바퀴
09 122	10 (1) 96 cm (2) 12		

01
$$3\times 5\times 7^2$$
$$3^2\times 5\times 7^3\times 11$$
$$\overline{\text{(최소공배수)}=3^2\times 5\times 7^3\times 11}$$
따라서 $a=2$, $b=3$, $c=11$이므로
$$a+b+c=2+3+11=16$$

답 16

02 공배수는 최소공배수의 배수이고 세 수의 최소공배수가 $2^2\times 3^3\times 7$이므로 공배수는 $2^2\times 3^3\times 7\times \square$ ($\square$는 자연수)의 꼴이어야 한다.
① $2^2\times 3^3\times 7=2^2\times 3^3\times 7\times \boxed{1}$
② $2^2\times 3^3\times 7^2=2^2\times 3^3\times 7\times \boxed{7}$
④ $2^3\times 3^3\times 7^3=2^2\times 3^3\times 7\times \boxed{2\times 7^2}$
⑤ $2^4\times 3^4\times 7^3=2^2\times 3^3\times 7\times \boxed{2^2\times 3\times 7^2}$
따라서 공배수가 아닌 것은 ③이다.

답 ③

03 세 수 $2^2\times 3$, $45=3^2\times 5$, $2^2\times 5$의 최소공배수는
$$2^2\times 3^2\times 5=180$$
따라서 $180\times 5=900$, $180\times 6=1080$이므로 세 수의 공배수 중에서 1000에 가장 가까운 수는 1080이다.

답 1080

04

$$2^2 \times 3^a \times 5^b$$
$$2^c \times 3^2 \times 5 \ \times 7$$
$$\overline{(\text{최대공약수})=2 \ \times 3^2 \times 5}$$
$$(\text{최소공배수})=2^2 \times 3^3 \times 5 \ \times 7$$

최대공약수는 공통인 소인수를 모두 곱하고 지수는 작거나 같은 것을 택하여 곱하므로 $c=1$

최소공배수는 공통인 소인수와 공통이 아닌 소인수를 모두 곱하고 지수는 크거나 같은 것을 택하여 곱하므로
$$a=3, \ b=1$$
$$\therefore a+b+c=3+1+1=5 \qquad \text{답 } 5$$

05 $21=3 \times 7$, $35=5 \times 7$이고 $420=2^2 \times 3 \times 5 \times 7$이므로
N은 $2^2 \times (\text{자연수})$의 꼴이고 최소공배수인 $2^2 \times 3 \times 5 \times 7$의 약수이어야 한다.

① $4=2^2$ ② $12=2^2 \times 3$ ③ $20=2^2 \times 5$
④ $28=2^2 \times 7$ ⑤ $36=2^2 \times 3^2$

따라서 N의 값이 될 수 없는 것은 ⑤이다. 답 ⑤

06

$$4 \times x=2^2 \qquad \times x$$
$$5 \times x= \qquad 5 \times x$$
$$6 \times x=2 \times 3 \qquad \times x$$
$$\overline{(\text{최소공배수})=2^2 \times 3 \times 5 \times x=60 \times x}$$

세 수의 최소공배수가 180이므로
$$60 \times x=180 \qquad \therefore x=3$$
따라서 세 수의 최대공약수는 3이다. 답 3

다른 풀이

$$
\begin{array}{r|ccc}
x & 4 \times x & 5 \times x & 6 \times x \\
2 & 4 & 5 & 6 \\
\hline
& 2 & 5 & 3
\end{array}
$$
$$\therefore (\text{최소공배수})=x \times 2 \times 2 \times 5 \times 3=60 \times x$$
세 수의 최소공배수가 180이므로
$$60 \times x=180 \qquad \therefore x=3$$
따라서 세 수의 최대공약수는 3이다.

07 $60=12 \times 5$, $N=12 \times n$ (n은 5와 서로소)이라 하자.
$12 \times 5 \times n=420$이므로 $n=7$
$$\therefore N=12 \times 7=84 \qquad \text{답 } 84$$

다른 풀이
$$60 \times N=12 \times 420 \qquad \therefore N=84$$

08 두 사람이 처음으로 출발점에서 다시 만나게 되는 것은 18과 30의 최소공배수만큼의 시간이 지난 후이다.
$$18=2 \times 3^2$$
$$30=2 \times 3 \times 5$$
$$\overline{(\text{최소공배수})=2 \times 3^2 \times 5=90}$$
따라서 두 사람이 처음으로 출발점에서 다시 만나게 되는 것은 90분 후이므로 지성이가 호숫가를 $90 \div 18=5$(바퀴) 돌았을 때이다. 답 5바퀴

09 구하는 자연수를 x라 하면 $x-2$는 3, 4, 5의 공배수이다.
3, 4, 5의 최소공배수는 60이므로 $x-2$는 60의 배수이다.
즉 $x-2$는 60, 120, 180, $\cdots$이다.
이때 x는 가장 작은 세 자리 자연수이므로
$$x-2=120 \qquad \therefore x=122 \qquad \text{답 } 122$$

개념 더하기

어떤 수 x를 a, b, c로 나누면 나머지가 모두 r이다.
➡ $x-r$는 a, b, c로 각각 나누어떨어진다.
➡ $x-r$는 a, b, c의 공배수이다.

10 (1) 타일을 이어 붙일 때마다 가로, 세로의 길이가 각각 2배, 3배, $\cdots$가 되므로 타일을 이어 붙여서 만든 정사각형의 한 변의 길이는 32와 24의 공배수이다.
그런데 가장 작은 정사각형을 만들어야 하므로 정사각형의 한 변의 길이는 32와 24의 최소공배수이어야 한다.
$$32=2^5$$
$$24=2^3 \times 3$$
$$\overline{(\text{최소공배수})=2^5 \times 3=96}$$
따라서 정사각형의 한 변의 길이는 96 cm이다.
(2) 가로: $96 \div 32=3$(개), 세로: $96 \div 24=4$(개)이므로
필요한 타일의 개수는 $3 \times 4=12$
답 (1) 96 cm (2) 12

중단원 마무리하기 ▶본문 42~45쪽

01 ②	02 6개	03 ③	04 8개
05 600개	06 ②	07 ③	08 ①
09 11	10 ①	11 ④	12 7바퀴
13 280 cm	14 ③	15 40개	16 7
17 18그루	18 ⑤	19 ③	20 ⑤
21 $A=10$, $B=40$		22 119	23 $\dfrac{108}{7}$
24 12	25 36, 108, 180, 540		26 32

01 전략 서로소는 최대공약수가 1인 두 자연수임을 이용한다.
최대공약수를 구해 보면 다음과 같다.
① 3 ② 1 ③ 4 ④ 13 ⑤ 7
따라서 두 수가 서로소인 것은 ② 8, 15이다. 답 ②

02 전략 15와 서로소인 자연수는 소인수분해 했을 때 소인수에 3, 5가 없어야 한다.
10보다 크고 20보다 작은 자연수 중에서 $15=3 \times 5$와 서로소인 수는 11, 13, 14, 16, 17, 19의 6개이다. 답 6개

03 전략 공약수는 최대공약수의 약수임을 이용한다.

공약수는 최대공약수의 약수이므로 두 수의 공약수는 52의 약수이다.

$52=2^2 \times 13$의 약수는 1, 2, 4, 13, 26, 52이다.

따라서 공약수가 아닌 것은 ③ 14이다. 답 ③

04 전략 먼저 두 수의 최대공약수를 구한다.

두 수의 최대공약수가 $2^3 \times 3$이므로 공약수는 $2^3 \times 3$의 약수이다.

따라서 구하는 공약수는

$$(3+1) \times (1+1) = 8 (개)$$ 답 8개

05 전략 블록의 크기를 최대로 하므로 최대공약수를 이용한다.

정육면체 모양의 블록의 한 모서리의 길이는 36, 15, 30의 최대공약수이다.

$$
\begin{array}{rl}
36 = & 2^2 \times 3^2 \\
15 = & 3 \times 5 \\
30 = & 2 \times 3 \times 5 \\
\hline
(최대공약수) = & 3
\end{array}
$$

따라서 블록의 한 모서리의 길이는 3 cm이다.

이때 필요한 블록은

가로: $36 \div 3 = 12$(개),

세로: $15 \div 3 = 5$(개),

높이: $30 \div 3 = 10$(개)

이므로 $12 \times 5 \times 10 = 600$(개) 답 600개

06 전략 가능한 한 많은 조로 나누어야 하므로 최대공약수를 이용한다.

가능한 한 많은 조로 나누어야 하므로 조의 개수는 30과 24의 최대공약수이어야 한다.

$$
\begin{array}{rl}
30 = & 2 \times 3 \times 5 \\
24 = & 2^3 \times 3 \\
\hline
(최대공약수) = & 2 \times 3 = 6
\end{array}
$$

조의 개수는 6이므로 한 조에 들어가는 여학생, 남학생 수를 구하면

$$a = 30 \div 6 = 5$$
$$b = 24 \div 6 = 4$$
$$\therefore a+b = 5+4 = 9$$ 답 ②

07 전략 최대공약수는 공통인 소인수를 모두 곱하고 지수는 작거나 같은 것을 택하여 곱한다. 최소공배수는 공통인 소인수와 공통이 아닌 소인수를 모두 곱하고 지수는 크거나 같은 것을 택하여 곱한다.

$$
\begin{array}{l}
2^3 \times 3^2 \\
2^2 \times 3^3 \times 5 \\
2 \times 3^2 \times 7 \\
\hline
(최대공약수) = 2 \times 3^2 \\
(최소공배수) = 2^3 \times 3^3 \times 5 \times 7
\end{array}
$$ 답 ③

08 전략 공배수는 최소공배수의 배수임을 이용한다.

공배수는 최소공배수의 배수이고 두 수의 최소공배수가 $2^2 \times 3 \times 5^2$이므로 공배수는 $2^2 \times 3 \times 5^2 \times \square$ ($\square$는 자연수)의 꼴이어야 한다.

② $2^2 \times 3 \times 5^2 = 2^2 \times 3 \times 5^2 \times \boxed{1}$

③ $2^2 \times 3 \times 5^3 = 2^2 \times 3 \times 5^2 \times \boxed{5}$

④ $2^2 \times 3^2 \times 5^2 = 2^2 \times 3 \times 5^2 \times \boxed{3}$

⑤ $2^2 \times 3^3 \times 5^2 = 2^2 \times 3 \times 5^2 \times \boxed{3^2}$

따라서 공배수가 아닌 것은 ①이다. 답 ①

09 전략 공통인 소인수의 거듭제곱에서 최대공약수는 지수가 작거나 같은 것을 택하고 최소공배수는 지수가 크거나 같은 것을 택한다.

$$
\begin{array}{l}
2^4 \times 3^a \times 7 \\
2^3 \times 3^2 \times b \\
\hline
2^c \times 3^3 \times 7 \\
(최대공약수) = 2^2 \times 3^2 \\
(최소공배수) = 2^4 \times 3^4 \times 5 \times 7
\end{array}
$$

최대공약수는 공통인 소인수를 모두 곱하고 지수는 작거나 같은 것을 택하여 곱하므로 $c=2$

최소공배수는 공통인 소인수와 공통이 아닌 소인수를 모두 곱하고 지수는 크거나 같은 것을 택하여 곱하므로

$$a=4, \ b=5$$
$$\therefore a+b+c = 4+5+2 = 11$$ 답 11

10 전략 $\square$를 제외한 수를 소인수분해 하여 최소공배수를 구한다.

$$
\begin{array}{l}
6 \times \square = 2 \times 3 \times \square \\
15 \times \square = 3 \times 5 \times \square \\
18 \times \square = 2 \times 3^2 \times \square \\
\hline
(최소공배수) = 2 \times 3^2 \times 5 \times \square = 90 \times \square
\end{array}
$$

세 수의 최소공배수가 810이므로

$$90 \times \square = 810 \quad \therefore \square = 9$$ 답 ①

다른 풀이

$$
\begin{array}{r|ccc}
\square & 6 \times \square & 15 \times \square & 18 \times \square \\
3 & 6 & 15 & 18 \\
2 & 2 & 5 & 6 \\
\hline
& 1 & 5 & 3
\end{array}
$$

$$\therefore (최소공배수) = \square \times 3 \times 2 \times 1 \times 5 \times 3 = 90 \times \square$$

세 수의 최소공배수가 810이므로

$$90 \times \square = 810 \quad \therefore \square = 9$$

11 전략 (두 수의 곱) = (최대공약수) × (최소공배수)임을 이용한다.

$2^3 \times 3^2 \times A = 2^2 \times 3 \times 2^3 \times 3^2 \times 5$이므로

$$A = 2^2 \times 3 \times 5$$ 답 ④

12 전략 두 톱니바퀴가 같은 톱니에서 처음으로 다시 맞물릴 때까지 맞물린 톱니의 수는 두 톱니바퀴의 톱니의 수의 최소공배수와 같음을 이용한다.

두 톱니바퀴가 같은 톱니에서 처음으로 다시 맞물릴 때까지 움직인 톱니의 수는 60과 28의 최소공배수이다.

$$60=2^2\times3\times5$$
$$28=2^2\qquad\times7$$
$$\text{(최소공배수)}=2^2\times3\times5\times7=420$$

60과 28의 최소공배수는 420이므로 두 톱니바퀴가 같은 톱니에서 처음으로 다시 맞물릴 때까지 톱니바퀴 A는

$$420\div60=7(\text{바퀴})$$

회전해야 한다.　　　　　　　　　　　　답 7바퀴

개념 더하기

두 톱니바퀴가 한 번 맞물린 후 처음으로 다시 같은 톱니에서 맞물릴 때

① 맞물린 톱니의 수
➡ 두 톱니의 수의 최소공배수

② 톱니바퀴의 회전수
➡ (두 톱니의 수의 최소공배수)÷(톱니바퀴의 톱니의 수)

13 전략 가장 작은 정육면체를 만들어야 하므로 최소공배수를 이용한다.

나무토막을 같은 방향으로 빈틈없이 쌓아서 가장 작은 정육면체를 만들어야 하므로 정육면체의 한 모서리의 길이는 14, 10, 8의 최소공배수이어야 한다.

$$14=2\qquad\times7$$
$$10=2\quad\times5$$
$$8=2^3$$
$$\text{(최소공배수)}=2^3\times5\times7=280$$

따라서 정육면체의 한 모서리의 길이는 280 cm이다.
　　　　　　　　　　　　　　　　답 280 cm

14 전략 처음으로 다시 두 동호회가 같은 날 정기 모임을 하려면 최소공배수만큼의 기간이 필요함을 생각한다.

두 동호회가 같은 날 정기 모임을 하게 될 때까지 지나는 날수는 18과 27의 공배수이고, 처음으로 다시 같은 날 정기 모임을 하게 되는 날까지 지나는 날수는 18과 27의 최소공배수이다.

$$18=2\times3^2$$
$$27=\qquad3^3$$
$$\text{(최소공배수)}=2\times3^3=54$$

따라서 두 동호회가 처음으로 다시 같은 날 정기 모임을 하게 되는 날은 54일 후이다.　　　　　답 ③

15 전략 $20=2^2\times5$와 서로소인 자연수는 2, 5를 소인수로 갖지 않아야 한다.

$20=2^2\times5$이므로 20과 서로소인 자연수는 2와 5를 모두 소인수로 갖지 않는 수이다.

100 이하의 자연수 중에서 2의 배수는 50개, 2의 배수가 아닌 5의 배수는 5, 15, 25, …, 95의 10개이다.

따라서 구하는 자연수는

$$100-(50+10)=40(\text{개})$$　　　답 40개

16 전략 세 수는 최대공약수의 소인수를 모두 소인수로 가져야 한다.

$$2^3\times3^2\times a$$
$$2^2\times3^3\times5^b$$
$$2^2\times3^c\times5$$
$$\text{(최대공약수)}=2^2\times3\quad\times5$$

공통인 소인수가 2, 3, 5이고 a는 소수이므로　$a=5$
공통인 소인수 3의 지수인 2, 3, c 중 가장 작은 것이 1이므로　$c=1$
공통인 소인수 5의 지수인 1, b, 1 중 가장 작은 것이 1이므로 가장 작은 b의 값은　1
따라서 $a+b+c$의 값 중에서 가장 작은 값은

$$5+1+1=7$$　　　　　　　답 7

17 전략 나무를 일정한 간격으로 가능한 한 적게 심으므로 최대공약수를 이용한다.

가능한 한 나무를 적게 심어야 하므로 나무 사이의 간격은 48과 60의 최대공약수이어야 한다.

$$48=2^4\times3$$
$$60=2^2\times3\times5$$
$$\text{(최대공약수)}=2^2\times3\qquad=12$$

따라서 나무 사이의 간격이 12 m이므로 필요한 나무는
가로: $48\div12=4$, 세로: $60\div12=5$
∴ $(4+5)\times2=18(\text{그루})$　　　답 18그루

18 전략 공약수의 개수는 최대공약수의 약수의 개수와 같음을 이용한다.

⑤ 두 수의 공약수의 개수는 최대공약수 $2^2\times3$의 약수의 개수와 같으므로

$$(2+1)\times(1+1)=6$$　　　　답 ⑤

19 전략 세 수의 최소공배수가 L이면 세 수는 L의 약수이다.

세 수 $2^2\times3\times5$, $2\times3^2\times7$, A의 최소공배수가 $2^3\times3^2\times5\times7$이므로 A는 $2^3\times(\text{자연수})$의 꼴이고 최소공배수인 $2^3\times3^2\times5\times7$의 약수이어야 한다.

따라서 A의 값이 될 수 있는 것은 ③이다.　답 ③

20 <u>전략</u> 세 자연수의 비가 $2:3:4$이므로 세 자연수를 $2\times n$, $3\times n$, $4\times n$으로 놓는다.

세 자연수를 $2\times n$, $3\times n$, $4\times n$ (n은 자연수)이라 하면

$$\begin{array}{rcl} 2\times n &=& 2\qquad\ \times n \\ 3\times n &=& \quad\ 3\times n \\ 4\times n &=& 2^2\ \times n \\ \hline (최소공배수) &=& 2^2\times 3\times n = 12\times n \end{array}$$

최소공배수가 144이므로

$$12\times n = 144 \qquad \therefore n=12$$

따라서 세 자연수 중 가장 큰 수는

$$4\times n = 4\times 12 = 48$$

답 ⑤

<u>다른 풀이</u>

세 자연수를 $2\times n$, $3\times n$, $4\times n$ (n은 자연수)이라 하면

$$\begin{array}{r|ccc} n & 2\times n & 3\times n & 4\times n \\ 2 & 2 & 3 & 4 \\ \hline & 1 & 3 & 2 \end{array}$$

최소공배수가 144이므로

$$n\times 2\times 1\times 3\times 2 = 144$$
$$\therefore n=12$$

따라서 가장 큰 수는 $\quad 4\times n = 4\times 12 = 48$

21 <u>전략</u> 두 자연수 A, B의 최대공약수가 G이면 $A=G\times a$, $B=G\times b$ (a, b는 서로소)로 놓는다.

$A=10\times a$, $B=10\times b$ (a, b는 서로소, $a<b$)라 하면

$$10\times a\times 10\times b = 400$$
$$\therefore a\times b = 4$$

따라서 $a=1$, $b=4$이므로

$$A=10,\ B=40$$

답 $A=10$, $B=40$

22 <u>전략</u> 구하는 자연수는 4, 5, 6으로 나누어떨어지기 위해 모두 1이 부족함을 이용한다.

구하는 자연수를 x라 하면 $x+1$은 4, 5, 6의 공배수이다.
4, 5, 6의 최소공배수가 60이므로 $x+1$은 60의 배수이다.
즉 $x+1=60$, 120, 180, $\cdots$이므로

$$x=59,\ 119,\ 179,\ \cdots$$

따라서 가장 작은 세 자리 자연수는 119이다.

답 119

23 <u>전략</u> 세 분수에 곱하여 모두 자연수가 되려면 $\dfrac{(분모들의 공배수)}{(분자들의 공약수)}$의 꼴을 곱해야 한다.

구하는 분수를 $\dfrac{B}{A}$라 하면

$$\frac{7}{18}\times\frac{B}{A}=(자연수),\ \frac{49}{12}\times\frac{B}{A}=(자연수),$$
$$\frac{28}{27}\times\frac{B}{A}=(자연수)$$

이므로 B는 18, 12, 27의 공배수이고, A는 7, 49, 28의 공약수이어야 한다.

이때 $\dfrac{B}{A}$가 가장 작은 수가 되려면

$$\frac{B}{A}=\frac{(18,\ 12,\ 27의\ 최소공배수)}{(7,\ 49,\ 28의\ 최대공약수)}=\frac{108}{7}$$

답 $\dfrac{108}{7}$

24 <u>전략</u> 공약수는 최대공약수의 약수임을 이용한다.

a, b의 최대공약수가 24이므로 a, b의 공약수는 24의 약수이다.
b, c의 최대공약수가 36이므로 b, c의 공약수는 36의 약수이다.
즉 a, b, c의 공약수는 24와 36의 공약수이다.
따라서 a, b, c의 최대공약수는 24와 36의 최대공약수인 12이다.

$$\begin{array}{rcl} 24 &=& 2^3\times 3 \\ 36 &=& 2^2\times 3^2 \\ \hline (최대공약수) &=& 2^2\times 3 = 12 \end{array}$$

답 12

25 <u>전략</u> 주어진 수들을 소인수분해 하여 N의 조건을 생각한다.

세 자연수 $54=2\times 3^3$, N, $90=2\times 3^2\times 5$의 최대공약수가 $18=2\times 3^2$, 최소공배수가 $540=2^2\times 3^3\times 5$이므로 N은 $2^2\times 3^2\times(자연수)$의 꼴이고 최소공배수인 $2^2\times 3^3\times 5$의 약수이다.
따라서 N의 값을 모두 구하면

$$2^2\times 3^2 = 36,\ 2^2\times 3^3 = 108,\ 2^2\times 3^2\times 5 = 180,$$
$$2^2\times 3^3\times 5 = 540$$

답 36, 108, 180, 540

26 <u>전략</u> 두 자연수 A, B의 최대공약수가 G이면 $A=G\times a$, $B=G\times b$ (a, b는 서로소)로 놓고 최대공약수와 최소공배수의 관계를 이용한다.

조건 (가), (다)에서 A, B의 최대공약수가 4이고 $A-B=8$이므로

$$A=4\times a,\ B=4\times b\ (a,\ b는\ 서로소,\ a>b)$$

라 하자.

조건 (나)에서 A, B의 최소공배수가 60이므로

$$4\times a\times b = 60 \qquad \therefore a\times b = 15$$

(i) $a=15$, $b=1$일 때,

$$A=60,\ B=4$$

그런데 $A-B=8$이라는 조건을 만족시키지 않는다.

(ii) $a=5$, $b=3$일 때,

$$A=20,\ B=12 \qquad \therefore A-B=8$$

(i), (ii)에서 $A=20$, $B=12$이므로

$$A+B=20+12=32$$

답 32

서술형 대비 문제

1 60   2 $\dfrac{432}{7}$ 3 9, 1080

4 10   5 (1) 20 cm   (2) 50개

6 56

---

1 **1단계**
$$3 \times x = \quad\quad 3 \times x$$
$$4 \times x = 2^2 \quad\quad \times x$$
$$6 \times x = 2 \times 3 \times x$$
$$(최소공배수) = 2^2 \times 3 \times x = 12 \times x$$

2단계 세 자연수의 최소공배수가 120이므로
$$12 \times x = 120 \qquad \therefore x = 10$$

3단계 세 자연수 중 가장 큰 수는
$$6 \times x = 6 \times 10 = 60$$

답 60

2 **1단계** 구하는 분수를 $\dfrac{B}{A}$ 라 하면

A는 21, 35, 49의 최대공약수이고,

B는 16, 54, 108의 최소공배수이어야 한다.

2단계
$$21 = 3 \times 7 \qquad\qquad 16 = 2^4$$
$$35 = \quad 5 \times 7 \qquad\qquad 54 = 2 \times 3^3$$
$$49 = \quad\quad 7^2 \qquad\qquad 108 = 2^2 \times 3^3$$
$$(최대공약수) = \quad 7 \qquad (최소공배수) = 2^4 \times 3^3$$
$$\therefore A = 7 \qquad\qquad\qquad \therefore B = 432$$

3단계 구하는 가장 작은 분수는 $\dfrac{432}{7}$ 이다.

답 $\dfrac{432}{7}$

3 **1단계** 216을 소인수분해 하면
$$216 = 2^3 \times 3^3$$

2단계 $2^3 \times 3^3$과 $2^3 \times \square \times 5$의 최대공약수가 $72 = 2^3 \times 3^2$이므로 $\square$ 안에 들어갈 수 있는 가장 작은 자연수는
$$\square = 3^2 = 9$$

3단계 $2^3 \times 3^3$과 $2^3 \times 3^2 \times 5$의 최소공배수는
$$2^3 \times 3^3 \times 5 = 1080$$

답 9, 1080

단계	채점 요소	배점
1	216을 소인수분해 하기	1점
2	$\square$ 안에 들어갈 수 있는 가장 작은 자연수 구하기	3점
3	두 수의 최소공배수 구하기	2점

4 **1단계** (두 수의 곱) = (최대공약수) × (최소공배수)이므로
$$2^2 \times 3^2 \times A = 2^2 \times 3 \times 2^4 \times 3^2$$

2단계 $A = 2^4 \times 3$

3단계 A의 약수의 개수는
$$(4+1) \times (1+1) = 10$$

답 10

단계	채점 요소	배점
1	식 세우기	2점
2	A의 값 구하기	2점
3	A의 약수의 개수 구하기	2점

5 **1단계** (1) 화분을 놓는 간격이 일정하려면 화분 사이의 간격은 320과 180의 공약수이어야 하고 가능한 한 화분을 적게 놓으려면 화분 사이의 간격은 320과 180의 최대공약수이어야 한다.
$$320 = 2^6 \quad\quad \times 5$$
$$180 = 2^2 \times 3^2 \times 5$$
$$(최대공약수) = 2^2 \quad\quad \times 5 = 20$$
따라서 화분을 놓는 간격은 20 cm이다.

2단계 (2) 가로: $320 \div 20 = 16$(개),

세로: $180 \div 20 = 9$(개)

3단계 필요한 화분은
$$(16+9) \times 2 = 50 (개)$$

답 (1) 20 cm   (2) 50개

단계	채점 요소	배점
1	화분을 놓는 간격 구하기	3점
2	가로, 세로에 필요한 화분의 수 구하기	2점
3	필요한 화분의 수 구하기	2점

6 **1단계** A, B의 최대공약수가 8이므로
$$A = 8 \times a, \ B = 8 \times b \,(a, b는 서로소, a < b)$$
라 하자.

2단계 A, B의 곱이 640이므로
$$8 \times a \times 8 \times b = 640 \qquad \therefore a \times b = 10$$

3단계 (ⅰ) $a = 1$, $b = 10$일 때,
$$A = 8, \ B = 80$$
(ⅱ) $a = 2$, $b = 5$일 때,
$$A = 16, \ B = 40$$
(ⅰ), (ⅱ)에서 A, B가 두 자리 자연수이므로
$$A = 16, \ B = 40$$

4단계 $A + B = 16 + 40 = 56$

답 56

단계	채점 요소	배점
1	$A = 8 \times a$, $B = 8 \times b$로 놓기	2점
2	$a \times b$의 값 구하기	2점
3	A, B의 값 구하기	2점
4	$A + B$의 값 구하기	1점

I-2 최대공약수와 최소공배수

II-1 정수와 유리수

01 정수와 유리수

▶본문 52쪽

개념원리 확인하기

01 (1) $+250$원, -500원   (2) -4시간, $+5$시간
(3) $+200\,m$, $-100\,m$ (4) $+15\,\%$, $-10\,\%$
02 정수, 음의 정수, 정수가 아닌 유리수
03 (1) ○ (2) × (3) ○ (4) ×
04 (1) 5, $+8$ (2) -1 (3) 5, $+8$, 0, -1
(4) -0.4, $\dfrac{3}{10}$, $-\dfrac{2}{7}$
05 풀이 참조

01 (1) 250원 이익 ➡ $+250$원, 500원 손해 ➡ -500원
(2) 4시간 전 ➡ -4시간, 5시간 후 ➡ $+5$시간
(3) 해발 200 m ➡ $+200\,m$, 해저 100 m ➡ $-100\,m$
(4) 15 % 증가 ➡ $+15\,\%$, 10 % 감소 ➡ $-10\,\%$
답 (1) $+250$원, -500원   (2) -4시간, $+5$시간
(3) $+200\,m$, $-100\,m$ (4) $+15\,\%$, $-10\,\%$

02 유리수 $\begin{cases}$ 정수 $\begin{cases}$ 양의 정수(자연수) \\ 0 \\ 음의 정수 $\end{cases}$ \\ 정수가 아닌 유리수 $\end{cases}$
답 정수, 음의 정수, 정수가 아닌 유리수

03 (2) $-\dfrac{2}{3}$는 음의 정수가 아니다.
(4) $\dfrac{1}{3}$은 유리수이지만 자연수가 아니다.
답 (1) ○ (2) × (3) ○ (4) ×

04 (1) 자연수는 5, $+8$이다.
(2) 음의 정수는 -1이다.
(3) 정수는 5, $+8$, 0, -1이다.
(4) 정수가 아닌 유리수는 -0.4, $\dfrac{3}{10}$, $-\dfrac{2}{7}$이다.
답 (1) 5, $+8$ (2) -1
(3) 5, $+8$, 0, -1
(4) -0.4, $\dfrac{3}{10}$, $-\dfrac{2}{7}$

05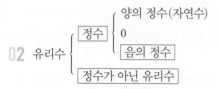
답 풀이 참조

▶본문 53~54쪽

핵심문제 익히기

1 ④   2 ②, ⑤   3 $-\dfrac{1}{2}$, $\dfrac{5}{2}$
4 (1) -5, 1   (2) 1

1 ① 0보다 5만큼 작은 수 ➡ -5
② 해발 300 m ➡ $+300\,m$
③ 지하 2층 ➡ -2층
⑤ 출발 3시간 후 ➡ $+3$시간
따라서 옳은 것은 ④이다.   답 ④

2 ④ $\dfrac{12}{6}=2$이므로 정수이다.
따라서 정수가 아닌 유리수는 ②, ⑤이다.   답 ②, ⑤
참고 정수가 아닌 유리수를 찾을 때에는 먼저 주어진 수를 기약분수로 나타내야 한다.

3 $\dfrac{5}{2}=2\dfrac{1}{2}$, $\dfrac{7}{2}=3\dfrac{1}{2}$이므로 주어진 수를 수직선 위에 나타내면 다음과 같다.
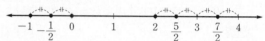
왼쪽에서 두 번째에 있는 수는 $-\dfrac{1}{2}$이고 오른쪽에서 두 번째에 있는 수는 $\dfrac{5}{2}$이다.   답 $-\dfrac{1}{2}$, $\dfrac{5}{2}$

4 (1)
위의 수직선에서 -2를 나타내는 점으로부터 거리가 3인 점이 나타내는 두 수는 -5와 1이다.
(2)
위의 수직선에서 -3과 5를 나타내는 두 점으로부터 같은 거리에 있는 점이 나타내는 수는 1이다.
답 (1) -5, 1   (2) 1

▶본문 55쪽

이런 문제가 시험에 나온다

01 $+2\,℃$, $-3\,℃$ 02 ⑤   03 ③
04 $a=-1$, $b=2$ 05 $a=-2$, $b=10$

01 2 ℃ 높아져 ➡ $+2\,℃$
3 ℃ 낮아질 ➡ $-3\,℃$ 답 $+2\,℃$, $-3\,℃$

02 ① 정수는 -3, 0, $+4$, $\dfrac{24}{4}=6$의 4개이다.
② 음수는 -3, -0.12의 2개이다.
③ 자연수는 $+4$, $\dfrac{24}{4}=6$의 2개이다.

④ 양수는 $\frac{2}{5}$, $+4$, $\frac{24}{4}$의 3개이다.

⑤ 정수가 아닌 유리수는 $\frac{2}{5}$, -0.12의 2개이다.

따라서 옳지 않은 것은 ⑤이다.   답 ⑤

03 ① 0은 정수이다.

② 유리수는 양의 유리수, 0, 음의 유리수로 이루어져 있다.

④ 0과 1 사이에는 정수가 없다.

⑤ 모든 정수는 유리수이다.

따라서 옳은 것은 ③이다.   답 ③

04 $-\frac{4}{3} = -1\frac{1}{3}$이고 $\frac{9}{4} = 2\frac{1}{4}$이므로 수직선 위에 $-\frac{4}{3}$와 $\frac{9}{4}$를 나타내면 다음과 같다.

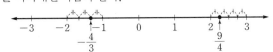

$-\frac{4}{3}$에 가장 가까운 정수는 -1이므로

$$a = -1$$

$\frac{9}{4}$에 가장 가까운 정수는 2이므로

$$b = 2$$

답 $a = -1$, $b = 2$

05 두 점 사이의 거리가 12이고 두 점으로부터 같은 거리에 있는 점이 나타내는 수가 4이므로 두 수 a, b를 나타내는 두 점은 4를 나타내는 점으로부터의 거리가 각각 6인 점이다.

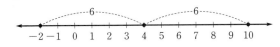

이때 $a < 0$이므로 위의 그림에서

$$a = -2, \quad b = 10$$

답 $a = -2$, $b = 10$

02 수의 대소 관계

개념원리 확인하기   ▷ 본문 57쪽

01 (1) 2   (2) 8   (3) $\frac{5}{6}$ (4) 4.5

02 (1) $+6$, -6 (2) $+\frac{5}{2}$, $-\frac{5}{2}$

03 0, $\frac{2}{3}$, -2, -3.5, $+4$

04 (1) $<$ (2) $<$ (3) $>$ (4) $>$ (5) $<$ (6) $>$

05 -7, -4.2, $-\frac{1}{2}$, 0.5, 3

06 (1) $-2 < x \leq 5$ (2) $-3 \leq x < 4$ (3) $-\frac{1}{5} \leq x \leq \frac{2}{3}$

---

01 (1) $|+2| = 2$ (2) $|-8| = 8$

(3) $\left|+\frac{5}{6}\right| = \frac{5}{6}$ (4) $|-4.5| = 4.5$

답 (1) 2   (2) 8   (3) $\frac{5}{6}$ (4) 4.5

02 (1) 절댓값이 6인 수는 $+6$, -6이다.

(2) 절댓값이 $\frac{5}{2}$인 수는 $+\frac{5}{2}$, $-\frac{5}{2}$이다.

답 (1) $+6$, -6 (2) $+\frac{5}{2}$, $-\frac{5}{2}$

03 $|-3.5| = 3.5$, $|0| = 0$, $|-2| = 2$, $|+4| = 4$, $\left|\frac{2}{3}\right| = \frac{2}{3}$

따라서 절댓값이 작은 수부터 차례대로 나열하면

$$0, \frac{2}{3}, -2, -3.5, +4$$

답 0, $\frac{2}{3}$, -2, -3.5, $+4$

04 (1) 음수는 0보다 작으므로 $-5 \boxed{<} 0$

(2) $|-3| = 3$이고 양수는 음수보다 크므로

$$-3 \boxed{<} |-3|$$

(3) 양수는 음수보다 크므로 $\frac{5}{3} \boxed{>} -1$

(4) $\frac{4}{5} = \frac{16}{20}$, $\frac{3}{4} = \frac{15}{20}$이므로 $\frac{4}{5} \boxed{>} \frac{3}{4}$

(5) $|-8| = 8$, $|-3| = 3$이므로 $|-8| > |-3|$

$$\therefore -8 \boxed{<} -3$$

(6) $\left|-\frac{1}{2}\right| = \frac{1}{2}$, $|-1.5| = 1.5 = \frac{3}{2}$이므로

$$\left|-\frac{1}{2}\right| < |-1.5| \therefore -\frac{1}{2} \boxed{>} -1.5$$

답 (1) $<$ (2) $<$ (3) $>$ (4) $>$ (5) $<$ (6) $>$

05 $|-7| > |-4.2| > \left|-\frac{1}{2}\right|$이므로

$$-7 < -4.2 < -\frac{1}{2}$$

$|0.5| < |3|$이므로 $0.5 < 3$

양수는 음수보다 크므로

$$-7 < -4.2 < -\frac{1}{2} < 0.5 < 3$$

따라서 주어진 수를 작은 수부터 차례대로 나열하면

$$-7, -4.2, -\frac{1}{2}, 0.5, 3$$

답 -7, -4.2, $-\frac{1}{2}$, 0.5, 3

06 (3) x는 $-\frac{1}{5}$보다 작지 않고 $\frac{2}{3}$ 이하이다.

➡ x는 $-\frac{1}{5}$보다 크거나 같고 $\frac{2}{3}$ 이하이다.

$$\therefore -\frac{1}{5} \leq x \leq \frac{2}{3}$$

답 (1) $-2 < x \leq 5$ (2) $-3 \leq x < 4$ (3) $-\frac{1}{5} \leq x \leq \frac{2}{3}$

1 (1) 3 (2) 20 **2** ③
3 (1) −3, −2, −1, 0, 1, 2, 3 (2) 5 **4** −4
5 ④ **6** $-\dfrac{5}{6} \le x \le \dfrac{1}{2}$

1 (1) $a=9$, $b=6$이므로
$$a-b=9-6=3$$
(2) 절댓값이 10인 수는 10과 −10이고 10과 −10을 나타내는 두 점과 0을 나타내는 점 사이의 거리는 각각
$$|10|=10,\ |-10|=10$$
따라서 두 점 사이의 거리는 $10+10=20$
답 (1) 3 (2) 20

개념 더하기

절댓값이 $a\,(a>0)$인 두 수를 나타내는 두 점 사이의 거리
➡ $2 \times a$

2 ㄴ. $|a|=a$이면 a는 0 또는 양수이다.
이상에서 옳은 것은 ㄱ, ㄷ이다. 답 ③

3 (1) 절댓값이 3 이하인 정수는 절댓값이 0, 1, 2, 3인 정수이다.
절댓값이 0인 수는 0
절댓값이 1인 수는 1, −1
절댓값이 2인 수는 2, −2
절댓값이 3인 수는 3, −3
따라서 절댓값이 3 이하인 정수는
$$-3,\ -2,\ -1,\ 0,\ 1,\ 2,\ 3$$
(2) x는 정수이고 $|x| < \dfrac{14}{5}$이므로
$$|x|=0,\ 1,\ 2$$
$|x|=0$일 때, $x=0$
$|x|=1$일 때, $x=1,\ -1$
$|x|=2$일 때, $x=2,\ -2$
따라서 구하는 정수 x의 개수는 5이다.
답 (1) −3, −2, −1, 0, 1, 2, 3 (2) 5

4 절댓값이 같고 부호가 반대인 두 수를 나타내는 두 점 사이의 거리가 8이므로 두 수를 나타내는 두 점은 0을 나타내는 점으로부터의 거리가 각각 $8 \times \dfrac{1}{2}=4$이다.
따라서 두 수는 4, −4이고 이 중 음수는 −4이다.
답 −4

5 ① 음수는 0보다 작으므로 $0 \boxed{>} -1.7$
② 양수는 음수보다 크므로 $\dfrac{1}{2} \boxed{>} -3$
③ $\dfrac{2}{3}=\dfrac{10}{15}$, $\dfrac{3}{5}=\dfrac{9}{15}$이므로 $\dfrac{2}{3} \boxed{>} \dfrac{3}{5}$

④ $-1.5=-\dfrac{6}{4}$이므로 $\left|-1.5\right| > \left|-\dfrac{5}{4}\right|$
$$\therefore\ -1.5 \boxed{<} -\dfrac{5}{4}$$
⑤ $|-2|=2$이므로 $\dfrac{13}{6} \boxed{>} |-2|$
따라서 □ 안에 알맞은 부등호가 나머지 넷과 다른 하나는 ④이다. 답 ④

6 'x는 $-\dfrac{5}{6}$보다 작지 않고 $\dfrac{1}{2}$보다 크지 않다.'를 부등호를 사용하여 나타내면
$$-\dfrac{5}{6} \le x \le \dfrac{1}{2}$$
답 $-\dfrac{5}{6} \le x \le \dfrac{1}{2}$

01 ① 02 ⑤ 03 $a=-10$, $b=10$
04 ④ 05 ④, ⑤ 06 $-\dfrac{4}{3} \le x < 5$, 6

01 각 수의 절댓값을 구하면
① $|-9|=9$ ② $|-6|=6$ ③ $|-3|=3$
④ $|5|=5$ ⑤ $|7|=7$
$|-9| > |7| > |-6| > |5| > |-3|$이므로 0을 나타내는 점에서 가장 멀리 떨어져 있는 것은 ①이다.
답 ①

02 ⑤ 절댓값이 0인 수는 0뿐이다. 답 ⑤

03 두 수 a, b의 절댓값이 같고 a, b를 나타내는 두 점 사이의 거리가 20이므로 두 수 a, b를 나타내는 두 점은 0을 나타내는 점으로부터의 거리가 각각 $20 \times \dfrac{1}{2}=10$이다.
그런데 $a<b$이므로 $a=-10$, $b=10$
답 $a=-10$, $b=10$

04 ① $\dfrac{1}{2}=\dfrac{3}{6}$, $\dfrac{2}{3}=\dfrac{4}{6}$이므로 $\dfrac{1}{2} < \dfrac{2}{3}$
② $4.2=\dfrac{21}{5}$이므로 $4.2 > \dfrac{19}{5}$
③ 음수는 0보다 작으므로 $0 > -\dfrac{1}{3}$
④ $-2=-\dfrac{12}{6}$이고 $\left|-\dfrac{12}{6}\right| < \left|-\dfrac{13}{6}\right|$이므로
$$-2 > -\dfrac{13}{6}$$
⑤ $\left|-\dfrac{3}{4}\right|=\dfrac{3}{4}$, $|-1|=1$이므로 $\left|-\dfrac{3}{4}\right| < |-1|$
따라서 옳은 것은 ④이다. 답 ④

05 작은 수부터 차례대로 나열하면

$$-3.2,\ -\frac{3}{2},\ -1,\ \frac{2}{5},\ 2.1,\ 3$$

각 수의 절댓값을 구하면

$$|2.1|=2.1,\ |-1|=1,\ |3|=3,\ \left|-\frac{3}{2}\right|=\frac{3}{2},$$

$$\left|\frac{2}{5}\right|=\frac{2}{5},\ |-3.2|=3.2$$

④ 절댓값이 가장 큰 수는 -3.2이다.

⑤ 절댓값이 2보다 작은 수는 $-1,\ -\frac{3}{2},\ \frac{2}{5}$의 3개이다.

따라서 옳지 않은 것은 ④, ⑤이다.　　　　🖹 ④, ⑤

06 'x는 $-\frac{4}{3}$보다 작지 않고 5 미만이다.'를 부등호를 사용하여 나타내면

$$-\frac{4}{3}\leq x<5$$

이를 만족시키는 정수 x는 $-1,\ 0,\ 1,\ 2,\ 3,\ 4$의 6개이다.

🖹 $-\frac{4}{3}\leq x<5$, 6

중단원 마무리하기 　　　❯ 본문 62~65쪽

01 ⑤	**02** ③, ④	**03** ⑤	**04** ②
05 $a=-8,\ b=3$		**06** ③	**07** 6
08 $a=\frac{2}{9},\ b=-\frac{2}{9}$		**09** ⑤	**10** ④
11 ⑤	**12** 5	**13** ⑤	
14 $a=9,\ b=-1$		**15** ③	**16** $-1,\ 13$
17 ①	**18** $a=-3,\ b=7$		**19** ④
20 -4	**21** ②	**22** -8	
23 $a=9,\ b=-3$		**24** ②	

01 〔전략〕 '증가, 이익, 수입, 영상, 해발'일 때는 $+$를, '감소, 손해, 지출, 영하, 해저'일 때는 $-$를 사용한다.

① 해발 1950 m : $+1950$ m

② 영하 7 ℃ : -7 ℃

③ 20 % 올랐다. : $+20$ %

④ 3 kg 감소 : -3 kg

따라서 옳은 것은 ⑤이다.　　　　🖹 ⑤

02 〔전략〕 유리수 $\begin{cases}\text{정수} \begin{cases}\text{양의 정수 (자연수)}\\ 0 \\ \text{음의 정수}\end{cases}\\ \text{정수가 아닌 유리수}\end{cases}$

임을 이용한다.

① 자연수는 1의 1개이다.

---

② 양수는 $1,\ \frac{2}{5}$의 2개이다.

③ 정수는 $1,\ 0,\ -\frac{14}{7}=-2$의 3개이다.

④ 주어진 수는 모두 유리수이므로 유리수는 6개이다.

⑤ 정수가 아닌 유리수는 $-13.2,\ \frac{2}{5},\ -\frac{3}{11}$의 3개이다.

따라서 옳지 않은 것은 ③, ④이다.　　🖹 ③, ④

03 〔전략〕 수직선 위에 0을 나타내는 점을 기준으로 음수는 왼쪽에, 양수는 오른쪽에 나타낸다.

① A : $-\frac{8}{3}$

② B : $-\frac{4}{3}$

③ C : $-\frac{2}{3}$

④ D : $\frac{1}{3}$

따라서 옳은 것은 ⑤이다.　　　　🖹 ⑤

04 〔전략〕 정수와 유리수의 성질을 생각해 본다.

ㄴ. 정수는 양의 정수, 0, 음의 정수로 이루어져 있다.

ㅁ. 수직선 위에서 $-\frac{3}{2}$을 나타내는 점은 -1을 나타내는 점의 왼쪽에 있다.

이상에서 옳은 것은 ㄱ, ㄷ, ㄹ이다.　　🖹 ②

05 〔전략〕 절댓값이 $a\,(a>0)$인 수는 $+a,\ -a$의 2개임을 이용한다.

절댓값이 8인 수는 $8,\ -8$이고, 수직선 위에서 0을 나타내는 점의 왼쪽에 있는 수는 -8이므로

$$a=-8$$

절댓값이 3인 수는 $3,\ -3$이고, 수직선 위에서 0을 나타내는 점의 오른쪽에 있는 수는 3이므로

$$b=3$$

🖹 $a=-8,\ b=3$

06 〔전략〕 수의 절댓값이 작을수록 수직선에서 그 수를 나타내는 점은 0을 나타내는 점에서 가깝다.

각 수의 절댓값을 구하면

① $|-7|=7$

② $\left|\frac{9}{2}\right|=\frac{9}{2}$

③ $|-3.8|=3.8$

④ $|4|=4$

⑤ $\left|-\frac{25}{4}\right|=\frac{25}{4}$

따라서 $|-3.8|<|4|<\left|\frac{9}{2}\right|<\left|-\frac{25}{4}\right|<|-7|$이므로 0을 나타내는 점에서 가장 가까운 것은 ③이다.

🖹 ③

07 전략 먼저 절댓값이 2 이상 $\frac{9}{2}$ 미만인 정수를 구해 본다.

절댓값이 2 이상 $\frac{9}{2}$ 미만인 정수는 절댓값이 2, 3, 4인 정수이다.

절댓값이 2인 수는　　2, −2

절댓값이 3인 수는　　3, −3

절댓값이 4인 수는　　4, −4

따라서 구하는 정수의 개수는 6이다.　　답 6

08 전략 a, b는 절댓값이 같고 부호가 반대인 두 수임을 이용한다.

두 수 a, b의 절댓값이 같고 a, b를 나타내는 두 점 사이의 거리가 $\frac{4}{9}$이므로 두 수 a, b를 나타내는 두 점은 0을 나타내는 점으로부터의 거리가 각각 $\frac{4}{9} \times \frac{1}{2} = \frac{2}{9}$이다.

그런데 $a > b$이므로　　$a = \frac{2}{9}$, $b = -\frac{2}{9}$

답 $a = \frac{2}{9}$, $b = -\frac{2}{9}$

09 전략 양수끼리는 절댓값이 큰 수가 크고, 음수끼리는 절댓값이 큰 수가 작음을 이용한다.

① $|-1| = 1$이므로　　$|-1| > 0$

③ $\frac{3}{5} = \frac{6}{10}$이므로　　$\frac{3}{5} < \frac{7}{10}$

④ $|-4| = 4$, $|-6| = 6$이므로

$|-4| < |-6|$

$\therefore -4 > -6$

⑤ $\left|+\frac{7}{3}\right| = \frac{7}{3} = \frac{14}{6}$, $\left|-\frac{5}{2}\right| = \frac{5}{2} = \frac{15}{6}$이므로

$\left|+\frac{7}{3}\right| < \left|-\frac{5}{2}\right|$

따라서 옳지 않은 것은 ⑤이다.　　답 ⑤

10 전략 양수끼리는 절댓값이 큰 수가 크고, 음수끼리는 절댓값이 큰 수가 작음을 이용한다.

$-5 < -\frac{3}{4} < -\frac{2}{3} < 0 < 2 < 4$

④ 음수 중 가장 큰 수는 $-\frac{2}{3}$이다.

따라서 옳지 않은 것은 ④이다.　　답 ④

11 전략 '작지 않다.'는 '크거나 같다.'를 의미하고 '크지 않다.'는 '작거나 같다.'를 의미한다.

① $x \geq 5$

② $-2 < x < 6$

③ $x \leq 0$

④ $x \leq 7$

따라서 옳은 것은 ⑤이다.　　답 ⑤

12 전략 먼저 주어진 분수 $-\frac{7}{2}$과 $\frac{5}{3}$를 소수로 나타낸다.

$-\frac{7}{2} = -3.5$, $\frac{5}{3} = 1.666\cdots$이므로 $-\frac{7}{2}$과 $\frac{5}{3}$ 사이에 있는 정수는

$-3, -2, -1, 0, 1$

의 5개이다.　　답 5

13 전략 먼저 수직선 위의 점 A, B, C, D, E가 나타내는 수를 구한다.

A: $-\frac{7}{2}$, B: -2, C: $-\frac{3}{4}$, D: 1, E: $\frac{10}{3}$

③ 정수는 -2, 1의 2개이다.

④ 음수는 $-\frac{7}{2}$, -2, $-\frac{3}{4}$의 3개이다.

⑤ 주어진 수는 모두 유리수이므로 5개이다.

따라서 옳지 않은 것은 ⑤이다.

답 ⑤

14 전략 수직선 위에서 두 점의 한가운데에 있는 점은 두 점으로부터 같은 거리에 있는 점임을 이용한다.

두 수 a와 b를 나타내는 두 점 사이의 거리가 10이고 두 점의 한가운데에 있는 점이 나타내는 수가 4이므로 두 수 a, b를 나타내는 두 점은 4를 나타내는 점으로부터의 거리가 각각 $10 \times \frac{1}{2} = 5$이다.

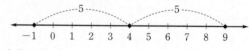

그런데 $a > b$이므로　　$a = 9$, $b = -1$

답 $a = 9$, $b = -1$

15 전략 먼저 수직선 위에 $-\frac{12}{5}$, $\frac{7}{4}$을 나타내어 본다.

수직선 위에 $-\frac{12}{5}\left(= -2\frac{2}{5}\right)$와 $\frac{7}{4}\left(= 1\frac{3}{4}\right)$을 나타내면 다음과 같다.

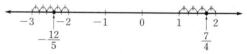

$-\frac{12}{5}$에 가장 가까운 정수는 -2이므로

$a = -2$

$\frac{7}{4}$에 가장 가까운 정수는 2이므로

$b = 2$

$\therefore |a| + |b| = |-2| + |2| = 2 + 2 = 4$

답 ③

16 〔전략〕 a의 값에 따라 경우를 나누어 생각해 본다.

$|a|=7$이므로 $a=7, -7$

(i) $a=7$일 때, 다음 그림에서 $b=-1$

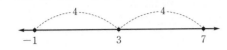

(ii) $a=-7$일 때, 다음 그림에서 $b=13$

(i), (ii)에서 구하는 b의 값은 -1, 13이다.

답 -1, 13

17 〔전략〕 절댓값의 성질을 생각해 본다.

ㄱ. $a=-2$이면 $|-2| \neq -2$이다.

ㄷ. $a=3$, $b=-3$이면 $|a|=|b|$이지만 $a \neq b$이다.

ㄹ. $a=1$, $b=-4$이면 $a>b$이지만 $|a|<|b|$이다.

이상에서 옳은 것은 ㄴ뿐이다.

답 ①

18 〔전략〕 먼저 조건 ㈎, ㈏를 만족시키는 a의 값을 구해 본다.

조건 ㈏에서 $|a|=3$이므로

$a=3, -3$

이때 조건 ㈎에서 $a<0$이므로

$a=-3$

조건 ㈐에서 $|a|+|b|=10$이고 $|a|=3$이므로

$3+|b|=10$ ∴ $|b|=7$

따라서 $b=7, -7$이고 조건 ㈎에서 $b>0$이므로

$b=7$

답 $a=-3$, $b=7$

19 〔전략〕 $\left|\dfrac{n}{5}\right| \leq 1$을 만족시키는 정수 n의 값을 구해 본다.

$\left|\dfrac{n}{5}\right| \leq 1$에서 $\left|\dfrac{n}{5}\right| \leq \left|\dfrac{5}{5}\right|$이므로

$|n| \leq 5$

n은 정수이므로

$|n|=0, 1, 2, 3, 4, 5$

$|n|=0$일 때, $n=0$

$|n|=1$일 때, $n=1, -1$

$|n|=2$일 때, $n=2, -2$

$|n|=3$일 때, $n=3, -3$

$|n|=4$일 때, $n=4, -4$

$|n|=5$일 때, $n=5, -5$

따라서 구하는 정수 n의 개수는 11이다.

답 ④

20 〔전략〕 먼저 조건 ㈎를 부등호를 사용하여 나타내어 본다.

조건 ㈎에서 A는 $-5<A \leq 3$인 정수이므로

$-4, -3, -2, -1, 0, 1, 2, 3$

이때 조건 ㈏에서 $|A|>3$이므로 이를 만족시키는 A의 값은 -4이다.

답 -4

21 〔전략〕 두 유리수 $-\dfrac{5}{7}$와 $\dfrac{1}{2}$을 분모가 14인 분수로 통분하여 두 수 사이에 있는 수를 생각해 본다.

$-\dfrac{5}{7}=-\dfrac{10}{14}$, $\dfrac{1}{2}=\dfrac{7}{14}$이므로 두 유리수 $-\dfrac{5}{7}$와 $\dfrac{1}{2}$ 사이에 있는 정수가 아닌 유리수 중에서 분모가 14인 기약분수는

$-\dfrac{9}{14}, -\dfrac{5}{14}, -\dfrac{3}{14}, -\dfrac{1}{14}, \dfrac{1}{14}, \dfrac{3}{14}, \dfrac{5}{14}$

의 7개이다.

답 ②

22 〔전략〕 조건 ㈐를 이용하여 a의 부호를 정한다.

조건 ㈎에서 $|a|$의 값이 될 수 있는 정수는 7, 8, 9이다.

조건 ㈏에서 $|a|=8$

조건 ㈐에서 a는 음수이므로

$a=-8$

답 -8

개념 더하기

① $a>0$, $b>0$ ➡ $a>b$일 때, $|a|>|b|$

② $a<0$, $b<0$ ➡ $a>b$일 때, $|a|<|b|$

23 〔전략〕 먼저 a, b의 부호를 따져 본다.

$a>b$이고 부호가 반대이므로 $a>0$, $b<0$

a의 절댓값이 b의 절댓값의 3배이므로 수직선 위에서 0을 나타내는 점으로부터 a를 나타내는 점까지의 거리는 0을 나타내는 점으로부터 b를 나타내는 점까지의 거리의 3배이다.

또 a와 b의 절댓값의 합이 12이므로 두 수 a, b를 나타내는 점을 각각 A, B라 하고 수직선 위에 나타내면 다음과 같다.

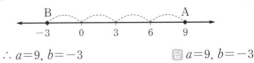

∴ $a=9$, $b=-3$

답 $a=9$, $b=-3$

24 〔전략〕 조건 ㈎, ㈏를 이용하여 a의 값을 먼저 구한다.

조건 ㈎, ㈏에서

$a=5$

조건 ㈐에서 $c>5$이므로

$a<c$

조건 ㈑에서

$c<b$

∴ $a<c<b$

이때 세 수 a, b, c를 수직선 위에 나타내면 다음과 같다.

답 ②

1 −6 2 −2 3 12
4 $a=6$, $b=-6$ 5 9
6 (1) $-5 \leq x \leq 2$ (2) 8

단계	채점 요소	배점
1	a, b를 나타내는 두 점과 0을 나타내는 점 사이의 거리 구하기	4점
2	a는 양수임을 알기	1점
3	a, b의 값 구하기	2점

1 **1단계** 두 수를 나타내는 두 점은 −1을 나타내는 점으로부터의 거리가 각각 $10 \times \frac{1}{2} = 5$이다.

2단계 두 수를 수직선 위에 점으로 나타내면 다음과 같다.

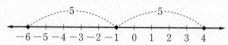

3단계 두 수는 −6과 4이므로 두 수 중에서 작은 수는 −6이다.

답 −6

2 **1단계** $-\frac{7}{3} = -2.333\cdots$, $\frac{8}{5} = 1.6$이므로 $-\frac{7}{3}$과 $\frac{8}{5}$ 사이에 있는 정수는
$$-2, \ -1, \ 0, \ 1$$
2단계 위의 수 중에서 절댓값이 가장 큰 수는 −2이다.

답 −2

3 **1단계** 양수는 $\frac{3}{11}$, $\frac{29}{4}$, 0.9, 25의 4개이므로
$$a=4$$
2단계 음수는 −3, −4.5, $-\frac{1}{5}$의 3개이므로
$$b=3$$
3단계 정수가 아닌 유리수는 $\frac{3}{11}$, −4.5, $\frac{29}{4}$, 0.9, $-\frac{1}{5}$의 5개이므로
$$c=5$$
4단계 $a+b+c=4+3+5=12$

답 12

단계	채점 요소	배점
1	a의 값 구하기	1점
2	b의 값 구하기	1점
3	c의 값 구하기	2점
4	$a+b+c$의 값 구하기	2점

4 **1단계** 조건 ㈎, ㈏에서 a, b를 나타내는 두 점은 0을 나타내는 점으로부터의 거리가 각각 $12 \times \frac{1}{2} = 6$이다.

2단계 이때 조건 ㈐에서 $|a|=a$이므로 a는 양수이다.

3단계 $a=6$, $b=-6$

답 $a=6$, $b=-6$

5 **1단계** $-\frac{10}{3} = -3.333\cdots$이므로 $-\frac{10}{3}$보다 작은 수 중에서 가장 큰 정수는 −4이다.
$$\therefore a=-4$$
2단계 $\frac{9}{2} = 4.5$이므로 $\frac{9}{2}$보다 큰 수 중에서 가장 작은 정수는 5이다.
$$\therefore b=5$$
3단계 $|a|+|b|=|-4|+|5|=4+5=9$

답 9

단계	채점 요소	배점
1	a의 값 구하기	2점
2	b의 값 구하기	2점
3	$|a|+|b|$의 값 구하기	2점

6 **1단계** (1) 주어진 문장을 부등호를 사용하여 나타내면
$$-5 \leq x \leq 2$$
2단계 (2) $-5 \leq x \leq 2$를 만족시키는 정수 x는
$$-5, \ -4, \ -3, \ -2, \ -1, \ 0, \ 1, \ 2$$
의 8개이다.

답 (1) $-5 \leq x \leq 2$ (2) 8

단계	채점 요소	배점
1	주어진 문장을 부등호를 사용하여 나타내기	3점
2	정수 x의 개수 구하기	4점

01 유리수의 덧셈과 뺄셈

▶ 본문 72~73쪽

개념원리 확인하기

01 (1) $+$, $+$, 9 (2) $-$, $+$, $-$, 8
  (3) $-$, $-$, 3, $-$, 3 (4) $+$, $-$, 4, $+$, 5

02 (1) $+11$ (2) -13 (3) -2 (4) $+9$ (5) -5
  (6) -6.1 (7) $+\dfrac{5}{3}$ (8) $+\dfrac{1}{12}$ (9) $-\dfrac{11}{14}$ (10) $-\dfrac{9}{20}$

03 ⑺ 교환 ⑻ 결합

04 (1) -2 (2) 0 (3) $+3$ (4) -1

05 (1) $+$, $-$, $-$, $+$, 5, $-$, 8
  (2) $+$, $+$, $+$, 8, $-$, 5, $+$, 3

06 (1) -4 (2) -14 (3) $+7$ (4) $+5$ (5) -1.4
  (6) $+4.2$ (7) $+\dfrac{13}{6}$ (8) $-\dfrac{7}{10}$ (9) -3 (10) $+\dfrac{1}{20}$

07 (1) $+6$ (2) -3 (3) $-\dfrac{7}{12}$

08 (1) $+9$ (2) $+2$ (3) 0

09 (1) -10 (2) 2 (3) $-\dfrac{2}{5}$

01 (1) $(+7)+(+2)=\boxed{+}(7+2)=\boxed{+}\boxed{9}$
  (2) $(-3)+(-5)=\boxed{-}(3\boxed{+}5)=\boxed{-}\boxed{8}$
  (3) $(-6)+(+3)=\boxed{-}(6\boxed{-}\boxed{3})=\boxed{-}\boxed{3}$
  (4) $(+9)+(-4)=\boxed{+}(9\boxed{-}\boxed{4})=\boxed{+}\boxed{5}$
  답 (1) $+$, $+$, 9 (2) $-$, $+$, $-$, 8
  (3) $-$, $-$, 3, $-$, 3 (4) $+$, $-$, 4, $+$, 5

02 (1) $(+4)+(+7)=+(4+7)=+11$
  (2) $(-8)+(-5)=-(8+5)=-13$
  (3) $(-11)+(+9)=-(11-9)=-2$
  (4) $(-3)+(+12)=+(12-3)=+9$
  (5) $(-0.5)+(-4.5)=-(0.5+4.5)=-5$
  (6) $(+11.4)+(-17.5)=-(17.5-11.4)=-6.1$
  (7) $\left(+\dfrac{3}{2}\right)+\left(+\dfrac{1}{6}\right)=\left(+\dfrac{9}{6}\right)+\left(+\dfrac{1}{6}\right)$
    $=+\left(\dfrac{9}{6}+\dfrac{1}{6}\right)=+\dfrac{5}{3}$
  (8) $\left(-\dfrac{5}{3}\right)+\left(+\dfrac{7}{4}\right)=\left(-\dfrac{20}{12}\right)+\left(+\dfrac{21}{12}\right)$
    $=+\left(\dfrac{21}{12}-\dfrac{20}{12}\right)=+\dfrac{1}{12}$
  (9) $(-0.5)+\left(-\dfrac{2}{7}\right)=\left(-\dfrac{1}{2}\right)+\left(-\dfrac{2}{7}\right)$
    $=\left(-\dfrac{7}{14}\right)+\left(-\dfrac{4}{14}\right)$
    $=-\left(\dfrac{7}{14}+\dfrac{4}{14}\right)=-\dfrac{11}{14}$

(10) $(+0.3)+\left(-\dfrac{3}{4}\right)=\left(+\dfrac{3}{10}\right)+\left(-\dfrac{3}{4}\right)$
    $=\left(+\dfrac{6}{20}\right)+\left(-\dfrac{15}{20}\right)$
    $=-\left(\dfrac{15}{20}-\dfrac{6}{20}\right)=-\dfrac{9}{20}$
  답 (1) $+11$ (2) -13 (3) -2 (4) $+9$ (5) -5
  (6) -6.1 (7) $+\dfrac{5}{3}$ (8) $+\dfrac{1}{12}$ (9) $-\dfrac{11}{14}$ (10) $-\dfrac{9}{20}$

03 $\left(-\dfrac{1}{5}\right)+(-2)+\left(+\dfrac{6}{5}\right)$
  $=(-2)+\left(-\dfrac{1}{5}\right)+\left(+\dfrac{6}{5}\right)$ ◀ 덧셈의 교환 법칙
  $=(-2)+\left\{\left(-\dfrac{1}{5}\right)+\left(+\dfrac{6}{5}\right)\right\}$ ◀ 덧셈의 결합 법칙
  $=(-2)+(+1)=-1$
  답 ⑺ 교환 ⑻ 결합

04 (1) $(-10)+(+2)+(+6)$
    $=(-10)+\{(+2)+(+6)\}$
    $=(-10)+(+8)=-2$
  (2) $(-5)+(+15)+(-10)$
    $=(-5)+(-10)+(+15)$
    $=\{(-5)+(-10)\}+(+15)$
    $=(-15)+(+15)=0$
  (3) $(-1.7)+(+8.5)+(-3.8)$
    $=(-1.7)+(-3.8)+(+8.5)$
    $=\{(-1.7)+(-3.8)\}+(+8.5)$
    $=(-5.5)+(+8.5)=+3$
  (4) $\left(+\dfrac{3}{4}\right)+(-3)+\left(+\dfrac{5}{4}\right)$
    $=\left(+\dfrac{3}{4}\right)+\left(+\dfrac{5}{4}\right)+(-3)$
    $=\left\{\left(+\dfrac{3}{4}\right)+\left(+\dfrac{5}{4}\right)\right\}+(-3)$
    $=(+2)+(-3)=-1$
    답 (1) -2 (2) 0 (3) $+3$ (4) -1

05 (1) $(-3)-(+5)=(-3)\boxed{+}(\boxed{-}5)$
    $=\boxed{-}(3\boxed{+}\boxed{5})=\boxed{-}\boxed{8}$
  (2) $(-5)-(-8)=(-5)\boxed{+}(\boxed{+}8)$
    $=\boxed{+}(\boxed{8}\boxed{-}\boxed{5})=\boxed{+}\boxed{3}$
    답 (1) $+$, $-$, $-$, $+$, 5, $-$, 8
    (2) $+$, $+$, $+$, 8, $-$, 5, $+$, 3

06 (1) $(+8)-(+12)=(+8)+(-12)$
    $=-(12-8)=-4$
  (2) $(-7)-(+7)=(-7)+(-7)$
    $=-(7+7)=-14$
  (3) $(+2)-(-5)=(+2)+(+5)$
    $=+(2+5)=+7$

(4) $(-6)-(-11)=(-6)+(+11)$
$\qquad = +(11-6)=+5$

(5) $(+4.3)-(+5.7)=(+4.3)+(-5.7)$
$\qquad = -(5.7-4.3)=-1.4$

(6) $(-1.9)-(-6.1)=(-1.9)+(+6.1)$
$\qquad = +(6.1-1.9)=+4.2$

(7) $\left(+\dfrac{5}{6}\right)-\left(-\dfrac{4}{3}\right)=\left(+\dfrac{5}{6}\right)+\left(+\dfrac{4}{3}\right)$
$\qquad = \left(+\dfrac{5}{6}\right)+\left(+\dfrac{8}{6}\right)$
$\qquad = +\left(\dfrac{5}{6}+\dfrac{8}{6}\right)=+\dfrac{13}{6}$

(8) $\left(-\dfrac{1}{2}\right)-\left(+\dfrac{1}{5}\right)=\left(-\dfrac{1}{2}\right)+\left(-\dfrac{1}{5}\right)$
$\qquad = \left(-\dfrac{5}{10}\right)+\left(-\dfrac{2}{10}\right)$
$\qquad = -\left(\dfrac{5}{10}+\dfrac{2}{10}\right)=-\dfrac{7}{10}$

(9) $(+1.5)-\left(+\dfrac{9}{2}\right)=(+1.5)+\left(-\dfrac{9}{2}\right)$
$\qquad = \left(+\dfrac{3}{2}\right)+\left(-\dfrac{9}{2}\right)$
$\qquad = -\left(\dfrac{9}{2}-\dfrac{3}{2}\right)=-3$

(10) $\left(-\dfrac{1}{4}\right)-(-0.3)=\left(-\dfrac{1}{4}\right)+(+0.3)$
$\qquad = \left(-\dfrac{1}{4}\right)+\left(+\dfrac{3}{10}\right)$
$\qquad = \left(-\dfrac{5}{20}\right)+\left(+\dfrac{6}{20}\right)$
$\qquad = +\left(\dfrac{6}{20}-\dfrac{5}{20}\right)=+\dfrac{1}{20}$

달 (1) -4 (2) -14 (3) $+7$ (4) $+5$ (5) -1.4
(6) $+4.2$ (7) $+\dfrac{13}{6}$ (8) $-\dfrac{7}{10}$ (9) -3 (10) $+\dfrac{1}{20}$

07 (1) $(+10)-(-3)-(+7)$
$\qquad = (+10)+(+3)+(-7)$
$\qquad = \{(+10)+(+3)\}+(-7)$
$\qquad = (+13)+(-7)=+6$

(2) $(-3.2)-(+1.8)-(-2)$
$\qquad = (-3.2)+(-1.8)+(+2)$
$\qquad = \{(-3.2)+(-1.8)\}+(+2)$
$\qquad = (-5)+(+2)=-3$

(3) $\left(-\dfrac{1}{3}\right)-\left(-\dfrac{5}{4}\right)-\left(+\dfrac{3}{2}\right)$
$\qquad = \left(-\dfrac{1}{3}\right)+\left(+\dfrac{5}{4}\right)+\left(-\dfrac{3}{2}\right)$
$\qquad = \left(-\dfrac{1}{3}\right)+\left(-\dfrac{3}{2}\right)+\left(+\dfrac{5}{4}\right)$
$\qquad = \left\{\left(-\dfrac{2}{6}\right)+\left(-\dfrac{9}{6}\right)\right\}+\left(+\dfrac{5}{4}\right)$
$\qquad = \left(-\dfrac{11}{6}\right)+\left(+\dfrac{5}{4}\right)=\left(-\dfrac{22}{12}\right)+\left(+\dfrac{15}{12}\right)=-\dfrac{7}{12}$

달 (1) $+6$ (2) -3 (3) $-\dfrac{7}{12}$

08 (1) $(-2)+(+5)-(-6)$
$\qquad = (-2)+(+5)+(+6)$
$\qquad = (-2)+\{(+5)+(+6)\}$
$\qquad = (-2)+(+11)$
$\qquad = +9$

(2) $(+2.5)-(+2.8)-(-5.5)+(-3.2)$
$\qquad = (+2.5)+(-2.8)+(+5.5)+(-3.2)$
$\qquad = (+2.5)+(+5.5)+(-2.8)+(-3.2)$
$\qquad = \{(+2.5)+(+5.5)\}+\{(-2.8)+(-3.2)\}$
$\qquad = (+8)+(-6)$
$\qquad = +2$

(3) $\left(+\dfrac{1}{2}\right)+\left(-\dfrac{5}{3}\right)-\left(-\dfrac{3}{2}\right)-\left(+\dfrac{1}{3}\right)$
$\qquad = \left(+\dfrac{1}{2}\right)+\left(-\dfrac{5}{3}\right)+\left(+\dfrac{3}{2}\right)+\left(-\dfrac{1}{3}\right)$
$\qquad = \left(+\dfrac{1}{2}\right)+\left(+\dfrac{3}{2}\right)+\left(-\dfrac{5}{3}\right)+\left(-\dfrac{1}{3}\right)$
$\qquad = \left\{\left(+\dfrac{1}{2}\right)+\left(+\dfrac{3}{2}\right)\right\}+\left\{\left(-\dfrac{5}{3}\right)+\left(-\dfrac{1}{3}\right)\right\}$
$\qquad = (+2)+(-2)$
$\qquad = 0$

달 (1) $+9$ (2) $+2$ (3) 0

09 (1) $4-12+5-7$
$\qquad = (+4)-(+12)+(+5)-(+7)$
$\qquad = (+4)+(-12)+(+5)+(-7)$
$\qquad = (+4)+(+5)+(-12)+(-7)$
$\qquad = \{(+4)+(+5)\}+\{(-12)+(-7)\}$
$\qquad = (+9)+(-19)$
$\qquad = -10$

(2) $-1.7-4.5+8.2$
$\qquad = (-1.7)-(+4.5)+(+8.2)$
$\qquad = (-1.7)+(-4.5)+(+8.2)$
$\qquad = \{(-1.7)+(-4.5)\}+(+8.2)$
$\qquad = (-6.2)+(+8.2)$
$\qquad = 2$

(3) $-\dfrac{1}{2}+\dfrac{2}{5}-\dfrac{3}{10}=\left(-\dfrac{1}{2}\right)+\left(+\dfrac{2}{5}\right)-\left(+\dfrac{3}{10}\right)$
$\qquad = \left(-\dfrac{1}{2}\right)+\left(+\dfrac{2}{5}\right)+\left(-\dfrac{3}{10}\right)$
$\qquad = \left(-\dfrac{1}{2}\right)+\left(-\dfrac{3}{10}\right)+\left(+\dfrac{2}{5}\right)$
$\qquad = \left\{\left(-\dfrac{5}{10}\right)+\left(-\dfrac{3}{10}\right)\right\}+\left(+\dfrac{2}{5}\right)$
$\qquad = \left(-\dfrac{4}{5}\right)+\left(+\dfrac{2}{5}\right)$
$\qquad = -\dfrac{2}{5}$

달 (1) -10 (2) 2 (3) $-\dfrac{2}{5}$

1 ④ **2** (1) -3 (2) 0 **3** ⑤

4 (1) 2 (2) $-\dfrac{11}{4}$ **5** (1) -13 (2) $\dfrac{1}{4}$

6 $-\dfrac{1}{6}$ **7** $\dfrac{5}{6}$ **8** $\dfrac{3}{20}$

---

1 ① $(-2)+(-5)=-(2+5)=-7$

② $(+5.1)+(-3.6)=+(5.1-3.6)=1.5$

③ $(+2.1)+(-4.3)=-(4.3-2.1)=-2.2$

④ $\left(-\dfrac{5}{6}\right)+\left(+\dfrac{2}{3}\right)=\left(-\dfrac{5}{6}\right)+\left(+\dfrac{4}{6}\right)$
$=-\left(\dfrac{5}{6}-\dfrac{4}{6}\right)=-\dfrac{1}{6}$

⑤ $\left(-\dfrac{2}{3}\right)+\left(-\dfrac{1}{7}\right)=\left(-\dfrac{14}{21}\right)+\left(-\dfrac{3}{21}\right)$
$=-\left(\dfrac{14}{21}+\dfrac{3}{21}\right)=-\dfrac{17}{21}$

따라서 옳지 않은 것은 ④이다. **답 ④**

2 (1) $(+7)+(-3)+(-7)$
$=(-3)+(+7)+(-7)$
$=(-3)+\{(+7)+(-7)\}$
$=(-3)+0=-3$

(2) $\left(+\dfrac{2}{3}\right)+\left(-\dfrac{1}{2}\right)+\left(-\dfrac{5}{3}\right)+\left(+\dfrac{3}{2}\right)$
$=\left(+\dfrac{2}{3}\right)+\left(-\dfrac{5}{3}\right)+\left(-\dfrac{1}{2}\right)+\left(+\dfrac{3}{2}\right)$
$=\left\{\left(+\dfrac{2}{3}\right)+\left(-\dfrac{5}{3}\right)\right\}+\left\{\left(-\dfrac{1}{2}\right)+\left(+\dfrac{3}{2}\right)\right\}$
$=(-1)+(+1)=0$ **답 (1) -3 (2) 0**

3 ① $(+8)-(-12)=(+8)+(+12)$
$=+(8+12)=20$

② $(-1.3)-(+5.6)=(-1.3)+(-5.6)$
$=-(1.3+5.6)=-6.9$

③ $(+1)-\left(+\dfrac{3}{4}\right)=(+1)+\left(-\dfrac{3}{4}\right)$
$=\left(+\dfrac{4}{4}\right)+\left(-\dfrac{3}{4}\right)$
$=+\left(\dfrac{4}{4}-\dfrac{3}{4}\right)=\dfrac{1}{4}$

④ $\left(-\dfrac{1}{4}\right)-\left(+\dfrac{13}{4}\right)=\left(-\dfrac{1}{4}\right)+\left(-\dfrac{13}{4}\right)$
$=-\left(\dfrac{1}{4}+\dfrac{13}{4}\right)=-\dfrac{7}{2}$

⑤ $\left(-\dfrac{3}{5}\right)-\left(-\dfrac{2}{3}\right)=\left(-\dfrac{3}{5}\right)+\left(+\dfrac{2}{3}\right)$
$=\left(-\dfrac{9}{15}\right)+\left(+\dfrac{10}{15}\right)$
$=+\left(\dfrac{10}{15}-\dfrac{9}{15}\right)=\dfrac{1}{15}$

따라서 옳은 것은 ⑤이다. **답 ⑤**

4 (1) $(-6)-(+3.3)+(-1.7)-(-13)$
$=(-6)+(-3.3)+(-1.7)+(+13)$
$=\{(-6)+(+13)\}+\{(-3.3)+(-1.7)\}$
$=(+7)+(-5)=2$

(2) $\left(-\dfrac{4}{5}\right)+\left(-\dfrac{9}{4}\right)-\left(+\dfrac{6}{5}\right)-\left(-\dfrac{3}{2}\right)$
$=\left(-\dfrac{4}{5}\right)+\left(-\dfrac{9}{4}\right)+\left(-\dfrac{6}{5}\right)+\left(+\dfrac{3}{2}\right)$
$=\left(-\dfrac{4}{5}\right)+\left(-\dfrac{6}{5}\right)+\left(-\dfrac{9}{4}\right)+\left(+\dfrac{3}{2}\right)$
$=\left\{\left(-\dfrac{4}{5}\right)+\left(-\dfrac{6}{5}\right)\right\}+\left\{\left(-\dfrac{9}{4}\right)+\left(+\dfrac{6}{4}\right)\right\}$
$=(-2)+\left(-\dfrac{3}{4}\right)$
$=\left(-\dfrac{8}{4}\right)+\left(-\dfrac{3}{4}\right)=-\dfrac{11}{4}$

답 (1) 2 (2) $-\dfrac{11}{4}$

5 (1) $-5+4-13+7+6-12$
$=(-5)+(+4)-(+13)+(+7)+(+6)-(+12)$
$=(-5)+(+4)+(-13)+(+7)+(+6)+(-12)$
$=(-5)+(-13)+(-12)+(+4)+(+7)+(+6)$
$=\{(-5)+(-13)+(-12)\}$
$\quad+\{(+4)+(+7)+(+6)\}$
$=(-30)+(+17)=-13$

(2) $-\dfrac{3}{4}+\dfrac{1}{2}-\dfrac{1}{3}+\dfrac{5}{6}$
$=\left(-\dfrac{3}{4}\right)+\left(+\dfrac{1}{2}\right)-\left(+\dfrac{1}{3}\right)+\left(+\dfrac{5}{6}\right)$
$=\left(-\dfrac{9}{12}\right)+\left(+\dfrac{6}{12}\right)+\left(-\dfrac{4}{12}\right)+\left(+\dfrac{10}{12}\right)$
$=\left(-\dfrac{9}{12}\right)+\left(-\dfrac{4}{12}\right)+\left(+\dfrac{6}{12}\right)+\left(+\dfrac{10}{12}\right)$
$=\left\{\left(-\dfrac{9}{12}\right)+\left(-\dfrac{4}{12}\right)\right\}+\left\{\left(+\dfrac{6}{12}\right)+\left(+\dfrac{10}{12}\right)\right\}$
$=\left(-\dfrac{13}{12}\right)+\left(+\dfrac{16}{12}\right)=\dfrac{1}{4}$

답 (1) -13 (2) $\dfrac{1}{4}$

6 $a=1+\left(-\dfrac{2}{3}\right)=\dfrac{3}{3}+\left(-\dfrac{2}{3}\right)=\dfrac{1}{3}$

$b=-3-\left(-\dfrac{5}{2}\right)=-\dfrac{6}{2}+\dfrac{5}{2}=-\dfrac{1}{2}$

$\therefore a+b=\dfrac{1}{3}+\left(-\dfrac{1}{2}\right)=\dfrac{2}{6}+\left(-\dfrac{3}{6}\right)=-\dfrac{1}{6}$

답 $-\dfrac{1}{6}$

개념 더하기

① 어떤 수보다 A만큼 큰 수
➡ (어떤 수)$+A$

② 어떤 수보다 A만큼 작은 수
➡ (어떤 수)$-A$

7 $-\dfrac{1}{3}+\dfrac{1}{2}+\square=1$에서

$$-\dfrac{2}{6}+\dfrac{3}{6}+\square=1, \qquad \dfrac{1}{6}+\square=1$$

$$\therefore \square=1-\dfrac{1}{6}=\dfrac{6}{6}-\dfrac{1}{6}=\dfrac{5}{6}$$

답 $\dfrac{5}{6}$

덧셈과 뺄셈 사이의 관계

① ■＋▲＝●
　➡ ■＝●－▲, ▲＝●－■

② ■－▲＝●
　➡ ■＝●＋▲, ▲＝■－●

8 어떤 수를 $\square$라 하면

$$\square-\dfrac{1}{5}=-\dfrac{1}{4}$$

$$\therefore \square=-\dfrac{1}{4}+\dfrac{1}{5}=-\dfrac{5}{20}+\dfrac{4}{20}=-\dfrac{1}{20}$$

따라서 바르게 계산하면

$$-\dfrac{1}{20}+\dfrac{1}{5}=-\dfrac{1}{20}+\dfrac{4}{20}=\dfrac{3}{20}$$

답 $\dfrac{3}{20}$

계산력 강화하기　　　▶본문 78쪽

01 (1) 16　(2) 7　(3) -13　(4) -37　(5) 2.5　(6) -6
　　(7) $-\dfrac{1}{18}$　(8) $-\dfrac{9}{10}$

02 (1) -3　(2) -26　(3) 30　(4) 19　(5) -4.9　(6) 4
　　(7) $\dfrac{1}{12}$　(8) $-\dfrac{1}{14}$

03 (1) -8　(2) 2　(3) -5　(4) 3　(5) 4　(6) 0.5　(7) -3
　　(8) -1　(9) $\dfrac{2}{3}$

04 (1) -4　(2) 4　(3) 5　(4) $\dfrac{5}{24}$　(5) $\dfrac{1}{3}$

---

01 (1) $(+9)+(+7)=+(9+7)=16$
　　(2) $(-8)+(+15)=+(15-8)=7$
　　(3) $(+4)+(-17)=-(17-4)=-13$
　　(4) $(-11)+(-26)=-(11+26)=-37$
　　(5) $(+3.8)+(-1.3)=+(3.8-1.3)=2.5$
　　(6) $(-1.9)+(-4.1)=-(1.9+4.1)=-6$
　　(7) $\left(-\dfrac{5}{6}\right)+\left(+\dfrac{7}{9}\right)=\left(-\dfrac{15}{18}\right)+\left(+\dfrac{14}{18}\right)$
　　　　　$=-\left(\dfrac{15}{18}-\dfrac{14}{18}\right)=-\dfrac{1}{18}$
　　(8) $\left(-\dfrac{1}{2}\right)+\left(-\dfrac{2}{5}\right)=\left(-\dfrac{5}{10}\right)+\left(-\dfrac{4}{10}\right)$
　　　　　$=-\left(\dfrac{5}{10}+\dfrac{4}{10}\right)=-\dfrac{9}{10}$

답 (1) 16　(2) 7　(3) -13　(4) -37　(5) 2.5
　　(6) -6　(7) $-\dfrac{1}{18}$　(8) $-\dfrac{9}{10}$

02 (1) $(+5)-(+8)=(+5)+(-8)$
　　　　　$=-(8-5)=-3$
　　(2) $(-16)-(+10)=(-16)+(-10)$
　　　　　$=-(16+10)=-26$
　　(3) $(+12)-(-18)=(+12)+(+18)$
　　　　　$=+(12+18)=30$
　　(4) $(-21)-(-40)=(-21)+(+40)$
　　　　　$=+(40-21)=19$
　　(5) $(-0.7)-(+4.2)=(-0.7)+(-4.2)$
　　　　　$=-(0.7+4.2)=-4.9$
　　(6) $(+2.5)-(-1.5)=(+2.5)+(+1.5)$
　　　　　$=+(2.5+1.5)=4$
　　(7) $\left(+\dfrac{3}{4}\right)-\left(+\dfrac{2}{3}\right)=\left(+\dfrac{3}{4}\right)+\left(-\dfrac{2}{3}\right)$
　　　　　$=\left(+\dfrac{9}{12}\right)+\left(-\dfrac{8}{12}\right)$
　　　　　$=+\left(\dfrac{9}{12}-\dfrac{8}{12}\right)=\dfrac{1}{12}$
　　(8) $\left(-\dfrac{2}{7}\right)-\left(-\dfrac{3}{14}\right)=\left(-\dfrac{2}{7}\right)+\left(+\dfrac{3}{14}\right)$
　　　　　$=\left(-\dfrac{4}{14}\right)+\left(+\dfrac{3}{14}\right)$
　　　　　$=-\left(\dfrac{4}{14}-\dfrac{3}{14}\right)=-\dfrac{1}{14}$

답 (1) -3　(2) -26　(3) 30　(4) 19
　　(5) -4.9　(6) 4　(7) $\dfrac{1}{12}$　(8) $-\dfrac{1}{14}$

03 (1) $(+9)+(-12)-(+5)$
　　　$=(+9)+(-12)+(-5)$
　　　$=(+9)+\{(-12)+(-5)\}$
　　　$=(+9)+(-17)=-8$
　　(2) $(-10)-(-5)+(+7)$
　　　$=(-10)+(+5)+(+7)$
　　　$=(-10)+\{(+5)+(+7)\}$
　　　$=(-10)+(+12)=2$
　　(3) $(-21)+(+15)-(+8)-(-9)$
　　　$=(-21)+(+15)+(-8)+(+9)$
　　　$=(-21)+(-8)+(+15)+(+9)$
　　　$=\{(-21)+(-8)\}+\{(+15)+(+9)\}$
　　　$=(-29)+(+24)=-5$
　　(4) $(+1.5)+(-3.7)-(-5.2)$
　　　$=(+1.5)+(-3.7)+(+5.2)$
　　　$=(-3.7)+(+1.5)+(+5.2)$
　　　$=(-3.7)+\{(+1.5)+(+5.2)\}$
　　　$=(-3.7)+(+6.7)=3$

(5) $(-4.9)-(-10)+(-1.1)$
$=(-4.9)+(+10)+(-1.1)$
$=(-4.9)+(-1.1)+(+10)$
$=\{(-4.9)+(-1.1)\}+(+10)$
$=(-6)+(+10)=4$

(6) $(+1.4)-(+3.6)-(-5.4)+(-2.7)$
$=(+1.4)+(-3.6)+(+5.4)+(-2.7)$
$=(+1.4)+(+5.4)+(-3.6)+(-2.7)$
$=\{(+1.4)+(+5.4)\}+\{(-3.6)+(-2.7)\}$
$=(+6.8)+(-6.3)=0.5$

(7) $\left(-\dfrac{7}{2}\right)+\left(+\dfrac{5}{6}\right)-\left(+\dfrac{1}{3}\right)$
$=\left(-\dfrac{7}{2}\right)+\left(+\dfrac{5}{6}\right)+\left(-\dfrac{1}{3}\right)$
$=\left(-\dfrac{7}{2}\right)+\left(-\dfrac{1}{3}\right)+\left(+\dfrac{5}{6}\right)$
$=\left\{\left(-\dfrac{21}{6}\right)+\left(-\dfrac{2}{6}\right)\right\}+\left(+\dfrac{5}{6}\right)$
$=\left(-\dfrac{23}{6}\right)+\left(+\dfrac{5}{6}\right)=-3$

(8) $\left(+\dfrac{3}{5}\right)-\left(-\dfrac{1}{2}\right)+(-2.1)$
$=\left(+\dfrac{3}{5}\right)+\left(+\dfrac{1}{2}\right)+(-2.1)$
$=\left\{\left(+\dfrac{6}{10}\right)+\left(+\dfrac{5}{10}\right)\right\}+(-2.1)$
$=\left(+\dfrac{11}{10}\right)+\left(-\dfrac{21}{10}\right)=-1$

(9) $\left(+\dfrac{4}{3}\right)+\left(-\dfrac{1}{2}\right)+\left(+\dfrac{3}{2}\right)-\left(+\dfrac{5}{3}\right)$
$=\left(+\dfrac{4}{3}\right)+\left(-\dfrac{1}{2}\right)+\left(+\dfrac{3}{2}\right)+\left(-\dfrac{5}{3}\right)$
$=\left(+\dfrac{4}{3}\right)+\left(-\dfrac{5}{3}\right)+\left(-\dfrac{1}{2}\right)+\left(+\dfrac{3}{2}\right)$
$=\left\{\left(+\dfrac{4}{3}\right)+\left(-\dfrac{5}{3}\right)\right\}+\left\{\left(-\dfrac{1}{2}\right)+\left(+\dfrac{3}{2}\right)\right\}$
$=\left(-\dfrac{1}{3}\right)+(+1)=\dfrac{2}{3}$

$\boxed{\text{답}}$ (1) -8　(2) 2　(3) -5　(4) 3　(5) 4
(6) 0.5　(7) -3　(8) -1　(9) $\dfrac{2}{3}$

04 (1) $-9+7-2=(-9)+(+7)-(+2)$
$=(-9)+(+7)+(-2)$
$=(+7)+(-9)+(-2)$
$=(+7)+\{(-9)+(-2)\}$
$=(+7)+(-11)=-4$

(2) $6-9+12-5$
$=(+6)-(+9)+(+12)-(+5)$
$=(+6)+(-9)+(+12)+(-5)$
$=(+6)+(+12)+(-9)+(-5)$
$=\{(+6)+(+12)\}+\{(-9)+(-5)\}$
$=(+18)+(-14)=4$

(3) $-3.2-1.5+9.7$
$=(-3.2)-(+1.5)+(+9.7)$
$=(-3.2)+(-1.5)+(+9.7)$
$=\{(-3.2)+(-1.5)\}+(+9.7)$
$=(-4.7)+(+9.7)=5$

(4) $-\dfrac{2}{3}+\dfrac{5}{4}-\dfrac{3}{8}$
$=\left(-\dfrac{2}{3}\right)+\left(+\dfrac{5}{4}\right)-\left(+\dfrac{3}{8}\right)$
$=\left(-\dfrac{2}{3}\right)+\left(+\dfrac{5}{4}\right)+\left(-\dfrac{3}{8}\right)$
$=\left(-\dfrac{2}{3}\right)+\left(-\dfrac{3}{8}\right)+\left(+\dfrac{5}{4}\right)$
$=\left\{\left(-\dfrac{16}{24}\right)+\left(-\dfrac{9}{24}\right)\right\}+\left(+\dfrac{5}{4}\right)$
$=\left(-\dfrac{25}{24}\right)+\left(+\dfrac{30}{24}\right)=\dfrac{5}{24}$

(5) $\dfrac{7}{6}-\dfrac{7}{12}+\dfrac{1}{4}-\dfrac{1}{2}$
$=\left(+\dfrac{7}{6}\right)-\left(+\dfrac{7}{12}\right)+\left(+\dfrac{1}{4}\right)-\left(+\dfrac{1}{2}\right)$
$=\left(+\dfrac{7}{6}\right)+\left(-\dfrac{7}{12}\right)+\left(+\dfrac{1}{4}\right)+\left(-\dfrac{1}{2}\right)$
$=\left(+\dfrac{7}{6}\right)+\left(+\dfrac{1}{4}\right)+\left(-\dfrac{7}{12}\right)+\left(-\dfrac{1}{2}\right)$
$=\left\{\left(+\dfrac{7}{6}\right)+\left(+\dfrac{1}{4}\right)\right\}+\left\{\left(-\dfrac{7}{12}\right)+\left(-\dfrac{1}{2}\right)\right\}$
$=\left\{\left(+\dfrac{14}{12}\right)+\left(+\dfrac{3}{12}\right)\right\}+\left\{\left(-\dfrac{7}{12}\right)+\left(-\dfrac{6}{12}\right)\right\}$
$=\left(+\dfrac{17}{12}\right)+\left(-\dfrac{13}{12}\right)=\dfrac{1}{3}$

$\boxed{\text{답}}$ (1) -4　(2) 4　(3) 5　(4) $\dfrac{5}{24}$　(5) $\dfrac{1}{3}$

이런 문제가 시험 에 나온다			▶ 본문 79~80쪽
01 ④	02 ①	03 $-\dfrac{7}{2}$	04 ③, ⑤
05 ⑤	06 ②	07 -1	08 $\dfrac{22}{5}$
09 12			

01 ① $(-3)+(+9)=+(9-3)=6$
② $(-2)+(-5)=-(2+5)=-7$
③ $(+7)+(-12)=-(12-7)=-5$
④ $(+8.5)+(-2.1)=+(8.5-2.1)=6.4$
⑤ $(-1)+(+5.7)=+(5.7-1)=4.7$
따라서 계산 결과가 가장 큰 것은 ④이다. $\boxed{\text{답}}$ ④

02 $(-1.8)+\left(+\dfrac{3}{4}\right)+(-1.2)+\left(+\dfrac{1}{4}\right)$ ┐ 덧셈의 **교환** 법칙

$=(-1.8)+(-1.2)+\left(+\dfrac{3}{4}\right)+\left(+\dfrac{1}{4}\right)$ ┘ 덧셈의 **결합** 법칙

$=\{(-1.8)+(-1.2)\}+\left\{\left(+\dfrac{3}{4}\right)+\left(+\dfrac{1}{4}\right)\right\}$

$=(\boxed{-3})+(+1)$

$=\boxed{-2}$

$\therefore$ ㈎ 교환　㈏ 결합　㈐ -3　㈑ -2

답 ①

03 $\left|+\dfrac{1}{6}\right|<\left|+\dfrac{1}{2}\right|<|-1|<|-2.1|<\left|-\dfrac{10}{3}\right|$ 이므로

$A=-\dfrac{10}{3},\ B=+\dfrac{1}{6}$

$\therefore A-B=\left(-\dfrac{10}{3}\right)-\left(+\dfrac{1}{6}\right)$

$=\left(-\dfrac{20}{6}\right)+\left(-\dfrac{1}{6}\right)=-\dfrac{7}{2}$

답 $-\dfrac{7}{2}$

04 주어진 그림은 0을 나타내는 점에서 오른쪽으로 2만큼 이동한 다음 다시 왼쪽으로 6만큼 이동한 것이 0을 나타내는 점에서 왼쪽으로 4만큼 이동한 것과 같음을 나타낸다.

따라서 설명할 수 있는 계산식은

$(+2)-(+6)=-4$ 또는 $(+2)+(-6)=-4$

답 ③, ⑤

05 ② $(+0.7)+\left(-\dfrac{2}{3}\right)-\left(-\dfrac{3}{10}\right)$

$=\left(+\dfrac{7}{10}\right)+\left(-\dfrac{2}{3}\right)+\left(+\dfrac{3}{10}\right)$

$=\left(+\dfrac{21}{30}\right)+\left(-\dfrac{20}{30}\right)+\left(+\dfrac{9}{30}\right)=\dfrac{1}{3}$

③ $(-4)+(+8)-(+7)-(-10)$

$=(-4)+(+8)+(-7)+(+10)=7$

④ $-2.4-6.3+1.2$

$=(-2.4)-(+6.3)+(+1.2)$

$=(-2.4)+(-6.3)+(+1.2)$

$=(-8.7)+(+1.2)=-7.5$

⑤ $-\dfrac{3}{2}+\dfrac{5}{3}-\dfrac{7}{6}+2$

$=\left(-\dfrac{3}{2}\right)+\left(+\dfrac{5}{3}\right)-\left(+\dfrac{7}{6}\right)+(+2)$

$=\left(-\dfrac{3}{2}\right)+\left(+\dfrac{5}{3}\right)+\left(-\dfrac{7}{6}\right)+(+2)$

$=\left(-\dfrac{3}{2}\right)+\left(-\dfrac{7}{6}\right)+\left(+\dfrac{5}{3}\right)+(+2)$

$=\left\{\left(-\dfrac{9}{6}\right)+\left(-\dfrac{7}{6}\right)\right\}+\left\{\left(+\dfrac{5}{3}\right)+\left(+\dfrac{6}{3}\right)\right\}$

$=\left(-\dfrac{8}{3}\right)+\left(+\dfrac{11}{3}\right)=1$

따라서 옳지 않은 것은 ⑤이다.

답 ⑤

06 ㄱ. $4+(-5)=-1$

ㄴ. $-6+7=1$

ㄷ. $8-9=-1$

ㄹ. $-2-(-4)=-2+4=2$

따라서 서로 같은 수는 ㄱ, ㄷ이다.

답 ②

07 $A+\left(-\dfrac{1}{2}\right)=-\dfrac{3}{10}$ 에서

$A=-\dfrac{3}{10}-\left(-\dfrac{1}{2}\right)=-\dfrac{3}{10}+\dfrac{5}{10}=\dfrac{1}{5}$

또 $-2.5-B=-1.3$ 에서

$B=-2.5-(-1.3)=-2.5+1.3=-1.2$

$\therefore A+B=\dfrac{1}{5}+(-1.2)=\dfrac{1}{5}+\left(-\dfrac{6}{5}\right)=-1$

답 -1

08 어떤 수를 □라 하면

$□+\left(-\dfrac{3}{2}\right)=\dfrac{7}{5}$

$\therefore □=\dfrac{7}{5}-\left(-\dfrac{3}{2}\right)=\dfrac{14}{10}+\dfrac{15}{10}=\dfrac{29}{10}$

따라서 바르게 계산하면

$\dfrac{29}{10}-\left(-\dfrac{3}{2}\right)=\dfrac{29}{10}+\dfrac{15}{10}=\dfrac{22}{5}$

답 $\dfrac{22}{5}$

09 $0+(-1)+(-2)+10=7$ 이므로

$a+(-4)+5+0=7,\qquad a+1=7$

$\therefore a=7-1=6$

$a+(-3)+b+10=7$ 에서

$6+(-3)+b+10=7,\qquad b+13=7$

$\therefore b=7-13=-6$

$\therefore a-b=6-(-6)=6+6=12$

답 12

02 유리수의 곱셈

▶ 본문 83쪽

개념원리 확인하기

01 (1) $+$, $+$, 21　(2) $+$, $+$, 24　(3) $-$, $-$, 30

(4) $-$, $-$, 60

02 (1) $+40$　(2) -54　(3) $+\dfrac{1}{2}$　(4) $+6$　(5) -9

(6) $-\dfrac{1}{6}$

03 ㈎ 교환　㈏ 결합

04 (1) -120　(2) -10　(3) $+2$

05 (1) $+16$　(2) -8　(3) -25　(4) $+1$　(5) $+\dfrac{1}{4}$

(6) $-\dfrac{1}{27}$

01
(1) $(+7) \times (+3) = \boxed{+}(7 \times 3) = \boxed{+}\boxed{21}$
(2) $(-12) \times (-2) = \boxed{+}(12 \times 2) = \boxed{+}\boxed{24}$
(3) $(+5) \times (-6) = \boxed{-}(5 \times 6) = \boxed{-}\boxed{30}$
(4) $(-15) \times (+4) = \boxed{-}(15 \times 4) = \boxed{-}\boxed{60}$

답 (1) $+, +, 21$ (2) $+, +, 24$
(3) $-, -, 30$ (4) $-, -, 60$

02
(1) $(-8) \times (-5) = +(8 \times 5) = +40$
(2) $(+6) \times (-9) = -(6 \times 9) = -54$
(3) $\left(+\dfrac{3}{5}\right) \times \left(+\dfrac{5}{6}\right) = +\left(\dfrac{3}{5} \times \dfrac{5}{6}\right) = +\dfrac{1}{2}$
(4) $\left(-\dfrac{4}{3}\right) \times \left(-\dfrac{9}{2}\right) = +\left(\dfrac{4}{3} \times \dfrac{9}{2}\right) = +6$
(5) $(+12) \times \left(-\dfrac{3}{4}\right) = -\left(12 \times \dfrac{3}{4}\right) = -9$
(6) $(-2.5) \times \left(+\dfrac{1}{15}\right) = -\left(\dfrac{5}{2} \times \dfrac{1}{15}\right) = -\dfrac{1}{6}$

답 (1) $+40$ (2) -54 (3) $+\dfrac{1}{2}$
(4) $+6$ (5) -9 (6) $-\dfrac{1}{6}$

03
$(-20) \times (-0.13) \times (+5)$
$= (-20) \times (+5) \times (-0.13)$ ← 곱셈의 $\boxed{교환}$ 법칙
$= \{(-20) \times (+5)\} \times (-0.13)$ ← 곱셈의 $\boxed{결합}$ 법칙
$= (-100) \times (-0.13) = +13$

답 ㈎ 교환 ㈏ 결합

04
(1) $(-3) \times (+8) \times (+5) = -(3 \times 8 \times 5) = -120$
(2) $(-4) \times (-6) \times \left(-\dfrac{5}{12}\right) = -\left(4 \times 6 \times \dfrac{5}{12}\right) = -10$
(3) $\left(-\dfrac{2}{3}\right) \times (+14) \times \left(-\dfrac{3}{7}\right) \times \left(+\dfrac{1}{2}\right)$
$= +\left(\dfrac{2}{3} \times 14 \times \dfrac{3}{7} \times \dfrac{1}{2}\right) = +2$

답 (1) -120 (2) -10 (3) $+2$

05
(1) $(-4)^2 = (-4) \times (-4) = +(4 \times 4) = +16$
(2) $(-2)^3 = (-2) \times (-2) \times (-2)$
$= -(2 \times 2 \times 2) = -8$
(3) $-5^2 = -(5 \times 5) = -25$
(4) $(-1)^4 = (-1) \times (-1) \times (-1) \times (-1)$
$= +(1 \times 1 \times 1 \times 1) = +1$
(5) $\left(-\dfrac{1}{2}\right)^2 = \left(-\dfrac{1}{2}\right) \times \left(-\dfrac{1}{2}\right) = +\left(\dfrac{1}{2} \times \dfrac{1}{2}\right) = +\dfrac{1}{4}$
(6) $\left(-\dfrac{1}{3}\right)^3 = \left(-\dfrac{1}{3}\right) \times \left(-\dfrac{1}{3}\right) \times \left(-\dfrac{1}{3}\right)$
$= -\left(\dfrac{1}{3} \times \dfrac{1}{3} \times \dfrac{1}{3}\right) = -\dfrac{1}{27}$

답 (1) $+16$ (2) -8 (3) -25 (4) $+1$
(5) $+\dfrac{1}{4}$ (6) $-\dfrac{1}{27}$

핵심문제 익히기

1 ④   2 (1) -72 (2) 18 3 ⑤
4 -2 5 (1) 6 (2) -3 (3) -234
6 (1) -10 (2) -7

II-2
정수와 유리수의 계산

1
① $(-9) \times (+2) = -(9 \times 2) = -18$
② $(+30) \times \left(-\dfrac{5}{6}\right) = -\left(30 \times \dfrac{5}{6}\right) = -25$
③ $\left(-\dfrac{3}{5}\right) \times \left(-\dfrac{10}{3}\right) = +\left(\dfrac{3}{5} \times \dfrac{10}{3}\right) = 2$
④ $\left(+\dfrac{1}{6}\right) \times (-10) = -\left(\dfrac{1}{6} \times 10\right) = -\dfrac{5}{3}$
⑤ $(-0.8) \times \left(-\dfrac{15}{2}\right) = +\left(\dfrac{4}{5} \times \dfrac{15}{2}\right) = 6$
따라서 옳은 것은 ④이다. 답 ④

2
(1) $(-2.5) \times (-7.2) \times (-4)$
$= (-7.2) \times (-2.5) \times (-4)$
$= (-7.2) \times \{(-2.5) \times (-4)\}$
$= (-7.2) \times (+10) = -72$
(2) $(+16) \times \left(-\dfrac{1}{3}\right) \times \left(+\dfrac{3}{8}\right) \times (-9)$
$= (+16) \times \left(+\dfrac{3}{8}\right) \times \left(-\dfrac{1}{3}\right) \times (-9)$
$= \left\{(+16) \times \left(+\dfrac{3}{8}\right)\right\} \times \left\{\left(-\dfrac{1}{3}\right) \times (-9)\right\}$
$= (+6) \times (+3) = 18$

답 (1) -72 (2) 18

3
① $-2^4 = -16$
② $\left(-\dfrac{3}{5}\right)^2 = \dfrac{9}{25}$
③ $-\left(-\dfrac{1}{4}\right)^3 = -\left(-\dfrac{1}{64}\right) = \dfrac{1}{64}$
④ $\left(-\dfrac{3}{2}\right)^3 \times (-4)^2 = \left(-\dfrac{27}{8}\right) \times 16 = -54$
⑤ $(-3)^3 \times (-1)^4 \times \left(-\dfrac{2}{3}\right)^2 = (-27) \times 1 \times \dfrac{4}{9} = -12$
따라서 옳은 것은 ⑤이다. 답 ⑤

4
$(-1)^{20} + (-1)^{15} - (-1)^{50} - 1^{32}$
$= 1 + (-1) - 1 - 1 = -2$ 답 -2

개념 더하기

① n이 짝수일 때, $(-1)^n = 1$
② n이 홀수일 때, $(-1)^n = -1$

5
(1) $72 \times \left\{\left(-\dfrac{1}{4}\right) + \dfrac{1}{3}\right\} = 72 \times \left(-\dfrac{1}{4}\right) + 72 \times \dfrac{1}{3}$
$= -18 + 24 = 6$

$(2)\ (-12)\times\dfrac{3}{5}+7\times\dfrac{3}{5}=(-12+7)\times\dfrac{3}{5}$

$\qquad\qquad\qquad\qquad =(-5)\times\dfrac{3}{5}=-3$

$(3)\ 23.4\times(-4.2)+23.4\times(-5.8)$

$\qquad =23.4\times(-4.2-5.8)$

$\qquad =23.4\times(-10)=-234$

$\qquad\qquad\qquad$ 답 $(1)\,6$　$(2)-3$　$(3)-234$

6 $(1)\ a\times(b-c)=a\times b-a\times c$

$\qquad\qquad\qquad\quad =-3-7=-10$

$(2)\ a\times(b+c)=-2$이므로

$\qquad a\times b+a\times c=-2$

이때 $a\times b=5$이므로

$\qquad 5+a\times c=-2$

$\qquad \therefore a\times c=-2-5=-7$

$\qquad\qquad\qquad\qquad$ 답 $(1)-10$　$(2)-7$

이런 문제가 **시험** 에 나온다 ❯ 본문 87쪽

01 -28　　02 ㈎ 교환　㈏ 결합　㈐ -9　㈑ -54

03 -18　　04 ③　　　05 -1　　06 20

01 $A=\left(+\dfrac{7}{5}\right)\times\left(-\dfrac{10}{3}\right)=-\left(\dfrac{7}{5}\times\dfrac{10}{3}\right)=-\dfrac{14}{3}$

$\quad B=\left(-\dfrac{3}{4}\right)\times(-8)=+\left(\dfrac{3}{4}\times8\right)=6$

$\quad \therefore A\times B=\left(-\dfrac{14}{3}\right)\times6=-28$　　　답 -28

02 $(-4)\times\left(+\dfrac{3}{5}\right)\times\left(-\dfrac{3}{2}\right)\times(-15)$　　┐곱셈의

$\quad =(-4)\times\left(-\dfrac{3}{2}\right)\times\left(+\dfrac{3}{5}\right)\times(-15)$ ◀ ┘ 교환 법칙

$\quad =\left\{(-4)\times\left(-\dfrac{3}{2}\right)\right\}\times\left\{\left(+\dfrac{3}{5}\right)\times(-15)\right\}$ ◀ ┐ 곱셈의 결합 법칙

$\quad =(+6)\times\boxed{-9}=\boxed{-54}$

$\qquad\qquad$ 답 ㈎ 교환　㈏ 결합　㈐ -9　㈑ -54

03 서로 다른 세 수를 뽑아 곱한 값이 가장 크려면

(음수)×(음수)×(양수)의 꼴이어야 한다.

이때 음수 2개는 절댓값이 큰 수이어야 하므로

$\quad a=(-2)\times(-3)\times\dfrac{1}{3}=+\left(2\times3\times\dfrac{1}{3}\right)=2$

또 서로 다른 세 수를 뽑아 곱한 값이 가장 작으려면

(음수)×(음수)×(음수)의 꼴이어야 하므로

$\quad b=(-2)\times\left(-\dfrac{3}{2}\right)\times(-3)=-\left(2\times\dfrac{3}{2}\times3\right)=-9$

$\quad \therefore a\times b=2\times(-9)=-18$　　　답 -18

네 유리수 중에서 서로 다른 세 수를 뽑아서 곱할 때

(1) 곱이 가장 큰 경우

　① 음수를 짝수 개 뽑는다. ➡ 부호 $+$

　② 절댓값이 큰 수를 뽑는다.

(2) 곱이 가장 작은 경우

　① 음수를 홀수 개 뽑는다. ➡ 부호 $-$

　② 절댓값이 큰 수를 뽑는다.

04 ① $\left(-\dfrac{1}{3}\right)^2=\dfrac{1}{9}$

② $\left(-\dfrac{1}{2}\right)^3=-\dfrac{1}{8}$

③ $-\left(-\dfrac{1}{2}\right)^3=-\left(-\dfrac{1}{8}\right)=\dfrac{1}{8}$

④ $-\left(-\dfrac{1}{3}\right)^2=-\dfrac{1}{9}$

⑤ $-\dfrac{1}{2^3}=-\dfrac{1}{8}$

따라서 가장 큰 수는 ③이다.　　　답 ③

05 $(-1)+(-1)^2+(-1)^3+\cdots+(-1)^{49}$

$\quad =(-1)+1+(-1)+1+\cdots+(-1)+1+(-1)$

$\quad =\{(-1)+1\}+\{(-1)+1\}$

$\qquad +\cdots+\{(-1)+1\}+(-1)$

$\quad =0+0+\cdots+0+(-1)$

$\quad =-1$　　　답 -1

06 $a\times(b-c)=-8$이므로　　$a\times b-a\times c=-8$

이때 $a\times b=12$이므로　　$12-a\times c=-8$

$\quad \therefore a\times c=12-(-8)=12+8=20$　　답 20

03 유리수의 나눗셈

개념원리 **확인하기** ❯ 본문 90쪽

01 $(1)\,+,\ +,\ 7$　$(2)\,+,\ +,\ 4$　$(3)\,-,\ -,\ 8$

$\quad (4)\,-,\ -,\ 7$

02 $(1)\,\dfrac{6}{5}$　$(2)-\dfrac{12}{7}$　$(3)\,1$　$(4)-\dfrac{1}{5}$　$(5)\,\dfrac{4}{5}$　$(6)-\dfrac{10}{7}$

03 $(1)+\dfrac{6}{5}$　$(2)+6$　$(3)-\dfrac{7}{3}$　$(4)-3$

04 $(1)-45$　$(2)\,\dfrac{1}{6}$　$(3)\,20$　$(4)-2$

05 $(1)\,\dfrac{9}{4}$　$(2)-3$　$(3)\,\dfrac{13}{6}$　$(4)-7$

01 $(1)\ (+28)\div(+4)=\boxed{+}(28\div4)=\boxed{+}\ \boxed{7}$

$\quad (2)\ (-36)\div(-9)=\boxed{+}(36\div9)=\boxed{+}\ \boxed{4}$

32 정답 및 풀이

$(3)\,(+56)\div(-7)=\boxminus(56\div7)=\boxminus\boxed{8}$

$(4)\,(-42)\div(+6)=\boxminus(42\div6)=\boxminus\boxed{7}$

답 (1) +, +, 7 (2) +, +, 4

(3) −, −, 8 (4) −, −, 7

$(2)\,9\times\left(-\dfrac{1}{3}\right)^2-10\div\dfrac{5}{2}=9\times\dfrac{1}{9}-10\div\dfrac{5}{2}$

$\qquad\qquad=9\times\dfrac{1}{9}-10\times\dfrac{2}{5}$

$\qquad\qquad=1-4=-3$

$(3)\,2-\left(-\dfrac{1}{5}\right)\times\left\{1+\left(\dfrac{1}{3}-\dfrac{1}{2}\right)\right\}$

$\qquad=2-\left(-\dfrac{1}{5}\right)\times\left\{1+\left(-\dfrac{1}{6}\right)\right\}$

$\qquad=2-\left(-\dfrac{1}{5}\right)\times\dfrac{5}{6}$

$\qquad=2+\dfrac{1}{6}=\dfrac{13}{6}$

$(4)\,5-2\times\left\{(-2)^4+4\div\left(-\dfrac{2}{5}\right)\right\}$

$\qquad=5-2\times\left\{16+4\div\left(-\dfrac{2}{5}\right)\right\}$

$\qquad=5-2\times\left\{16+4\times\left(-\dfrac{5}{2}\right)\right\}$

$\qquad=5-2\times\{16+(-10)\}$

$\qquad=5-2\times6$

$\qquad=5-12=-7$

답 $(1)\,\dfrac{9}{4}$ $(2)\,-3$ $(3)\,\dfrac{13}{6}$ $(4)\,-7$

02 $(5)\,1\dfrac{1}{4}=\dfrac{5}{4}$의 역수는 $\dfrac{4}{5}$이다.

$(6)\,-0.7=-\dfrac{7}{10}$의 역수는 $-\dfrac{10}{7}$이다.

답 $(1)\,\dfrac{6}{5}$ $(2)\,-\dfrac{12}{7}$ $(3)\,1$

$(4)\,-\dfrac{1}{5}$ $(5)\,\dfrac{4}{5}$ $(6)\,-\dfrac{10}{7}$

03 $(1)\,\left(-\dfrac{4}{5}\right)\div\left(-\dfrac{2}{3}\right)=\left(-\dfrac{4}{5}\right)\times\left(-\dfrac{3}{2}\right)$

$\qquad\qquad=+\left(\dfrac{4}{5}\times\dfrac{3}{2}\right)=+\dfrac{6}{5}$

$(2)\,\left(+\dfrac{15}{2}\right)\div\left(+\dfrac{5}{4}\right)=\left(+\dfrac{15}{2}\right)\times\left(+\dfrac{4}{5}\right)$

$\qquad\qquad=+\left(\dfrac{15}{2}\times\dfrac{4}{5}\right)=+6$

$(3)\,(-3)\div\left(+\dfrac{9}{7}\right)=(-3)\times\left(+\dfrac{7}{9}\right)$

$\qquad\qquad=-\left(3\times\dfrac{7}{9}\right)=-\dfrac{7}{3}$

$(4)\,(+0.6)\div\left(-\dfrac{1}{5}\right)=\left(+\dfrac{3}{5}\right)\times(-5)$

$\qquad\qquad=-\left(\dfrac{3}{5}\times5\right)=-3$

답 $(1)\,+\dfrac{6}{5}$ $(2)\,+6$ $(3)\,-\dfrac{7}{3}$ $(4)\,-3$

04 $(1)\,(-3)\times(-9)\div\left(-\dfrac{3}{5}\right)$

$\qquad=(-3)\times(-9)\times\left(-\dfrac{5}{3}\right)$

$\qquad=-\left(3\times9\times\dfrac{5}{3}\right)=-45$

$(2)\,\left(-\dfrac{3}{7}\right)\div(+9)\times\left(-\dfrac{7}{2}\right)$

$\qquad=\left(-\dfrac{3}{7}\right)\times\left(+\dfrac{1}{9}\right)\times\left(-\dfrac{7}{2}\right)$

$\qquad=+\left(\dfrac{3}{7}\times\dfrac{1}{9}\times\dfrac{7}{2}\right)=\dfrac{1}{6}$

$(3)\,(-2)^3\times\dfrac{5}{4}\div\left(-\dfrac{1}{2}\right)=(-8)\times\dfrac{5}{4}\times(-2)$

$\qquad\qquad=+\left(8\times\dfrac{5}{4}\times2\right)=20$

$(4)\,(-4)\div\left(-\dfrac{2}{3}\right)^2\times\dfrac{2}{9}=(-4)\div\dfrac{4}{9}\times\dfrac{2}{9}$

$\qquad\qquad=(-4)\times\dfrac{9}{4}\times\dfrac{2}{9}=-2$

답 $(1)\,-45$ $(2)\,\dfrac{1}{6}$ $(3)\,20$ $(4)\,-2$

05 $(1)\,(-2)^3\times\left(-\dfrac{1}{8}\right)+\dfrac{5}{4}=(-8)\times\left(-\dfrac{1}{8}\right)+\dfrac{5}{4}$

$\qquad\qquad=1+\dfrac{5}{4}=\dfrac{9}{4}$

핵심문제 익히기 　　　　　▶본문 91~93쪽

1 -6 　　2 ④ 　　3 $(1)\,5$ $(2)\,-\dfrac{5}{4}$ $(3)\,-\dfrac{1}{30}$

4 $(1)\,1$ $(2)\,\dfrac{7}{3}$ 　　5 $\dfrac{1}{2}$ 　　6 $-\dfrac{9}{5}$

1 $1\dfrac{2}{3}=\dfrac{5}{3}$의 역수는 $\dfrac{3}{5}$이므로　　$a=\dfrac{3}{5}$

$\qquad-0.1=-\dfrac{1}{10}$의 역수는 -10이므로　　$b=-10$

$\qquad\therefore a\times b=\dfrac{3}{5}\times(-10)=-6$　　답 -6

2 ① $(-35)\div(+7)=-(35\div7)=-5$

② $\left(+\dfrac{2}{5}\right)\div\left(-\dfrac{4}{15}\right)=\left(+\dfrac{2}{5}\right)\times\left(-\dfrac{15}{4}\right)$

$\qquad\qquad=-\left(\dfrac{2}{5}\times\dfrac{15}{4}\right)=-\dfrac{3}{2}$

③ $\left(-\dfrac{1}{8}\right)\div\left(-\dfrac{1}{2}\right)=\left(-\dfrac{1}{8}\right)\times(-2)$

$\qquad\qquad=+\left(\dfrac{1}{8}\times2\right)=\dfrac{1}{4}$

④ $\left(-\dfrac{4}{5}\right)\div(-2)\div\left(-\dfrac{2}{9}\right)$

$\qquad=\left(-\dfrac{4}{5}\right)\times\left(-\dfrac{1}{2}\right)\times\left(-\dfrac{9}{2}\right)$

$\qquad=-\left(\dfrac{4}{5}\times\dfrac{1}{2}\times\dfrac{9}{2}\right)=-\dfrac{9}{5}$

⑤ $\left(+\dfrac{3}{2}\right) \div \left(-\dfrac{1}{6}\right) \div (-9)$

$= \left(+\dfrac{3}{2}\right) \times (-6) \times \left(-\dfrac{1}{9}\right)$

$= +\left(\dfrac{3}{2} \times 6 \times \dfrac{1}{9}\right) = 1$

따라서 옳지 않은 것은 ④이다.　　　　　　　　답 ④

3 (1) $\left(-\dfrac{10}{3}\right) \div 1.2 \times \left(-\dfrac{9}{5}\right)$

$= \left(-\dfrac{10}{3}\right) \div \dfrac{6}{5} \times \left(-\dfrac{9}{5}\right)$

$= \left(-\dfrac{10}{3}\right) \times \dfrac{5}{6} \times \left(-\dfrac{9}{5}\right)$

$= +\left(\dfrac{10}{3} \times \dfrac{5}{6} \times \dfrac{9}{5}\right) = 5$

(2) $(-7) \times \left(-\dfrac{5}{12}\right) \div \left(-\dfrac{7}{3}\right)$

$= (-7) \times \left(-\dfrac{5}{12}\right) \times \left(-\dfrac{3}{7}\right)$

$= -\left(7 \times \dfrac{5}{12} \times \dfrac{3}{7}\right) = -\dfrac{5}{4}$

(3) $\left(-\dfrac{1}{2}\right)^3 \times \left(-\dfrac{3}{5}\right) \div \left(-\dfrac{3}{2}\right)^2 \times (-1)$

$= \left(-\dfrac{1}{8}\right) \times \left(-\dfrac{3}{5}\right) \div \dfrac{9}{4} \times (-1)$

$= \left(-\dfrac{1}{8}\right) \times \left(-\dfrac{3}{5}\right) \times \dfrac{4}{9} \times (-1)$

$= -\left(\dfrac{1}{8} \times \dfrac{3}{5} \times \dfrac{4}{9} \times 1\right) = -\dfrac{1}{30}$

답 (1) 5　(2) $-\dfrac{5}{4}$　(3) $-\dfrac{1}{30}$

4 (1) $2 \times (-1)^3 - \dfrac{9}{2} \div \left\{5 \times \left(-\dfrac{1}{2}\right) + 1\right\}$

$= 2 \times (-1) - \dfrac{9}{2} \div \left\{5 \times \left(-\dfrac{1}{2}\right) + 1\right\}$

$= 2 \times (-1) - \dfrac{9}{2} \div \left(-\dfrac{5}{2} + 1\right)$

$= 2 \times (-1) - \dfrac{9}{2} \div \left(-\dfrac{3}{2}\right)$

$= -2 - \dfrac{9}{2} \times \left(-\dfrac{2}{3}\right)$

$= -2 + 3 = 1$

(2) $2 \times \left\{\left(-\dfrac{1}{2}\right)^2 \div \left(\dfrac{5}{6} - \dfrac{4}{3}\right) + 2\right\} - \dfrac{2}{3}$

$= 2 \times \left\{\dfrac{1}{4} \div \left(\dfrac{5}{6} - \dfrac{4}{3}\right) + 2\right\} - \dfrac{2}{3}$

$= 2 \times \left\{\dfrac{1}{4} \div \left(-\dfrac{1}{2}\right) + 2\right\} - \dfrac{2}{3}$

$= 2 \times \left\{\dfrac{1}{4} \times (-2) + 2\right\} - \dfrac{2}{3}$

$= 2 \times \left\{\left(-\dfrac{1}{2}\right) + 2\right\} - \dfrac{2}{3}$

$= 2 \times \dfrac{3}{2} - \dfrac{2}{3}$

$= 3 - \dfrac{2}{3} = \dfrac{7}{3}$

답 (1) 1　(2) $\dfrac{7}{3}$

5 $\dfrac{10}{3} \div \left(-\dfrac{5}{2}\right) \times \square = -\dfrac{2}{3}$ 에서

$\dfrac{10}{3} \times \left(-\dfrac{2}{5}\right) \times \square = -\dfrac{2}{3}$,　$\left(-\dfrac{4}{3}\right) \times \square = -\dfrac{2}{3}$

$\therefore \square = \left(-\dfrac{2}{3}\right) \div \left(-\dfrac{4}{3}\right) = \left(-\dfrac{2}{3}\right) \times \left(-\dfrac{3}{4}\right) = \dfrac{1}{2}$

답 $\dfrac{1}{2}$

6 어떤 수를 □라 하면　$\square \div \dfrac{3}{2} = -\dfrac{4}{5}$

$\therefore \square = \left(-\dfrac{4}{5}\right) \times \dfrac{3}{2} = -\dfrac{6}{5}$

따라서 바르게 계산하면

$\left(-\dfrac{6}{5}\right) \times \dfrac{3}{2} = -\dfrac{9}{5}$　　　　답 $-\dfrac{9}{5}$

계산력 강화하기　　　　　▶본문 94쪽

01 (1) 21　(2) -45　(3) -8　(4) 12　(5) 4

02 (1) 30　(2) $-\dfrac{1}{2}$　(3) -3

03 (1) -9　(2) 8　(3) 2　(4) $-\dfrac{5}{3}$　(5) 15

04 (1) -2　(2) -25　(3) 24

05 (1) 14　(2) $-\dfrac{5}{3}$　(3) $\dfrac{1}{49}$　(4) -10

06 (1) 15　(2) 4　(3) -7　(4) 5　(5) 3　(6) -2

01 (1) $(-7) \times (-3) = +(7 \times 3) = 21$

(2) $(+9) \times (-5) = -(9 \times 5) = -45$

(3) $(-14) \times \left(+\dfrac{4}{7}\right) = -\left(14 \times \dfrac{4}{7}\right) = -8$

(4) $\left(+\dfrac{9}{4}\right) \times \left(+\dfrac{16}{3}\right) = +\left(\dfrac{9}{4} \times \dfrac{16}{3}\right) = 12$

(5) $(-1.6) \times \left(-\dfrac{5}{2}\right) = +\left(\dfrac{8}{5} \times \dfrac{5}{2}\right) = 4$

답 (1) 21　(2) -45　(3) -8　(4) 12　(5) 4

02 (1) $(-5) \times (+2) \times (-3) = +(5 \times 2 \times 3) = 30$

(2) $\left(+\dfrac{5}{6}\right) \times \left(+\dfrac{9}{10}\right) \times \left(-\dfrac{2}{3}\right)$

$= -\left(\dfrac{5}{6} \times \dfrac{9}{10} \times \dfrac{2}{3}\right) = -\dfrac{1}{2}$

(3) $(-27) \times (+1.5) \times \left(-\dfrac{4}{9}\right) \times \left(-\dfrac{1}{6}\right)$

$= -\left(27 \times \dfrac{3}{2} \times \dfrac{4}{9} \times \dfrac{1}{6}\right) = -3$

답 (1) 30　(2) $-\dfrac{1}{2}$　(3) -3

03 (1) $(+81) \div (-9) = -(81 \div 9) = -9$

(2) $(-48) \div (-6) = +(48 \div 6) = 8$

$(3)\left(+\dfrac{3}{5}\right)\div\left(+\dfrac{3}{10}\right)=\left(+\dfrac{3}{5}\right)\times\left(+\dfrac{10}{3}\right)$
$\qquad\qquad\qquad\quad=+\left(\dfrac{3}{5}\times\dfrac{10}{3}\right)=2$

$(4)\left(-\dfrac{5}{9}\right)\div\left(+\dfrac{1}{3}\right)=\left(-\dfrac{5}{9}\right)\times(+3)$
$\qquad\qquad\qquad\quad=-\left(\dfrac{5}{9}\times3\right)=-\dfrac{5}{3}$

$(5)\left(-\dfrac{21}{2}\right)\div(-0.7)=\left(-\dfrac{21}{2}\right)\div\left(-\dfrac{7}{10}\right)$
$\qquad\qquad\qquad\quad=\left(-\dfrac{21}{2}\right)\times\left(-\dfrac{10}{7}\right)$
$\qquad\qquad\qquad\quad=+\left(\dfrac{21}{2}\times\dfrac{10}{7}\right)=15$

目 $(1)-9$　$(2)\,8$　$(3)\,2$　$(4)-\dfrac{5}{3}$　$(5)\,15$

04 $(1)(+64)\div(-4)\div(+8)=-(64\div4\div8)=-2$

$(2)(-6)\div\left(-\dfrac{3}{10}\right)\div\left(-\dfrac{4}{5}\right)$
$\quad=(-6)\times\left(-\dfrac{10}{3}\right)\times\left(-\dfrac{5}{4}\right)$
$\quad=-\left(6\times\dfrac{10}{3}\times\dfrac{5}{4}\right)=-25$

$(3)(+28)\div\left(-\dfrac{7}{2}\right)\div\left(-\dfrac{2}{3}\right)\div(+0.5)$
$\quad=(+28)\times\left(-\dfrac{2}{7}\right)\times\left(-\dfrac{3}{2}\right)\times(+2)$
$\quad=+\left(28\times\dfrac{2}{7}\times\dfrac{3}{2}\times2\right)=24$

目 $(1)-2$　$(2)-25$　$(3)\,24$

05 $(1)\left(+\dfrac{9}{2}\right)\times\left(-\dfrac{7}{6}\right)\div\left(-\dfrac{3}{8}\right)$
$\quad=\left(+\dfrac{9}{2}\right)\times\left(-\dfrac{7}{6}\right)\times\left(-\dfrac{8}{3}\right)=+\left(\dfrac{9}{2}\times\dfrac{7}{6}\times\dfrac{8}{3}\right)=14$

$(2)\left(+\dfrac{2}{5}\right)\div\left(+\dfrac{2}{15}\right)\times\left(-\dfrac{5}{9}\right)$
$\quad=\left(+\dfrac{2}{5}\right)\times\left(+\dfrac{15}{2}\right)\times\left(-\dfrac{5}{9}\right)$
$\quad=-\left(\dfrac{2}{5}\times\dfrac{15}{2}\times\dfrac{5}{9}\right)=-\dfrac{5}{3}$

$(3)\left(-\dfrac{2}{3}\right)\times\left(-\dfrac{1}{6}\right)\div\left(-\dfrac{7}{3}\right)^{2}$
$\quad=\left(-\dfrac{2}{3}\right)\times\left(-\dfrac{1}{6}\right)\div\dfrac{49}{9}$
$\quad=\left(-\dfrac{2}{3}\right)\times\left(-\dfrac{1}{6}\right)\times\dfrac{9}{49}$
$\quad=+\left(\dfrac{2}{3}\times\dfrac{1}{6}\times\dfrac{9}{49}\right)=\dfrac{1}{49}$

$(4)(-2^{4})\div(-3)^{3}\times(-15)\div\left(+\dfrac{8}{9}\right)$
$\quad=(-16)\div(-27)\times(-15)\div\left(+\dfrac{8}{9}\right)$
$\quad=(-16)\times\left(-\dfrac{1}{27}\right)\times(-15)\times\left(+\dfrac{9}{8}\right)$
$\quad=-\left(16\times\dfrac{1}{27}\times15\times\dfrac{9}{8}\right)=-10$

目 $(1)\,14$　$(2)-\dfrac{5}{3}$　$(3)\dfrac{1}{49}$　$(4)-10$

06 $(1)(-2)^{2}\times3-6\div(-2)=4\times3-6\div(-2)$
$\qquad\qquad\qquad\qquad\quad=12+3=15$

$(2)\{(-3)\times7-(-5)\}\div(-4)$
$\quad=\{(-21)+5\}\div(-4)$
$\quad=(-16)\div(-4)=4$

$(3)\left(-\dfrac{1}{2}\right)\div\left(-\dfrac{1}{4}\right)^{2}-(-3)\times\dfrac{2}{3}-1$
$\quad=\left(-\dfrac{1}{2}\right)\div\dfrac{1}{16}-(-3)\times\dfrac{2}{3}-1$
$\quad=\left(-\dfrac{1}{2}\right)\times16+2-1$
$\quad=-8+2-1=-7$

$(4)\dfrac{3}{4}\div\left(-\dfrac{1}{2}\right)^{2}-2^{2}\times\dfrac{7}{4}+(-3)^{2}$
$\quad=\dfrac{3}{4}\div\dfrac{1}{4}-4\times\dfrac{7}{4}+9$
$\quad=\dfrac{3}{4}\times4-7+9$
$\quad=3-7+9=5$

$(5)\,5-\left\{\left(-\dfrac{1}{2}\right)^{3}\div\left(-\dfrac{1}{4}\right)+1\right\}\times\dfrac{4}{3}$
$\quad=5-\left\{\left(-\dfrac{1}{8}\right)\div\left(-\dfrac{1}{4}\right)+1\right\}\times\dfrac{4}{3}$
$\quad=5-\left\{\left(-\dfrac{1}{8}\right)\times(-4)+1\right\}\times\dfrac{4}{3}$
$\quad=5-\left(\dfrac{1}{2}+1\right)\times\dfrac{4}{3}=5-\dfrac{3}{2}\times\dfrac{4}{3}$
$\quad=5-2=3$

$(6)-4-\left\{(-2)^{3}\times\dfrac{3}{4}-10\div\dfrac{5}{3}\right\}\times\dfrac{1}{6}$
$\quad=-4-\left\{(-8)\times\dfrac{3}{4}-10\div\dfrac{5}{3}\right\}\times\dfrac{1}{6}$
$\quad=-4-\left\{(-8)\times\dfrac{3}{4}-10\times\dfrac{3}{5}\right\}\times\dfrac{1}{6}$
$\quad=-4-(-6-6)\times\dfrac{1}{6}$
$\quad=-4-(-12)\times\dfrac{1}{6}$
$\quad=-4+2=-2$

目 $(1)\,15$　$(2)\,4$　$(3)-7$　$(4)\,5$　$(5)\,3$　$(6)-2$

> 본문 95쪽

이런 문제가 시험 에 나온다

01 -5　　02 ⑤　　03 6

04 ㉡, ㉢, ㉣, ㉤, ㉠ / 4　　05 -2　　06 ③

01 $1\dfrac{a}{3}$의 역수가 $\dfrac{3}{5}$이므로　$1\dfrac{a}{3}=\dfrac{5}{3}=1\dfrac{2}{3}$

$\qquad\qquad\qquad\qquad\therefore a=2$

$-\dfrac{2}{5}$의 역수가 b이므로　$b=-\dfrac{5}{2}$

$\qquad\therefore a\times b=2\times\left(-\dfrac{5}{2}\right)=-5$　　　目 -5

02 ① $(-12)\div(+3)=-(12\div3)=-4$

② $\left(+\dfrac{1}{2}\right)\div\left(-\dfrac{1}{8}\right)=\left(+\dfrac{1}{2}\right)\times(-8)$
$\qquad\qquad=-\left(\dfrac{1}{2}\times8\right)=-4$

③ $\left(-\dfrac{16}{7}\right)\div\left(+\dfrac{4}{7}\right)=\left(-\dfrac{16}{7}\right)\times\left(+\dfrac{7}{4}\right)$
$\qquad\qquad=-\left(\dfrac{16}{7}\times\dfrac{7}{4}\right)=-4$

④ $(-56)\div(-7)\div(-2)=-(56\div7\div2)=-4$

⑤ $\left(+\dfrac{8}{5}\right)\div\left(-\dfrac{1}{10}\right)\div(+2)$
$\qquad=\left(+\dfrac{8}{5}\right)\times(-10)\times\left(+\dfrac{1}{2}\right)$
$\qquad=-\left(\dfrac{8}{5}\times10\times\dfrac{1}{2}\right)=-8$

따라서 계산 결과가 나머지 넷과 다른 하나는 ⑤이다.

$\qquad\qquad\qquad\qquad\qquad\qquad\qquad$ 답 ⑤

03 $A=(+6)\times\left(+\dfrac{5}{3}\right)\div\left(-\dfrac{3}{2}\right)$
$\quad=(+6)\times\left(+\dfrac{5}{3}\right)\times\left(-\dfrac{2}{3}\right)=-\dfrac{20}{3}$
$\quad B=(-3)^3\div\left(-\dfrac{9}{5}\right)\times\left(-\dfrac{2}{27}\right)$
$\quad=(-27)\times\left(-\dfrac{5}{9}\right)\times\left(-\dfrac{2}{27}\right)=-\dfrac{10}{9}$
$\quad\therefore A\div B=\left(-\dfrac{20}{3}\right)\div\left(-\dfrac{10}{9}\right)$
$\qquad\qquad=\left(-\dfrac{20}{3}\right)\times\left(-\dfrac{9}{10}\right)=6$ 답 6

04 $6-\left\{(-2)^2\times\dfrac{3}{4}-(-7)\right\}\div5$
$=6-\left\{4\times\dfrac{3}{4}-(-7)\right\}\div5$ ← ㉡
$=6-\{3-(-7)\}\div5$ ← ㉢
$=6-(3+7)\div5$
$=6-10\div5$ ← ㉣
$=6-2$ ← ㉤
$=4$ ← ㉠

$\qquad\qquad$ 답 ㉡, ㉢, ㉣, ㉤, ㉠ / 4

05 $\dfrac{3}{2}\times\left(\dfrac{1}{4}-\dfrac{1}{3}\right)\div\square=\dfrac{1}{16}$에서
$\quad\dfrac{3}{2}\times\left(-\dfrac{1}{12}\right)\div\square=\dfrac{1}{16},\quad\left(-\dfrac{1}{8}\right)\div\square=\dfrac{1}{16}$
$\quad\therefore\square=\left(-\dfrac{1}{8}\right)\div\dfrac{1}{16}=\left(-\dfrac{1}{8}\right)\times16=-2$

$\qquad\qquad\qquad\qquad\qquad\qquad\qquad$ 답 -2

06 $b\div c<0$에서 b, c의 부호는 다르다.
그런데 $b<c$이므로 $\quad b<0$, $c>0$
이때 $a\times b>0$에서 a, b의 부호는 같으므로 $\quad a<0$
$\quad\therefore a<0$, $b<0$, $c>0$ 답 ③

▶본문 96~99쪽

중단원 마무리하기

01 ⑤	02 서울	03 ①	04 2
05 ①, ④	06 ②	07 (가) $-\dfrac{5}{3}$ (나) -9 (다) 15	
08 ②	09 ④	10 -2	
11 ㉣, ㉤, ㉢, ㉡, ㉠	12 ④	13 -14	
14 650명	15 $-\dfrac{5}{2}$	16 ④	17 ③
18 ③	19 ④	20 $-\dfrac{6}{25}$	21 ④
22 15칸	23 2	24 $-\dfrac{2}{3}$	25 $\dfrac{6}{5}$

01 전략 뺄셈의 경우 빼는 수의 부호를 바꾸어 더한다.

① $(-10)+(-3)=-(10+3)=-13$

② $(-5)-(+5)=(-5)+(-5)$
$\qquad\qquad=-(5+5)=-10$

③ $\left(+\dfrac{4}{7}\right)+\left(-\dfrac{1}{2}\right)=\left(+\dfrac{8}{14}\right)+\left(-\dfrac{7}{14}\right)$
$\qquad\qquad=+\left(\dfrac{8}{14}-\dfrac{7}{14}\right)=\dfrac{1}{14}$

④ $(-1.9)-(-5.7)=(-1.9)+(+5.7)$
$\qquad\qquad=+(5.7-1.9)=3.8$

⑤ $(+1)+\left(-\dfrac{2}{5}\right)-\left(+\dfrac{7}{10}\right)$
$\quad=(+1)+\left(-\dfrac{2}{5}\right)+\left(-\dfrac{7}{10}\right)$
$\quad=(+1)+\left\{\left(-\dfrac{4}{10}\right)+\left(-\dfrac{7}{10}\right)\right\}$
$\quad=(+1)+\left(-\dfrac{11}{10}\right)$
$\quad=\left(+\dfrac{10}{10}\right)+\left(-\dfrac{11}{10}\right)$
$\quad=-\left(\dfrac{11}{10}-\dfrac{10}{10}\right)=-\dfrac{1}{10}$

따라서 옳지 않은 것은 ⑤이다. 답 ⑤

02 전략 (일교차)$=$(최고 기온)$-$(최저 기온)임을 이용하여 각 도시의 일교차를 구해 본다.

서울: $-1-(-9)=-1+9=8\,(℃)$
뉴욕: $3-(-2.5)=3+2.5=5.5\,(℃)$
파리: $-1.8-(-7.2)=-1.8+7.2=5.4\,(℃)$
시드니: $26-20=6\,(℃)$
뉴델리: $20.8-13=7.8\,(℃)$
따라서 일교차가 가장 큰 도시는 서울이다. 답 서울

03 전략 a보다 b만큼 큰 수 ➡ $a+b$
$\qquad a$보다 b만큼 작은 수 ➡ $a-b$

① $6+(-3)=3$

② $-4-(-5)=-4+5=1$

③ $1-\left(-\dfrac{1}{2}\right)=1+\dfrac{1}{2}=\dfrac{3}{2}$

④ $-\dfrac{1}{2}+\dfrac{9}{4}=-\dfrac{2}{4}+\dfrac{9}{4}=\dfrac{7}{4}$

⑤ $-\dfrac{3}{10}-\left(-\dfrac{7}{5}\right)=-\dfrac{3}{10}+\dfrac{14}{10}=\dfrac{11}{10}$

따라서 가장 큰 수는 ①이다. 　　　　　　　답 ①

04 전략 덧셈과 뺄셈 사이의 관계를 이용한다.

$a=-\dfrac{5}{6}-\left(-\dfrac{1}{2}\right)=-\dfrac{5}{6}+\dfrac{3}{6}=-\dfrac{1}{3}$

$b=1-\left(-\dfrac{4}{3}\right)=\dfrac{3}{3}+\dfrac{4}{3}=\dfrac{7}{3}$

$\therefore a+b=-\dfrac{1}{3}+\dfrac{7}{3}=2$ 　　　　　　　답 2

05 전략 곱셈의 경우 곱해지는 음수의 개수에 따라 먼저 부호를 결정한다.

① $(-7)\times(+12)=-(7\times12)=-84$

② $(-15)\times\left(-\dfrac{3}{5}\right)=+\left(15\times\dfrac{3}{5}\right)=9$

③ $\left(+\dfrac{4}{3}\right)\times\left(-\dfrac{9}{8}\right)=-\left(\dfrac{4}{3}\times\dfrac{9}{8}\right)=-\dfrac{3}{2}$

④ $\left(-\dfrac{1}{2}\right)\times\left(-\dfrac{2}{3}\right)\times\left(-\dfrac{3}{4}\right)=-\left(\dfrac{1}{2}\times\dfrac{2}{3}\times\dfrac{3}{4}\right)=-\dfrac{1}{4}$

⑤ $(+0.6)\times\left(-\dfrac{2}{3}\right)\times(-10)=+\left(\dfrac{3}{5}\times\dfrac{2}{3}\times10\right)=4$

따라서 옳은 것은 ①, ④이다. 　　　　　　　답 ①, ④

06 전략 (음수)^{n}의 부호 ➡ $\begin{cases} n\text{이 짝수이면 }+ \\ n\text{이 홀수이면 }- \end{cases}$

① $\left(-\dfrac{1}{2}\right)^2=\dfrac{1}{4}$ 　　　　② $-\left(-\dfrac{1}{2}\right)^2=-\dfrac{1}{4}$

③ $-\dfrac{1}{2^4}=-\dfrac{1}{16}$ 　　　　④ $\left(-\dfrac{1}{2}\right)^3=-\dfrac{1}{8}$

⑤ $-\left(-\dfrac{1}{2}\right)^3=-\left(-\dfrac{1}{8}\right)=\dfrac{1}{8}$

따라서 가장 작은 수는 ②이다. 　　　　　　　답 ②

07 전략 $a\times c+b\times c=(a+b)\times c$임을 이용한다.

$(+2)\times\left(-\dfrac{5}{3}\right)+(-11)\times\left(-\dfrac{5}{3}\right)$

$=\{(+2)+(-11)\}\times\left(\boxed{-\dfrac{5}{3}}\right)$

$=\left(\boxed{-9}\right)\times\left(\boxed{-\dfrac{5}{3}}\right)$

$=\boxed{15}$ 　　　答 (가) $-\dfrac{5}{3}$ (나) -9 (다) 15

08 전략 두 수의 곱이 1일 때, 한 수는 다른 수의 역수임을 이용한다.

② $\dfrac{1}{10}\times0.1=\dfrac{1}{10}\times\dfrac{1}{10}=\dfrac{1}{100}\ne1$

따라서 두 수가 서로 역수가 아닌 것은 ②이다. 　　　답 ②

09 전략 $(-1)^{홀수}=-1$, $(-1)^{짝수}=1$임을 이용한다.

① $(-1)^{97}=-1$

② $-3^2\div(-3)^2=(-9)\div9=-1$

③ $\dfrac{1}{27}\times(-3)^3=\dfrac{1}{27}\times(-27)=-1$

④ $\left(-\dfrac{1}{2}\right)^4\div\dfrac{1}{16}=\dfrac{1}{16}\times16=1$

⑤ $(+3)\div\left(-\dfrac{6}{5}\right)\div\left(+\dfrac{5}{2}\right)$

　　$=(+3)\times\left(-\dfrac{5}{6}\right)\times\left(+\dfrac{2}{5}\right)=-1$

따라서 계산 결과가 나머지 넷과 다른 하나는 ④이다.

　　　　　　　　　　　　　　　　　답 ④

10 전략 먼저 나눗셈을 곱셈으로 고쳐서 계산한다.

$A=\dfrac{5}{6}\div\left(-\dfrac{2}{3}\right)\times\dfrac{1}{10}=\dfrac{5}{6}\times\left(-\dfrac{3}{2}\right)\times\dfrac{1}{10}=-\dfrac{1}{8}$

$B=\left(-\dfrac{3}{4}\right)\div\left(-\dfrac{3}{2}\right)^3\times\dfrac{9}{8}=\left(-\dfrac{3}{4}\right)\div\left(-\dfrac{27}{8}\right)\times\dfrac{9}{8}$

　$=\left(-\dfrac{3}{4}\right)\times\left(-\dfrac{8}{27}\right)\times\dfrac{9}{8}=\dfrac{1}{4}$

$\therefore B\div A=\dfrac{1}{4}\div\left(-\dfrac{1}{8}\right)=\dfrac{1}{4}\times(-8)=-2$

　　　　　　　　　　　　　　　　　답 -2

11 전략 덧셈, 뺄셈, 곱셈, 나눗셈의 혼합 계산은

　　거듭제곱 ➡ 괄호 ➡ 곱셈, 나눗셈 ➡ 덧셈, 뺄셈

의 순서로 계산한다.

주어진 식의 계산 순서를 차례대로 나열하면

　ㄹ, ㅁ, ㄷ, ㄴ, ㄱ 　　　　답 ㄹ, ㅁ, ㄷ, ㄴ, ㄱ

12 전략 a, b의 부호에 따라 주어진 수의 부호를 구해 본다.

① $a-b<0$

② $a+b$의 값은 양수일 수도 있고 음수일 수도 있고 0일 수도 있다.

③ $a\times b<0$

⑤ $b\div a<0$

따라서 항상 양수인 것은 ④이다. 　　　　　답 ④

개념 더하기

① (양수)+(양수)=(양수), (음수)+(음수)=(음수)

② (양수)-(음수)=(양수), (음수)-(양수)=(음수)

③ (양수)×(양수)=(양수), (음수)×(음수)=(양수),
　(양수)×(음수)=(음수), (음수)×(양수)=(음수)

④ (양수)÷(양수)=(양수), (음수)÷(음수)=(양수),
　(양수)÷(음수)=(음수), (음수)÷(양수)=(음수)

13 전략 가능한 a, b의 값을 구한 후 경우를 나누어 생각한다.

$|a|=5$이므로 　　$a=5$ 또는 $a=-5$

$|b|=9$이므로 　　$b=9$ 또는 $b=-9$

(i) $a=5$, $b=9$일 때,

　　$a-b=5-9=-4$

(ii) $a=5$, $b=-9$일 때,

$$a-b=5-(-9)=5+9=14$$

(iii) $a=-5$, $b=9$일 때,

$$a-b=-5-9=-14$$

(iv) $a=-5$, $b=-9$일 때,

$$a-b=-5-(-9)=-5+9=4$$

이상에서 $a-b$의 값 중 가장 작은 값은 -14이다.

답 -14

개념 더하기

$|a|=p$, $|b|=q$ $(p>0,\ q>0)$이면

$a=p$ 또는 $a=-p$, $b=q$ 또는 $b=-q$

① $a+b$의 값 중 가장 큰 값 ➡ $p+q$

② $a+b$의 값 중 가장 작은 값 ➡ $-p+(-q)=-p-q$

③ $a-b$의 값 중 가장 큰 값 ➡ $p-(-q)=p+q$

④ $a-b$의 값 중 가장 작은 값 ➡ $-p-q$

14 전략 주어진 상황을 계산식으로 나타내어 본다.

$$500-80+120+200-90=650\,(명)$$

답 650명

15 전략 먼저 전개도를 접었을 때, 마주 보는 면을 찾아본다.

$-\dfrac{1}{2}+a=-\dfrac{2}{3}$에서

$$a=-\frac{2}{3}-\left(-\frac{1}{2}\right)=-\frac{4}{6}+\frac{3}{6}=-\frac{1}{6}$$

$b+(-4)=-\dfrac{2}{3}$에서

$$b=-\frac{2}{3}-(-4)=-\frac{2}{3}+\frac{12}{3}=\frac{10}{3}$$

$\dfrac{1}{3}+c=-\dfrac{2}{3}$에서 $c=-\dfrac{2}{3}-\dfrac{1}{3}=-1$

$$\therefore a-b-c=-\frac{1}{6}-\frac{10}{3}-(-1)$$
$$=-\frac{1}{6}-\frac{20}{6}+\frac{6}{6}=-\frac{5}{2}$$

답 $-\dfrac{5}{2}$

16 전략 괄호 안을 각각 계산한 후 곱하여 약분되는 수의 규칙을 찾아본다.

$$\left(\frac{1}{3}-1\right)\times\left(\frac{1}{4}-1\right)\times\left(\frac{1}{5}-1\right)\times\cdots\times\left(\frac{1}{40}-1\right)$$
$$=\left(-\frac{2}{3}\right)\times\left(-\frac{3}{4}\right)\times\left(-\frac{4}{5}\right)\times\cdots\times\left(-\frac{39}{40}\right)$$
$$=+\left(\frac{2}{3}\times\frac{3}{4}\times\frac{4}{5}\times\cdots\times\frac{39}{40}\right)=\frac{1}{20}$$

답 ④

17 전략 $-1<a<0$을 만족시키는 적당한 a의 값을 정하여 각각의 값을 구해 본다.

$a=-\dfrac{1}{2}$이라 하면

① $a=-\dfrac{1}{2}$

② $\dfrac{1}{a}=1\div a=1\div\left(-\dfrac{1}{2}\right)=1\times(-2)=-2$

③ $a^3=\left(-\dfrac{1}{2}\right)^3=-\dfrac{1}{8}$

④ $-a^2=-\left(-\dfrac{1}{2}\right)^2=-\dfrac{1}{4}$

⑤ $a^2=\left(-\dfrac{1}{2}\right)^2=\dfrac{1}{4}$이므로

$$\frac{1}{a^2}=1\div a^2=1\div\frac{1}{4}=1\times4=4$$
$$\therefore -\frac{1}{a^2}=-4$$

따라서 가장 큰 수는 ③이다.

답 ③

18 전략 $(-1)^{홀수}=-1$, $(-1)^{짝수}=1$임을 이용한다.

$$(-1)+(-1)^2+(-1)^3+\cdots+(-1)^{200}$$
$$=(-1)+1+(-1)+1+\cdots+(-1)+1$$
$$=0+0+\cdots+0=0$$

답 ③

19 전략 덧셈, 뺄셈, 곱셈, 나눗셈의 혼합 계산은

거듭제곱 ➡ 괄호 ➡ 곱셈, 나눗셈 ➡ 덧셈, 뺄셈

의 순서로 계산한다.

① $2\times\left\{-\dfrac{5}{4}-\left(-\dfrac{2}{3}\right)\right\}-\dfrac{7}{12}$

$$=2\times\left(-\frac{15}{12}+\frac{8}{12}\right)-\frac{7}{12}$$
$$=2\times\left(-\frac{7}{12}\right)-\frac{7}{12}$$
$$=-\frac{7}{6}-\frac{7}{12}=-\frac{7}{4}$$

② $3\div\left\{\left(\dfrac{1}{2}-3\right)\times0.2-(-2)^2\right\}$

$$=3\div\left\{\left(-\frac{5}{2}\right)\times\frac{1}{5}-4\right\}$$
$$=3\div\left(-\frac{1}{2}-4\right)$$
$$=3\div\left(-\frac{9}{2}\right)$$
$$=3\times\left(-\frac{2}{9}\right)=-\frac{2}{3}$$

③ $6-\left\{\left(-\dfrac{1}{2}\right)^3\div\left(-\dfrac{1}{4}\right)+1\right\}\times\dfrac{9}{5}$

$$=6-\left\{\left(-\frac{1}{8}\right)\times(-4)+1\right\}\times\frac{9}{5}$$
$$=6-\left(\frac{1}{2}+1\right)\times\frac{9}{5}$$
$$=6-\frac{3}{2}\times\frac{9}{5}=6-\frac{27}{10}=\frac{33}{10}$$

④ $8-2\times\left[3-\left\{\left(-\dfrac{3}{2}\right)^2-\left(\dfrac{7}{4}-\dfrac{3}{2}\right)\div2\right\}\right]$

$$=8-2\times\left\{3-\left(\frac{9}{4}-\frac{1}{4}\times\frac{1}{2}\right)\right\}$$
$$=8-2\times\left\{3-\left(\frac{9}{4}-\frac{1}{8}\right)\right\}$$
$$=8-2\times\left(3-\frac{17}{8}\right)$$
$$=8-2\times\frac{7}{8}=8-\frac{7}{4}=\frac{25}{4}$$

⑤ $1-\left[(-2)\div\{3\times(-1)-(-1)^3\}-\dfrac{4}{3}\right]$

$=1-\left[(-2)\div\{-3-(-1)\}-\dfrac{4}{3}\right]$

$=1-\left\{(-2)\div(-2)-\dfrac{4}{3}\right\}$

$=1-\left(1-\dfrac{4}{3}\right)$

$=1-\left(-\dfrac{1}{3}\right)=1+\dfrac{1}{3}=\dfrac{4}{3}$

따라서 계산 결과가 가장 큰 것은 ④이다.　　답 ④

20 전략 어떤 수를 □라 하고 식을 세운다.

어떤 수를 □라 하면

$$\square\div\left(-\dfrac{3}{5}\right)=-\dfrac{2}{3}$$

$$\therefore \square=\left(-\dfrac{2}{3}\right)\times\left(-\dfrac{3}{5}\right)=\dfrac{2}{5}$$

따라서 바르게 계산하면

$$\dfrac{2}{5}\times\left(-\dfrac{3}{5}\right)=-\dfrac{6}{25}$$　　답 $-\dfrac{6}{25}$

21 전략 주어진 조건을 이용하여 a, b의 부호를 구해 본다.

$a\times b<0$에서 a, b의 부호는 다르다.

그런데 $a-b>0$에서 $a>b$이므로　$a>0$, $b<0$

④ $-a<0$, $-b>0$이고 $|a|<|b|$이므로

$$-a-b>0$$

따라서 옳지 않은 것은 ④이다.　　답 ④

참고 $a>0$, $b<0$, $|a|<|b|$를 모두 만족시키는 두 수 a, b를 문자에 넣어서 생각할 수도 있다.

예를 들어 $a=1$, $b=-2$라 하고 부호를 따져 본다.

22 전략 출발점을 기준으로 희강이와 수연이의 위치를 구해 본다.

	이긴 경우	진 경우	합
희강	$6\times3=18$	$3\times(-2)=-6$	$18+(-6)=12$
수연	$3\times3=9$	$6\times(-2)=-12$	$9+(-12)=-3$

출발점을 기준으로 희강이는 12칸 올라가 있고, 수연이는 3칸 내려가 있다.

따라서 두 사람의 위치는

$$12-(-3)=15(칸)$$

차이가 난다.　　답 15칸

23 전략 n이 홀수일 때, $n+3$, $n+4$, $2\times n$이 짝수인지 홀수인지 알아본다.

n이 홀수이면 $n+3$은 짝수, $n+4$는 홀수, $2\times n$은 짝수이므로

$$(-1)^{n+3}+(-1)^n-(-1)^{n+4}+(-1)^{2\times n}$$

$$=1+(-1)-(-1)+1$$

$$=1-1+1+1=2$$　　답 2

24 전략 네 수의 곱이 가장 클 때와 가장 작을 때의 수의 조건을 생각해 본다.

서로 다른 네 수를 뽑아 곱한 값이 가장 크려면 양수 2개, 절댓값이 큰 음수 2개를 뽑아야 한다.

$$\therefore a=\dfrac{7}{2}\times\dfrac{2}{3}\times\left(-\dfrac{4}{3}\right)\times(-6)=\dfrac{56}{3}$$

또 서로 다른 네 수를 뽑아 곱한 값이 가장 작으려면 음수 3개, 절댓값이 큰 양수 1개를 뽑아야 한다.

$$\therefore b=\left(-\dfrac{4}{3}\right)\times(-1)\times(-6)\times\dfrac{7}{2}=-28$$

$$\therefore a\div b=\dfrac{56}{3}\div(-28)=\dfrac{56}{3}\times\left(-\dfrac{1}{28}\right)=-\dfrac{2}{3}$$

답 $-\dfrac{2}{3}$

25 전략 먼저 두 점 B, C 사이의 거리를 구한다.

두 점 B, C 사이의 거리는

$$\dfrac{7}{3}-\left(-\dfrac{1}{2}\right)=\dfrac{7}{3}+\dfrac{1}{2}=\dfrac{14}{6}+\dfrac{3}{6}=\dfrac{17}{6}$$

두 점 A, B 사이의 거리는

$$\dfrac{17}{6}\times\dfrac{3}{3+2}=\dfrac{17}{6}\times\dfrac{3}{5}=\dfrac{17}{10}$$

따라서 점 A가 나타내는 수는 $-\dfrac{1}{2}$보다 $\dfrac{17}{10}$만큼 큰 수이므로

$$-\dfrac{1}{2}+\dfrac{17}{10}=-\dfrac{5}{10}+\dfrac{17}{10}=\dfrac{6}{5}$$　　답 $\dfrac{6}{5}$

개념 더하기

수직선 위의 두 점 A, B가 나타내는 수가 각각 a, b $(a<b)$일 때, 두 점 A, B 사이를 $m:n$ $(m>0, n>0)$으로 나누는 점 P가 나타내는 수는 다음과 같은 순서로 구한다.

❶ 두 점 A, B 사이의 거리를 구한다. ➡ $b-a$

❷ 두 점 A, P 사이의 거리를 구한다. ➡ $(b-a)\times\dfrac{m}{m+n}$

❸ 점 P가 나타내는 수를 구한다.

➡ (점 A가 나타내는 수)+(두 점 A, P 사이의 거리)

$$=a+(b-a)\times\dfrac{m}{m+n}$$

서술형 **대비 문제**　　▶ 본문 100~101쪽

1 $\dfrac{5}{3}$	2 -4	3 1
4 8	5 $-\dfrac{13}{10}$	6 $\dfrac{3}{7}$

1 1단계 x의 절댓값이 $\dfrac{1}{3}$이므로

$$x=\dfrac{1}{3} \text{ 또는 } x=-\dfrac{1}{3}$$

y의 절댓값이 $\dfrac{1}{2}$이므로

$$y=\dfrac{1}{2} \text{ 또는 } y=-\dfrac{1}{2}$$

$x+y$의 값 중에서 가장 큰 값은 x, y가 모두 양수일 때이므로

$$M=\frac{1}{3}+\frac{1}{2}=\frac{2}{6}+\frac{3}{6}=\frac{5}{6}$$

3단계 $x+y$의 값 중에서 가장 작은 값은 x, y가 모두 음수일 때이므로

$$m=-\frac{1}{3}+\left(-\frac{1}{2}\right)=-\frac{2}{6}+\left(-\frac{3}{6}\right)=-\frac{5}{6}$$

4단계 $M-m=\frac{5}{6}-\left(-\frac{5}{6}\right)=\frac{5}{3}$

답 $\frac{5}{3}$

2 **1단계** $a=-\frac{2}{9}+\left(-\frac{2}{3}\right)=-\frac{2}{9}+\left(-\frac{6}{9}\right)=-\frac{8}{9}$

2단계 $b=\frac{1}{3}-\frac{1}{9}=\frac{3}{9}-\frac{1}{9}=\frac{2}{9}$

3단계 $b \div a=\frac{2}{9}\div\left(-\frac{8}{9}\right)=\frac{2}{9}\times\left(-\frac{9}{8}\right)=-\frac{1}{4}$

따라서 $-\frac{1}{4}$의 역수는 -4이다.

답 -4

3 **1단계** 곱이 1인 두 수는 서로 역수이다.

-6의 역수는 $-\frac{1}{6}$이므로 -6과 마주 보는 면에 적힌 수는 $-\frac{1}{6}$이다.

$-1.5=-\frac{3}{2}$의 역수는 $-\frac{2}{3}$이므로 -1.5와 마주 보는 면에 적힌 수는 $-\frac{2}{3}$이다.

$\frac{6}{11}$의 역수는 $\frac{11}{6}$이므로 $\frac{6}{11}$과 마주 보는 면에 적힌 수는 $\frac{11}{6}$이다.

2단계 보이지 않는 세 면에 적힌 수의 합은

$$-\frac{1}{6}+\left(-\frac{2}{3}\right)+\frac{11}{6}$$

$$=-\frac{1}{6}+\left(-\frac{4}{6}\right)+\frac{11}{6}=1$$

답 1

단계	채점 요소	배점
1	보이지 않는 세 면에 적힌 수 구하기	3점
2	보이지 않는 세 면에 적힌 수의 합 구하기	3점

4 **1단계** $A=(-3)\times\left[\frac{1}{6}+\left\{\frac{2}{3}\div\left(-\frac{2}{5}\right)+(-1)^3\right\}\right]$

$=(-3)\times\left[\frac{1}{6}+\left\{\frac{2}{3}\times\left(-\frac{5}{2}\right)+(-1)\right\}\right]$

$=(-3)\times\left[\frac{1}{6}+\left\{-\frac{5}{3}+(-1)\right\}\right]$

$=(-3)\times\left\{\frac{1}{6}+\left(-\frac{8}{3}\right)\right\}$

$=(-3)\times\left(-\frac{5}{2}\right)=\frac{15}{2}$

2단계 $B=8\times\left(-\frac{1}{2}\right)^2\div(-2^2)=8\times\frac{1}{4}\div(-4)$

$=8\times\frac{1}{4}\times\left(-\frac{1}{4}\right)=-\frac{1}{2}$

3단계 $A-B=\frac{15}{2}-\left(-\frac{1}{2}\right)=\frac{15}{2}+\frac{1}{2}=8$

답 8

단계	채점 요소	배점
1	A의 값 구하기	3점
2	B의 값 구하기	2점
3	$A-B$의 값 구하기	1점

5 **1단계** 어떤 수를 □라 하면 $\square+\left(-\frac{2}{3}\right)=\frac{1}{5}$

$\therefore \square=\frac{1}{5}-\left(-\frac{2}{3}\right)=\frac{3}{15}+\frac{10}{15}=\frac{13}{15}$

2단계 바르게 계산하면

$$\frac{13}{15}\div\left(-\frac{2}{3}\right)=\frac{13}{15}\times\left(-\frac{3}{2}\right)=-\frac{13}{10}$$

답 $-\frac{13}{10}$

단계	채점 요소	배점
1	어떤 수 구하기	4점
2	바르게 계산한 답 구하기	3점

6 **1단계** 두 점 A, B 사이의 거리는

$$4-\left(-\frac{3}{2}\right)=\frac{8}{2}+\frac{3}{2}=\frac{11}{2}$$

2단계 점 P가 나타내는 수는

$$-\frac{3}{2}+\frac{11}{2}\times\frac{1}{4}=-\frac{12}{8}+\frac{11}{8}=-\frac{1}{8}$$

$$\therefore p=-\frac{1}{8}$$

점 Q가 나타내는 수는

$$-\frac{1}{8}+\frac{11}{2}\times\frac{1}{4}=-\frac{1}{8}+\frac{11}{8}=\frac{5}{4}$$

$$\therefore q=\frac{5}{4}$$

점 R가 나타내는 수는

$$\frac{5}{4}+\frac{11}{2}\times\frac{1}{4}=\frac{10}{8}+\frac{11}{8}=\frac{21}{8}$$

$$\therefore r=\frac{21}{8}$$

3단계 $(p+q)\div r=\left(-\frac{1}{8}+\frac{5}{4}\right)\div\frac{21}{8}$

$$=\frac{9}{8}\times\frac{8}{21}=\frac{3}{7}$$

답 $\frac{3}{7}$

단계	채점 요소	배점
1	두 점 A, B 사이의 거리 구하기	2점
2	p, q, r의 값 구하기	3점
3	$(p+q)\div r$의 값 구하기	2점

III-1 문자의 사용과 식의 계산

01 문자의 사용

▶ 본문 106쪽

개념원리 확인하기

01 (1) $-8a$ (2) $\dfrac{abc}{6}$ (3) $3a^2b^3$ (4) $-x^3$ (5) $0.1y$

(6) $-2(a+b)$

02 (1) $\dfrac{6}{x}$ (2) $-\dfrac{x}{y}$ (3) $\dfrac{5}{4}y$ (4) $8ab$ (5) $\dfrac{a+b}{c}$

(6) $\dfrac{3x-y}{2}$

03 (1) $\dfrac{ab}{c}$ (2) $\dfrac{a(7-x)}{b}$ (3) $\dfrac{ad}{bc}$ (4) $-\dfrac{2a}{5+b}$

04 (1) $3a$점 (2) $(1000-x)$원 (3) $4a+2b$

05 (1) 3, 14 (2) -2, -7 (3) $\dfrac{1}{2}$, 2, 12

01 (5) $0.1 \times y = 0.1y$

(6) $(a+b) \times (-2) = -2(a+b)$

답 (1) $-8a$ (2) $\dfrac{abc}{6}$ (3) $3a^2b^3$

(4) $-x^3$ (5) $0.1y$ (6) $-2(a+b)$

02 (3) $y \div \dfrac{4}{5} = y \times \dfrac{5}{4} = \dfrac{5}{4}y$

(4) $(-8b) \div \left(-\dfrac{1}{a}\right) = (-8b) \times (-a) = 8ab$

(5) $(a+b) \div c = \dfrac{a+b}{c}$

답 (1) $\dfrac{6}{x}$ (2) $-\dfrac{x}{y}$ (3) $\dfrac{5}{4}y$

(4) $8ab$ (5) $\dfrac{a+b}{c}$ (6) $\dfrac{3x-y}{2}$

03 (1) $a \times b \div c = a \times b \times \dfrac{1}{c} = \dfrac{ab}{c}$

(2) $a \div b \times (7-x) = a \times \dfrac{1}{b} \times (7-x) = \dfrac{a(7-x)}{b}$

(3) $a \div b \div c \times d = a \times \dfrac{1}{b} \times \dfrac{1}{c} \times d = \dfrac{ad}{bc}$

(4) $a \div (5+b) \times (-2) = a \times \dfrac{1}{5+b} \times (-2) = -\dfrac{2a}{5+b}$

답 (1) $\dfrac{ab}{c}$ (2) $\dfrac{a(7-x)}{b}$ (3) $\dfrac{ad}{bc}$ (4) $-\dfrac{2a}{5+b}$

04 (3) 토끼의 다리는 4개, 타조의 다리는 2개이므로 다리의 개수의 합은

$4 \times a + 2 \times b = 4a + 2b$

답 (1) $3a$점 (2) $(1000-x)$원 (3) $4a+2b$

개념 더하기

문자를 사용하여 식을 세울 때에는 반드시 단위를 쓰도록 한다.

05 (1) $x=3$일 때,

$6x-4 = 6 \times x - 4$

$\qquad = 6 \times \boxed{3} - 4 = \boxed{14}$

(2) $x=-2$일 때,

$4x+1 = 4 \times x + 1$

$\qquad = 4 \times (\boxed{-2}) + 1 = \boxed{-7}$

(3) $a=\dfrac{1}{2}$일 때,

$\dfrac{6}{a} = 6 \div a$

$\qquad = 6 \div \boxed{\dfrac{1}{2}} = 6 \times \boxed{2} = \boxed{12}$

답 (1) 3, 14 (2) -2, -7 (3) $\dfrac{1}{2}$, 2, 12

▶ 본문 107~109쪽

핵심문제 익히기

1 (1) $\dfrac{4x^3}{y}$ (2) $\dfrac{x-y}{y} + 5(x+3)$ (3) $-2a^2 + \dfrac{bc}{3}$

(4) $\dfrac{a}{bc} - 2x$

2 (1) $\dfrac{x}{5}$ m (2) $(3+2a)$ L   **3** $\dfrac{(a+b)h}{2}$

4 (1) $(140-70a)$ km (2) $\dfrac{100x}{200+x}$ %

5 (1) 0 (2) -30 (3) -24 (4) 4

6 (1) $(4a+9b+200)$ kcal (2) 570 kcal

1 (1) $x \times x \times x \div \dfrac{y}{4} = x^3 \times \dfrac{4}{y} = \dfrac{4x^3}{y}$

(2) $(x-y) \div y + (x+3) \times 5$

$= (x-y) \times \dfrac{1}{y} + (x+3) \times 5$

$= \dfrac{x-y}{y} + 5(x+3)$

(3) $a \times a \times (-2) - b \times c \div (-3)$

$= a \times a \times (-2) - b \times c \times \left(-\dfrac{1}{3}\right)$

$= -2a^2 + \dfrac{bc}{3}$

(4) $a \div (b \times c) + 2 \times x \div (-1)$

$= a \times \dfrac{1}{bc} + 2 \times x \times (-1) = \dfrac{a}{bc} - 2x$

답 (1) $\dfrac{4x^3}{y}$ (2) $\dfrac{x-y}{y} + 5(x+3)$

(3) $-2a^2 + \dfrac{bc}{3}$ (4) $\dfrac{a}{bc} - 2x$

2 $(1)\ x\div5=\dfrac{x}{5}\,(\text{m})$

$(2)\ 3+2\times a=3+2a\,(\text{L})$

$\qquad\qquad\qquad$ 답 $(1)\ \dfrac{x}{5}\,\text{m}$ $\quad(2)\ (3+2a)\,\text{L}$

3 (사다리꼴의 넓이)

$\quad=\dfrac{1}{2}\times\{(\text{윗변의 길이})+(\text{아랫변의 길이})\}\times(\text{높이})$

$\quad=\dfrac{1}{2}\times(a+b)\times h=\dfrac{(a+b)h}{2}$ $\qquad$ 답 $\dfrac{(a+b)h}{2}$

4 (1) 시속 $70\,\text{km}$로 a시간 동안 이동한 거리는

$\qquad 70\times a=70a\,(\text{km})$

$\qquad$ 따라서 B 지점까지 남은 거리는 $\quad(140-70a)\,\text{km}$

(2) 소금물의 양은 $(200+x)\,\text{g}$이므로 소금물의 농도는

$\qquad \dfrac{x}{200+x}\times100=\dfrac{100x}{200+x}\,(\%)$

$\qquad$ 답 $(1)\ (140-70a)\,\text{km}$ $\quad(2)\ \dfrac{100x}{200+x}\,\%$

5 $(1)\ -a^2+(-a)^2=-(-4)^2+\{-(-4)\}^2$

$\qquad\qquad\qquad\quad =-16+16=0$

$(2)\ \dfrac{5ab}{a+b}=\dfrac{5\times6\times(-3)}{6+(-3)}=\dfrac{-90}{3}=-30$

$(3)\ a^2-b^2=(-1)^2-5^2=1-25=-24$

$(4)\ \dfrac{4}{a}+\dfrac{2}{b}=4\div a+2\div b=4\div\left(-\dfrac{2}{3}\right)+2\div\dfrac{1}{5}$

$\qquad\quad =4\times\left(-\dfrac{3}{2}\right)+2\times5=-6+10=4$

$\qquad\qquad$ 답 $(1)\ 0$ $\quad(2)\ -30$ $\quad(3)\ -24$ $\quad(4)\ 4$

6 (1) (혜선이가 얻은 열량)$=4\times50+4\times a+9\times b$

$\qquad\qquad\qquad\qquad\qquad\ =4a+9b+200\,(\text{kcal})$

$(2)\ 4a+9b+200$에 $a=25,\ b=30$을 대입하면

$\qquad 4\times25+9\times30+200=570$

$\qquad$ 따라서 혜선이가 얻은 열량은 $570\,\text{kcal}$이다.

$\qquad$ 답 $(1)\ (4a+9b+200)\,\text{kcal}$ $\quad(2)\ 570\,\text{kcal}$

이런 문제가 시험 에 나온다 ▷ 본문 110쪽

01 ⑤ $\qquad$ 02 ⑤ $\qquad$ 03 ① $\qquad$ 04 ④

05 $25\,℃$

01 ① $2\times x\div y=2\times x\times\dfrac{1}{y}=\dfrac{2x}{y}$

② $(-0.1)\times x\div y=(-0.1)\times x\times\dfrac{1}{y}=-\dfrac{0.1x}{y}$

③ $(-x)\div y\div z\times2=(-x)\times\dfrac{1}{y}\times\dfrac{1}{z}\times2=-\dfrac{2x}{yz}$

④ $a\div4\times b\times c-1=a\times\dfrac{1}{4}\times b\times c-1=\dfrac{abc}{4}-1$

⑤ $x\div5\div(x+y)\times z=x\times\dfrac{1}{5}\times\dfrac{1}{x+y}\times z=\dfrac{xz}{5(x+y)}$

따라서 옳은 것은 ⑤이다.

$\qquad\qquad\qquad\qquad\qquad\qquad\qquad\qquad$ 답 ⑤

02 ① $a\times c\div b=a\times c\times\dfrac{1}{b}=\dfrac{ac}{b}$

② $a\div b\times c=a\times\dfrac{1}{b}\times c=\dfrac{ac}{b}$

③ $a\div(b\div c)=a\div\left(b\times\dfrac{1}{c}\right)=a\div\dfrac{b}{c}$

$\qquad\qquad\qquad =a\times\dfrac{c}{b}=\dfrac{ac}{b}$

④ $a\times\dfrac{1}{b}\div c=a\times\dfrac{1}{b}\times c=\dfrac{ac}{b}$

⑤ $a\times\left(b\div\dfrac{1}{c}\right)=a\times(b\times c)=abc$

따라서 식이 나머지 넷과 다른 하나는 ⑤이다.

$\qquad\qquad\qquad\qquad\qquad\qquad\qquad\qquad$ 답 ⑤

03 ㄷ. (직육면체의 부피)

$\qquad=(\text{가로의 길이})\times(\text{세로의 길이})\times(\text{높이})$

$\qquad$ 이므로 구하는 부피는

$\qquad a\times7\times b=7ab\,(\text{cm}^3)$

ㄹ. (거리)$=$(속력)$\times$(시간)이므로 구하는 거리는

$\qquad 50\times a+90\times b=50a+90b\,(\text{km})$

이상에서 옳은 것은 ㄱ, ㄴ이다. $\qquad\qquad$ 답 ①

04 ① $-2y-x=-2\times\left(-\dfrac{1}{2}\right)-1=1-1=0$

② $y^2-x=\left(-\dfrac{1}{2}\right)^2-1=\dfrac{1}{4}-1=-\dfrac{3}{4}$

③ $x^2-8y^2=1^2-8\times\left(-\dfrac{1}{2}\right)^2$

$\qquad\qquad\ =1-8\times\dfrac{1}{4}$

$\qquad\qquad\ =1-2=-1$

④ $-\dfrac{2}{y}+\dfrac{2}{x}=(-2)\div y+2\div x$

$\qquad\qquad\ =(-2)\div\left(-\dfrac{1}{2}\right)+2\div1$

$\qquad\qquad\ =-2\times(-2)+2\div1$

$\qquad\qquad\ =4+2=6$

⑤ $\dfrac{x}{y}=x\div y=1\div\left(-\dfrac{1}{2}\right)=1\times(-2)=-2$

따라서 식의 값이 가장 큰 것은 ④이다. $\qquad$ 답 ④

05 $\dfrac{5}{9}(x-32)$에 $x=77$을 대입하면

$\qquad \dfrac{5}{9}\times(77-32)=\dfrac{5}{9}\times45=25$

따라서 화씨 $77\,°\text{F}$는 섭씨 $25\,℃$이다. $\qquad$ 답 $25\,℃$

02 일차식의 계산 (1)

▶ 본문 113쪽

개념원리 확인하기

01 풀이 참조 02 $2x$, 7, x^2y

03 $\dfrac{1}{2}x-5$, $0 \times x^2+x-1$

04 (1) $6x$ (2) $-30x$ (3) $3x$ (4) $10a$ (5) $2a$

　(6) $4y$ (7) $27x$ (8) $-\dfrac{5}{2}a$

05 (1) $3x-6$ (2) $-2x-4$ (3) $-9a+6$ (4) $4b+\dfrac{8}{3}$

　(5) $-7y-\dfrac{5}{6}$ (6) $-3x-2$ (7) $-\dfrac{2}{9}b+\dfrac{8}{7}$

　(8) $-3x+6$

01

다항식	상수항	계수	다항식의 차수
$2x+5$	5	x의 계수: 2	1
$-\dfrac{1}{3}y+2$	2	y의 계수: $-\dfrac{1}{3}$	1
$4x^2+x-1$	-1	x^2의 계수: 4 x의 계수: 1	2

🖹 풀이 참조

02 $x+3y$, $x-1$은 항이 2개이므로 단항식이 아니다.

$\dfrac{3}{x}$과 같이 분모에 문자가 있는 식은 다항식이 아니므로 단항식이 아니다.

따라서 단항식인 것은 $2x$, 7, x^2y이다.　🖹 $2x$, 7, x^2y

03 x^2+1은 차수가 2이므로 일차식이 아니다.

$\dfrac{1}{x}-2x$와 같이 분모에 문자가 있는 식은 다항식이 아니므로 일차식이 아니다.

$0 \times x^2+x-1=x-1$이므로 일차식이다.

따라서 일차식인 것은 $\dfrac{1}{2}x-5$, $0 \times x^2+x-1$이다.

🖹 $\dfrac{1}{2}x-5$, $0 \times x^2+x-1$

04 (5) $12a \div 6=12a \times \dfrac{1}{6}=2a$

(6) $6y \div \dfrac{3}{2}=6y \times \dfrac{2}{3}=4y$

(7) $(-18x) \div \left(-\dfrac{2}{3}\right)=(-18x) \times \left(-\dfrac{3}{2}\right)=27x$

(8) $\left(-\dfrac{5}{6}a\right) \div \dfrac{1}{3}=\left(-\dfrac{5}{6}a\right) \times 3=-\dfrac{5}{2}a$

🖹 (1) $6x$ (2) $-30x$ (3) $3x$ (4) $10a$

(5) $2a$ (6) $4y$ (7) $27x$ (8) $-\dfrac{5}{2}a$

05 (1) $3(x-2)=3 \times x+3 \times (-2)=3x-6$

(2) $-(2x+4)=(-1) \times 2x+(-1) \times 4=-2x-4$

(3) $-3(3a-2)=(-3) \times 3a+(-3) \times (-2)$
$=-9a+6$

(4) $\left(\dfrac{8}{3}b+\dfrac{16}{9}\right) \times \dfrac{3}{2}=\dfrac{8}{3}b \times \dfrac{3}{2}+\dfrac{16}{9} \times \dfrac{3}{2}$
$=4b+\dfrac{8}{3}$

(5) $\left(-14y-\dfrac{5}{3}\right) \div 2=\left(-14y-\dfrac{5}{3}\right) \times \dfrac{1}{2}$
$=(-14y) \times \dfrac{1}{2}-\dfrac{5}{3} \times \dfrac{1}{2}$
$=-7y-\dfrac{5}{6}$

(6) $(12x+8) \div (-4)=(12x+8) \times \left(-\dfrac{1}{4}\right)$
$=12x \times \left(-\dfrac{1}{4}\right)+8 \times \left(-\dfrac{1}{4}\right)$
$=-3x-2$

(7) $\left(-\dfrac{1}{9}b+\dfrac{4}{7}\right) \div \dfrac{1}{2}=\left(-\dfrac{1}{9}b+\dfrac{4}{7}\right) \times 2$
$=\left(-\dfrac{1}{9}b\right) \times 2+\dfrac{4}{7} \times 2=-\dfrac{2}{9}b+\dfrac{8}{7}$

(8) $(2x-4) \div \left(-\dfrac{2}{3}\right)$
$=(2x-4) \times \left(-\dfrac{3}{2}\right)$
$=2x \times \left(-\dfrac{3}{2}\right)+(-4) \times \left(-\dfrac{3}{2}\right)$
$=-3x+6$

🖹 (1) $3x-6$ (2) $-2x-4$ (3) $-9a+6$ (4) $4b+\dfrac{8}{3}$

(5) $-7y-\dfrac{5}{6}$ (6) $-3x-2$ (7) $-\dfrac{2}{9}b+\dfrac{8}{7}$

(8) $-3x+6$

핵심문제 익히기

▶ 본문 114~115쪽

1 ③, ⑤ 2 4 3 $\dfrac{2}{5}$ 4 15

1 ① $-x+5$는 항이 2개이므로 단항식이 아니다.

② $\dfrac{x^2-1}{2}=\dfrac{1}{2}x^2-\dfrac{1}{2}$에서 x^2의 계수는 $\dfrac{1}{2}$이다.

④ $-6x^2$의 차수는 2이다.

따라서 옳은 것은 ③, ⑤이다.　🖹 ③, ⑤

2 $a+\dfrac{6}{a}+2$는 분모에 문자가 있으므로 다항식이 아니고 일차식도 아니다.

$-1-4x+x^3$의 차수는 3이므로 일차식이 아니다.

따라서 일차식인 것은 $5-3y$, $-x$, $\dfrac{a}{7}$, $\dfrac{x+1}{5}$의 4개이다.

🖹 4

3 $\left(-\dfrac{3}{14}a\right)\div\left(-\dfrac{15}{28}\right)=\left(-\dfrac{3}{14}a\right)\times\left(-\dfrac{28}{15}\right)=\dfrac{2}{5}a$

따라서 a의 계수는 $\dfrac{2}{5}$이다.   답 $\dfrac{2}{5}$

4 $-6\left(\dfrac{2}{3}x-4\right)=(-6)\times\dfrac{2}{3}x+(-6)\times(-4)$
$\qquad\qquad\qquad\quad=-4x+24$

이므로 상수항은 24이다.

$(4y-12)\div\dfrac{4}{3}=(4y-12)\times\dfrac{3}{4}$
$\qquad\qquad\qquad\quad=4y\times\dfrac{3}{4}+(-12)\times\dfrac{3}{4}$
$\qquad\qquad\qquad\quad=3y-9$

이므로 상수항은 -9이다.
따라서 두 식의 상수항의 합은
$\quad 24+(-9)=15$ 답 15

이런 문제가 시험 에 나온다   ❯ 본문 116쪽

01 ⑤   02 3   03 ①   04 ②
05 ③

01 ① 항은 $-4x^2$, $\dfrac{x}{6}$, $-y$, -2이다.

② x^2의 계수는 -4이다.

③ 다항식의 차수가 2이므로 일차식이 아니다.

④ x의 계수는 $\dfrac{1}{6}$이다.

⑤ y의 계수는 -1이고 상수항은 -2이므로
$\qquad -1+(-2)=-3$

따라서 옳은 것은 ⑤이다.   답 ⑤

02 x의 계수는 5이므로 $a=5$

y의 계수는 $-\dfrac{1}{2}$이므로 $b=-\dfrac{1}{2}$

상수항은 1이므로 $c=1$

$\therefore a+2b-c=5+2\times\left(-\dfrac{1}{2}\right)-1$
$\qquad\qquad\quad=5+(-1)-1=3$ 답 3

03 주어진 식이 x에 대한 일차식이 되려면 x^2의 계수는 0이고 x의 계수는 0이 아니어야 하므로
$\qquad a+2=0$, $a-1\neq0$
$\qquad \therefore a=-2$ 답 ①

참고 주어진 식에 $a=-2$를 대입하면 $-3x-5$이므로 x에 대한 일차식이다.

---

04 ㄴ. $(-9x)\div\dfrac{1}{3}=(-9x)\times3=-27x$

ㄹ. $(4b-1)\div\left(-\dfrac{2}{3}\right)^2=(4b-1)\div\dfrac{4}{9}$
$\qquad\qquad\qquad\qquad=(4b-1)\times\dfrac{9}{4}=9b-\dfrac{9}{4}$

이상에서 옳은 것은 ㄱ, ㄷ이다.   답 ②

05 $3(2x-5)=6x-15$

① $2(3x-5)=6x-10$

② $6\left(x+\dfrac{3}{2}\right)=6x+9$

③ $\left(x-\dfrac{5}{2}\right)\div\dfrac{1}{6}=\left(x-\dfrac{5}{2}\right)\times6=6x-15$

④ $(2x-15)\div\dfrac{1}{3}=(2x-15)\times3=6x-45$

⑤ $\dfrac{1}{2}(12x-5)=6x-\dfrac{5}{2}$

따라서 계산 결과가 같은 것은 ③이다.   답 ③

---

03 일차식의 계산 (2)

개념원리 확인하기   ❯ 본문 118쪽

01 $3x$, $-\dfrac{2}{5}x$, $-0.7x$

02 (1) $8x$ (2) $-2x$ (3) $-5y$ (4) $\dfrac{1}{3}a$ (5) $6y$

    (6) $\dfrac{1}{12}b-6$ (7) $3x-2$ (8) $-a+3$

03 (1) $5x-2$ (2) $7a+1$ (3) $2b+7$ (4) $2y-4$

04 (1) $3x-6$ (2) $-7x-8$ (3) $-7a-1$ (4) $-y+1$

01 y ➡ 문자가 다르므로 동류항이 아니다.

-1, $6x^2$, 9 ➡ 차수가 다르므로 동류항이 아니다.

   답 $3x$, $-\dfrac{2}{5}x$, $-0.7x$

02 (6) $-6+\dfrac{3}{4}b-\dfrac{2}{3}b=\left(\dfrac{3}{4}-\dfrac{2}{3}\right)b-6$
$\qquad\qquad\qquad\qquad=\left(\dfrac{9}{12}-\dfrac{8}{12}\right)b-6=\dfrac{1}{12}b-6$

(7) $5x+3-2x-5=5x-2x+3-5$
$\qquad\qquad\qquad=(5-2)x+(3-5)=3x-2$

(8) $7a-2-8a+5=7a-8a-2+5$
$\qquad\qquad\qquad=(7-8)a+(-2+5)=-a+3$

答 (1) $8x$ (2) $-2x$ (3) $-5y$ (4) $\dfrac{1}{3}a$

    (5) $6y$ (6) $\dfrac{1}{12}b-6$ (7) $3x-2$ (8) $-a+3$

03
(1) $(3x+1)+(2x-3)=3x+1+2x-3$
$\qquad =3x+2x+1-3=5x-2$

(2) $3(2a-1)+(a+4)=6a-3+a+4$
$\qquad =6a+a-3+4=7a+1$

(3) $(4b-3)+2(-b+5)=4b-3-2b+10$
$\qquad =4b-2b-3+10$
$\qquad =2b+7$

(4) $\dfrac{1}{2}(2y-4)+\dfrac{1}{4}(4y-8)=y-2+y-2$
$\qquad =y+y-2-2$
$\qquad =2y-4$

📋 (1) $5x-2$ (2) $7a+1$ (3) $2b+7$ (4) $2y-4$

04
(1) $(x+5)-(-2x+11)=x+5+2x-11$
$\qquad =x+2x+5-11$
$\qquad =3x-6$

(2) $-2(3x+5)-(x-2)=-6x-10-x+2$
$\qquad =-6x-x-10+2$
$\qquad =-7x-8$

(3) $-3(a+1)-2(2a-1)=-3a-3-4a+2$
$\qquad =-3a-4a-3+2$
$\qquad =-7a-1$

(4) $\dfrac{1}{3}(3y-6)-\dfrac{1}{6}(12y-18)=y-2-2y+3$
$\qquad =y-2y-2+3$
$\qquad =-y+1$

📋 (1) $3x-6$ (2) $-7x-8$ (3) $-7a-1$ (4) $-y+1$

핵심문제 익히기   ▶본문 119~121쪽

1 ④   2 10

3 (1) $2x-7$ (2) $x-y$ (3) $-12x+12$ (4) $-19x+4$

4 (1) $\dfrac{11}{20}x+\dfrac{3}{20}$ (2) $\dfrac{1}{4}x-\dfrac{5}{12}$

5 ③   6 $8x+8$

1 ④ $-2a$와 $5a$는 문자와 차수가 각각 같으므로 동류항이
다.   📋 ④

2 $(15x-6)\div\dfrac{3}{2}+12\left(\dfrac{3}{4}x-\dfrac{5}{12}\right)$
$\quad =(15x-6)\times\dfrac{2}{3}+9x-5$
$\quad =10x-4+9x-5$
$\quad =19x-9$
따라서 $a=19$, $b=-9$이므로
$\quad a+b=19+(-9)=10$ 📋 10

3
(1) $3x-5-\{5-(3-x)\}=3x-5-(5-3+x)$
$\qquad =3x-5-(x+2)$
$\qquad =3x-5-x-2$
$\qquad =2x-7$

(2) $2x+\{x-3y-2(x-y)\}$
$\quad =2x+(x-3y-2x+2y)$
$\quad =2x+(-x-y)$
$\quad =2x-x-y$
$\quad =x-y$

(3) $-4x+8-2\{4x-(3-7x)+1\}+14x$
$\quad =-4x+8-2(4x-3+7x+1)+14x$
$\quad =-4x+8-2(11x-2)+14x$
$\quad =-4x+8-22x+4+14x$
$\quad =-12x+12$

(4) $6x-[3x+2\{4x-(-7x+2)\}]$
$\quad =6x-\{3x+2(4x+7x-2)\}$
$\quad =6x-\{3x+2(11x-2)\}$
$\quad =6x-(3x+22x-4)$
$\quad =6x-(25x-4)$
$\quad =6x-25x+4$
$\quad =-19x+4$

📋 (1) $2x-7$ (2) $x-y$
(3) $-12x+12$ (4) $-19x+4$

4
(1) $\dfrac{4x-3}{5}-\dfrac{x-3}{4}=\dfrac{4(4x-3)-5(x-3)}{20}$
$\qquad =\dfrac{16x-12-5x+15}{20}$
$\qquad =\dfrac{11x+3}{20}=\dfrac{11}{20}x+\dfrac{3}{20}$

(2) $\dfrac{5x-2}{2}-\dfrac{6x-4}{3}+\dfrac{-x-3}{4}$
$\quad =\dfrac{6(5x-2)-4(6x-4)+3(-x-3)}{12}$
$\quad =\dfrac{30x-12-24x+16-3x-9}{12}$
$\quad =\dfrac{3x-5}{12}=\dfrac{1}{4}x-\dfrac{5}{12}$

📋 (1) $\dfrac{11}{20}x+\dfrac{3}{20}$ (2) $\dfrac{1}{4}x-\dfrac{5}{12}$

5 어떤 다항식을 □라 하면
$\qquad □-(6x-4)=2x-3$
$\qquad \therefore □=2x-3+(6x-4)$
$\qquad =2x-3+6x-4$
$\qquad =8x-7$ 📋 ③

6 주어진 도형의 넓이는 오른쪽 그림의 큰 직사각형의 넓이에서 작은 직사각형의 넓이를 뺀 것과 같다. 즉

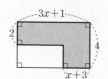

(색칠한 부분의 넓이)
= (큰 직사각형의 넓이) − (작은 직사각형의 넓이)
$= 4(3x+1) - (4-2) \times \{(3x+1)-(x+3)\}$
$= 12x+4 - 2(2x-2)$
$= 12x+4 - 4x+4$
$= 8x+8$

$\boxed{\text{답}}$ $8x+8$

계산력 강화하기 ▶ 본문 122쪽

01 (1) $17a+36$ (2) $12x-11$ (3) $4y-20$ (4) $-7b-7$
(5) $-3x+5$

02 (1) $-3a+2$ (2) $-21x+10$ (3) $3b+1$
(4) $2y-6$ (5) $6x-13$

03 (1) $-4x+3$ (2) $7x-19y$ (3) $-2x-10$
(4) $5x-4y$ (5) $2x-y$

04 (1) $\dfrac{29}{14}x+\dfrac{15}{14}$ (2) $-\dfrac{3}{40}x-\dfrac{3}{10}$ (3) $-\dfrac{1}{12}x-\dfrac{15}{4}$
(4) $\dfrac{5}{6}x+\dfrac{31}{12}$ (5) $\dfrac{1}{6}x$

---

01 (1) $(a-4)+8(2a+5) = a-4+16a+40$
$\qquad\qquad\qquad\qquad = 17a+36$
(2) $2(3x-1)+3(2x-3) = 6x-2+6x-9$
$\qquad\qquad\qquad\qquad = 12x-11$
(3) $6(3y-5)+2(-7y+5)$
$\qquad = 18y-30-14y+10$
$\qquad = 4y-20$
(4) $15\left(-\dfrac{2}{3}b+\dfrac{1}{5}\right)+12\left(\dfrac{1}{4}b-\dfrac{5}{6}\right)$
$\qquad = -10b+3+3b-10$
$\qquad = -7b-7$
(5) $\dfrac{1}{3}(6x+9)+\dfrac{1}{2}(4-10x)$
$\qquad = 2x+3+2-5x$
$\qquad = -3x+5$

$\boxed{\text{답}}$ (1) $17a+36$ (2) $12x-11$ (3) $4y-20$
(4) $-7b-7$ (5) $-3x+5$

02 (1) $(-a+3)-(1+2a) = -a+3-1-2a$
$\qquad\qquad\qquad\qquad = -3a+2$
(2) $4(-3x+1)-3(3x-2) = -12x+4-9x+6$
$\qquad\qquad\qquad\qquad\qquad = -21x+10$
(3) $-2(b-3)-5(1-b) = -2b+6-5+5b$
$\qquad\qquad\qquad\qquad = 3b+1$

(4) $6\left(\dfrac{2}{3}y-\dfrac{1}{2}\right)-4\left(\dfrac{1}{2}y+\dfrac{3}{4}\right) = 4y-3-2y-3$
$\qquad\qquad\qquad\qquad\qquad\qquad\quad = 2y-6$
(5) $\dfrac{2}{7}(14x-35)-\dfrac{1}{3}(9-6x) = 4x-10-3+2x$
$\qquad\qquad\qquad\qquad\qquad\quad = 6x-13$

$\boxed{\text{답}}$ (1) $-3a+2$ (2) $-21x+10$ (3) $3b+1$
(4) $2y-6$ (5) $6x-13$

03 (1) $-3x+8-\{2x-(x-5)\}$
$\qquad = -3x+8-(2x-x+5)$
$\qquad = -3x+8-(x+5)$
$\qquad = -3x+8-x-5$
$\qquad = -4x+3$
(2) $5(x-3y)-\{3y-(2x-y)\}$
$\qquad = 5x-15y-(3y-2x+y)$
$\qquad = 5x-15y-(-2x+4y)$
$\qquad = 5x-15y+2x-4y$
$\qquad = 7x-19y$
(3) $-9(x-1)-\{3(1-x)-4(-4+x)\}$
$\qquad = -9x+9-(3-3x+16-4x)$
$\qquad = -9x+9-(-7x+19)$
$\qquad = -9x+9+7x-19$
$\qquad = -2x-10$
(4) $2x-[7y-2x-\{2x-(x-3y)\}]$
$\qquad = 2x-\{7y-2x-(2x-x+3y)\}$
$\qquad = 2x-\{7y-2x-(x+3y)\}$
$\qquad = 2x-(7y-2x-x-3y)$
$\qquad = 2x-(-3x+4y)$
$\qquad = 2x+3x-4y$
$\qquad = 5x-4y$
(5) $x+3y-[2x-y-\{4(x-y)-(x+y)\}]$
$\qquad = x+3y-\{2x-y-(4x-4y-x-y)\}$
$\qquad = x+3y-\{2x-y-(3x-5y)\}$
$\qquad = x+3y-(2x-y-3x+5y)$
$\qquad = x+3y-(-x+4y)$
$\qquad = x+3y+x-4y$
$\qquad = 2x-y$

$\boxed{\text{답}}$ (1) $-4x+3$ (2) $7x-19y$ (3) $-2x-10$
(4) $5x-4y$ (5) $2x-y$

04 (1) $\dfrac{5x+1}{2}-\dfrac{3x-4}{7} = \dfrac{7(5x+1)-2(3x-4)}{14}$
$\qquad\qquad\qquad\qquad = \dfrac{35x+7-6x+8}{14}$
$\qquad\qquad\qquad\qquad = \dfrac{29x+15}{14}$
$\qquad\qquad\qquad\qquad = \dfrac{29}{14}x+\dfrac{15}{14}$

(2) $\dfrac{x-4}{8}+\dfrac{-x+1}{5}=\dfrac{5(x-4)+8(-x+1)}{40}$

$\qquad\qquad\qquad\quad=\dfrac{5x-20-8x+8}{40}$

$\qquad\qquad\qquad\quad=\dfrac{-3x-12}{40}=-\dfrac{3}{40}x-\dfrac{3}{10}$

(3) $\dfrac{x-1}{4}+\dfrac{2x-3}{3}-\dfrac{2x+5}{2}$

$\quad=\dfrac{3(x-1)+4(2x-3)-6(2x+5)}{12}$

$\quad=\dfrac{3x-3+8x-12-12x-30}{12}$

$\quad=\dfrac{-x-45}{12}=-\dfrac{1}{12}x-\dfrac{15}{4}$

(4) $\dfrac{4x+1}{4}-\dfrac{5(x-2)}{6}+\dfrac{2(x+1)}{3}$

$\quad=\dfrac{3(4x+1)-10(x-2)+8(x+1)}{12}$

$\quad=\dfrac{12x+3-10x+20+8x+8}{12}$

$\quad=\dfrac{10x+31}{12}=\dfrac{5}{6}x+\dfrac{31}{12}$

(5) $\dfrac{2x-5}{3}-\left\{\dfrac{3x-1}{2}-\left(x+\dfrac{7}{6}\right)\right\}$

$\quad=\dfrac{2x-5}{3}-\left(\dfrac{3x-1}{2}-x-\dfrac{7}{6}\right)$

$\quad=\dfrac{2x-5}{3}-\dfrac{3x-1}{2}+x+\dfrac{7}{6}$

$\quad=\dfrac{2(2x-5)-3(3x-1)+6x+7}{6}$

$\quad=\dfrac{4x-10-9x+3+6x+7}{6}$

$\quad=\dfrac{1}{6}x$

답 (1) $\dfrac{29}{14}x+\dfrac{15}{14}$ (2) $-\dfrac{3}{40}x-\dfrac{3}{10}$ (3) $-\dfrac{1}{12}x-\dfrac{15}{4}$

(4) $\dfrac{5}{6}x+\dfrac{31}{12}$ (5) $\dfrac{1}{6}x$

이런 문제가 시험 에 나온다 ▶ 본문 123쪽

01 ㄷ, ㅁ 02 ⑤ 03 -4 04 ③
05 (1) $x-2$ (2) $6x-5$ 06 $8a-32$

01 ㄱ. -6과 $-6x$는 문자와 차수가 각각 다르다.

ㄴ. $\dfrac{7}{x}$은 다항식이 아니다.

ㄷ. $12x$와 $-24x$는 문자가 같고 차수도 1로 같으므로 동류항이다.

ㄹ. 각 문자의 차수가 다르다.

ㅁ. $\dfrac{1}{4}a^2$과 $-4a^2$은 문자가 같고 차수도 2로 같으므로 동류항이다.

이상에서 동류항끼리 짝 지은 것은 ㄷ, ㅁ이다.

답 ㄷ, ㅁ

02 ① $-6x+15+2x-3=-4x+12$

② $-b-7+3\left(1-\dfrac{2}{3}b\right)=-b-7+3-2b$

$\qquad\qquad\qquad\qquad\quad=-3b-4$

③ $6\left(\dfrac{1}{2}y-\dfrac{1}{3}\right)-8\left(\dfrac{1}{4}y-\dfrac{5}{8}\right)=3y-2-2y+5$

$\qquad\qquad\qquad\qquad\qquad\qquad=y+3$

④ $-4(2x+1)-\dfrac{1}{3}(6x-9)=-8x-4-2x+3$

$\qquad\qquad\qquad\qquad\qquad=-10x-1$

⑤ $(18a-6)\div\dfrac{3}{2}-15\left(\dfrac{5}{3}a-\dfrac{4}{15}\right)$

$\quad=(18a-6)\times\dfrac{2}{3}-25a+4$

$\quad=12a-4-25a+4$

$\quad=-13a$

따라서 옳은 것은 ⑤이다. 답 ⑤

03 $7x-\{3x+1-(-5x+2)\}-4x$

$=7x-(3x+1+5x-2)-4x$

$=7x-(8x-1)-4x$

$=7x-8x+1-4x$

$=-5x+1$

따라서 x의 계수는 -5, 상수항은 1이므로 구하는 합은

$\qquad-5+1=-4$ 답 -4

04 $A-2B=3x+2y-2(5x-3y)$

$\qquad\qquad=3x+2y-10x+6y$

$\qquad\qquad=-7x+8y$ 답 ③

05 (1) 어떤 다항식을 □라 하면

$\qquad$□$-(5x-3)=-4x+1$

$\qquad\therefore$ □$=-4x+1+(5x-3)$

$\qquad\qquad=-4x+1+5x-3$

$\qquad\qquad=x-2$

(2) 바르게 계산한 식은

$\qquad x-2+(5x-3)=x-2+5x-3$

$\qquad\qquad\qquad\qquad=6x-5$

답 (1) $x-2$ (2) $6x-5$

06 두 꽃밭은 모두 가로의 길이가 $a-4$, 세로의 길이가 4인 직사각형 모양과 같으므로 두 꽃밭의 넓이의 합은

$2\times(a-4)\times4=8(a-4)=8a-32$

답 $8a-32$

01 ④	02 ⑤	03 $-\dfrac{5}{3}$	04 15 m
05 ①, ④	06 ⑤	07 ②	08 3
09 ⑤	10 ③	11 $-3x+8$	12 $28x-12$
13 ④	14 $3x+1$	15 ⑤	16 ③
17 -6	18 17	19 $-4x-23$	
20 ④	21 ⑤	22 $\left(\dfrac{7}{10}a+\dfrac{4}{5}b\right)$원	
23 ③	24 $-\dfrac{11}{6}x+\dfrac{1}{6}y$	25 $-4x+12$	

01 전략 곱셈 기호와 나눗셈 기호가 섞여 있는 경우에는 앞에서부터 차례대로 기호를 생략한다.

① $x\div(y\div5)=x\div\dfrac{y}{5}=x\times\dfrac{5}{y}=\dfrac{5x}{y}$

② $x\div(y\times z)=x\div yz=x\times\dfrac{1}{yz}=\dfrac{x}{yz}$

③ $(-1)\times y\div(x+z)=(-1)\times y\times\dfrac{1}{x+z}$
$\qquad\qquad\qquad\qquad =-\dfrac{y}{x+z}$

④ $2\times a\div\left(\dfrac{1}{3}\times b\right)=2a\div\dfrac{b}{3}=2a\times\dfrac{3}{b}=\dfrac{6a}{b}$

⑤ $a-3\div a\div b=a-3\times\dfrac{1}{a}\times\dfrac{1}{b}=a-\dfrac{3}{ab}$

따라서 옳지 않은 것은 ④이다. 답 ④

02 전략 수량 사이의 관계를 파악한 후 식으로 나타낸다.
① 한 변의 길이가 x cm인 정삼각형의 둘레의 길이는
$\qquad 3x$ cm
② 1초마다 320 MB씩 자료를 전송할 때, x초 동안 전송한 자료의 용량은
$\qquad 320x$ MB
③ 정가가 p원인 탁상시계를 10 % 할인하여 팔 때의 탁상시계의 가격은
$\qquad p-\dfrac{10}{100}\times p=p-\dfrac{1}{10}p=\dfrac{9}{10}p$(원)
④ 5시간 동안 a km를 걸었을 때의 속력은
$\qquad$ 시속 $\dfrac{a}{5}$ km

따라서 옳은 것은 ⑤이다. 답 ⑤

03 전략 문자에 음수를 대입할 때에는 괄호를 사용한다.

$9a(1-4a^2)=9\times\left(-\dfrac{1}{3}\right)\times\left\{1-4\times\left(-\dfrac{1}{3}\right)^2\right\}$
$\qquad\qquad\quad =9\times\left(-\dfrac{1}{3}\right)\times\left(1-\dfrac{4}{9}\right)$
$\qquad\qquad\quad =9\times\left(-\dfrac{1}{3}\right)\times\dfrac{5}{9}=-\dfrac{5}{3}$ 답 $-\dfrac{5}{3}$

04 전략 문자에 수를 대입할 때에는 생략된 곱셈 기호를 다시 쓴다.
$20t-5t^2$에 $t=3$을 대입하면
$\qquad 20\times3-5\times3^2=60-45=15$
따라서 물체의 3초 후의 높이는 15 m이다.
답 15 m

05 전략 단항식은 다항식 중에서 한 개의 항으로만 이루어진 식이다.
②, ③, ⑤ 항이 2개이므로 단항식이 아니다.
④ 상수항도 단항식이다. 답 ①, ④

06 전략 상수항은 문자 없이 수로만 이루어진 항이고, 차수는 어떤 항에서 문자가 곱해진 개수이다.
① $\dfrac{5}{a}$는 다항식이 아니므로 단항식도 아니다.
② $2x$와 $2y$는 문자가 다르므로 동류항이 아니다.
③ $\dfrac{1}{3}a^2-4a+1$의 차수는 2이다.
④ $\dfrac{x}{2}-1$에서 x의 계수는 $\dfrac{1}{2}$이다.
따라서 옳은 것은 ⑤이다. 답 ⑤

07 전략 (수)$\times$(일차식), (일차식)$\div$(수) ➡ 분배법칙을 이용한다.
① $-2(3x-1)=-6x+2$
② $12x\div\left(-\dfrac{3}{2}\right)=12x\times\left(-\dfrac{2}{3}\right)=-8x$
③ $(0.4x-3)\times5=2x-15$
④ $(4x-8)\div\left(-\dfrac{4}{7}\right)=(4x-8)\times\left(-\dfrac{7}{4}\right)$
$\qquad\qquad\qquad\qquad\qquad =-7x+14$
⑤ $\left(\dfrac{4}{5}x-\dfrac{7}{10}\right)\times10=8x-7$
따라서 x의 계수가 가장 작은 것은 ②이다. 답 ②

08 전략 문자와 차수가 각각 같은 항을 찾는다.
$\dfrac{3}{4}x$와 동류항인 것은 $0.1x$, $-\dfrac{6}{7}x$, $\dfrac{x}{2}$의 3개이다.
답 3

09 전략 분배법칙을 이용하여 괄호를 푼 후 동류항끼리 계산한다.
$-3(4x+1)+(12x-10)\div2$
$=-12x-3+6x-5$
$=-6x-8$
따라서 $a=-6$, $b=-8$이므로
$\qquad ab=-6\times(-8)=48$ 답 ⑤

10 전략 분모의 최소공배수로 통분한 후 동류항끼리 계산한다.

$$\frac{6x-5}{6}-\frac{2x+1}{3}=\frac{6x-5-2(2x+1)}{6}$$
$$=\frac{6x-5-4x-2}{6}$$
$$=\frac{2x-7}{6}=\frac{1}{3}x-\frac{7}{6}$$

답 ③

11 전략 $A-\boxed{}=B$에서 $\boxed{}=A-B$임을 이용한다.

$-2x+3-\boxed{}=x-5$에서
$$\boxed{}=-2x+3-(x-5)$$
$$=-2x+3-x+5$$
$$=-3x+8$$

답 $-3x+8$

12 전략 먼저 만든 직사각형의 가로의 길이를 구한다.

직사각형의 가로의 길이는
$$2\times(5x-1)-(x+3)=10x-2-x-3$$
$$=9x-5$$
따라서 구하는 둘레의 길이는
$$2\times\{(9x-5)+(5x-1)\}=2(14x-6)$$
$$=28x-12$$

답 $28x-12$

13 전략 곱셈 기호와 나눗셈 기호가 섞여 있는 식은 앞에서부터 차례대로 기호를 생략한다.

$$(x-2)\div(5y\div z)=(x-2)\div\left(5y\times\frac{1}{z}\right)$$
$$=(x-2)\div\frac{5y}{z}$$
$$=(x-2)\times\frac{z}{5y}$$
$$=\frac{(x-2)z}{5y}$$

① $(x-2)\div 5y\times z=(x-2)\times\frac{1}{5y}\times z=\frac{(x-2)z}{5y}$

② $z\div\left(5y\times\frac{1}{x-2}\right)=z\div\frac{5y}{x-2}=z\times\frac{x-2}{5y}$
$$=\frac{(x-2)z}{5y}$$

③ $(x-2)\div 5y\div\frac{1}{z}=(x-2)\times\frac{1}{5y}\times z=\frac{(x-2)z}{5y}$

④ $5y\div\frac{1}{x-2}\div\frac{1}{z}=5y\times(x-2)\times z=5(x-2)yz$

⑤ $\frac{1}{5y}\div\frac{1}{x-2}\div\frac{1}{z}=\frac{1}{5y}\times(x-2)\times z=\frac{(x-2)z}{5y}$

답 ④

14 전략 정사각형이 1개씩 늘어날 때마다 늘어난 성냥개비의 개수를 세어 본다.

오른쪽 표에서 x개의 정사각형을 만들 때 사용한 성냥개비의 개수는
$$4+3(x-1)$$
$$=4+3x-3$$
$$=3x+1$$

정사각형의 개수	사용한 성냥개비의 개수
1	4
2	$4+3\times 1$
3	$4+3\times 2$
⋮	⋮

답 $3x+1$

15 전략 문자에 음수를 대입할 때에는 괄호를 사용하고 분모에 분수를 대입할 때에는 생략된 나눗셈 기호를 다시 쓴다.

① $\frac{1}{x}+\frac{6}{y}=1\div x+6\div y=1\div\left(-\frac{1}{5}\right)+6\div\frac{3}{4}$
$$=1\times(-5)+6\times\frac{4}{3}=-5+8=3$$

② $y+\frac{y}{x}=y+y\div x=\frac{3}{4}+\frac{3}{4}\div\left(-\frac{1}{5}\right)$
$$=\frac{3}{4}+\frac{3}{4}\times(-5)=\frac{3}{4}+\left(-\frac{15}{4}\right)=-3$$

③ $\frac{1}{5x^2}-\frac{9}{y^2}=1\div 5x^2-9\div y^2$
$$=1\div\left\{5\times\left(-\frac{1}{5}\right)^2\right\}-9\div\left(\frac{3}{4}\right)^2$$
$$=1\div 5-9\times\frac{16}{9}=5-16=-11$$

④ $10x-\frac{15}{y}=10\times x-15\div y$
$$=10\times\left(-\frac{1}{5}\right)-15\div\frac{3}{4}$$
$$=10\times\left(-\frac{1}{5}\right)-15\times\frac{4}{3}$$
$$=-2-20=-22$$

⑤ $\frac{1}{x^2}+12y=1\div x^2+12\times y=1\div\left(-\frac{1}{5}\right)^2+12\times\frac{3}{4}$
$$=1\times 25+9=34$$
따라서 식의 값이 가장 큰 것은 ⑤이다.

답 ⑤

16 전략 일차식은 차수가 1인 다항식이다.

① 단항식은 ㄱ, ㄷ의 2개이다.
② 일차식은 ㄱ, ㄹ, ㅁ, ㅂ의 4개이다.
③ ㄱ과 ㄷ은 문자는 같지만 차수가 다르므로 동류항이 아니다.
⑤ ㅁ의 항은 $0.6x$, 5의 2개이다.
따라서 옳지 않은 것은 ③이다.

답 ③

17 전략 먼저 주어진 다항식이 $ax+b$ (a, b는 상수, $a\neq 0$)의 꼴이 되도록 식을 정리한다.

$$2(3x^2-x)+ax^2+5x-2$$
$$=6x^2-2x+ax^2+5x-2$$
$$=(6+a)x^2+3x-2$$
주어진 다항식이 x에 대한 일차식이 되려면
$$6+a=0\qquad\therefore a=-6$$

답 -6

18 전략 주어진 식의 괄호를 풀고 동류항끼리 정리한다.

$$6x-5-(ax+b)=6x-5-ax-b$$
$$=(6-a)x-5-b$$

따라서 $6-a=2$, $-5-b=8$이므로

$$a=4, \ b=-13$$
$$\therefore a-b=4-(-13)=17$$

답 17

19 전략 문자에 일차식을 대입할 때 주어진 식이 복잡하면 그 식을 먼저 간단히 한다.

$$B=\frac{3x+6}{2}\div\frac{3}{2}=\frac{3x+6}{2}\times\frac{2}{3}$$
$$=(3x+6)\times\frac{1}{3}=x+2$$

이므로

$$3A+\{5A-2(A+3B)-1\}$$
$$=3A+(5A-2A-6B-1)$$
$$=3A+(3A-6B-1)$$
$$=3A+3A-6B-1$$
$$=6A-6B-1$$
$$=6\times\frac{x-5}{3}-6(x+2)-1$$
$$=2x-10-6x-12-1$$
$$=-4x-23$$

답 $-4x-23$

20 전략 A, B에 대한 식을 각각 세운 후 식을 변형하여 A, B를 구한다.

$A+(2x-1)=6x+2$에서

$$A=6x+2-(2x-1)$$
$$=6x+2-2x+1$$
$$=4x+3$$

$B-(5x+3)=-4x-1$에서

$$B=-4x-1+(5x+3)$$
$$=-4x-1+5x+3$$
$$=x+2$$
$$\therefore A+B=4x+3+(x+2)$$
$$=4x+3+x+2$$
$$=5x+5$$

답 ④

21 전략 (색칠한 부분의 넓이)
$$=(삼각형의 넓이)+(큰 직사각형의 넓이)$$
$$-(작은 직사각형의 넓이)$$

임을 이용한다.

색칠한 부분의 넓이는 삼각형의 넓이와 큰 직사각형의 넓이의 합에서 작은 직사각형의 넓이를 뺀 것과 같으므로

(색칠한 부분의 넓이)
$$=\frac{1}{2}\times5\times2+5\times x-3\times(x-2)$$
$$=5+5x-3x+6=2x+11$$

답 ⑤

22 전략 정가가 p원인 물건을 $x\,\%$ 할인한 가격은

$\left(p-p\times\dfrac{x}{100}\right)$원임을 이용한다.

정가가 a원인 가방의 $30\,\%$ 할인 금액은

$$a\times\frac{30}{100}=\frac{3}{10}a\,(원)$$

정가가 b원인 책의 $20\,\%$ 할인 금액은

$$b\times\frac{20}{100}=\frac{1}{5}b\,(원)$$

따라서 지불해야 할 금액은

$$\left(a-\frac{3}{10}a\right)+\left(b-\frac{1}{5}b\right)=\frac{7}{10}a+\frac{4}{5}b\,(원)$$

답 $\left(\dfrac{7}{10}a+\dfrac{4}{5}b\right)$원

23 전략 먼저 주어진 조건을 이용하여 x, y의 값을 구한 후 식의 값을 구한다.

$|x|=3$, $|y|=2$이고 $x<y$, $y>0$이므로

$$x=-3, \ y=2$$
$$\therefore \frac{x^2+3xy+5y}{x+y}=\frac{(-3)^2+3\times(-3)\times2+5\times2}{-3+2}$$
$$=\frac{9-18+10}{-1}$$
$$=\frac{1}{-1}=-1$$

답 ③

24 전략 $(-1)^{짝수}=1$, $(-1)^{홀수}=-1$임을 이용한다.

n이 자연수일 때, $2n-1$은 홀수, $2n$은 짝수이므로

$$(-1)^{2n-1}=-1, \ (-1)^{2n}=1$$
$$\therefore (-1)^{2n-1}\times\frac{x-2y}{3}-(-1)^{2n}\times\frac{3x+y}{2}$$
$$=(-1)\times\frac{x-2y}{3}-1\times\frac{3x+y}{2}$$
$$=\frac{-x+2y}{3}-\frac{3x+y}{2}$$
$$=\frac{2(-x+2y)-3(3x+y)}{6}$$
$$=\frac{-2x+4y-9x-3y}{6}$$
$$=\frac{-11x+y}{6}$$
$$=-\frac{11}{6}x+\frac{1}{6}y$$

답 $-\dfrac{11}{6}x+\dfrac{1}{6}y$

25 전략 주어진 표에서 가로에 놓인 세 식의 합을 구한 후 A, B를 차례대로 구한다.

가로에 놓인 세 식의 합은

$$(12x-10)+(4x-2)+(-4x+6)=12x-6$$

따라서 세로에 놓인 세 식의 합이 $12x-6$이어야 하므로

$$A+(12x-10)+(-2x)=12x-6$$
$$A+10x-10=12x-6$$

$$\therefore A = 12x - 6 - (10x - 10)$$
$$= 12x - 6 - 10x + 10$$
$$= 2x + 4$$

또 대각선에 놓인 세 식의 합이 $12x-6$이어야 하므로
$$A + (4x - 2) + B = 12x - 6$$
$$2x + 4 + 4x - 2 + B = 12x - 6$$
$$6x + 2 + B = 12x - 6$$
$$\therefore B = 12x - 6 - (6x + 2)$$
$$= 12x - 6 - 6x - 2$$
$$= 6x - 8$$
$$\therefore A - B = 2x + 4 - (6x - 8)$$
$$= 2x + 4 - 6x + 8$$
$$= -4x + 12$$

답 $-4x+12$

서술형 대비 문제

▶본문 128~129쪽

1 $7x - 16$

2 (가) $x - 3$ (나) $-3x$ (다) $6x + 11$

3 $\dfrac{48}{7}$

4 -10

5 (1) $3x$ g (2) $\dfrac{3}{4}x$ %

6 (1) $12x + 40$ (2) 64

1

1단계 $-(A + 2B - C) + 2(A - C)$
$$= -A - 2B + C + 2A - 2C$$
$$= A - 2B - C$$

2단계 $A - 2B - C$
$$= 2x - 3 - 2(-2x + 7) - (-x - 1)$$
$$= 2x - 3 + 4x - 14 + x + 1$$
$$= 7x - 16$$

답 $7x - 16$

2

1단계 [(가)] $+ (-2x + 5) = -x + 2$에서
$$[(가)] = -x + 2 - (-2x + 5)$$
$$= -x + 2 + 2x - 5$$
$$= x - 3$$

2단계 $4x - 3 + [(나)] = [(가)]$에서
$$4x - 3 + [(나)] = x - 3$$
$$\therefore [(나)] = x - 3 - (4x - 3)$$
$$= x - 3 - 4x + 3$$
$$= -3x$$

3단계 $[(다)] + (-8x - 6) = -2x + 5$에서
$$[(다)] = -2x + 5 - (-8x - 6)$$
$$= -2x + 5 + 8x + 6$$
$$= 6x + 11$$

답 (가) $x - 3$ (나) $-3x$ (다) $6x + 11$

3

1단계 $\dfrac{x}{y} - 16xy = x \div y - 16 \times x \times y$
$$= \dfrac{1}{4} \div \left(-\dfrac{7}{4}\right) - 16 \times \dfrac{1}{4} \times \left(-\dfrac{7}{4}\right)$$

2단계
$$= \dfrac{1}{4} \times \left(-\dfrac{4}{7}\right) + 7$$
$$= -\dfrac{1}{7} + 7 = \dfrac{48}{7}$$

답 $\dfrac{48}{7}$

단계	채점 요소	배점
1	x, y의 값을 주어진 식에 대입하기	3점
2	식의 값 구하기	3점

4

1단계 $8\left(\dfrac{3}{4}x - \dfrac{1}{2}\right) - 6\left(\dfrac{1}{3}x - \dfrac{1}{4}\right)$
$$= 6x - 4 - 2x + \dfrac{3}{2} = 4x - \dfrac{5}{2}$$

2단계 $a = 4$, $b = -\dfrac{5}{2}$이므로

3단계 $ab = 4 \times \left(-\dfrac{5}{2}\right) = -10$

답 -10

단계	채점 요소	배점
1	주어진 식 계산하기	3점
2	a, b의 값 구하기	2점
3	ab의 값 구하기	1점

5

1단계 (1) 물을 넣어도 설탕의 양은 변하지 않으므로 구하는 설탕의 양은
$$\dfrac{x}{100} \times 300 = 3x\,(\text{g})$$

2단계 (2) 새로 만든 설탕물의 양은 $300 + 100 = 400\,(\text{g})$이므로 농도는
$$\dfrac{3x}{400} \times 100 = \dfrac{3}{4}x\,(\%)$$

답 (1) $3x$ g (2) $\dfrac{3}{4}x$ %

단계	채점 요소	배점
1	새로 만든 설탕물에 들어 있는 설탕의 양 구하기	4점
2	새로 만든 설탕물의 농도 구하기	3점

6

1단계 (1) (색칠한 부분의 넓이)
$$= (\text{정사각형의 넓이}) - (\text{안쪽 직사각형의 넓이})$$
$$= 10 \times 10 - 6 \times (10 - 2x)$$
$$= 100 - 60 + 12x = 12x + 40$$

2단계 (2) $12x + 40$에 $x = 2$를 대입하면
$$12 \times 2 + 40 = 64$$

답 (1) $12x + 40$ (2) 64

단계	채점 요소	배점
1	색칠한 부분의 넓이를 x를 사용한 식으로 나타내기	5점
2	$x = 2$일 때 색칠한 부분의 넓이 구하기	2점

III-2 일차방정식의 풀이

01 방정식과 그 해

개념원리 확인하기 ▶본문 134쪽

01 (1)○ (2)× (3)○ (4)× 02 ②
03 (1)× (2)○ (3)○ (4)× 04 ⑤
05 (1)5, 5, 5, 7 (2)7, 7, 7, −10 (3)3, 3, 3, 6
   (4)4, 4, 4, −2

01 (2) 부등호가 있으므로 등식이 아니다.
   (4) 등호가 없으므로 등식이 아니다.
   답 (1)○ (2)× (3)○ (4)×

02 각 방정식에 $x=2$를 대입하면 다음과 같다.
   ① $5 \times 2 - 10 \neq -5$　② $4 \times 2 - 4 = 2 \times 2$
   ③ $3 \times 2 - 1 \neq 6$　　④ $7 \times 2 - 6 \neq 5 \times 2$
   ⑤ $2 - 6 \neq 3 \times 2 - 6 + 2 \times 2$
   따라서 해가 $x=2$인 방정식은 ②이다. 답 ②

03 (1) (좌변) ≠ (우변)이므로 항등식이 아니다.
   (2) $x - 7x = -6x$에서　(좌변) $= x - 7x = -6x$
      즉 (좌변) = (우변)이므로 주어진 등식은 항등식이다.
   (3) $2(x-5) = 2x - 10$에서
      (좌변) $= 2(x-5) = 2x - 10$
      즉 (좌변) = (우변)이므로 주어진 등식은 항등식이다.
   (4) (좌변) ≠ (우변)이므로 항등식이 아니다.
   답 (1)× (2)○ (3)○ (4)×

04 ① $a=b$의 양변에 2를 더한 것이다.
   ② $a=b$의 양변에서 3을 뺀 것이다.
   ③ $a=b$의 양변에 −1을 곱한 것이다.
   ④ $a=b$의 양변을 5로 나눈 것이다.
   따라서 옳지 않은 것은 ⑤이다. 답 ⑤

05 (1) 양변에 $\boxed{5}$를 더하면　$x - 5 + \boxed{5} = 2 + \boxed{5}$
      ∴ $x = \boxed{7}$
   (2) 양변에서 $\boxed{7}$을 빼면　$x + 7 - \boxed{7} = -3 - \boxed{7}$
      ∴ $x = \boxed{-10}$
   (3) 양변에 $\boxed{3}$을 곱하면　$\dfrac{x}{3} \times \boxed{3} = 2 \times \boxed{3}$
      ∴ $x = \boxed{6}$
   (4) 양변을 $\boxed{4}$로 나누면　$\dfrac{4x}{\boxed{4}} = \dfrac{-8}{\boxed{4}}$
      ∴ $x = \boxed{-2}$
   답 (1)5, 5, 5, 7 (2)7, 7, 7, −10
      (3)3, 3, 3, 6 (4)4, 4, 4, −2

핵심문제 익히기 ▶본문 135～137쪽

1 (1) $6x=9$ (2) $3000 - 400x = 200$　　2 ㄱ, ㄹ
3 ④　　4 6　　5 ③
6 (1) $x=3$ (2) $x=-15$

1 (1) (거리) = (속력) × (시간)이므로
      $6x = 9$
   (2) 400원짜리 볼펜을 x자루 사고 3000원을 내었을 때의
      거스름돈은
      $(3000 - 400x)$원
      ∴ $3000 - 400x = 200$
   답 (1) $6x=9$ (2) $3000 - 400x = 200$

2 각 방정식에 $x=-3$을 대입하면
   ㄱ. $5 \times (-3) + 9 = 2 \times (-3)$
   ㄴ. $0.3 \times (-3) + 1 \neq 0.5$
   ㄷ. $\dfrac{2}{3} \times (-3) - \dfrac{1}{2} \neq -\dfrac{3}{6} + 1$
   ㄹ. $4 \times (-3 + 3) = -3 \times (-3) - 9$
   이상에서 $x=-3$을 해로 갖는 방정식인 것은 ㄱ, ㄹ이다.
   답 ㄱ, ㄹ

3 x의 값에 관계없이 항상 성립하는 등식은 x에 대한 항등
   식이다.
   ④ (좌변) = (우변)이므로 항등식이다. 답 ④

4 $(a-1)x + 2 = 9x - \dfrac{1}{2}b$는 x에 대한 항등식이므로
      $a - 1 = 9$, $2 = -\dfrac{1}{2}b$
      ∴ $a = 10$, $b = -4$
      ∴ $a + b = 10 + (-4) = 6$ 답 6

5 ① $a - 2 = b + 3$의 양변에 4를 더하면
      $a + 2 = b + 7$
   ② $3a = -9b$의 양변을 3으로 나누면　$a = -3b$
      양변에 1을 더하면　$a + 1 = -3b + 1$
   ③ $a - 3 = b + 2$의 양변에 8을 더하면
      $a + 5 = b + 10$
   ④ $4a + 5 = 4b + 5$의 양변에서 5를 빼면　$4a = 4b$
      양변을 4로 나누면　$a = b$
   ⑤ $\dfrac{a}{3} = \dfrac{b}{5}$의 양변에 15를 곱하면　$5a = 3b$
      양변에 5를 더하면　$5a + 5 = 3b + 5$
      ∴ $5(a+1) = 3b + 5$
   따라서 옳은 것은 ③이다. 답 ③

6 (1) $3x+5=14$의 양변에서 5를 빼면

$$3x+5-5=14-5$$
$$3x=9$$

$3x=9$의 양변을 3으로 나누면

$$\frac{3x}{3}=\frac{9}{3}$$
$$\therefore x=3$$

(2) $-\frac{2}{3}x-4=6$의 양변에 4를 더하면

$$-\frac{2}{3}x-4+4=6+4, \quad -\frac{2}{3}x=10$$

$-\frac{2}{3}x=10$의 양변에 $-\frac{3}{2}$을 곱하면

$$-\frac{2}{3}x\times\left(-\frac{3}{2}\right)=10\times\left(-\frac{3}{2}\right)$$
$$\therefore x=-15$$

답 (1) $x=3$ (2) $x=-15$

③ $x=2y$의 양변에 3을 곱하면 $\quad 3x=6y$

$3x=6y$의 양변에 6을 더하면 $\quad 3x+6=6y+6$

④ $x=2y$의 양변에 -3을 곱하면 $\quad -3x=-6y$

$-3x=-6y$의 양변에 2를 더하면

$$-3x+2=-6y+2$$

⑤ $x=2y$의 양변에 4를 더하면

$$x+4=2y+4$$

$x+4=2y+4$의 양변을 2로 나누면

$$\frac{x+4}{2}=\frac{2y+4}{2}$$
$$\therefore \frac{x+4}{2}=y+2$$

따라서 옳지 않은 것은 ④이다. 답 ④

05 ④ $\frac{1}{4}x=3$의 양변에 4를 곱하면

$$\frac{1}{4}x\times 4=3\times 4 \quad \therefore x=12$$

답 ④

▶ 본문 138쪽

이런 문제가 **시험** 에 나온다

01 ④ 02 ⑤ 03 5 04 ④
05 ④

01 ㄷ. $20-6x=2$

이상에서 옳은 것은 ㄱ, ㄴ, ㄹ이다. 답 ④

02 [ ] 안의 수를 주어진 방정식의 x에 대입하면

① $2\times 0+1=1$ ② $3-(-2)=5$

③ $\frac{-6}{2}=-3$ ④ $3-4\times 3=-9$

⑤ $7\times(7-1)\neq 0$

따라서 [ ] 안의 수가 주어진 방정식의 해가 아닌 것은
⑤이다. 답 ⑤

03 $10x+3=a(2-5x)+b$에서

$(우변)=a(2-5x)+b=2a-5ax+b$

$10x+3=-5ax+2a+b$가 x의 값에 관계없이 항상 성립
하므로 이 등식은 x에 대한 항등식이다.

$10=-5a$, $3=2a+b$에서

$$a=-2, b=7$$
$$\therefore a+b=-2+7=5$$

답 5

04 ① $x=2y$의 양변을 2로 나누면 $\quad \frac{x}{2}=y$

② $x=2y$의 양변에서 3을 빼면 $\quad x-3=2y-3$

---

02 일차방정식의 풀이

개념원리 확인하기

▶ 본문 140쪽

01 (1) $x=8-6$ (2) $4x-2x=-1$ (3) $3x=-2+4$

(4) $\frac{1}{3}x-\frac{1}{5}x=-2+\frac{1}{2}$

02 (1) × (2) × (3) ○ (4) ×

03 (1) 15, 5, 3 (2) $4x-12$, -4, -2

(3) 100, $10x+15$, 15, 5 (4) 12, $6x+3$, -3, $\frac{3}{2}$

01 (1) $x+6=8$에서 6을 이항하면

$$x=8-6$$

(2) $4x=2x-1$에서 $2x$를 이항하면

$$4x-2x=-1$$

(3) $3x-4=-2$에서 -4를 이항하면

$$3x=-2+4$$

(4) $\frac{1}{3}x-\frac{1}{2}=\frac{1}{5}x-2$에서 $-\frac{1}{2}$과 $\frac{1}{5}x$를 이항하면

$$\frac{1}{3}x-\frac{1}{5}x=-2+\frac{1}{2}$$

답 (1) $x=8-6$ (2) $4x-2x=-1$

(3) $3x=-2+4$ (4) $\frac{1}{3}x-\frac{1}{5}x=-2+\frac{1}{2}$

02 (3) $6x-2=3x+4$에서 $\quad 3x-6=0$

따라서 일차방정식이다.

답 (1) × (2) × (3) ○ (4) ×

03 (1) 좌변의 -6을 우변으로 이항하여 정리하면

$$5x = \boxed{15}$$

양변을 $\boxed{5}$로 나누면　　$x = \boxed{3}$

(2) 괄호를 풀면　　$\boxed{4x-12} = 2x-16$

이항하여 정리하면　　$2x = \boxed{-4}$

$$\therefore x = \boxed{-2}$$

(3) 양변에 $\boxed{100}$을 곱하면　　$25x-60 = \boxed{10x+15}$

이항하여 정리하면　　$\boxed{15}x = 75$

$$\therefore x = \boxed{5}$$

(4) 양변에 $\boxed{12}$를 곱하면　　$\boxed{6x+3} = 8x$

이항하여 정리하면　　$-2x = \boxed{-3}$

$$\therefore x = \boxed{\dfrac{3}{2}}$$

답 (1) 15, 5, 3　(2) $4x-12$, -4, -2

(3) 100, $10x+15$, 15, 5　(4) 12, $6x+3$, -3, $\dfrac{3}{2}$

▶ 본문 141～144쪽

핵심문제 익히기

1 ③, ⑤　　　　　　　**2** ④

3 (1) $x = -4$　(2) $x = -1$　(3) $x = 5$　(4) $x = 4$

4 (1) $x = 30$　(2) $x = 20$　　**5** (1) $x = -11$　(2) $x = \dfrac{7}{5}$

6 1　　　**7** -6　　　**8** 1, 2, 3

1 ① 10을 우변으로 이항하면　　$4x = 2-10$

② -2를 우변으로 이항하면　　$5x = 8+2$

④ 1을 우변으로, $-x$를 좌변으로 이항하면

$$8x+x = 2-1$$

따라서 이항을 바르게 한 것은 ③, ⑤이다.　답 ③, ⑤

2 ① $x-2 = 5-x$에서　　$2x-7 = 0$

즉 일차방정식이다.

② $3(x+1) = 10x$에서　　$3x+3 = 10x$

$$\therefore -7x+3 = 0$$

즉 일차방정식이다.

③ $x^2-2x = x^2+x+1$에서　　$-3x-1 = 0$

즉 일차방정식이다.

④ $x+5 = x$에서　　$0 \times x+5 = 0$

즉 일차방정식이 아니다.

⑤ $4(x-2) = 3x-6$에서　　$4x-8 = 3x-6$

$$\therefore x-2 = 0$$

즉 일차방정식이다.

따라서 일차방정식이 아닌 것은 ④이다.　답 ④

3 (1) $6x+7 = 2x-9$에서　　$4x = -16$

$$\therefore x = -4$$

(2) $-5x+4 = -13x-4$에서　　$8x = -8$

$$\therefore x = -1$$

(3) $3(x-2) = 4+x$에서　　$3x-6 = 4+x$

$$2x = 10 \quad \therefore x = 5$$

(4) $2(2-3x) = -4(2x-3)$에서

$$4-6x = -8x+12, \quad 2x = 8$$

$$\therefore x = 4$$

답 (1) $x = -4$　(2) $x = -1$　(3) $x = 5$　(4) $x = 4$

4 (1) 주어진 방정식의 양변에 10을 곱하면

$$5x+20 = 7x-40, \quad -2x = -60$$

$$\therefore x = 30$$

(2) 주어진 방정식의 양변에 100을 곱하면

$$30x-200 = 15x+100, \quad 15x = 300$$

$$\therefore x = 20$$

답 (1) $x = 30$　(2) $x = 20$

5 (1) 주어진 방정식의 양변에 6을 곱하면

$$2(4-x)+3(3+x) = 6$$

$$8-2x+9+3x = 6 \quad \therefore x = -11$$

(2) 주어진 방정식의 양변에 12를 곱하면

$$3(3x-1)-6(x-5) = 4(7x-2)$$

$$9x-3-6x+30 = 28x-8, \quad -25x = -35$$

$$\therefore x = \dfrac{7}{5}$$

답 (1) $x = -11$　(2) $x = \dfrac{7}{5}$

6 주어진 방정식에 $x = -2$를 대입하면

$$\frac{8 \times (-2)+a}{6} = \frac{1}{4} \times (-2)-2a$$

$$\frac{-16+a}{6} = -\frac{1}{2}-2a$$

양변에 6을 곱하면　　$-16+a = -3-12a$

$$13a = 13 \quad \therefore a = 1 \qquad \text{답 } 1$$

7 $12x+3 = 8x-17$에서

$$4x = -20 \quad \therefore x = -5$$

따라서 방정식 $ax+8 = 28-2x$의 해가 $x = -5$이므로 이 방정식에 $x = -5$를 대입하면

$$a \times (-5)+8 = 28-2 \times (-5)$$

$$-5a+8 = 28+10$$

$$-5a = 30 \quad \therefore a = -6 \qquad \text{답 } -6$$

8 $\dfrac{1}{3}(x+6a)-x = 8$의 양변에 3을 곱하면

$$x+6a-3x = 24, \quad -2x = 24-6a$$

$$\therefore x = 3a-12$$

이때 $3a-12$가 음의 정수이어야 하므로 구하는 자연수 a는 1, 2, 3이다.

답 1, 2, 3

계산력 강화하기

01 (1) $x=-6$ (2) $x=-3$ (3) $x=7$ (4) $x=-4$
(5) $x=3$

02 (1) $x=\dfrac{8}{5}$ (2) $x=-1$ (3) $x=6$ (4) $x=-2$
(5) $x=-3$

03 (1) $x=14$ (2) $x=-12$ (3) $x=-2$ (4) $x=-24$
(5) $x=13$

04 (1) $x=-10$ (2) $x=2$ (3) $x=4$ (4) $x=8$
(5) $x=-4$

01 (1) $3x+8=2(x+1)$에서 $3x+8=2x+2$
    $\therefore x=-6$

(2) $2(x-1)=5x+7$에서 $2x-2=5x+7$
    $-3x=9$ $\therefore x=-3$

(3) $5(x-3)=2(x+3)$에서 $5x-15=2x+6$
    $3x=21$ $\therefore x=7$

(4) $7(x-5)-3(2x+1)=4x-26$에서
    $7x-35-6x-3=4x-26$
    $-3x=12$ $\therefore x=-4$

(5) $x-4(2x-7)=3x-2$에서
    $x-8x+28=3x-2$
    $-10x=-30$ $\therefore x=3$

답 (1) $x=-6$ (2) $x=-3$ (3) $x=7$
(4) $x=-4$ (5) $x=3$

02 (1) 주어진 방정식의 양변에 10을 곱하면
    $35x-48=8,\quad 35x=56$
    $\therefore x=\dfrac{8}{5}$

(2) 주어진 방정식의 양변에 10을 곱하면
    $2x+7=5x+10,\quad -3x=3$
    $\therefore x=-1$

(3) 주어진 방정식의 양변에 100을 곱하면
    $5x-12=3x,\quad 2x=12$
    $\therefore x=6$

(4) 주어진 방정식의 양변에 10을 곱하면
    $6(2x-3)=7(x-4)$
    $12x-18=7x-28$
    $5x=-10$ $\therefore x=-2$

(5) 주어진 방정식의 양변에 10을 곱하면
    $18(x-1)=31x+21$
    $18x-18=31x+21$
    $-13x=39$ $\therefore x=-3$

답 (1) $x=\dfrac{8}{5}$ (2) $x=-1$ (3) $x=6$
(4) $x=-2$ (5) $x=-3$

03 (1) 주어진 방정식의 양변에 14를 곱하면
    $7x-14=6x$ $\therefore x=14$

(2) 주어진 방정식의 양변에 15를 곱하면
    $5x+15=3(x-3)$
    $5x+15=3x-9$
    $2x=-24$ $\therefore x=-12$

(3) 주어진 방정식의 양변에 6을 곱하면
    $2x-1=3+4x,\quad -2x=4$
    $\therefore x=-2$

(4) 주어진 방정식의 양변에 8을 곱하면
    $24-2(5-3x)=5(x-2)$
    $24-10+6x=5x-10$
    $\therefore x=-24$

(5) 주어진 방정식의 양변에 35를 곱하면
    $7(x-3)=5(x+1)$
    $7x-21=5x+5$
    $2x=26$ $\therefore x=13$

답 (1) $x=14$ (2) $x=-12$ (3) $x=-2$
(4) $x=-24$ (5) $x=13$

04 (1) 주어진 방정식의 양변에 10을 곱하면
    $4x=5x+10,\quad -x=10$
    $\therefore x=-10$

(2) 주어진 방정식의 양변에 12를 곱하면
    $6x-9=2(2x-7)$
    $6x-9=4x-14$
    $-7x=-14$ $\therefore x=2$

(3) 주어진 방정식의 양변에 8을 곱하면
    $9x-4=12x-16,\quad -3x=-12$
    $\therefore x=4$

(4) 주어진 방정식의 양변에 20을 곱하면
    $5(x-4)=2(x+2)$
    $5x-20=2x+4$
    $3x=24$ $\therefore x=8$

(5) 주어진 방정식의 양변에 15를 곱하면
    $3(x+4)-15x=5(-x+2)+30$
    $3x+12-15x=-5x+10+30$
    $-7x=28$ $\therefore x=-4$

답 (1) $x=-10$ (2) $x=2$ (3) $x=4$
(4) $x=8$ (5) $x=-4$

개념 더하기

계수가 소수와 분수가 섞인 일차방정식은 양변에 적당한 수를 곱하여
계수를 정수로 고친 후 일차방정식을 푼다.
이때 소수를 분수로 고친 후 분모의 최소공배수를 찾아 곱하면 편리
하다.

이런 문제가 **시험** **에 나온다**

01 ①	02 3	03 ④	04 $x=-2$
05 ⑤	06 ③	07 ⑤	08 2
09 -2	10 15		

01 $-7x+4=-10$에서 4를 이항하면
$$-7x=-10-4 \qquad \therefore -7x=-14$$
답 ①

02 ㄱ. $2(x+1)=2x+2$에서 $\quad 2x+2=2x+2$
$$\therefore 0\times x=0$$
ㄷ. $x=x+3$에서 $\quad 0\times x-3=0$
ㄹ. $2x=3(x+1)$에서
$$2x=3x+3 \qquad \therefore -x-3=0$$
ㅂ. $x^2+x=x^2+2x$에서
$$-x=0$$
따라서 일차방정식인 것은 ㄴ, ㄹ, ㅂ의 3개이다. 답 3

03 $2x+4=a(x-3)$에서 $\quad 2x+4=ax-3a$
$$\therefore (2-a)x+4+3a=0$$
위의 등식이 x에 대한 일차방정식이 되려면 $2-a\neq0$이어야 하므로
$$a\neq2$$
답 ④

04 주어진 방정식의 양변에 100을 곱하면
$$12\left(x+\frac{5}{6}\right)=5\left(x-\frac{4}{5}\right), \qquad 12x+10=5x-4$$
$$7x=-14 \qquad \therefore x=-2$$
답 $x=-2$

05 ① $5x=7x+6$에서 $\quad -2x=6$
$$\therefore x=-3$$
② $-x+5=-2(x-1)$에서 $\quad -x+5=-2x+2$
$$\therefore x=-3$$
③ $3(1-x)=2(x+9)$에서 $\quad 3-3x=2x+18$
$$-5x=15 \qquad \therefore x=-3$$
④ $2.3x+0.8=1.5x-1.6$의 양변에 10을 곱하면
$$23x+8=15x-16$$
$$8x=-24 \qquad \therefore x=-3$$
⑤ $\frac{2}{3}x-\frac{x+1}{4}=1$의 양변에 12를 곱하면
$$8x-3(x+1)=12, \qquad 8x-3x-3=12$$
$$5x=15 \qquad \therefore x=3$$
따라서 해가 나머지 넷과 다른 하나는 ⑤이다.
답 ⑤

06 $(3x-1):(4-x)=2:3$에서
$$3(3x-1)=2(4-x), \qquad 9x-3=8-2x$$
$$11x=11 \qquad \therefore x=1$$
답 ③

07 $\frac{3x-1}{5}+\frac{2x+a}{6}=\frac{5}{3}$의 양변에 30을 곱하면
$$6(3x-1)+5(2x+a)=50$$
$$18x-6+10x+5a=50$$
$$\therefore 28x=56-5a$$
위의 식에 $x=\frac{3}{4}$을 대입하면
$$28\times\frac{3}{4}=56-5a$$
$$21=56-5a, \qquad 5a=35 \qquad \therefore a=7$$
답 ⑤

08 $\frac{2x+a}{3}-\frac{x+1}{4}=\frac{5}{12}$에 $x=4$를 대입하면
$$\frac{2\times4+a}{3}-\frac{4+1}{4}=\frac{5}{12}$$
$$\therefore \frac{8+a}{3}-\frac{5}{4}=\frac{5}{12}$$
양변에 12를 곱하면
$$4(8+a)-15=5$$
$$32+4a-15=5$$
$$4a=-12 \qquad \therefore a=-3$$
$0.3(x-2)+0.2(-2x+b)=0$에 $x=4$를 대입하면
$$0.3\times(4-2)+0.2(-2\times4+b)=0$$
$$0.6+0.2(-8+b)=0$$
양변에 10을 곱하면
$$6+2(-8+b)=0, \qquad 6-16+2b=0$$
$$2b=10 \qquad \therefore b=5$$
$$\therefore a+b=-3+5=2$$
답 2

09 $-3x+2(x-3)=-5$에서 $\quad -3x+2x-6=-5$
$$-x=1 \qquad \therefore x=-1$$
방정식 $\frac{5x-a}{2}=\frac{7x+a}{6}$의 해가 $x=-1$이므로
$\frac{5x-a}{2}=\frac{7x+a}{6}$에 $x=-1$을 대입하면
$$\frac{5\times(-1)-a}{2}=\frac{7\times(-1)+a}{6}$$
$$\frac{-5-a}{2}=\frac{-7+a}{6}$$
양변에 6을 곱하면
$$3(-5-a)=-7+a, \qquad -15-3a=-7+a$$
$$-4a=8 \qquad \therefore a=-2$$
답 -2

10 $x+2a=3(x+4)$에서 $\quad x+2a=3x+12$
$$-2x=12-2a$$
$$\therefore x=-6+a$$
이때 $-6+a$가 음의 정수이어야 하므로
$$a=1,\ 2,\ 3,\ 4,\ 5$$
따라서 구하는 합은
$$1+2+3+4+5=15$$
답 15

중단원 마무리하기

01 ④	02 ③	03 2	04 3
05 ⑤	06 ⑤	07 ①, ⑤	08 ①
09 ⑤	10 $\frac{7}{3}$	11 ⑤	12 3
13 $900(x+6)+300=1500(x-1)-600$		14 ②	
15 ②	16 4	17 -3	18 ②
19 ③	20 ②	21 21	22 -7
23 7	24 2		

01 **전략** 등호를 사용하여 수나 식이 같음을 나타낸다.

④ $20-x\times4=3$이므로　　$20-4x=3$　　**답** ④

02 **전략** 각 방정식에 $x=-3$을 대입하여 등식이 성립하는 것을 찾는다.

각 방정식에 $x=-3$을 대입하면

① $2\times\{3-(-3)\}\neq-3\times(-3)+4$

② $-3+1\neq11-3\times(-3)$

③ $0.1-0.2\times(-3)=0.1\times(-3)+1$

④ $\frac{-3}{2}+\frac{1}{3}\neq1$

⑤ $\frac{2}{3}\times(-3)-\frac{7}{6}\neq\frac{5}{4}\times(-3)$

따라서 해가 $x=-3$인 방정식은 ③이다.　　**답** ③

03 **전략** (좌변)=(우변)인 등식을 찾는다.

ㄱ. $3(x+1)=3+3x$에서　　(좌변)$=3(x+1)=3x+3$

즉 (좌변)=(우변)이므로 주어진 등식은 항등식이다.

ㄹ. $5x-(x+1)=4x-1$에서

(좌변)$=5x-(x+1)=4x-1$

즉 (좌변)=(우변)이므로 주어진 등식은 항등식이다.

따라서 항등식인 것은 ㄱ, ㄹ의 2개이다.　　**답** 2

04 **전략** $ax+b=cx+d$ (a, b, c, d는 상수)가 x에 대한 항등식 ➡ $a=c$, $b=d$

$ax-10=5(x+b)$에서

(우변)$=5(x+b)=5x+5b$

$ax-10=5x+5b$가 x의 값에 관계없이 항상 성립하므로 이 등식은 x에 대한 항등식이다.

$a=5$, $-10=5b$에서　　$b=-2$

$\therefore a+b=5+(-2)=3$　　**답** 3

05 **전략** 등식의 성질 중 '등식의 양변에 같은 수를 더하여도 등식은 성립한다'를 이용하지 않은 것을 찾는다.

⑤ $\frac{3}{4}x=6$의 양변에 4를 곱하면

$$\frac{3}{4}x\times4=6\times4　　\therefore 3x=24$$

답 ⑤

06 **전략** $a=b$이면 $a+c=b+c$, $a-c=b-c$, $ac=bc$, $\frac{a}{c}=\frac{b}{c}$ ($c\neq0$)가 성립한다.

$1-2x=-4x-5$

$1-2x+\boxed{4x}=-4x-5+\boxed{4x}$

$2x+1=-5$

$2x+1-\boxed{1}=-5-\boxed{1}$

$2x=\boxed{-6}$

$\dfrac{2x}{\boxed{2}}=\dfrac{\boxed{-6}}{\boxed{2}}$　　$\therefore x=\boxed{-3}$

$\therefore$ (가) $4x$　(나) 1　(다) -6　(라) 2　(마) -3

답 ⑤

07 **전략** $+●$를 이항하면 $-●$이고 $-■$를 이항하면 $+■$이다.

① $6x+2=8$ ➡ $6x=8-2$

⑤ $9+3x=5x$ ➡ $3x-5x=-9$

따라서 옳지 않은 것은 ①, ⑤이다.　　**답** ①, ⑤

08 **전략** 이항할 때 부호의 변화에 대하여 생각해 본다.

이항은 등식의 양변에 같은 수를 더하거나 양변에서 같은 수를 빼도 등식은 성립한다는 성질을 이용한 것이다.

답 ①

09 **전략** 계수가 소수 또는 분수인 일차방정식은 양변에 적당한 수를 곱하여 계수를 정수로 고친 후 방정식을 푼다.

① $-x+6=-5x+26$에서

$-x+5x=26-6$, 　$4x=20$

$\therefore x=5$

② $0.3x+0.05=0.65$의 양변에 100을 곱하면

$30x+5=65$, 　$30x=60$

$\therefore x=2$

③ $\frac{1}{6}x+\frac{1}{3}=\frac{4}{9}x+\frac{13}{9}$의 양변에 18을 곱하면

$3x+6=8x+26$

$-5x=20$　　$\therefore x=-4$

④ $0.2x+0.4=-0.17x-0.34$의 양변에 100을 곱하면

$20x+40=-17x-34$

$37x=-74$　　$\therefore x=-2$

⑤ $2(3x-4)=3(x+5)+4$에서 괄호를 풀면

$6x-8=3x+15+4$, 　$3x=27$

$\therefore x=9$

따라서 해가 가장 큰 것은 ⑤이다.　　**답** ⑤

10 **전략** 비례식 $a:b=c:d$는 $ad=bc$임을 이용하여 일차방정식을 세운다.

$(3x+2):6=\frac{3x+5}{2}:4$에서

$$4(3x+2)=6\times\frac{3x+5}{2}$$

$$12x+8=9x+15, \qquad 3x=7$$
$$\therefore x=\frac{7}{3}$$

답 $\dfrac{7}{3}$

11 전략 일차방정식의 해가 $x=p$일 때, 주어진 일차방정식에 $x=p$를 대입하면 등식이 성립한다.

주어진 방정식에 $x=-1$을 대입하면
$$\frac{a\times(-1+2)}{3}-\frac{2-a\times(-1)}{4}=\frac{1}{6}$$
$$\frac{a}{3}-\frac{2+a}{4}=\frac{1}{6}$$
양변에 12를 곱하면
$$4a-3(2+a)=2, \qquad 4a-6-3a=2$$
$$\therefore a=8$$

답 ⑤

12 전략 해를 구할 수 있는 방정식의 해를 구한 후 그 해를 다른 방정식에 대입한다.

$\dfrac{x+3}{2}=2(x-1)-1$의 양변에 2를 곱하면
$$x+3=4(x-1)-2, \qquad x+3=4x-4-2$$
$$-3x=-9 \qquad \therefore x=3$$
방정식 $ax+6=x+4a$의 해가 $x=3$이므로 이 방정식에 $x=3$을 대입하면
$$a\times3+6=3+4a, \qquad -a=-3 \qquad \therefore a=3$$

답 3

13 전략 빵을 살 때, 돈이 남는 경우에 가진 돈과 돈이 모자란 경우에 가진 돈은 같음을 이용하여 등식으로 나타낸다.

900원짜리 빵을 $(x+6)$개 사면 300원이 남으므로 채아가 가진 돈은
$$900(x+6)+300 (원) \qquad \cdots\cdots \text{㉠}$$
1500원짜리 빵을 $(x-1)$개 사면 600원이 부족하므로 채아가 가진 돈은
$$1500(x-1)-600 (원) \qquad \cdots\cdots \text{㉡}$$
㉠과 ㉡이 같으므로
$$900(x+6)+300=1500(x-1)-600$$

답 $900(x+6)+300=1500(x-1)-600$

14 전략 $a=b$이면 $a+c=b+c$, $a-c=b-c$, $ac=bc$, $\dfrac{a}{c}=\dfrac{b}{c}$ $(c\ne0)$가 성립한다.

① $a=b$의 양변에 -3을 곱하면 $\quad -3a=-3b$
양변에 2를 더하면
$$2-3a=2-3b$$
② $1\times0=2\times0$이지만
$$1\ne2$$
③ $3a=2b$의 양변을 6으로 나누면
$$\frac{a}{2}=\frac{b}{3}$$

④ $a+3=b+5$의 양변에 3을 더하면
$$a+6=b+8$$
⑤ $2(a-c)=2(b-c)$의 양변을 2로 나누면
$$a-c=b-c$$
양변에 c를 더하면 $\quad a=b$
따라서 옳지 않은 것은 ②이다.

답 ②

15 전략 일차방정식은 우변에 있는 모든 항을 좌변으로 이항하여 정리한 식이 $ax+b=0\,(a\ne0)$의 꼴이다.

$ax^2+x-3=-2x^2-3bx+2$에서
$$ax^2+2x^2+x+3bx-5=0$$
$$\therefore (a+2)x^2+(1+3b)x-5=0$$
이 등식이 x에 대한 일차방정식이 되려면
$a+2=0$에서 $\quad a=-2$
$1+3b\ne0$에서 $\quad b\ne-\dfrac{1}{3}$

답 ②

16 전략 주어진 규칙을 이용하여 그림의 빈칸을 채운 후 방정식을 세운다.

□ 안의 식을 구하면 다음과 같다.

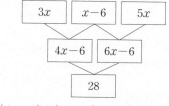

$(4x-6)+(6x-6)=28$이므로
$$10x=40 \qquad \therefore x=4$$

답 4

17 전략 비례식으로 주어진 일차방정식의 해를 구한 후 다른 방정식에 대입한다.

$2:(3-x)=4:(3x-4)$에서
$$2(3x-4)=4(3-x)$$
$$6x-8=12-4x, \qquad 10x=20$$
$$\therefore x=2$$
$\dfrac{5x-1}{3}=6-a$에 $x=2$를 대입하면
$$\frac{5\times2-1}{3}=6-a, \qquad 3=6-a$$
$$\therefore a=3$$
$$\therefore a^2-4a=3^2-4\times3=-3$$

답 -3

18 전략 해를 구할 수 있는 방정식의 해가 $x=p$이면 $x=\dfrac{1}{2}p$를 다른 방정식에 대입한다.

$\dfrac{x-4}{3}-\dfrac{x-1}{2}=-\dfrac{1}{2}$의 양변에 6을 곱하면
$$2(x-4)-3(x-1)=-3$$
$$2x-8-3x+3=-3$$
$$-x=2 \qquad \therefore x=-2$$

방정식 $5(x-a)=4ax-7$의 해가 $x=-1$이므로 $x=-1$을 대입하면
$$5(-1-a)=4a\times(-1)-7$$
$$-5-5a=-4a-7$$
$$-a=-2 \quad \therefore a=2 \qquad \text{답 ②}$$

19 전략 먼저 좌변의 x의 계수 5를 a로 잘못 보았다고 하고 식을 세운다.

좌변의 x의 계수 5를 a로 잘못 보았다고 하면 주어진 일차방정식에서
$$ax+2=3x+4$$
이 방정식의 해가 $x=-2$이므로 $x=-2$를 대입하면
$$a\times(-2)+2=3\times(-2)+4$$
$$-2a+2=-6+4$$
$$-2a=-4 \quad \therefore a=2$$
따라서 5를 2로 잘못 보고 풀었다. 답 ③

20 전략 항등식은 (좌변)=(우변)임을 이용하여 a, b의 값을 구하고 $x=b$를 일차방정식에 대입하여 c의 값을 구한다.

$\dfrac{2(x-1)}{3}-a=bx+\dfrac{1}{2}$의 양변에 6을 곱하면
$$4(x-1)-6a=6bx+3$$
좌변을 정리하면
$$4(x-1)-6a=4x-4-6a$$
즉 $4x-4-6a=6bx+3$이 x에 대한 항등식이므로
$$4=6b, \quad -4-6a=3$$
$$\therefore a=-\frac{7}{6}, \quad b=\frac{2}{3}$$

방정식 $3(cx-2)-5=x$의 해가 $x=b$, 즉 $x=\dfrac{2}{3}$이므로
이 방정식에 $x=\dfrac{2}{3}$를 대입하면
$$3\left(c\times\frac{2}{3}-2\right)-5=\frac{2}{3}$$
양변에 3을 곱하면
$$9\left(\frac{2}{3}c-2\right)-15=2$$
$$6c-18-15=2$$
$$6c=35 \quad \therefore c=\frac{35}{6}$$
$$\therefore \frac{ab}{c}=a\times b\div c=\left(-\frac{7}{6}\right)\times\frac{2}{3}\div\frac{35}{6}$$
$$=\left(-\frac{7}{6}\right)\times\frac{2}{3}\times\frac{6}{35}=-\frac{2}{15}$$
답 ②

21 전략 비례식 $a:b=c:d$는 $ad=bc$임을 이용하여 일차방정식을 세운다.

$(x+2):(2x-3)=5:3$에서
$$3(x+2)=5(2x-3), \quad 3x+6=10x-15$$
$$-7x=-21 \quad \therefore x=3$$

$(2x+a):(a-x)=3:2$에 $x=3$을 대입하면
$$(2\times3+a):(a-3)=3:2$$
$$2(6+a)=3(a-3)$$
$$12+2a=3a-9$$
$$-a=-21 \quad \therefore a=21 \qquad \text{답 21}$$

22 전략 먼저 ⓒ의 해를 구한다.

ⓒ에서 $2x-6=6x-3+1$
$$-4x=4 \quad \therefore x=-1$$
그런데 ⓒ의 해가 ㉠의 해의 $\dfrac{1}{2}$배이므로 ㉠의 해는
$$x=-2$$
㉠에 $x=-2$를 대입하면
$$p\times(-2+4)-6(q-2)+2=0$$
$$2p-6q+12+2=0$$
$$2p-6q=-14$$
$$\therefore p-3q=-7 \qquad \text{답 } -7$$

23 전략 주어진 방정식의 해를 미지수를 포함한 식으로 나타낸 후 해의 조건을 만족시키는 미지수의 값을 구한다.

$x-\dfrac{1}{5}(x-2a)=6$의 양변에 5를 곱하면
$$5x-(x-2a)=30$$
$$5x-x+2a=30$$
$$4x=30-2a$$
$$\therefore x=\frac{30-2a}{4}=\frac{15-a}{2}$$
이때 $\dfrac{15-a}{2}$가 자연수가 되려면 $15-a$는 2의 배수이어야 한다.

$15-a=2$일 때,	$a=13$
$15-a=4$일 때,	$a=11$
$15-a=6$일 때,	$a=9$
$15-a=8$일 때,	$a=7$
$15-a=10$일 때,	$a=5$
$15-a=12$일 때,	$a=3$
$15-a=14$일 때,	$a=1$
$15-a=16$일 때,	$a=-1$
⋮	

따라서 구하는 자연수 a는 1, 3, 5, 7, 9, 11, 13의 7개이다. 답 7

24 전략 x에 대한 방정식 $ax=b$의 해가 없을 조건은 $a=0$, $b\neq0$임을 이용한다.

$ax-3=2x+4$에서
$$ax-2x=7 \quad \therefore (a-2)x=7$$
이 방정식의 해가 없으므로
$$a-2=0 \quad \therefore a=2 \qquad \text{답 2}$$

특수한 해를 갖는 방정식

x에 대한 방정식 $ax=b$에서

(1) $a=0$, $b=0$인 경우

➡ $0 \times x = 0$

└➤ x에 어떤 수를 대입해도 등식이 항상 성립한다.

➡ 해가 무수히 많다.

(2) $a=0$, $b \neq 0$인 경우

➡ $0 \times x = b$

└➤ x에 어떤 수를 대입해도 등식이 성립하지 않는다.

➡ 해가 없다.

단계	채점 요소	배점
1	등식의 좌변을 정리하기	2점
2	a, b의 값 구하기	2점
3	$a-b$의 값 구하기	2점

4 1단계 $x-\{4x+5(-x+1)\}=x+3$에서

$$x-(4x-5x+5)=x+3$$
$$x-(-x+5)=x+3$$
$$x+x-5=x+3$$
$$\therefore x=8$$

2단계 $a=8$이므로 a의 약수는 1, 2, 4, 8이다.

따라서 a의 약수의 개수는 4이다.

답 4

단계	채점 요소	배점
1	주어진 방정식의 해 구하기	3점
2	a의 약수의 개수 구하기	2점

5 1단계 $1.8x-1.2(x+0.15)=0.05(3x-0.6)$의 양변에

100을 곱하면

$$180x-120(x+0.15)=5(3x-0.6)$$
$$180x-120x-18=15x-3$$
$$45x=15 \qquad \therefore x=\frac{1}{3}$$
$$\therefore a=\frac{1}{3}$$

2단계 $9a^2-3a=9 \times \left(\frac{1}{3}\right)^2 - 3 \times \frac{1}{3}$

$$=1-1=0$$

답 0

단계	채점 요소	배점
1	a의 값 구하기	4점
2	$9a^2-3a$의 값 구하기	2점

서술형 **대비 문제** ➤ 본문 152~153쪽

1 -12	2 $\dfrac{3}{7}$	3 3
4 4	5 0	6 7

1 1단계 $5x+a=-2x+1$에 $x=2$를 대입하면

$$5 \times 2 + a = -2 \times 2 + 1$$
$$10+a=-3 \qquad \therefore a=-13$$

2단계 $0.1(x+4)=bx-1.4$에 $x=2$를 대입하면

$$0.1 \times (2+4) = 2b-1.4$$
$$0.6=2b-1.4, \qquad -2b=-2 \qquad \therefore b=1$$

3단계 $a+b=-13+1=-12$

답 -12

2 1단계 $\frac{2}{5}(2x-3)-\frac{3}{4}=\frac{1}{2}\left(x+\frac{3}{2}\right)$의 양변에 20을 곱하면

$$8(2x-3)-15=10\left(x+\frac{3}{2}\right)$$
$$16x-24-15=10x+15$$
$$6x=54 \qquad \therefore x=9$$

2단계 두 일차방정식의 해가 같으므로 $\frac{x}{3}+a=a(x-1)$에

$x=9$를 대입하면

$$\frac{9}{3}+a=a\times(9-1), \qquad 3+a=8a$$
$$-7a=-3 \qquad \therefore a=\frac{3}{7}$$

답 $\frac{3}{7}$

3 1단계 $3(ax+2)+9x+b=0$에서

$$3ax+6+9x+b=0$$
$$(3a+9)x+6+b=0$$

2단계 위의 등식이 x에 대한 항등식이므로

$$3a+9=0, \ 6+b=0$$
$$\therefore a=-3, \ b=-6$$

3단계 $a-b=-3-(-6)=3$

답 3

6 1단계 $5x-8a=x-64$에서

$$4x=8a-64 \qquad \therefore x=2a-16$$

2단계 이때 $2a-16$이 음의 정수이어야 하므로

$$a=1, 2, 3, 4, 5, 6, 7$$

이어야 한다.

3단계 자연수 a의 개수는 7이다.

답 7

단계	채점 요소	배점
1	방정식의 해를 a에 대한 식으로 나타내기	3점
2	조건을 만족시키는 a의 값 구하기	3점
3	자연수 a의 개수 구하기	1점

III-3 일차방정식의 활용

01 일차방정식의 활용(1)

개념원리 확인하기 ▶본문 157쪽

01 (1) ○ (2) ○ (3) × (4) ×
02 (1) $47-5x=7$, $x=8$
    (2) $30000-7000x=2000$, $x=4$
    (3) $2(x+6)=22$, $x=5$
    (4) $\left(x+\dfrac{15}{100}x\right)-300=850$, $x=1000$
03 $2x+9$, $2x+9$, 12, 3, 3, 3, 3, 15, 3, 3, 15

---

01 (3) 배와 사과를 합하여 8개를 살 때, 배를 x개 산다고 하면 사과는 $(8-x)$개 산다.
  (4) 십의 자리의 숫자가 a, 일의 자리의 숫자가 b인 두 자리 자연수의 십의 자리의 숫자와 일의 자리의 숫자를 바꾼 수는 $10b+a$이다.

    📋 (1) ○ (2) ○ (3) × (4) ×

02 (1) $47-5x=7$에서 $-5x=-40$
        $\therefore x=8$
  (2) $30000-7000x=2000$에서
      $-7000x=-28000$ $\therefore x=4$
  (3) $2(x+6)=22$에서 $2x+12=22$
    $2x=10$ $\therefore x=5$
  (4) $\left(x+\dfrac{15}{100}x\right)-300=850$에서
    $x+\dfrac{3}{20}x=1150$, $\dfrac{23}{20}x=1150$
    $\therefore x=1000$

    📋 풀이 참조

03 어떤 수를 x라 하자.
  어떤 수의 6배에서 3을 뺀 수는 $6x-3$
  어떤 수의 2배보다 9만큼 큰 수는 $\boxed{2x+9}$
  방정식을 세우면 $6x-3=\boxed{2x+9}$
  방정식에서
    $4x=\boxed{12}$ $\therefore x=\boxed{3}$
  따라서 어떤 수는 $\boxed{3}$이다.
  $\boxed{3}$의 6배에서 3을 뺀 수는
    $\boxed{3}\times6-3=\boxed{15}$
  $\boxed{3}$의 2배보다 9만큼 큰 수는
    $\boxed{3}\times2+9=\boxed{15}$
  따라서 문제의 뜻에 맞는다.

    📋 풀이 참조

핵심문제 익히기 ▶본문 158~161쪽

1 (1) 18, 19 (2) 24   2 57   3 7년
4 2   5 (1) 14 (2) 89   6 300
7 6500원   8 3시간

1 (1) 연속하는 두 자연수를 x, $x+1$이라 하면
    $x+(x+1)=37$
    $2x=36$ $\therefore x=18$
  따라서 연속하는 두 자연수는 18, 19이다.
  (2) 연속하는 세 짝수를 $x-2$, x, $x+2$라 하면
    $(x-2)+x+(x+2)=78$
    $3x=78$ $\therefore x=26$
  따라서 연속하는 세 짝수는 24, 26, 28이므로 가장 작은 수는 24이다.

    📋 (1) 18, 19 (2) 24

2 일의 자리의 숫자를 x라 하면 처음 자연수는
    $50+x$
  십의 자리의 숫자와 일의 자리의 숫자를 바꾼 자연수는
    $10x+5$
  이므로 $10x+5=50+x+18$
    $9x=63$ $\therefore x=7$
  따라서 처음 자연수는 57이다.   📋 57

3 x년 후에 어머니의 나이가 유리의 나이의 3배가 된다고 하면 x년 후의 어머니의 나이는 $(41+x)$살, 유리의 나이는 $(9+x)$살이므로
    $41+x=3(9+x)$, $41+x=27+3x$
    $-2x=-14$ $\therefore x=7$
  따라서 어머니의 나이가 유리의 나이의 3배가 되는 것은 7년 후이다.   📋 7년

4 처음 사다리꼴의 넓이가
    $\dfrac{1}{2}\times(6+7)\times4=26(\text{cm}^2)$
  이므로
    $\dfrac{1}{2}\times(6+7+x)\times4=26+4$
    $26+2x=30$, $2x=4$
    $\therefore x=2$ 📋 2

5 (1) 학생 수를 x라 하면 나누어 주는 방법에 관계없이 귤의 개수는 같으므로
    $6x+5=7x-9$, $-x=-14$
    $\therefore x=14$
  따라서 학생 수는 14이다.
  (2) 귤의 개수는
    $6x+5=6\times14+5=89$ 📋 (1) 14 (2) 89

6 작년의 남학생 수를 x라 하면

$$\frac{10}{100}x-2=560\times\frac{5}{100}$$

$$10x-200=2800, \qquad 10x=3000$$

$$\therefore x=300$$

따라서 작년의 남학생 수는 300이다. 　답 **300**

7 상품의 원가를 x원이라 하면

$$(\text{정가})=x+\frac{30}{100}x=\frac{13}{10}x\,(\text{원})$$

정가에서 1200원을 할인하여 판매하였으므로

$$(\text{판매 가격})=\frac{13}{10}x-1200\,(\text{원})$$

이때 750원의 이익이 생겼으므로

$$\left(\frac{13}{10}x-1200\right)-x=750, \qquad \frac{3}{10}x=1950$$

$$3x=19500 \qquad \therefore x=6500$$

따라서 상품의 원가는 6500원이다. 　답 **6500원**

8 전체 일의 양을 1이라 하면 A, B가 1시간 동안 하는 일의 양은 각각 $\frac{1}{10}$, $\frac{1}{16}$이다.

A, B가 함께 5시간 동안 일을 하다가 B가 혼자서 x시간 동안 일을 했다고 하면

$$\left(\frac{1}{10}+\frac{1}{16}\right)\times5+\frac{1}{16}x=1, \qquad \frac{13}{16}+\frac{x}{16}=1$$

$$13+x=16 \qquad \therefore x=3$$

따라서 B는 혼자서 3시간 동안 일을 했다.

답 **3시간**

이런 문제가 시험 에 나온다 ▷ 본문 162쪽

01 12, 14 　02 ⑤ 　03 1 　04 34자루
05 ③ 　06 9000원

01 연속하는 두 짝수를 x, $x+2$라 하면

$$4x=3(x+2)+6$$

$$4x=3x+6+6 \qquad \therefore x=12$$

따라서 두 짝수는 12, 14이다. 　답 **12, 14**

02 현재 오빠의 나이를 x살이라 하면 민주의 나이는 $(x-5)$살이므로

$$x+(x-5)=33$$

$$2x=38 \qquad \therefore x=19$$

따라서 현재 오빠의 나이는 19살이다. 　답 **⑤**

다른 풀이 현재 오빠의 나이를 x살이라 하면 민주의 나이는 $(33-x)$살이므로

$$x-(33-x)=5, \qquad 2x-33=5$$

$$2x=38 \qquad \therefore x=19$$

---

03 다음 그림과 같이 길을 가장자리로 이동시키면 길을 제외한 밭의 넓이는

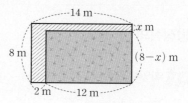

$$12\times(8-x)=14\times8\times\frac{3}{4}$$

$$12(8-x)=84, \qquad 96-12x=84$$

$$-12x=-12 \qquad \therefore x=1$$ 　답 **1**

04 학생 수를 x라 하면 나누어 주는 방법에 관계없이 펜의 개수는 같으므로

$$6x+4=9x-11, \qquad -3x=-15$$

$$\therefore x=5$$

따라서 학생은 5명이고, 전체 펜은

$$6\times5+4=34\,(\text{자루})$$

이다. 　답 **34자루**

05 작년의 남학생 수를 x라 하면 여학생 수는 $820-x$이므로

$$-\frac{10}{100}x+\frac{8}{100}(820-x)=-10$$

$$-10x+6560-8x=-1000$$

$$-18x=-7560$$

$$\therefore x=420$$

따라서 올해의 남학생 수는

$$420-\frac{10}{100}\times420=378$$ 　답 **③**

참고 작년보다 $a\%$ 증가 또는 감소했다는 조건이 주어지면 작년의 학생 수를 x로 놓고 방정식을 세우는 것이 편리하다.

06 상품의 원가를 x원이라 하면

$$(\text{정가})=x+\frac{30}{100}x=\frac{130}{100}x\,(\text{원})$$

정가에서 30 %를 할인하여 팔았으므로

$$(\text{판매 가격})=\frac{130}{100}x-\frac{130}{100}x\times\frac{30}{100}\,(\text{원})$$

이때 810원의 손해를 보았으므로

$$\left(\frac{130}{100}x-\frac{130}{100}x\times\frac{30}{100}\right)-x=-810$$

$$\frac{130}{100}x-\frac{39}{100}x-x=-810$$

$$130x-39x-100x=-81000$$

$$-9x=-81000$$

$$\therefore x=9000$$

따라서 상품의 원가는 9000원이다. 　답 **9000원**

02 일차방정식의 활용 (2)

▶본문 164쪽

개념원리 확인하기

01 (1) × (2) ○ (3) ○ (4) ○

02 (1) x km, $\dfrac{x}{4}$ 시간 (2) $\dfrac{x}{3}+\dfrac{x}{4}=\dfrac{7}{6}$ (3) 2 km

03 (1) $200-x$, $\dfrac{10}{100}\times(200-x)$

$\quad$ (2) $\dfrac{6}{100}\times200=\dfrac{10}{100}\times(200-x)$ (3) 80 g

---

01 (1) 시속 70 km로 x시간 동안 달린 거리는 $70x$ km이다.

(3) 소금물의 양은 $150+50=200$ (g)이므로

$$(\text{소금물의 농도})=\frac{50}{200}\times100=25\,(\%)$$

답 (1) × (2) ○ (3) ○ (4) ○

02 (1)

	갈 때	올 때
거리	x km	x km
속력	시속 3 km	시속 4 km
시간	$\dfrac{x}{3}$ 시간	$\dfrac{x}{4}$ 시간

(2) 총 걸린 시간은 70분, 즉 $\dfrac{70}{60}=\dfrac{7}{6}$ (시간)이므로

$$\frac{x}{3}+\frac{x}{4}=\frac{7}{6}$$

(3) $\dfrac{x}{3}+\dfrac{x}{4}=\dfrac{7}{6}$ 에서 $4x+3x=14$

$\qquad 7x=14$ $\quad\therefore x=2$

따라서 집과 학교 사이의 거리는 2 km이다.

답 풀이 참조

03 (1)

	증발시키기 전	증발시킨 후
농도(%)	6	10
소금물의 양(g)	200	$200-x$
소금의 양(g)	$\dfrac{6}{100}\times200$	$\dfrac{10}{100}\times(200-x)$

(2) $\dfrac{6}{100}\times200=\dfrac{10}{100}\times(200-x)$

(3) $\dfrac{6}{100}\times200=\dfrac{10}{100}\times(200-x)$ 에서

$\qquad 1200=10(200-x)$, $\qquad 10x=800$

$\qquad \therefore x=80$

따라서 증발시켜야 하는 물의 양은 80 g이다.

답 풀이 참조

참고 6 %의 소금물 200 g에 들어 있는 소금의 양은

$$\frac{6}{100}\times200=12\,(\text{g})$$

물 80 g을 증발시킨 소금물의 농도는

$$\frac{12}{200-80}\times100=\frac{12}{120}\times100=10\,(\%)$$

이므로 문제의 뜻에 맞는다.

핵심문제 익히기

▶본문 165~166쪽

1 5 km $\quad$ 2 5분 $\quad$ 3 175 g $\quad$ 4 200 g

1 민철이가 산 정상까지 올라간 거리를 x km라 하자.

	올라갈 때	내려올 때
거리	x km	x km
속력	시속 4 km	시속 12 km
시간	$\dfrac{x}{4}$ 시간	$\dfrac{x}{12}$ 시간

내려올 때는 올라갈 때보다 50분, 즉 $\dfrac{50}{60}=\dfrac{5}{6}$ (시간) 적게 걸렸으므로

$$\frac{x}{4}-\frac{x}{12}=\frac{5}{6}, \qquad 3x-x=10$$

$$2x=10 \qquad \therefore x=5$$

따라서 민철이가 올라간 거리는 5 km이다.

답 5 km

2 동생이 출발한 지 x시간 후에 형을 만난다고 하자.

	형	동생
시간	$\left(x+\dfrac{1}{6}\right)$시간	x시간
속력	시속 5 km	시속 15 km
거리	$5\left(x+\dfrac{1}{6}\right)$ km	$15x$ km

형이 $\left(x+\dfrac{1}{6}\right)$시간 동안 간 거리와 동생이 x시간 동안 간 거리가 같으므로

$$5\left(x+\frac{1}{6}\right)=15x, \qquad 5x+\frac{5}{6}=15x$$

$$30x+5=90x, \qquad -60x=-5$$

$$\therefore x=\frac{1}{12}$$

따라서 동생은 출발한 지 $\dfrac{1}{12}\times60=5$ (분) 후에 형과 만난다.

답 5분

3 증발시키는 물의 양을 x g이라 하자.

	증발시키기 전	증발시킨 후
농도(%)	5	12
소금물의 양(g)	300	$300-x$
소금의 양(g)	$\dfrac{5}{100}\times300$	$\dfrac{12}{100}\times(300-x)$

물을 증발시켜도 소금의 양은 변하지 않으므로

$$\frac{5}{100}\times300=\frac{12}{100}\times(300-x)$$

$$1500=3600-12x, \qquad 12x=2100$$

$$\therefore x=175$$

따라서 증발시켜야 하는 물의 양은 175 g이다. 답 175 g

4 8 %의 설탕물의 양을 x g이라 하자.

	8 %의 설탕물	14 %의 설탕물	10 %의 설탕물
농도(%)	8	14	10
설탕물의 양(g)	x	$300-x$	300
설탕의 양(g)	$\dfrac{8}{100}\times x$	$\dfrac{14}{100}\times(300-x)$	$\dfrac{10}{100}\times300$

섞기 전 두 설탕물 각각에 들어 있는 설탕의 양의 합과 섞은 후 설탕물에 들어 있는 설탕의 양은 같으므로

$$\frac{8}{100}\times x+\frac{14}{100}\times(300-x)=\frac{10}{100}\times300$$
$$8x+4200-14x=3000, \quad -6x=-1200$$
$$\therefore x=200$$

따라서 8 %의 설탕물의 양은 200 g이다. **目 200 g**

이런 문제가 시험 에 나온다 ▶본문 167쪽

01 ② **02** 10분 **03** 4분 **04** 15 g
05 ③

---

01 집에서 마트까지의 거리를 $2x$ km라 하면

$$\frac{x}{15}+\frac{x}{10}=1, \quad 2x+3x=30$$
$$5x=30 \quad \therefore x=6$$

따라서 집에서 마트까지의 거리는

$$2\times6=12\,(\text{km})$$ **目 ②**

참고 집에서 마트까지 절반은 시속 15 km로, 나머지 절반은 시속 10 km로 가므로 집에서 마트까지의 거리를 $2x$ km로 놓는다.

02 형이 출발한 지 x시간 후에 동생을 만난다고 하면 동생이 $\left(x+\dfrac{1}{2}\right)$시간 동안 간 거리와 형이 x시간 동안 간 거리가 같으므로

$$4\left(x+\frac{1}{2}\right)=16x, \quad 4x+2=16x$$
$$-12x=-2 \quad \therefore x=\frac{1}{6}$$

따라서 형이 출발한 지 $\dfrac{1}{6}\times60=10$(분) 후에 동생을 만난다. **目 10분**

03 두 사람이 출발한 지 x분 후에 처음으로 만난다고 하면 두 사람이 걸은 거리의 합이 트랙의 둘레의 길이와 같으므로

$$80x+70x=600, \quad 150x=600$$
$$\therefore x=4$$

따라서 두 사람은 출발한 지 4분 후에 처음으로 만난다. **目 4분**

---

04 넣어야 할 소금의 양을 x g이라 하면

$$\frac{8}{100}\times330+x=\frac{12}{100}\times(330+x)$$
$$2640+100x=3960+12x$$
$$88x=1320 \quad \therefore x=15$$

따라서 넣어야 할 소금의 양은 15 g이다. **目 15 g**

05 10 %의 소금물의 양을 x g이라 하면 5 %의 소금물의 양은 $(300-x)$ g이다.

섞기 전 두 소금물 각각에 들어 있는 소금의 양의 합과 섞은 후 소금물에 들어 있는 소금의 양은 같으므로

$$\frac{5}{100}\times(300-x)+\frac{10}{100}\times x=\frac{8}{100}\times300$$
$$1500-5x+10x=2400$$
$$5x=900 \quad \therefore x=180$$

따라서 10 %의 소금물을 180 g 섞어야 한다. **目 ③**

중단원 마무리하기 ▶본문 168~171쪽

01 ② **02** ④ **03** 13살 **04** 4일
05 ③ **06** 2 **07** ④ **08** ⑤
09 22분 **10** ④ **11** 10분 **12** 1500 g
13 ④ **14** 23일
15 의자의 개수: 16, 학생 수: 77 **16** 4대
17 ⑤ **18** 700원 **19** 70점 **20** ③
21 ③ **22** 300 **23** ③
24 (1) 시속 6 km (2) 1시간 40분

01 **전략** 어떤 수를 x로 놓고 방정식을 세운다.

어떤 수를 x라 하면

$$\frac{1}{4}(x+5)=x-7, \quad x+5=4x-28$$
$$-3x=-33 \quad \therefore x=11$$

따라서 어떤 수는 11이다. **目 ②**

02 **전략** 십의 자리의 숫자가 a, 일의 자리의 숫자가 b인 두 자리 자연수 ➡ $10a+b$

일의 자리의 숫자를 x라 하면 처음 자연수는

$$50+x$$

십의 자리의 숫자와 일의 자리의 숫자를 바꾼 자연수는

$$10x+5$$

이므로 $10x+5=50+x+9$

$$9x=54 \quad \therefore x=6$$

따라서 일의 자리의 숫자는 6이다. **目 ④**

03 전략 현재 둘째의 나이를 x살로 놓고 첫째와 셋째의 나이를 x를 사용한 식으로 나타낸다.

현재 둘째의 나이를 x살이라 하면 첫째의 나이는 $(x+3)$살, 셋째의 나이는 $(x-5)$살이므로

$(x+3)+x+(x-5)=37$

$3x-2=37, \qquad 3x=39$

$\therefore x=13$

따라서 현재 둘째의 나이는 13살이다. 　답 13살

04 전략 매일 a원씩 x일 동안 저금할 때 x일 후에 저금통에 들어 있는 금액 ➡ (현재 들어 있는 금액)$+ax$(원)

x일 후에 지우의 저금통에 들어 있는 금액의 2배와 준서의 저금통에 들어 있는 금액의 3배가 같아진다고 하면

$2(4000+500x)=3(2000+500x)$

$8000+1000x=6000+1500x$

$-500x=-2000$

$\therefore x=4$

따라서 4일 후이다. 　답 4일

05 전략 A, B의 개수의 합이 k인 경우 ➡ A의 개수를 x라 하면 B의 개수는 $k-x$이다.

3점짜리 슛을 x골 넣었다고 하면 2점짜리 슛은 $(18-x)$골 넣었으므로

$2(18-x)+3x=42, \qquad 36-2x+3x=42$

$\therefore x=6$

따라서 성현이가 넣은 3점짜리 슛은 6골이다. 　답 ③

06 전략 (직사각형의 넓이)$=$(가로의 길이)$\times$(세로의 길이)임을 이용한다.

(큰 직사각형의 넓이)$-$(작은 직사각형의 넓이)
$=$(늘어난 넓이)
이므로

$(8+x)\times(4+3)-8\times4=38$

$56+7x-32=38, \qquad 7x=14$

$\therefore x=2$ 　답 2

07 전략 당근이 남는 경우의 전체 당근의 개수와 당근이 모자란 경우의 전체 당근의 개수는 같음을 이용하여 방정식을 세운다.

토끼가 x마리 있다고 하면

$6x+4=7x-5$

$-x=-9 \qquad \therefore x=9$

따라서 토끼는 9마리이므로 나누어 주려는 당근의 개수는

$6x+4=6\times9+4=58$ 　답 ④

참고 $7x-5$에 $x=9$를 대입하면

$7x-5=7\times9-5=58$

08 전략 책의 전체 쪽수를 x로 놓고 방정식을 세운다.

채원이가 읽은 책의 전체 쪽수를 x라 하면

$\dfrac{1}{3}x+\left(x-\dfrac{1}{3}x\right)\times\dfrac{1}{4}+77+\dfrac{1}{9}x=x$

$\dfrac{1}{3}x+\dfrac{1}{6}x+77+\dfrac{1}{9}x=x$

$6x+3x+1386+2x=18x$

$-7x=-1386 \qquad \therefore x=198$

따라서 책의 전체 쪽수는 198이다. 　답 ⑤

09 전략 전체 조립하는 일의 양을 1로 놓고 A와 B가 1분 동안 조립하는 일의 양을 구한다.

전체 조립하는 일의 양을 1이라 하면 A, B가 1분 동안 조립하는 일의 양은 각각 $\dfrac{1}{40}$, $\dfrac{1}{32}$이다.

A가 혼자서 x분 동안 조립했다고 하면

$\left(\dfrac{1}{40}+\dfrac{1}{32}\right)\times8+\dfrac{1}{40}\times x=1$

$\dfrac{9}{20}+\dfrac{x}{40}=1, \qquad 18+x=40 \qquad \therefore x=22$

따라서 A는 혼자서 22분 동안 조립했다. 　답 22분

10 전략 (각 구간에서 걸린 시간의 합)$=$(총 걸린 시간)임을 이용하여 방정식을 세운다.

올 때 이동한 거리를 x km라 하면

$\dfrac{x-20}{80}+\dfrac{x}{60}=5, \qquad 3(x-20)+4x=1200$

$3x-60+4x=1200, \qquad 7x=1260$

$\therefore x=180$

따라서 올 때 이동한 거리는 180 km이므로 걸린 시간은

$\dfrac{180}{60}=3$(시간) 　답 ④

11 전략 (두 사람이 걸은 거리의 합)$=$(두 사람의 집 사이의 거리)임을 이용하여 방정식을 세운다.

1.5 km$=1500$ m이고 두 사람이 출발한 지 x분 후에 만난다고 하면

$90x+60x=1500, \qquad 150x=1500$

$\therefore x=10$

따라서 두 사람은 출발한 지 10분 후에 만나게 된다.

답 10분

12 전략 설탕물에 물을 더 넣어도 설탕의 양은 변하지 않음을 이용한다.

더 넣는 물의 양을 x g이라 하면

$\dfrac{12}{100}\times300=\dfrac{2}{100}\times(300+x)$

$3600=600+2x, \qquad -2x=-3000$

$\therefore x=1500$

따라서 더 넣어야 하는 물의 양은 1500 g이다. 　답 1500 g

13 전략 어떤 수를 x로 놓고 방정식을 세운다.

어떤 수를 x라 하면
$$5x+3-1=4(x+3)$$
$$5x+2=4x+12 \qquad \therefore x=10$$
따라서 어떤 수가 10이므로 처음 구하려고 했던 수는
$$5x+3=5\times10+3=53$$
답 ④

14 전략 x일의 다음 날 ➡ $(x+1)$일

x일로부터 일주일 후 ➡ $(x+7)$일

도형 안의 날짜 중 가장 작은 수를 x라 하면 날짜 4개는 각각 x일, $(x+6)$일, $(x+7)$일, $(x+8)$일이므로
$$x+(x+6)+(x+7)+(x+8)=81$$
$$4x+21=81, \qquad 4x=60$$
$$\therefore x=15$$
따라서 도형 안의 날짜 중 가장 마지막 날의 날짜는
$$x+8=15+8=23(일)$$
답 23일

15 전략 의자의 개수를 x로 놓고 어떤 방법으로 앉아도 전체 학생 수는 같음을 이용하여 방정식을 세운다.

의자의 개수를 x라 하면 한 의자에 4명씩 앉을 때
$$(전체\ 학생\ 수)=4x+13 \qquad \cdots\cdots\ \text{㉠}$$
한 의자에 5명씩 앉으면 5명이 모두 앉게 되는 의자는 $(x-1)$개이므로
$$(전체\ 학생\ 수)=5(x-1)+2 \qquad \cdots\cdots\ \text{㉡}$$
이때 ㉠=㉡이므로
$$4x+13=5(x-1)+2, \qquad 4x+13=5x-5+2$$
$$-x=-16 \qquad \therefore x=16$$
따라서 의자의 개수는 16이고, 학생 수는
$$4\times16+13=77$$
답 의자의 개수: 16, 학생 수: 77

16 전략 x원의 $a\%$ ➡ $\left(\dfrac{a}{100}\times x\right)$원

A가 한 달 동안 자동차 x대를 팔아 월급으로 300만 원을 받는다고 하면
$$60+1200x\times\dfrac{5}{100}=300$$
$$60+60x=300, \qquad 60x=240$$
$$\therefore x=4$$
따라서 한 달 동안 자동차를 4대 팔아야 한다.
답 4대

17 전략 작년의 여학생 수를 x로 놓고 (여학생 수의 변화량)+(남학생 수의 변화량)=(전체 학생 수의 변화량)임을 이용한다.

작년의 여학생 수를 x라 하면
$$\dfrac{10}{100}x-2=\dfrac{5}{100}\times600$$
$$x-20=300 \qquad \therefore x=320$$
따라서 올해의 여학생 수는
$$320+\dfrac{10}{100}\times320=352$$
답 ⑤

18 전략 x원에서 $a\%$를 할인한 가격 ➡ $\left(x-\dfrac{a}{100}x\right)$원

팥빙수의 정가를 x원이라 하면
$$\left(x-\dfrac{20}{100}x\right)-2000=2000\times\dfrac{8}{100}$$
$$80x-200000=16000$$
$$80x=216000 \qquad \therefore x=2700$$
따라서 정가는 2700원이므로 원가에
$$2700-2000=700\,(원)$$
의 이익을 붙여 정가를 정해야 한다.
답 700원

19 전략 지성이가 화살을 모두 x개 쏘았다고 하고 방정식을 세운다.

지성이가 화살을 모두 x개 쏘았다고 하면
$$\dfrac{1}{6}x+\dfrac{1}{3}x+\dfrac{1}{4}x+3=x$$
$$2x+4x+3x+36=12x$$
$$-3x=-36 \qquad \therefore x=12$$
따라서 지성이는 12개의 화살을 쏘았으므로 화살 쏘기 게임에서 얻은 점수는
$$10\times\left(\dfrac{1}{6}\times12\right)+8\times\left(\dfrac{1}{3}\times12\right)+6\times\left(\dfrac{1}{4}\times12\right)+0\times3$$
$$=20+32+18=70\,(점)$$
답 70점

20 전략 열차의 길이를 x m로 놓고 열차의 속력이 일정함을 이용한다.

열차의 길이를 x m라 하면 300 m의 터널을 완전히 통과할 때의 열차의 속력은 초속 $\dfrac{300+x}{12}$ m이고, 1 km, 즉 1000 m의 철교를 완전히 지날 때의 열차의 속력은 초속 $\dfrac{1000+x}{33}$ m이다.

이때 열차의 속력은 일정하므로
$$\dfrac{300+x}{12}=\dfrac{1000+x}{33}$$
$$11(300+x)=4(1000+x)$$
$$3300+11x=4000+4x, \qquad 7x=700$$
$$\therefore x=100$$
따라서 열차의 길이는 100 m이다.
답 ③

개념 더하기

기차가 터널을 지나는 경우
기차가 터널을 완전히 통과한다는 것은 기차의 앞부분이 들어간 시점부터 기차의 끝부분이 터널을 빠져 나오는 시점까지이다. 즉 기차가 터널을 완전히 통과할 때까지 달린 거리는
(터널의 길이)+(기차의 길이)
이다.

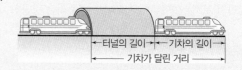

21 전략 (물을 증발시킨 후 소금물의 소금의 양)＋(더 넣은 소금의 양)＝(섞은 후의 소금물의 소금의 양)임을 이용한다.

더 넣는 소금의 양을 x g이라 하자.

	10 %의 소금물	20 %의 소금물
농도(%)	10	20
소금물의 양(g)	200	$200-40+x$
소금의 양(g)	$\dfrac{10}{100}\times200$	$\dfrac{20}{100}\times(160+x)$

섞기 전 소금의 양의 합과 섞은 후 소금물에 들어 있는 소금의 양은 같으므로

$$\dfrac{10}{100}\times200+x=\dfrac{20}{100}\times(160+x)$$

$2000+100x=3200+20x,\qquad 80x=1200$

$\therefore x=15$

따라서 더 넣어야 하는 소금의 양은 15 g이다. 답 ③

22 전략 남녀의 비가 $a:b$ ➡ 남자 ax명, 여자 bx명

남자 합격자의 수는

$$140\times\dfrac{5}{5+2}=100$$

여자 합격자의 수는

$$140\times\dfrac{2}{5+2}=40$$

남자 지원자의 수를 $3x$, 여자 지원자의 수를 $2x$라 하면 남자, 여자 불합격자의 수는 각각 $3x-100$, $2x-40$이므로

$3x-100=2x-40$

$\therefore x=60$

따라서 입학 지원자의 수는

$3x+2x=5x=5\times60$

$=300$ 답 300

참고 불합격자의 남녀의 비가 1 : 1이므로 남자 불합격자 수와 여자 불합격자 수는 같다.

23 전략 물통에 가득 찬 물의 양을 1이라 할 때 1시간 동안 A 호스, B 호스, C 호스 각각으로 물을 채우고 빼는 양을 구한다.

물통에 가득 찬 물의 양을 1이라 하면 1시간 동안 A 호스는 $\dfrac{1}{3}$, B 호스는 $\dfrac{1}{2}$만큼의 물을 채우고, C 호스는 $\dfrac{1}{6}$만큼의 물을 뺀다.

물통에 물을 가득 채우는 데 걸리는 시간을 x시간이라 하면

$$\dfrac{1}{3}x+\dfrac{1}{2}x-\dfrac{1}{6}x=1$$

$2x+3x-x=6,\qquad 4x=6$

$\therefore x=\dfrac{3}{2}$

따라서 물통에 물을 가득 채우는 데 걸리는 시간은 $\dfrac{3}{2}$시간, 즉 1시간 30분이다.

답 ③

24 전략 속력이 시속 x km인 배가 시속 a km로 흐르는 강물이 흐르는 방향으로 갈 때의 속력 ➡ 시속 $(x+a)$ km

속력이 시속 x km인 배가 시속 a km로 흐르는 강물이 흐르는 반대 방향으로 갈 때의 속력 ➡ 시속 $(x-a)$ km

(1) 정지한 물에서의 배의 속력을 시속 x km라 하면 강물이 흐르는 방향으로 배를 타고 갈 때의 속력은 시속 $(x+3)$ km이다.

6 km를 가는 데 40분, 즉 $\dfrac{40}{60}=\dfrac{2}{3}$(시간)이 걸렸으므로

$$(x+3)\times\dfrac{2}{3}=6$$

$x+3=9$ $\therefore x=6$

따라서 정지한 물에서의 배의 속력은 시속 6 km이다.

(2) 강물이 흐르는 반대 방향으로 배를 타고 거슬러 올라갈 때의 속력은 시속 $6-3=3$(km)이므로 5 km의 강을 거슬러 올라가는 데 걸리는 시간은 $\dfrac{5}{3}$시간, 즉 1시간 40분이다.

답 (1) 시속 6 km　(2) 1시간 40분

서술형 대비 문제 ▶ 본문 172~173쪽

1 360	**2** 120 km	**3** 68
4 5000원	**5** 20분	**6** 20 g

1 1단계 작년의 여학생 수를 x라 하면 작년의 남학생 수는 $820-x$이므로

$$\dfrac{5}{100}(820-x)-\dfrac{10}{100}x=-19$$

2단계 양변에 100을 곱하면

$5(820-x)-10x=-1900$

$4100-5x-10x=-1900$

$-15x=-6000$

$\therefore x=400$

3단계 작년의 여학생은 400명이므로 올해의 여학생 수는

$$400-\dfrac{10}{100}\times400=360$$

답 360

2 1단계 A 지점에서 B 지점까지의 거리를 x km라 하면 걸린 시간의 차가 30분, 즉 $\dfrac{30}{60}=\dfrac{1}{2}$(시간)이므로

$$\dfrac{x}{60}-\dfrac{x}{80}=\dfrac{1}{2}$$

2단계 양변에 240을 곱하면

$4x-3x=120$

$\therefore x=120$

3단계 A 지점에서 B 지점까지의 거리는 120 km이다.

답 120 km

3 [1단계] 처음 수의 일의 자리의 숫자를 x라 하면

처음 수는　　　$60+x$

십의 자리의 숫자와 일의 자리의 숫자를 바꾼 수는

$$10x+6$$

이므로

$$10x+6=60+x+18$$

[2단계] $9x=72$에서　　　$x=8$

[3단계] 처음 수는 68이다.

답 68

단계	채점 요소	배점
1	방정식 세우기	3점
2	방정식 풀기	2점
3	처음 수 구하기	2점

4 [1단계] 상품의 원가를 x원이라 하면

$$(정가)=x+\frac{20}{100}x=\frac{6}{5}x \,(원)$$

정가에서 300원을 할인하여 팔았으므로

$$(판매 가격)=\frac{6}{5}x-300 \,(원)$$

이때 700원의 이익이 생겼으므로

$$\left(\frac{6}{5}x-300\right)-x=700$$

[2단계] 양변에 5를 곱하면

$$6x-1500-5x=3500$$

$$\therefore x=5000$$

[3단계] 상품의 원가는 5000원이다.

답 5000원

단계	채점 요소	배점
1	방정식 세우기	4점
2	방정식 풀기	2점
3	상품의 원가 구하기	1점

5 [1단계] B가 출발한 지 x분 후에 A와 처음으로 만난다고 하면 A가 간 거리는 $60(x+5)$ m, B가 간 거리는 $75x$ m이므로

$$60(x+5)+75x=3000$$

[2단계] $60x+300+75x=3000$에서

$$135x=2700 \quad \therefore x=20$$

[3단계] B가 출발한 지 20분 후에 A와 처음으로 만난다.

답 20분

단계	채점 요소	배점
1	방정식 세우기	3점
2	방정식 풀기	2점
3	B가 출발한 지 몇 분 후에 A와 처음으로 만나게 되는지 구하기	1점

6 [1단계] 더 넣는 소금의 양을 x g이라 하면 섞기 전 소금의 양의 합과 섞은 후 소금물에 들어 있는 소금의 양은 같으므로

$$\frac{8}{100}\times500+x=\frac{10}{100}\times(580+x)$$

[2단계] 양변에 100을 곱하면

$$4000+100x=5800+10x$$

$$90x=1800 \quad \therefore x=20$$

[3단계] 20 g의 소금을 더 넣으면 10 %의 소금물이 된다.

답 20 g

단계	채점 요소	배점
1	방정식 세우기	3점
2	방정식 풀기	2점
3	더 넣어야 하는 소금의 양 구하기	1점

참고 8 %의 소금물 500 g에 물 80 g을 넣으면 소금물의 양은 580 g이고, 여기에 x g의 소금을 더 넣으면 소금물의 양은 $(580+x)$ g이다.

IV-1 좌표와 그래프

01 순서쌍과 좌표

▶본문 178쪽

개념원리 확인하기

01 풀이 참조
02 A$(2, 4)$, B$(0, 3)$, C$(-4, 1)$, D$(-3, -3)$, E$(0, -2)$, F$(2, -3)$, G$(3, 0)$
03 풀이 참조　　　　　04 풀이 참조
05 (1) 제2사분면　(2) 제4사분면　(3) 제3사분면
　　(4) 제1사분면

01 점 A, B, C, D를 수직선 위에 나타내면 다음과 같다.

　　　　　　　　　　　　　　　　　　　답 풀이 참조

02 주어진 점에서 x축, y축에 각각 내린 수선과 x축, y축이 만나는 점에 대응하는 수를 찾으면 다음과 같다.

A$(2, 4)$, B$(0, 3)$, C$(-4, 1)$, D$(-3, -3)$,
E$(0, -2)$, F$(2, -3)$, G$(3, 0)$

　　　　　　　　　　　　　　　　　　　답 풀이 참조

03 주어진 점을 좌표평면 위에 나타내면 오른쪽 그림과 같다.

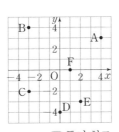

　　　　　　　　　　　　　　　　　　　답 풀이 참조

04 각 사분면 위에 있는 점의 x좌표와 y좌표의 부호는 다음과 같다.

	제1사분면	제2사분면	제3사분면	제4사분면
x좌표의 부호	$+$	$-$	$-$	$+$
y좌표의 부호	$+$	$+$	$-$	$-$

　　　　　　　　　　　　　　　　　　　답 풀이 참조

05 (1) 점 A$(-3, 2)$는 $x<0$, $y>0$이므로 제2사분면 위의 점이다.
　(2) 점 B$\left(4, -\dfrac{7}{2}\right)$은 $x>0$, $y<0$이므로 제4사분면 위의 점이다.
　(3) 점 C$(-2, -3)$은 $x<0$, $y<0$이므로 제3사분면 위의 점이다.

(4) 점 D$(5, 8)$은 $x>0$, $y>0$이므로 제1사분면 위의 점이다.

　　　　　　　답 (1) 제2사분면　(2) 제4사분면
　　　　　　　　　(3) 제3사분면　(4) 제1사분면

핵심문제 익히기

▶본문 179~182쪽

1 -6　　2 ⑤　　3 (1) $\left(-\dfrac{1}{3}, 0\right)$　(2) $(0, 5)$
4 -3　　5 18　　6 ④
7 (1) 제2사분면　(2) 제4사분면
8 (1) $(3, -5)$　(2) 9

1 두 순서쌍이 같으므로
　　$3x+2=4x-1$　∴ $x=3$
$y+7=3-y$에서　$2y=-4$　∴ $y=-2$
　　∴ $xy=3\times(-2)=-6$　　　　**답** -6

2 ⑤ E$(2, -4)$　　　　　　　　　　　**답** ⑤

3 (1) x축 위에 있으므로 y좌표가 0이고, x좌표가 $-\dfrac{1}{3}$이므로 $\left(-\dfrac{1}{3}, 0\right)$
　(2) y축 위에 있으므로 x좌표가 0이고, y좌표가 5이므로 $(0, 5)$
　　　　　　　답 (1) $\left(-\dfrac{1}{3}, 0\right)$　(2) $(0, 5)$

4 점 P는 x축 위의 점이므로 $\dfrac{1}{3}a+1=0$에서
　　$\dfrac{1}{3}a=-1$　∴ $a=-3$
점 Q는 y축 위의 점이므로 $b-1=0$에서　$b=1$
　　∴ $ab=-3\times1=-3$　　　　　**답** -3

5 네 점 A, B, C, D를 꼭짓점으로 하는 사각형 ABCD를 그리면 오른쪽 그림과 같다.
　∴ (사각형 ABCD의 넓이)
　　$=\dfrac{1}{2}\times(4+5)\times4=18$

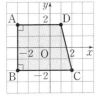

　　　　　　　　　　　　　　　　　　　답 18

개념 더하기

(사다리꼴의 넓이)
$=\dfrac{1}{2}\times\{(윗변)+(아랫변)\}\times(높이)$

6 ④ 점 $(1, 3)$과 점 $(3, 1)$은 모두 제1사분면 위의 점이다.

답 ④

7 (1) 점 $(-a, b)$가 제3사분면 위의 점이므로

$$-a < 0, b < 0, 즉 a > 0, b < 0$$

따라서 $\dfrac{a}{b} < 0, -b > 0$이므로 점 $\left(\dfrac{a}{b}, -b\right)$는 제2사분면 위의 점이다.

(2) $xy < 0$에서 x와 y의 부호가 다르고, $x - y > 0$이므로

$$x > 0, y < 0$$

따라서 점 (x, y)는 제4사분면 위의 점이다.

답 (1) 제2사분면 (2) 제4사분면

8 (1) 점 $(-3, 5)$와 원점에 대하여 대칭인 점의 좌표는 x좌표, y좌표의 부호가 모두 바뀌므로 $(3, -5)$

(2) 두 점 $(2, a+1), (a-2, b)$가 x축에 대하여 대칭이므로 두 점의 좌표는 y좌표의 부호만 다르다.

$2 = a - 2$에서 $a = 4$

$a + 1 = -b$에서 $4 + 1 = -b$ $\therefore b = -5$

$\therefore a - b = 4 - (-5) = 9$

답 (1) $(3, -5)$ (2) 9

이런 문제가 시험 에 나온다 ▶본문 183쪽

01 ②   02 7   03 ⑤   04 ③

05 ③   06 제4사분면

01 사각형 ABCD가 직사각형이 되도록 사각형 ABCD를 좌표평면 위에 나타내면 오른쪽 그림과 같다.

즉 점 D의 좌표는

$$(-1, 3)$$

D$(-1, 3)$ C$(2, 3)$

A$(-1, -2)$ B$(2, -2)$

답 ②

02 점 P는 x축 위의 점이므로 $\dfrac{1}{2}a + 3 = 0$에서

$$\dfrac{1}{2}a = -3 \quad \therefore a = -6$$

점 Q는 y축 위의 점이므로 $b + 2 = 0$에서 $b = -2$

따라서 P$(-7, 0)$, Q$(0, -2)$

이므로 세 점 O, P, Q를 꼭짓점으로 하는 삼각형 OPQ를 그리면 오른쪽 그림과 같다.

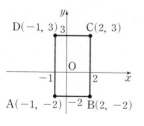

$\therefore$ (삼각형 OPQ의 넓이)

$$= \dfrac{1}{2} \times (선분 OP의 길이) \times (선분 OQ의 길이)$$

$$= \dfrac{1}{2} \times 7 \times 2 = 7$$

답 7

03 ① 점 $(0, -1)$은 y축 위의 점이므로 어느 사분면에도 속하지 않는다.

⑤ 점 $(0, 0)$, 즉 원점은 어느 사분면에도 속하지 않는다.

따라서 옳지 않은 것은 ⑤이다.

답 ⑤

04 $a < 0, b > 0$이므로 $ab < 0, b - a > 0$

따라서 점 $(ab, b-a)$는 제2사분면 위의 점이다.

각 점이 속한 사분면을 구하면 다음과 같다.

① 제3사분면

② x축 위의 점이므로 어느 사분면에도 속하지 않는다.

③ 제2사분면

④ 제1사분면

⑤ 제4사분면

따라서 제2사분면 위의 점은 ③이다.

답 ③

05 점 $(xy, x+y)$가 제4사분면 위의 점이므로

$$xy > 0, x + y < 0$$

$xy > 0$에서 x와 y의 부호가 같고, $x + y < 0$이므로

$$x < 0, y < 0$$

① $-xy < 0, -y > 0$이므로 점 $(-xy, -y)$는 제2사분면 위의 점이다.

② $-y > 0, x + y < 0$이므로 점 $(-y, x+y)$는 제4사분면 위의 점이다.

③ $x + y < 0, y < 0$이므로 점 $(x+y, y)$는 제3사분면 위의 점이다.

④ $-y > 0, \dfrac{x}{y} > 0$이므로 점 $\left(-y, \dfrac{x}{y}\right)$는 제1사분면 위의 점이다.

⑤ $\dfrac{x}{y} > 0, xy > 0$이므로 점 $\left(\dfrac{x}{y}, xy\right)$는 제1사분면 위의 점이다.

따라서 제3사분면 위의 점은 ③이다.

답 ③

06 두 점 $(-a+5, -4), (-3, b+2)$가 y축에 대하여 대칭이므로 두 점의 좌표는 x좌표의 부호만 다르다.

$-a + 5 = 3$에서 $a = 2$

$-4 = b + 2$에서 $b = -6$

따라서 점 (a, b), 즉 점 $(2, -6)$은 제4사분면 위의 점이다.

답 제4사분면

02 그래프와 그 해석

▶본문 185쪽

개념원리 확인하기

01 풀이 참조   02 (1) ㄱ   (2) ㄹ
03 (1) 이동 거리   (2) 2, 5   (3) 1500   (4) 20

01 (1) 순서쌍 (x, y)는
   $(1, 1), (2, 2), (3, 4), (4, 6), (5, 9),$
   $(6, 13), (7, 18)$

(2) 두 변수 x, y에 대한 그래프
   는 오른쪽 그림과 같다.

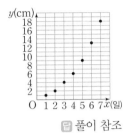

目 풀이 참조

02 (1) 양초에 불을 붙이면 초가 다 탈 때까지 양초의 길이가
   일정하게 줄어들게 되므로 알맞은 그래프는 ㄱ이다.

(2) 시간이 지날수록 관람차의 높이가 높아졌다가 낮아지
   게 되는 것을 반복하게 되므로 알맞은 그래프는 ㄹ이
   다.

目 (1) ㄱ   (2) ㄹ

03 (2) 슬기가 집에서 출발하여 공원까지 가는데 멈춰 있었던
   때는 그래프에서 y의 값에 변화가 없는 부분이므로 2번
   멈춰 있었고, 멈춰 있었던 시간은 집에서 출발한 지 5분
   후부터 7분 후까지, 12분부터 15분 후까지로 모두
   $2+3=5$ (분)

(3) 그래프에서 이동 시간이 15분일 때 이동 거리가
   1500 m이므로 슬기가 집에서 출발하여 15분 동안 이
   동한 거리는 1500 m이다.

(4) 그래프에서 이동 거리가 2000 m일 때 이동 시간이 20
   분이므로 슬기가 집에서 출발하여 공원에 도착할 때까
   지 걸린 시간은 20분이다.

目 (1) 이동 거리   (2) 2, 5   (3) 1500   (4) 20

---

1 물병 A, B는 폭이 일정하므로 물의 높이가 일정하게 증가
한다.
이때 물병 A의 폭이 물병 B의 폭보다 좁으므로 물의 높이
는 물병 A가 물병 B보다 빠르게 증가한다.
   ∴ A−ㄴ, B−ㄱ
물병 C는 물병의 폭이 일정하게 넓다가 일정하게 좁아지
므로 물의 높이가 느리고 일정하게 증가하다가 빠르고 일
정하게 증가한다. ➡ ㄷ
물병 D는 물병의 폭이 일정하게 좁다가 일정하게 넓어지
므로 물의 높이가 빠르고 일정하게 증가하다가 느리고 일
정하게 증가한다. ➡ ㄹ

目 A−ㄴ, B−ㄱ, C−ㄷ, D−ㄹ

2 (1) 지우의 집에서 영화관까지의 거리가 1.5 km이므로 영
   화관에 도착하는 것은 집에서 출발한 지 40분 후이다.

(2) 집에 도착하면 집으로부터의 거리가 0 km이므로 집에
   서 출발하여 영화관에 다녀오는 데 걸린 시간은 200분
   이다.

(3) 지우가 영화관에 머물렀던 때는 그래프에서 y의 값에
   변화가 없는 부분이므로 영화관에 머물렀던 시간은 집
   에서 출발한 지 40분 후부터 180분 후까지,
   즉 $180-40=140$ (분) 동안이다.

(4) 지우가 집을 향해 영화관을 떠난 때는 그래프가 오른쪽
   아래로 향하기 시작한 때이므로 집에서 출발한 지 180
   분 후이다.

目 (1) 40분   (2) 200분   (3) 140분   (4) 180분

3 (1) 두 지점 A, B 사이의 거리는 A 지점과 로봇 사이의 거
   리가 가장 클 때의 y의 값이므로 4 m이다.

(2) 두 지점 A, B 사이를 한 번 왕복하는 데 걸리는 시간은
   A 지점과 로봇 사이의 거리가 4 m에서 0 m가 되었다
   가 다시 4 m가 되는 데 걸리는 시간이므로
   $10-0=10$ (초)

(3) 한 번 왕복하는 데 걸리는 시간이 10초이므로 30초 동
   안 왕복하는 횟수는 3회이다.

(4) 5초에 4 m씩 움직이므로 20초 동안 움직인 거리는
   $4+4+4+4=16$ (m)

目 (1) 4 m   (2) 10초   (3) 3회   (4) 16 m

핵심문제 익히기

▶본문 186~188쪽

1 A−ㄴ, B−ㄱ, C−ㄷ, D−ㄹ
2 (1) 40분   (2) 200분   (3) 140분   (4) 180분
3 (1) 4 m   (2) 10초   (3) 3회   (4) 16 m

이런 문제가 시험 에 나온다

▶본문 189쪽

01 ④   02 ㄱ, ㄴ   03 ⑤

01 컵의 모양이 바닥에서부터 위로 올라갈수록 폭이 점점 좁아지므로 물의 높이는 처음에는 느리게 증가하다가 점점 빠르게 증가한다.

따라서 그래프로 알맞은 것은 ④이다.   _답④

_{참고} 빈 용기에 시간당 일정한 양의 물을 넣을 때, 용기의 모양에 따라 경과 시간 x에 따른 물의 높이 y 사이의 관계를 그래프로 나타내면 다음과 같다.

용기의 모양			
물의 높이	일정하게 증가	처음에는 느리게 증가하다가 점점 빠르게 증가	처음에는 빠르게 증가하다가 점점 느리게 증가
그래프 모양			

02 ㄱ. 버스가 멈춰 있을 때는 그래프에서 y의 값에 변화가 없는 부분이므로 지은이가 버스를 탄 지 2분 후부터 3분 후까지, 6분 후부터 7분 후까지, 10분 후부터 11분 후까지 3번 멈춰 있었다.

ㄴ. 그래프에서 2500 m를 이동하는 데 걸린 시간이 15분이므로 지은이가 버스를 타고 이동한 시간은 모두 15분이다.

ㄷ. 지은이가 버스에 탄 후 버스가 두 번째로 멈춘 때는 지은이가 버스에 탄 지 6분 후이다.

이상에서 옳은 것은 ㄱ, ㄴ이다.

  _답 ㄱ, ㄴ

03 ③ 목욕하는 동안은 그래프에서 y의 값에 변화가 없는 부분이므로 목욕하는 데 걸린 시간은
$$18-6=12\,(분)$$
⑤ 수도꼭지를 튼 지 18분 후부터 물을 빼기 시작하여 24분 후까지 물을 뺐으므로 물을 모두 빼는 데 걸린 시간은
$$24-18=6\,(분)$$
따라서 옳지 않은 것은 ⑤이다.   _답⑤

_{참고} 욕조에서 물을 뺄 때, 경과 시간 x에 따른 욕조에 남아 있는 물의 양 y 사이의 관계

물의 양이 많을수록 물의 압력이 높고, 물의 압력이 높을수록 시간당 빠져나가는 물의 양이 많다. 즉 물이 빠져나갈수록 욕조에 남아 있는 물의 양이 줄어들게 되고 물의 압력이 낮아져 시간당 빠져나가는 물의 양이 줄어들게 되므로 욕조에 남아 있는 물의 양은 점점 느리게 감소하게 된다.

01 1	02 −1	03 ④	04 ②, ⑤
05 ①	06 −4	07 ㄷ	
08 (1) 초속 30 m 또는 30 m/s (2) 135초 (3) 180초			
09 ㈎−⑤, ㈏−②, ㈐−③		10 23시, 8시	
11 ④	12 ③	13 18	14 ②
15 ⑤	16 ④	17 (1) ㄴ (2) ㄱ	
18 ④	19 ④	20 ㄷ	21 $\dfrac{17}{2}$
22 ④			

01 _{전략} 두 순서쌍 (a, b)와 (c, d)가 같으면 $a=c$, $b=d$이다.

$2+a=-1$에서 $a=-3$

$5=2b-3$에서 $2b=8$ $\therefore b=4$

  $\therefore a+b=-3+4=1$ _답 1

02 _{전략} x축 위의 점은 y좌표가 0임을 이용한다.

x축 위에 있고 x좌표가 −1인 점은 $(-1, 0)$이므로

$\quad a=-1,\ b=0$

$\quad \therefore a-b=-1-0=-1$ _답 −1

03 _{전략} 먼저 점 A, B, C, D, E의 좌표를 구해 본다.

점 A, B, C, D, E의 좌표는 다음과 같다.

A(1, 3), B(−2, 3), C(−4, 0), D(−3, −3), E(1, −3)

② 점 A와 점 E의 x좌표는 1로 같다.

③ 점 D와 점 E의 y좌표는 −3으로 같다.

④ 제2사분면에 속하는 점은 점 B의 1개이다.

⑤ 점 D의 x좌표와 y좌표는 모두 음수이다.

따라서 옳지 않은 것은 ④이다.   _답④

04 _{전략} x축 위의 점은 y좌표가 0이고, y축 위의 점은 x좌표가 0임을 이용한다.

② y축 위의 점은 x좌표가 0이다.

⑤ 제2사분면과 제3사분면 위의 점의 x좌표는 음수이다.

따라서 옳지 않은 것은 ②, ⑤이다.   _답 ②, ⑤

05 _{전략} x, y의 부호를 구하여 주어진 점의 x좌표, y좌표의 부호를 생각한다.

$xy<0$에서 x와 y의 부호가 다르고, $x>y$이므로

$\quad x>0,\ y<0$

따라서 $x>0$, $-y>0$이므로 점 $(x, -y)$는 제1사분면 위의 점이다.   _답①

06 _{전략} y축에 대하여 대칭일 때와 원점에 대하여 대칭일 때 x좌표, y좌표의 부호의 변화를 이용한다.

점 $(2, 3)$과 y축에 대하여 대칭인 점은 x좌표의 부호만 바뀌므로 $(-2, 3)$

점 $(2, 3)$과 원점에 대하여 대칭인 점은 x좌표, y좌표의 부호가 모두 바뀌므로 $(-2, -3)$

따라서 $a=-2$, $b=3$, $c=-2$, $d=-3$이므로

$a+b+c+d=-2+3+(-2)+(-3)=-4$ 답 -4

07 전략 속력이 일정하게 유지되는 그래프를 찾아본다.

자동차가 일정한 속력으로 움직이므로 자동차의 이동 시간 x에 따른 자동차의 속력 y를 나타낸 그래프는 y의 값에 변화가 없는 모양으로 나타나게 된다.

따라서 그래프로 알맞은 것은 ㄷ이다.   답 ㄷ

08 전략 그래프의 각 구간에서의 속력을 해석해 본다.

(1) 그래프에서 지하철이 가장 빨리 움직일 때의 속력은
  초속 30 m

(2) 지하철이 일정한 속력으로 움직인 시간은 A 역을 출발한 지 10초 후부터 145초 후까지이므로
  $145-10=135$ (초)

(3) A 역을 출발한 지 180초 후에 속력이 0이 되므로 지하철이 A 역을 출발하여 B 역에 정차할 때까지 걸린 시간은 180초이다.

답 (1) 초속 30 m 또는 30 m/s   (2) 135초   (3) 180초

09 전략 경과 시간에 따른 거리를 나타낸 그래프를 이해하고 해석한다.

(개) 민서가 문화센터에 도착하기 전에 편의점에서 음료수를 샀으므로 그래프는 $y \ne 0$이고, y의 값에 변화가 없는 모양인 ⑤이다.

(내) 민서가 집으로 다시 돌아가므로 그래프는 오른쪽 아래로 향하는 모양인 ②이다.

(대) 민서가 집에서 2분 동안 머물렀으므로 그래프는 $y=0$에서 2분 동안 y의 값에 변화가 없는 모양인 ③이다.

답 (개)-⑤, (내)-②, (대)-③

10 전략 초미세먼지의 양이 많을수록 그래프에서 y의 값이 크다는 것을 이용한다.

y의 값이 가장 클 때의 x의 값은 23이므로 초미세먼지의 양이 가장 많은 시각은 23시이다.

y의 값이 가장 작을 때의 x의 값은 8이므로 초미세먼지의 양이 가장 적은 시각은 8시이다.   답 23시, 8시

11 전략 경과 시간에 따른 거리를 나타낸 그래프를 이해하고 해석한다.

주어진 그래프가 $y=0$에서 시작해서 $y=0$에서 끝났으므로 집에서 출발하여 우체국까지 갔다가 다시 집으로 돌아온 것을 의미하고, y의 값에 변화가 없는 부분은 멈춰 있었음을 의미하므로 2번 멈춰 있었음을 알 수 있다.

따라서 그래프에 알맞은 상황은 ④이다.   답 ④

12 전략 x축 위의 점은 (y좌표)$=0$임을 이용한다.

점 $\left(a, \frac{1}{3}a-1\right)$이 x축 위의 점이므로

$\frac{1}{3}a-1=0$ $\therefore a=3$

$-2a+5$에 $a=3$을 대입하면 $-2\times 3+5=-1$

$\frac{2a+1}{7}$에 $a=3$을 대입하면 $\frac{2\times 3+1}{7}=1$

따라서 점 $(-1, 1)$을 나타내는 점은 점 C이다.   답 ③

13 전략 주어진 네 점의 좌표를 좌표평면 위에 나타내어 본다.

네 점 $A(-2, 3)$, $B(-4, -1)$, $C(2, -1)$, $D(1, 3)$을 꼭짓점으로 하는 사각형 ABCD를 그리면 오른쪽 그림과 같다.

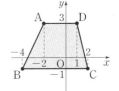

$\therefore$ (사각형 ABCD의 넓이)

$=\frac{1}{2}\times(3+6)\times 4=18$ 답 18

14 전략 제4사분면 위의 점은 (x좌표)>0, (y좌표)<0임을 이용하여 a, b의 부호를 구한다.

점 $(ab, a+b)$가 제4사분면 위의 점이므로
  $ab>0$, $a+b<0$

$ab>0$에서 a와 b의 부호가 같고, $a+b<0$이므로
  $a<0$, $b<0$

① $a<0$, $b<0$이므로 점 (a, b)는 제3사분면 위의 점이다.

② $a<0$, $-b>0$이므로 점 $(a, -b)$는 제2사분면 위의 점이다.

③ $-a>0$, $b<0$이므로 점 $(-a, b)$는 제4사분면 위의 점이다.

④ $-a>0$, $-b>0$이므로 점 $(-a, -b)$는 제1사분면 위의 점이다.

⑤ $b<0$, $a<0$이므로 점 (b, a)는 제3사분면 위의 점이다.   답 ②

15 전략 점 (a, b)와 원점에 대하여 대칭인 점은 점 $(-a, -b)$임을 이용한다.

두 점 $A(a-2, 1)$, $B(3, 2-b)$는 원점에 대하여 대칭이므로

$a-2=-3$, $1=-(2-b)$ $\therefore a=-1$, $b=3$

점 $C(c+1, 4)$는 y축 위의 점이므로

$c+1=0$ $\therefore c=-1$

$\therefore a+b-c=-1+3-(-1)=3$ 답 ⑤

16 전략 경과 시간 x, 남은 아이스크림의 양 y 사이의 관계를 그래프로 나타내어 본다.

아이스크림을 먹으면 시간이 지날수록 양이 줄어들므로 그래프의 모양은 오른쪽 아래로 향한다.

아이스크림을 냉동실에 넣어 두면 시간이 지나도 아이스크림의 양이 변하지 않으므로 그래프는 y의 값에 변화가 없는 모양이다.

또한 다시 아이스크림을 꺼내 먹다가 아이스크림의 양이 처음의 절반이 되었을 때 냉동실에 다시 넣었으므로 그래프의 모양은 오른쪽 아래로 향하다가 아이스크림의 양이 처음의 절반이 되었을 때는 y의 값에 변화가 없는 모양이 된다.

따라서 상황에 알맞은 그래프는 ④이다.   답 ④

17 전략 그릇의 폭이 위로 갈수록 넓어지면 물의 높이가 느리게 증가한다.

(1) 그릇의 아랫부분은 폭이 일정하다가 어느 부분부터 위로 올라갈수록 그릇의 폭이 점점 넓어지므로 물의 높이는 일정하게 증가하다가 그릇의 폭이 변화하기 시작할 때부터 점점 느리게 증가하게 된다.

따라서 오른쪽 그래프와 같이 오른쪽 위로 향하는 직선이었다가 중간에 점점 느리게 증가하는 곡선이 된다.

(2) 그릇의 아랫부분은 폭이 위로 올라갈수록 점점 넓어지다가 어느 부분부터 그릇의 폭이 일정하므로 물의 높이는 점점 느리게 증가하다가 그릇의 폭이 일정해지기 시작할 때부터 일정하게 증가하게 된다.

따라서 오른쪽 그래프와 같이 점점 느리게 증가하는 곡선이었다가 중간에 오른쪽 위로 향하는 직선이 된다.

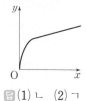

답 (1) ㄴ   (2) ㄱ

18 전략 같은 모양이 반복되는 그래프에서 x의 값에 따른 y의 값의 변화를 관찰한다.

④ 드론이 처음으로 가장 높이 올라갔을 때는 10 m이고 움직이기 시작한 지 3초 후이다. 또 두 번째로 가장 높이 올라갔을 때는 움직이기 시작한 지 9초 후이므로 다시 가장 높이 올라갈 때까지 걸린 시간은

$$9-3=6\,(초)$$

답 ④

19 전략 그래프에서 x의 값에 따른 y의 값의 변화를 관찰한다.

④ 7분에서 8분 사이에 경비행기가 일정한 높이 1.0 km를 유지하며 날아갔다.   답 ④

20 전략 a, b의 부호를 구하여 보기에 주어진 점이 속하는 사분면을 찾아본다.

$ab>0$에서 a와 b의 부호가 같고, $a+b<0$이므로
$$a<0,\ b<0$$
그런데 $|a|<|b|$이므로 $b<a<0$

ㄱ. $a<0$, $-b>0$이므로 점 $(a,\ -b)$는 제2사분면 위의 점이다.

ㄴ. $b-a<0$, $ab>0$이므로 점 $(b-a,\ ab)$는 제2사분면 위의 점이다.

ㄷ. $a-b>0$, $-a-b>0$이므로 점 $(a-b,\ -a-b)$는 제1사분면 위의 점이다.

ㄹ. $-\dfrac{b}{a}<0$, $-a>0$이므로 점 $\left(-\dfrac{b}{a},\ -a\right)$는 제2사분면 위의 점이다.

이상에서 속하는 사분면이 다른 하나는 ㄷ이다.   답 ㄷ

21 전략 먼저 좌표평면 위에 세 점 A, B, C를 꼭짓점으로 하는 삼각형 ABC를 그려 본다.

점 $(2,\ -4)$와 x축에 대하여 대칭인 점은 y좌표의 부호만 바뀌므로 $A(2,\ 4)$

세 점 $A(2,\ 4)$, $B(-1,\ -1)$, $C(3,\ 0)$을 꼭짓점으로 하는 삼각형 ABC를 그리면 오른쪽 그림과 같다.

$\therefore$ (삼각형 ABC의 넓이)
$=$(사각형 ABDE의 넓이)
$\quad-$(삼각형 BDC의 넓이)$-$(삼각형 ACE의 넓이)
$=\dfrac{1}{2}\times(1+4)\times5-\dfrac{1}{2}\times4\times1-\dfrac{1}{2}\times1\times4$
$=\dfrac{25}{2}-2-2=\dfrac{17}{2}$ 답 $\dfrac{17}{2}$

22 전략 그래프에서 두 사람의 학교로부터 떨어진 위치를 파악해 본다.

④ 학교에서 출발하여 예준이가 도착한 시간은 30분 후, 태민이가 도착한 시간은 20분 후이므로 예준이는 태민이보다 $30-20=10\,(분)$ 늦게 도착하였다.   답 ④

서술형 대비 문제   ▶ 본문 194~195쪽

| 1 | 제2사분면 | 2 | 8 | 3 | 6 |
| 4 | 1 | 5 | 풀이 참조 | 6 | 19 |

1 1단계 점 $(a,\ -b)$가 제1사분면 위의 점이므로 $a>0$이고 $-b>0$에서 $b<0$

2단계 $a>0$, $b<0$이므로 $ab<0$, $a-b>0$

3단계 점 $(ab,\ a-b)$는 제2사분면 위의 점이다.

답 제2사분면

2 1단계 세 점 A, B, C를 꼭짓점으로
하는 삼각형 ABC를 그리면
오른쪽 그림과 같다.

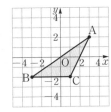

2단계 삼각형 ABC의 밑변의 길이는 4이고 높이는 4이다.

3단계 (삼각형 ABC의 넓이)$=\dfrac{1}{2}\times4\times4=8$

답 8

3 1단계 두 점 A$(2a, b+3)$, B$(b-2, 2a-1)$이 모두 x축
위의 점이므로

$b+3=0$에서　　$b=-3$

$2a-1=0$에서　　$a=\dfrac{1}{2}$

　　　$\therefore$ A$(1, 0)$, B$(-5, 0)$

2단계 이때 점 C의 좌표 $\left(4a-1, \dfrac{1}{3}b+3\right)$에서

$$4a-1=4\times\dfrac{1}{2}-1=1$$

$$\dfrac{1}{3}b+3=\dfrac{1}{3}\times(-3)+3=2$$

$$\therefore \text{C}(1, 2)$$

3단계 세 점 A, B, C를 꼭짓점으
로 하는 삼각형 ABC를 그
리면 오른쪽 그림과 같다.

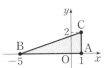

$\therefore$ (삼각형 ABC의 넓이)$=\dfrac{1}{2}\times6\times2=6$

답 6

단계	채점 요소	배점
1	두 점 A, B의 좌표 구하기	2점
2	점 C의 좌표 구하기	2점
3	삼각형 ABC의 넓이 구하기	3점

4 1단계 두 점이 y축에 대하여 대칭이므로 두 점의 좌표는 x
좌표의 부호만 다르다.

$3a+2=a$에서　　$2a=-2$　　$\therefore a=-1$

2단계 $6b+4=b-6$에서　　$5b=-10$　　$\therefore b=-2$

3단계 $a-b=-1-(-2)=1$

답 1

단계	채점 요소	배점
1	a의 값 구하기	2점
2	b의 값 구하기	2점
3	$a-b$의 값 구하기	1점

5 1단계 x는 10 이하의 자연수이므로

$x=1, 2, \cdots, 10$

2단계 $x=1$일 때, 1의 약수는 1개이므로　　$y=1$

$x=2$일 때, 2의 약수는 1, 2의 2개이므로
　　$y=2$

$x=3$일 때, 3의 약수는 1, 3의 2개이므로
　　$y=2$

$x=4$일 때, 4의 약수는 1, 2, 4의 3개이므로
　　$y=3$

$x=5$일 때, 5의 약수는 1, 5의 2개이므로
　　$y=2$

$x=6$일 때, 6의 약수는 1, 2, 3, 6의 4개이므로
　　$y=4$

$x=7$일 때, 7의 약수는 1, 7의 2개이므로
　　$y=2$

$x=8$일 때, 8의 약수는 1, 2, 4, 8의 4개이므로
　　$y=4$

$x=9$일 때, 9의 약수는 1, 3, 9의 3개이므로
　　$y=3$

$x=10$일 때, 10의 약수는 1, 2, 5, 10의 4개이므로
　　$y=4$

3단계 x, y에 대한 그래프를 좌표평면 위에 나타내면 다음
그림과 같다.

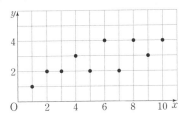

답 풀이 참조

단계	채점 요소	배점
1	x의 값 구하기	1점
2	$x=1, 2, \cdots, 10$일 때 y의 값 구하기	4점
3	그래프 그리기	2점

6 1단계 동생은 자신이 출발한 지 4분 후부터 7분 후까지
$7-4=3$(분) 동안 멈춰 있었고 학교까지 가는 데 걸
린 시간은 12분이다.

$\therefore a=3, b=12$

2단계 형은 동생보다 4분 늦게 출발하여 $12-4=8$(분) 만
에 학교에 도착하였다.

$\therefore c=4, d=8$

3단계 $a+b-c+d=3+12-4+8=19$

답 19

단계	채점 요소	배점
1	a, b의 값 구하기	2점
2	c, d의 값 구하기	2점
3	$a+b-c+d$의 값 구하기	2점

IV-2 정비례와 반비례

01 정비례

개념원리 확인하기 ▶본문 200〜201쪽

01 풀이 참조 02 풀이 참조
03 (1)○ (2)○ (3)× (4)○ (5)○ (6)×
04 (1)$y=4x$ (2)$y=-4x$ (3)$y=\dfrac{2}{5}x$
05 풀이 참조 06 풀이 참조
07 (1)$y=3x$ (2)$y=-\dfrac{2}{3}x$

01 (1)

x	1	2	3	4	5	⋯
y	5	10	15	20	25	⋯

(2)$y=5x$

답 풀이 참조

02 (1)

x	1	2	3	4	5	⋯
y	7	14	21	28	35	⋯

(2)x분 동안 나온 물의 양은 $7x$ L이므로 x와 y 사이의 관계를 식으로 나타내면
$$y=7x$$
(3)$y=7x$에 $x=15$를 대입하면 $y=7\times15=105$
따라서 구하는 물의 양은 105 L이다.

답 풀이 참조

03 0이 아닌 a에 대하여 $y=ax$, $\dfrac{y}{x}=a$, $y=\dfrac{x}{a}$, $\dfrac{x}{y}=a$의 꼴은 모두 y가 x에 정비례한다.

답 (1)○ (2)○ (3)× (4)○ (5)○ (6)×

04 (1)y가 x에 정비례하므로 $y=ax\,(a\neq0)$라 하자.
$y=ax$에 $x=2$, $y=8$을 대입하면
$$8=2a \quad \therefore a=4$$
따라서 구하는 식은 $y=4x$
(2)y가 x에 정비례하므로 $y=ax\,(a\neq0)$라 하자.
$y=ax$에 $x=3$, $y=-12$를 대입하면
$$-12=3a \quad \therefore a=-4$$
따라서 구하는 식은 $y=-4x$
(3)y가 x에 정비례하므로 $y=ax\,(a\neq0)$라 하자.
$y=ax$에 $x=\dfrac{5}{6}$, $y=\dfrac{1}{3}$을 대입하면
$$\dfrac{1}{3}=\dfrac{5}{6}a \quad \therefore a=\dfrac{2}{5}$$
따라서 구하는 식은 $y=\dfrac{2}{5}x$

답 (1)$y=4x$ (2)$y=-4x$ (3)$y=\dfrac{2}{5}x$

05 (1)정비례 관계의 그래프는 원점 을 지난다.
또 $x=1$일 때, $y=-2\times$ 1 $=$ -2 이므로 그래프는 점 (1 , -2)를 지난다.
따라서 원점 과 점 (1 , -2)를 지나는 직선 을 그리면 $y=-2x$ 의 그래프는 오른쪽 그림과 같다.

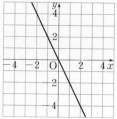

(2)정비례 관계의 그래프는 원점 을 지난다.
또 $x=2$일 때, $y=\dfrac{3}{2}\times$ 2 $=3$ 이므로 그래프는 점 (2 , 3)을 지난다.
따라서 원점 과 점 (2 , 3)을 지나는 직선 을 그리면 $y=\dfrac{3}{2}x$의 그래프는 오른쪽 그림과 같다.

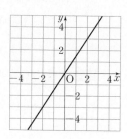

답 풀이 참조

06 (1)정비례 관계 $y=4x$에서 $x=1$일 때, $y=4$이므로 그래프는 점 $(1,\ 4)$를 지난다.
따라서 원점과 점 $(1,\ 4)$를 지나는 직선을 그리면 $y=4x$의 그래프는 오른쪽 그림과 같다.

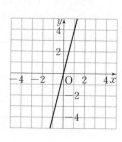

(2)정비례 관계 $y=-\dfrac{3}{4}x$에서 $x=4$일 때, $y=-3$이므로 그래프는 점 $(4,\ -3)$을 지난다.
따라서 원점과 점 $(4,\ -3)$을 지나는 직선을 그리면 $y=-\dfrac{3}{4}x$의 그래프는 위의 그림과 같다.

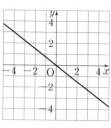

답 풀이 참조

07 (1)주어진 그래프는 정비례 관계의 그래프이므로 $y=ax\,(a\neq0)$라 하자.
$y=ax$의 그래프가 점 $(-1,\ -3)$을 지나므로 $y=ax$에 $x=-1$, $y=-3$을 대입하면
$$-3=-a \quad \therefore a=3$$
$$\therefore y=3x$$

(2) 주어진 그래프는 정비례 관계의 그래프이므로

$y=ax\,(a\neq0)$라 하자.

$y=ax$의 그래프가 점 $(3,\,-2)$를 지나므로 $y=ax$에

$x=3,\,y=-2$를 대입하면

$$-2=3a \qquad \therefore a=-\frac{2}{3}$$

$$\therefore y=-\frac{2}{3}x$$

🔲 (1) $y=3x$ (2) $y=-\frac{2}{3}x$

▶ 본문 202～205쪽

핵심문제 익히기

1 ②, ⑤	2 10	3 (1) $y=2x$ (2) 10분
4 ④	5 0	6 ㄱ, ㄷ 7 8
8 24		

1 ① $y=60x$

② $\frac{1}{2}xy=20$에서 $xy=40$ $\therefore y=\frac{40}{x}$

③ $y=1800x$

④ $y=4x$

⑤ $\frac{1}{2}xy=30$에서 $xy=60$ $\therefore y=\frac{60}{x}$

따라서 y가 x에 정비례하지 않는 것은 ②, ⑤이다.

🔲 ②, ⑤

2 $y=ax\,(a\neq0)$라 하고 $x=-16,\,y=8$을 대입하면

$$8=-16a \qquad \therefore a=-\frac{1}{2}$$

$$\therefore y=-\frac{1}{2}x$$

$y=-\frac{1}{2}x$에 $x=-12,\,y=A$를 대입하면

$$A=-\frac{1}{2}\times(-12)=6$$

$y=-\frac{1}{2}x$에 $x=B,\,y=-2$를 대입하면

$$-2=-\frac{1}{2}B \qquad \therefore B=4$$

$$\therefore A+B=6+4=10$$

🔲 10

3 (1) 빈 물통에 매분 2 L씩 물을 넣으면 x분 후의 물의 양은

$2x$ L이므로 구하는 식은 $y=2x$

(2) $y=2x$에 $y=20$을 대입하면

$$20=2x \qquad \therefore x=10$$

따라서 물을 가득 채우는 데 걸리는 시간은 10분이다.

🔲 (1) $y=2x$ (2) 10분

---

4 정비례 관계 $y=ax\,(a\neq0)$의 그래프는 a의 절댓값이 클

수록 y축에 가깝다.

즉

$$\left|-\frac{1}{2}\right|<\left|\frac{3}{5}\right|<|2|<|3|<|-4|$$

이므로 y축에 가장 가까운 그래프는 ④이다. 🔲 ④

5 점 $(-1,\,2)$가 정비례 관계 $y=bx$의 그래프 위의 점이므

로 $y=bx$에 $x=-1,\,y=2$를 대입하면

$$2=-b \qquad \therefore b=-2$$

$$\therefore y=-2x$$

점 $(a,\,-4)$가 정비례 관계 $y=-2x$의 그래프 위의 점이

므로 $y=-2x$에 $x=a,\,y=-4$를 대입하면

$$-4=-2a \qquad \therefore a=2$$

$$\therefore a+b=2+(-2)=0$$ 🔲 0

6 ㄴ. x의 값이 증가하면 y의 값도 증가한다.

ㄷ. $y=6x$에 $x=1$을 대입하면

$$y=6\times1=6$$

$y=6x$에 $x=-1$을 대입하면

$$y=6\times(-1)=-6$$

따라서 점 $(1,\,6)$과 점 $(-1,\,-6)$을 지난다.

ㄹ. 제1사분면과 제3사분면을 지난다.

이상에서 옳은 것은 ㄱ, ㄷ이다. 🔲 ㄱ, ㄷ

개념 더하기

그래프가 점 $(p,\,q)$를 지난다.

➡ x와 y 사이의 관계를 나타내는 식에 $x=p,\,y=q$를 대입한다.

7 그래프가 점 $(-4,\,1)$을 지나므로 $y=ax\,(a\neq0)$라 하고

$x=-4,\,y=1$을 대입하면

$$1=-4a \qquad \therefore a=-\frac{1}{4} \qquad \therefore y=-\frac{1}{4}x$$

$y=-\frac{1}{4}x$의 그래프가 점 $(k,\,-2)$를 지나므로

$y=-\frac{1}{4}x$에 $x=k,\,y=-2$를 대입하면

$$-2=-\frac{1}{4}k \qquad \therefore k=8$$ 🔲 8

8 두 점 A, B의 x좌표는 6이다.

$y=\frac{1}{3}x$에 $x=6$을 대입하면 $y=\frac{1}{3}\times6=2$

$$\therefore \mathrm{A}(6,\,2)$$

$y=-x$에 $x=6$을 대입하면 $y=-6$

$$\therefore \mathrm{B}(6,\,-6)$$

이때 (선분 AB의 길이)$=2-(-6)=8$이므로

(삼각형 AOB의 넓이)$=\frac{1}{2}\times8\times6$

$$=24$$ 🔲 24

---

01 ㄴ, ㅂ　　02 ③　　03 −4　　04 ④

05 (1) $y=\dfrac{4}{5}x$ (2) 640 mg　06 ①　　07 ③, ⑤

08 ⑤　　09 42

01 x의 값이 2배, 3배, 4배, …가 될 때, y의 값도 2배, 3배, 4배, …가 되는 관계가 있으면 y가 x에 정비례한다.

ㄴ. $x-2y=0$에서　$y=\dfrac{1}{2}x$　　　　답 ㄴ, ㅂ

02 ① $x+y=24$에서　$y=24-x$

② $y=x\times x\times3.14=3.14x^2$

③ $y=3x$

④ $y=\dfrac{100x}{100+x}$

⑤ $xy=30$에서　$y=\dfrac{30}{x}$　　　　答 ③

03 y가 x에 정비례하므로 $y=ax\,(a\neq0)$라 하고 $x=2$, $y=12$를 대입하면

$\quad12=2a$　∴ $a=6$　∴ $y=6x$

$y=6x$에 $y=-24$를 대입하면

$\quad-24=6x$　∴ $x=-4$　　　　答 −4

04 ① y가 x에 정비례하므로 $y=ax\,(a\neq0)$라 하고 $x=3$, $y=6$을 대입하면

$\quad6=3a$　∴ $a=2$　∴ $y=2x$

② $y=2x$에서　$\dfrac{y}{x}=2$

③ $y=2x$에 $x=2$를 대입하면　$y=4$

④ y가 x에 정비례하므로 x의 값이 3배가 되면 y의 값도 3배가 된다.

⑤ $y=2x$에 $y=10$을 대입하면

$\quad10=2x$　∴ $x=5$

따라서 옳지 않은 것은 ④이다.　　　　答 ④

05 (1) 치즈 1 g당 $\dfrac{80}{100}=\dfrac{4}{5}$ (mg)의 칼슘이 들어 있으므로 치즈 x g당 $\dfrac{4}{5}x$ mg의 칼슘이 들어 있다.

따라서 구하는 식은　$y=\dfrac{4}{5}x$

(2) $y=\dfrac{4}{5}x$에 $x=800$을 대입하면

$\quad y=\dfrac{4}{5}\times800=640$

따라서 치즈 800 g에 들어 있는 칼슘의 양은 640 mg 이다.

答 (1) $y=\dfrac{4}{5}x$ (2) 640 mg

06 $x=-3$일 때,　　$y=2\times(-3)=-6$

$x=-2$일 때,　　$y=2\times(-2)=-4$

$x=-1$일 때,　　$y=2\times(-1)=-2$

$x=0$일 때,　　$y=2\times0=0$

$x=1$일 때,　　$y=2\times1=2$

$x=2$일 때,　　$y=2\times2=4$

$x=3$일 때,　　$y=2\times3=6$

따라서 구하는 그래프는 ①이다.　　　　答 ①

07 ② $y=-\dfrac{1}{2}x$에 $x=-2$를 대입하면 $y=1$이므로

$y=-\dfrac{1}{2}x$의 그래프는 점 $(-2,\,1)$을 지난다.

③ 정비례 관계 $y=ax\,(a\neq0)$의 그래프는 a의 절댓값이 클수록 y축에 가깝다.

즉 $\left|-\dfrac{1}{2}\right|>\left|\dfrac{1}{3}\right|$이므로 정비례 관계 $y=\dfrac{1}{3}x$의 그래프보다 y축에 가깝다.

⑤ 제2사분면과 제4사분면을 지나는 직선이다.

따라서 옳지 않은 것은 ③, ⑤이다.　　　답 ③, ⑤

08 그래프가 원점과 점 $\left(-2,\,\dfrac{3}{2}\right)$을 지나는 직선이므로

$y=ax\,(a\neq0)$라 하고 $x=-2$, $y=\dfrac{3}{2}$을 대입하면

$\quad\dfrac{3}{2}=-2a$　∴ $a=-\dfrac{3}{4}$

$\quad∴ y=-\dfrac{3}{4}x$

주어진 그래프가 점 $(k,\,-3)$을 지나므로

$y=-\dfrac{3}{4}x$에 $x=k$, $y=-3$을 대입하면

$\quad-3=-\dfrac{3}{4}k$　∴ $k=4$　　　　答 ⑤

09 점 P의 y좌표가 −6이므로 $y=\dfrac{1}{2}x$에 $y=-6$을 대입하면

$\quad-6=\dfrac{1}{2}x$　∴ $x=-12$

$\quad∴ \text{P}(-12,\,-6)$

점 Q의 y좌표가 −6이므로 $y=-3x$에 $y=-6$을 대입하면

$\quad-6=-3x$　∴ $x=2$

$\quad∴ \text{Q}(2,\,-6)$

이때 (선분 PQ의 길이)$=2-(-12)=14$이므로

(삼각형 OPQ의 넓이)$=\dfrac{1}{2}\times14\times6$

$\qquad\qquad=42$　　　　答 42

02 반비례

▶ 본문 210~211쪽

개념원리 확인하기

01 풀이 참조　　　　02 풀이 참조
03 (1) ○　(2) ×　(3) ×　(4) ○　(5) ×　(6) ×
04 (1) $y=-\dfrac{10}{x}$　(2) $y=-\dfrac{30}{x}$　(3) $y=\dfrac{2}{x}$
05 풀이 참조　　　　06 풀이 참조
07 (1) $y=\dfrac{15}{x}$　(2) $y=-\dfrac{16}{x}$

01 (1)

x	1	2	3	4	…
y	36	18	12	9	…

(2) $y=\dfrac{36}{x}$

目 풀이 참조

02 (1)

x	10	20	30	40	60	…
y	24	12	8	6	4	…

(2) 240 km의 거리를 시속 x km로 가는 데 걸린 시간은 $\dfrac{240}{x}$시간이므로 x와 y 사이의 관계를 식으로 나타내면

$$y=\dfrac{240}{x}$$

(3) $y=\dfrac{240}{x}$에 $y=3$을 대입하면

$$3=\dfrac{240}{x}　　∴ x=80$$

따라서 시속 80 km로 갔다.

目 풀이 참조

03 0이 아닌 a에 대하여 $y=\dfrac{a}{x}$, $xy=a$의 꼴은 모두 y가 x에 반비례한다.

目 (1) ○　(2) ×　(3) ×　(4) ○　(5) ×　(6) ×

04 (1) y가 x에 반비례하므로 $y=\dfrac{a}{x}$ ($a\neq0$)라 하자.

$y=\dfrac{a}{x}$에 $x=5$, $y=-2$를 대입하면

$$-2=\dfrac{a}{5}　　∴ a=-10$$

따라서 구하는 식은　$y=-\dfrac{10}{x}$

(2) y가 x에 반비례하므로 $y=\dfrac{a}{x}$ ($a\neq0$)라 하자.

$y=\dfrac{a}{x}$에 $x=-10$, $y=3$을 대입하면

$$3=\dfrac{a}{-10}　　∴ a=-30$$

따라서 구하는 식은　$y=-\dfrac{30}{x}$

(3) y가 x에 반비례하므로 $y=\dfrac{a}{x}$ ($a\neq0$)라 하자.

$y=\dfrac{a}{x}$에 $x=4$, $y=\dfrac{1}{2}$을 대입하면

$$\dfrac{1}{2}=\dfrac{a}{4}　　∴ a=2$$

따라서 구하는 식은　$y=\dfrac{2}{x}$

目 (1) $y=-\dfrac{10}{x}$　(2) $y=-\dfrac{30}{x}$　(3) $y=\dfrac{2}{x}$

참고 $xy=a$ ($a\neq0$)로 놓고 a의 값을 구해도 된다.

05 (1)

x	−4	−2	−1	1	2	4
y	−1	−2	−4	4	2	1

x, y의 순서쌍 (x, y)를 좌표로 하는 점을 좌표평면 위에 나타내고 매끄러운 곡선 으로 연결하면 $y=\dfrac{4}{x}$의 그래프는 오른쪽 그림과 같다.

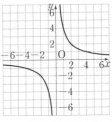

(2)

x	−3	−2	−1	1	2	3
y	2	3	6	−6	−3	−2

x, y의 순서쌍 (x, y)를 좌표로 하는 점을 좌표평면 위에 나타내고 매끄러운 곡선 으로 연결하면 $y=-\dfrac{6}{x}$의 그래프는 오른쪽 그림과 같다.

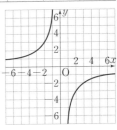

目 풀이 참조

06 (1) 반비례 관계 $y=\dfrac{5}{x}$에서 x의 값이 −5, −1, 1, 5일 때 x의 값에 따른 y의 값을 구하여 표로 나타내면 다음과 같다.

x	−5	−1	1	5
y	−1	−5	5	1

x, y의 순서쌍 (x, y)를 좌표로 하는 점을 좌표평면 위에 나타내고 매끄러운 곡선으로 연결하면 $y=\dfrac{5}{x}$의 그래프는 오른쪽 그림과 같다.

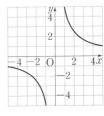

(2) 반비례 관계 $y=-\dfrac{4}{x}$에서 x의 값이 −4, −2, −1, 1, 2, 4일 때 x의 값에 따른 y의 값을 구하여 표로 나타내면 다음과 같다.

x	−4	−2	−1	1	2	4
y	1	2	4	−4	−2	−1

x, y의 순서쌍 (x, y)를 좌표로 하는 점을 좌표평면 위에 나타내고 매끄러운 곡선으로 연결하면 $y=-\dfrac{4}{x}$의 그래프는 오른쪽 그림과 같다.

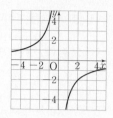

📋 풀이 참조

07 (1) 주어진 그래프는 반비례 관계의 그래프이므로

$y=\dfrac{a}{x}(a\neq0)$라 하자.

$y=\dfrac{a}{x}$의 그래프가 점 $(3, 5)$를 지나므로 $y=\dfrac{a}{x}$에 $x=3$, $y=5$를 대입하면

$5=\dfrac{a}{3}$　∴ $a=15$

∴ $y=\dfrac{15}{x}$

(2) 주어진 그래프는 반비례 관계의 그래프이므로

$y=\dfrac{a}{x}(a\neq0)$라 하자.

$y=\dfrac{a}{x}$의 그래프가 점 $(2, -8)$을 지나므로 $y=\dfrac{a}{x}$에 $x=2$, $y=-8$을 대입하면

$-8=\dfrac{a}{2}$　∴ $a=-16$

∴ $y=-\dfrac{16}{x}$

📋 (1) $y=\dfrac{15}{x}$　(2) $y=-\dfrac{16}{x}$

핵심문제 익히기　▶ 본문 212～215쪽

1 ①, ④	2 12	3 (1) $y=\dfrac{1000}{x}$	(2) 50 L
4 ②	5 4	6 ㄴ, ㄹ	7 $\dfrac{21}{5}$
8 -3			

1 ① $xy=40$에서　$y=\dfrac{40}{x}$

② $y=300+x$이므로 정비례 관계도 아니고 반비례 관계도 아니다.

③ $y=\dfrac{x}{100}\times300=3x$이므로 y는 x에 정비례한다.

④ $y=\dfrac{3000}{x}$

⑤ $y=18-x$이므로 정비례 관계도 아니고 반비례 관계도 아니다.

따라서 y가 x에 반비례하는 것은 ①, ④이다.

📋 ①, ④

2 y가 x에 반비례하므로 $y=\dfrac{a}{x}(a\neq0)$라 하자.

$y=\dfrac{a}{x}$에 $x=3$, $y=4$를 대입하면

$4=\dfrac{a}{3}$　∴ $a=12$

∴ $y=\dfrac{12}{x}$

$y=\dfrac{12}{x}$에 $x=2$, $y=A$를 대입하면　$A=\dfrac{12}{2}=6$

$y=\dfrac{12}{x}$에 $x=B$, $y=3$을 대입하면

$3=\dfrac{12}{B}$　∴ $B=4$

$y=\dfrac{12}{x}$에 $x=6$, $y=C$를 대입하면　$C=\dfrac{12}{6}=2$

∴ $A+B+C=6+4+2=12$

📋 12

3 (1) (물탱크의 용량)$=$(매분 넣는 물의 양)$\times$(걸리는 시간)

이므로

$40\times25=x\times y$　∴ $y=\dfrac{1000}{x}$

(2) $y=\dfrac{1000}{x}$에 $y=20$을 대입하면

$20=\dfrac{1000}{x}$　∴ $x=50$

따라서 물탱크에 물을 20분 만에 가득 채우려면 매분 50 L씩 물을 넣어야 한다.

📋 (1) $y=\dfrac{1000}{x}$　(2) 50 L

4 반비례 관계 $y=\dfrac{a}{x}(a\neq0)$의 그래프는 a의 절댓값이 클수록 원점에서 멀리 떨어져 있다.

즉

$\left|\dfrac{5}{3}\right|<|2|<\left|-\dfrac{5}{2}\right|<|-3|<|4|$

이므로 원점에서 가장 멀리 떨어진 것은 ②이다.　📋 ②

5 반비례 관계 $y=\dfrac{a}{x}$의 그래프가 점 $(-8, 1)$을 지나므로

$y=\dfrac{a}{x}$에 $x=-8$, $y=1$을 대입하면

$1=\dfrac{a}{-8}$　∴ $a=-8$

∴ $y=-\dfrac{8}{x}$

반비례 관계 $y=-\dfrac{8}{x}$의 그래프가 점 $\left(b, \dfrac{2}{3}\right)$를 지나므로

$y=-\dfrac{8}{x}$에 $x=b$, $y=\dfrac{2}{3}$를 대입하면

$\dfrac{2}{3}=-\dfrac{8}{b}$　∴ $b=-12$

∴ $a-b=-8-(-12)=4$

📋 4

6 반비례 관계 $y=-\dfrac{18}{x}$의 그래프는 오른쪽 그림과 같다.

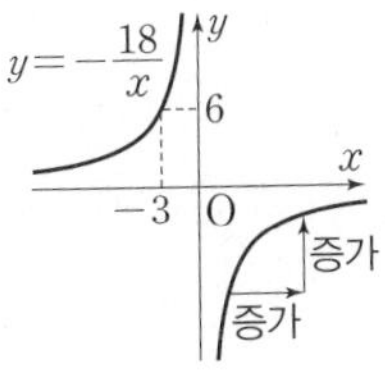

ㄱ. $x=-3$일 때, $y=-\dfrac{18}{-3}=6$

　　이므로 점 $(-3, 6)$을 지난다.

ㄴ. 제2사분면과 제4사분면을 지난다.

ㄷ. $x>0$일 때, x의 값이 증가하면 y의 값도 증가한다.

ㄹ. 원점에 대하여 대칭인 한 쌍의 매끄러운 곡선이다.

이상에서 옳은 것은 ㄴ, ㄹ이다.　　답 ㄴ, ㄹ

7 그래프가 좌표축에 점점 가까워지면서 한없이 뻗어 나가는 한 쌍의 매끄러운 곡선이고 점 $(-3, -7)$을 지나므로

$y=\dfrac{a}{x}(a\neq0)$라 하고 $x=-3$, $y=-7$을 대입하면

$$-7=\dfrac{a}{-3}\qquad\therefore a=21\qquad\therefore y=\dfrac{21}{x}$$

$y=\dfrac{21}{x}$에 $x=k$, $y=5$를 대입하면

$$5=\dfrac{21}{k}\qquad\therefore k=\dfrac{21}{5}$$

답 $\dfrac{21}{5}$

8 $y=-\dfrac{12}{x}$에 $y=-6$을 대입하면

$$-6=-\dfrac{12}{x}\qquad\therefore x=2$$

$$\therefore \mathrm{P}(2, -6)$$

$y=ax$에 $x=2$, $y=-6$을 대입하면

$$-6=2a\qquad\therefore a=-3$$

답 -3

▶ 본문 216~217쪽

이런 문제가 시험 에 나온다

01 ②, ④	02 ③	03 32	04 ①
05 (1) $y=\dfrac{2400}{x}$ (2) 120 Hz		06 ②, ③	
07 1	08 15	09 8개	10 10

01 x의 값이 2배, 3배, 4배, …가 될 때, y의 값은 $\dfrac{1}{2}$배, $\dfrac{1}{3}$배, $\dfrac{1}{4}$배, …가 되는 관계가 있으면 y는 x에 반비례한다.

① 정비례 관계도 아니고 반비례 관계도 아니다.

③ $x-2y=0$에서　　$y=\dfrac{1}{2}x$

　　따라서 y는 x에 정비례한다.

⑤ y는 x에 정비례한다.　　답 ②, ④

02 ① $y=7x$

② $y=320x$

③ $20=\dfrac{x}{100}\times y$　　$\therefore y=\dfrac{2000}{x}$

---

④ $y=180-x$이므로 정비례 관계도 아니고 반비례 관계도 아니다.

⑤ $y=15x$　　답 ③

03 y가 x에 반비례하므로 $y=\dfrac{a}{x}(a\neq0)$라 하고 $x=8$, $y=2$를 대입하면

$$2=\dfrac{a}{8}\qquad\therefore a=16\qquad\therefore y=\dfrac{16}{x}$$

$y=\dfrac{16}{x}$에 $x=\dfrac{1}{2}$을 대입하면

$$y=16\div\dfrac{1}{2}=16\times2=32$$

답 32

04 y가 x에 반비례하므로 $y=\dfrac{a}{x}(a\neq0)$라 하고 $x=-2$, $y=10$을 대입하면

$$10=\dfrac{a}{-2}\qquad\therefore a=-20\qquad\therefore y=-\dfrac{20}{x}$$

$y=-\dfrac{20}{x}$에 $x=-5$, $y=A$를 대입하면

$$A=-\dfrac{20}{-5}=4$$

$y=-\dfrac{20}{x}$에 $x=B$, $y=-1$을 대입하면

$$-1=-\dfrac{20}{B}\qquad\therefore B=20$$

$$\therefore A-B=4-20=-16$$

답 ①

05 (1) y가 x에 반비례하므로 $y=\dfrac{a}{x}(a\neq0)$라 하고 $x=15$, $y=160$을 대입하면

$$160=\dfrac{a}{15}\qquad\therefore a=2400\qquad\therefore y=\dfrac{2400}{x}$$

(2) $y=\dfrac{2400}{x}$에 $x=20$을 대입하면　　$y=\dfrac{2400}{20}=120$

　　따라서 기타 줄의 길이가 20 cm일 때, 기타 소리의 주파수는 120 Hz이다.

답 (1) $y=\dfrac{2400}{x}$　(2) 120 Hz

06 정비례 관계 $y=ax(a\neq0)$의 그래프가 제2사분면을 지나면 $a<0$이다.

반비례 관계 $y=\dfrac{b}{x}(b\neq0)$의 그래프가 제2사분면을 지나면 $b<0$이다.　　답 ②, ③

07 반비례 관계 $y=\dfrac{a}{x}$의 그래프가 점 $(1, 3)$을 지나므로

$y=\dfrac{a}{x}$에 $x=1$, $y=3$을 대입하면　　$a=3$

$$\therefore y=\dfrac{3}{x}$$

반비례 관계 $y=\dfrac{3}{x}$의 그래프가 점 $\left(b, -\dfrac{3}{2}\right)$을 지나므로

$y=\dfrac{3}{x}$에 $x=b$, $y=-\dfrac{3}{2}$을 대입하면

$$-\dfrac{3}{2}=\dfrac{3}{b}\qquad\therefore b=-2$$

$$\therefore a+b=3+(-2)=1$$

답 1

08 점 A의 x좌표가 3이고 정비례 관계 $y=\dfrac{5}{3}x$의 그래프 위에 있으므로 $y=\dfrac{5}{3}x$에 $x=3$을 대입하면

$$y=\dfrac{5}{3}\times 3=5 \qquad \therefore A(3,\,5)$$

또 점 A가 반비례 관계 $y=\dfrac{a}{x}$의 그래프 위에 있으므로

$y=\dfrac{a}{x}$에 $x=3,\,y=5$를 대입하면

$$5=\dfrac{a}{3} \qquad \therefore a=15$$

답 15

09 반비례 관계 $y=\dfrac{8}{x}$에서 $xy=8$이므로 이 그래프 위의 점 중에서 x좌표와 y좌표가 모두 정수인 점은

$$(-1,\,-8),\ (-2,\,-4),\ (-4,\,-2),\ (-8,\,-1),$$
$$(1,\,8),\ (2,\,4),\ (4,\,2),\ (8,\,1)$$

의 8개이다.

답 8개

10 점 P의 좌표를 $(p,\,q)$라 하면 점 P는 반비례 관계 $y=\dfrac{10}{x}$

의 그래프 위의 점이므로 $y=\dfrac{10}{x}$에 $x=p,\,y=q$를 대입하면

$$q=\dfrac{10}{p} \qquad \therefore pq=10$$
$$\therefore (\text{사각형 OAPB의 넓이})=pq=10$$

답 10

참고 사각형 OAPB는 직사각형이다.

중단원 마무리하기 〉본문 218~221쪽

01 ⑤	02 -3	03 (1) $y=\dfrac{2}{5}x$ (2) 4번
04 ④	05 10	06 ③ 07 ④
08 50장	09 ③	10 ④ 11 ⑤
12 -2	13 ③	14 -3 15 12
16 $(6,\,6)$	17 5	18 ①, ③ 19 ③
20 ③	21 24	22 ①, ③ 23 30분
24 18		

01 전략 x와 y 사이의 관계를 식으로 나타내어 본다.

① $y=5000-800x$

② $x+y=20$에서 $y=20-x$

③ $y=x(x+5)$

④ $xy=24$에서 $y=\dfrac{24}{x}$

⑤ $y=6x$

답 ⑤

---

02 전략 조건 ㈎에서 x와 y 사이의 관계를 알아본다.

조건 ㈎에서 y가 x에 정비례하므로 $y=ax\,(a\neq 0)$라 하자.

조건 ㈏에서 $y=ax$에 $x=-5,\,y=\dfrac{5}{4}$를 대입하면

$$\dfrac{5}{4}=-5a \qquad \therefore a=-\dfrac{1}{4} \qquad \therefore y=-\dfrac{1}{4}x$$

따라서 $y=-\dfrac{1}{4}x$에 $x=12$를 대입하면

$$y=-\dfrac{1}{4}\times 12=-3$$

답 -3

03 전략 두 개의 톱니바퀴가 각각 회전하는 동안 맞물린 톱니의 수는 서로 같음을 이용한다.

(1) $(\text{A의 톱니의 수})\times(\text{A의 회전 수})$
$=(\text{B의 톱니의 수})\times(\text{B의 회전 수})$

이므로 $14\times x=35\times y \qquad \therefore y=\dfrac{2}{5}x$

(2) $y=\dfrac{2}{5}x$에 $x=10$을 대입하면

$$y=\dfrac{2}{5}\times 10=4$$

따라서 A가 10번 회전하는 동안 B는 4번 회전한다.

답 (1) $y=\dfrac{2}{5}x$ (2) 4번

04 전략 정비례 관계의 그래프의 성질을 이용한다.

① y가 x에 정비례한다.

② x의 값이 2배가 되면 y의 값도 2배가 된다.

③ 그래프가 제2사분면과 제4사분면을 지난다.

⑤ 그래프가 $y=2x$의 그래프와 원점 $(0,\,0)$에서 만난다.

따라서 옳은 것은 ④이다.

답 ④

05 전략 정비례 관계 $y=px$의 그래프가 점 $(m,\,n)$을 지난다.

➡ $n=pm$

$y=ax$에 $x=2,\,y=-8$을 대입하면

$$-8=2a \qquad \therefore a=-4$$

따라서 $y=-4x$이므로 $x=b,\,y=10$을 대입하면

$$10=-4b \qquad \therefore b=-\dfrac{5}{2}$$

$$\therefore ab=-4\times\left(-\dfrac{5}{2}\right)=10$$

답 10

06 전략 정비례 관계 $y=ax\,(a\neq 0)$의 그래프에서 a의 절댓값을 이용한다.

$\left|\dfrac{1}{6}\right|<\left|-\dfrac{2}{3}\right|<|2|<\left|\dfrac{8}{3}\right|<|-3|$이므로 x축에 가장 가까운 그래프는 ③이다.

답 ③

개념 더하기

정비례 관계 $y=ax\,(a\neq 0)$의 그래프는 a의 절댓값이 작을수록 x축에 가깝다.

07 전략 y가 x에 반비례 ➡ xy의 값이 일정하다.

①, ②, ④ 표에서
$$xy = -4 \times 2 = -2 \times 4 = -1 \times 8$$
$$= 1 \times (-8) = 4 \times (-2) = -8$$
이므로 y는 x에 반비례한다.

$xy = -8$에서 $y = -\dfrac{8}{x}$

③ $y = -\dfrac{8}{x}$에 $x=2$, $y=A$를 대입하면
$$A = -\dfrac{8}{2} = -4$$

⑤ $y = -\dfrac{8}{x}$에 $x=8$을 대입하면
$$y = -\dfrac{8}{8} = -1$$

따라서 옳지 않은 것은 ④이다.   답 ④

08 전략 어제와 오늘 돌린 전단지 분량은 같음을 이용하여 식을 세운다.

어제 돌린 전단지는 모두 $10 \times 30 = 300$ (장)이므로 사람 수를 x, 한 사람이 돌린 전단지의 수를 y라 하면
$$xy = 300   \therefore y = \dfrac{300}{x}$$

$y = \dfrac{300}{x}$에 $x=6$을 대입하면 $y = \dfrac{300}{6} = 50$

따라서 한 사람이 50장씩 돌려야 한다.   답 50장

09 전략 정비례 관계 $y = ax\,(a \neq 0)$의 그래프와 반비례 관계 $y = \dfrac{a}{x}\,(a \neq 0)$의 그래프는 $a>0$일 때 제1사분면과 제3사분면을 지난다.

주어진 그래프가 지나는 사분면은 다음과 같다.

ㄱ. 제1사분면, 제3사분면
ㄴ. 제2사분면, 제4사분면
ㄷ. 제2사분면, 제4사분면
ㄹ. 제1사분면, 제3사분면
ㅁ. 제2사분면, 제4사분면
ㅂ. 제1사분면, 제3사분면

이상에서 제3사분면을 지나는 것은 ㄱ, ㄹ, ㅂ이다.

답 ③

10 전략 x에 정수를 하나씩 대입해 본다.

반비례 관계 $y = \dfrac{12}{x}$의 그래프 위의 점 중에서 x좌표와 y좌표가 모두 정수인 점은
$$(1,\,12),\,(2,\,6),\,(3,\,4),\,(4,\,3),\,(6,\,2),\,(12,\,1),$$
$$(-1,\,-12),\,(-2,\,-6),\,(-3,\,-4),$$
$$(-4,\,-3),\,(-6,\,-2),\,(-12,\,-1)$$
의 12개이다.   답 ④

11 전략 반비례 관계의 그래프의 성질을 생각해 본다.

주어진 그래프는 반비례 관계의 그래프이므로
$y = \dfrac{a}{x}\,(a \neq 0)$라 하고 $x=2$, $y=-5$를 대입하면
$$-5 = \dfrac{a}{2}   \therefore a = -10$$
$$\therefore y = -\dfrac{10}{x}$$

① y가 x에 반비례한다.
② x의 값의 범위는 0이 아닌 수 전체이다.
③ $x>0$일 때, x의 값이 증가하면 y의 값도 증가한다.
④ 반비례 관계 $y = -\dfrac{10}{x}$의 그래프이다.
⑤ $y = -\dfrac{10}{x}$에 $x = -\dfrac{1}{2}$을 대입하면
$$y = -10 \div \left(-\dfrac{1}{2}\right) = -10 \times (-2) = 20$$

즉 점 $\left(-\dfrac{1}{2},\,20\right)$을 지난다.

따라서 옳은 것은 ⑤이다.   답 ⑤

12 전략 먼저 a의 값을 구한다.

반비례 관계 $y = \dfrac{a}{x}$의 그래프가 점 $(3,\,4)$를 지나므로

$y = \dfrac{a}{x}$에 $x=3$, $y=4$를 대입하면
$$4 = \dfrac{a}{3}   \therefore a = 12$$
$$\therefore y = \dfrac{12}{x}$$

따라서 반비례 관계 $y = \dfrac{12}{x}$의 그래프가 점 $(k,\,-6)$을 지나므로 $y = \dfrac{12}{x}$에 $x=k$, $y=-6$을 대입하면
$$-6 = \dfrac{12}{k}   \therefore k = -2$$ 답 -2

13 전략 $y=4x$의 그래프는 $y=2x$의 그래프보다 y축에 가까운지 먼저 생각해 본다.

정비례 관계 $y=4x$의 그래프는 오른쪽 위로 향하는 직선이고 $y=2x$의 그래프보다 y축에 가까운 ③이다.

답 ③

개념 더하기

정비례 관계 $y = ax\,(a \neq 0)$의 그래프는 $a>0$이면 오른쪽 위로, $a<0$이면 오른쪽 아래로 향하는 직선이고, a의 절댓값이 클수록 y축에 가깝다.

14 〔전략〕 주어진 그래프의 식에 지나는 점의 좌표를 대입한다.

$y=-3x$에 $x=2a$, $y=12$를 대입하면

$$12=-6a \qquad \therefore a=-2$$

$y=-3x$에 $x=4$, $y=3b$를 대입하면

$$3b=-12 \qquad \therefore b=-4$$

$y=-3x$에 $x=c$, $y=-9$를 대입하면

$$-9=-3c \qquad \therefore c=3$$

$$\therefore a+b+c=-2+(-4)+3=-3 \qquad \text{답} \ -3$$

15 〔전략〕 두 점 A, B의 y좌표가 4임을 이용하여 두 점의 x좌표를 각각 구한다.

점 A는 $y=2x$의 그래프 위의 점이므로 $y=2x$에 $y=4$를 대입하면

$$4=2x \qquad \therefore x=2$$

$$\therefore A(2, 4)$$

점 B는 $y=\dfrac{1}{2}x$의 그래프 위의 점이므로 $y=\dfrac{1}{2}x$에 $y=4$를 대입하면

$$4=\dfrac{1}{2}x \qquad \therefore x=8$$

$$\therefore B(8, 4)$$

(선분 AB의 길이)$=8-2=6$이므로

$$(\text{삼각형 AOB의 넓이})=\dfrac{1}{2}\times 6\times 4=12 \qquad \text{답} \ 12$$

16 〔전략〕 점 A의 좌표를 $(a, 3a)\,(a>0)$로 놓고 다른 점의 좌표를 a를 사용한 식으로 나타내어 본다.

넓이가 16인 정사각형 ABCD의 한 변의 길이는 4이다. 점 A가 $y=3x$의 그래프 위의 점이므로 점 A의 좌표를 $(a, 3a)\,(a>0)$라 하면

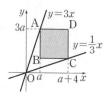

$$D(a+4, 3a),$$
$$C(a+4, 3a-4)$$

이때 점 C가 $y=\dfrac{1}{3}x$의 그래프 위의 점이므로 $y=\dfrac{1}{3}x$에 $x=a+4$, $y=3a-4$를 대입하면

$$3a-4=\dfrac{1}{3}(a+4)$$

$$9a-12=a+4, \qquad 8a=16 \qquad \therefore a=2$$

따라서 점 D의 좌표는 $(6, 6)$이다. $\qquad \text{답} \ (6, 6)$

17 〔전략〕 정비례할 때와 반비례할 때의 식을 각각 구해 본다.

y가 x에 정비례하므로 $y=ax\,(a\neq 0)$라 하고 $x=4$, $y=12$를 대입하면

$$12=4a \qquad \therefore a=3 \qquad \therefore y=3x$$

또 z가 y에 반비례하므로 $z=\dfrac{b}{y}\,(b\neq 0)$라 하고 $y=3$, $z=-5$를 대입하면

$$-5=\dfrac{b}{3} \qquad \therefore b=-15 \qquad \therefore z=-\dfrac{15}{y}$$

$y=3x$에 $x=-1$을 대입하면 $\qquad y=3\times(-1)=-3$

$z=-\dfrac{15}{y}$에 $y=-3$을 대입하면

$$z=-\dfrac{15}{-3}=5 \qquad \text{답} \ 5$$

18 〔전략〕 정비례 관계 또는 반비례 관계의 그래프에서 x의 값이 증가할 때 y의 값은 감소할 때는 언제인지 생각해 본다.

① 정비례 관계 $y=-5x$의 그래프는 $-5<0$이므로 x의 값이 증가하면 y의 값은 감소한다.

③ 반비례 관계 $y=\dfrac{5}{x}$의 그래프는 $5>0$이므로 각 사분면에서 x의 값이 증가하면 y의 값은 감소한다. $\quad \text{답} \ ①, ③$

개념 더하기

정비례 관계 $y=ax\,(a\neq 0)$의 그래프는 $a<0$일 때, x의 값이 증가하면 y의 값은 감소한다.

반비례 관계 $y=\dfrac{a}{x}\,(a\neq 0)$의 그래프는 $a>0$일 때, 각 사분면에서 x의 값이 증가하면 y의 값은 감소한다.

19 〔전략〕 먼저 반비례 관계 $y=\dfrac{a}{x}$의 그래프에서 a의 값을 구한다.

$y=\dfrac{a}{x}$에 $x=2$, $y=-3$을 대입하면

$$-3=\dfrac{a}{2} \qquad \therefore a=-6$$

따라서 정비례 관계 $y=-6x$의 그래프는 ③이다. $\quad \text{답} \ ③$

20 〔전략〕 점 A의 x좌표를 $y=-\dfrac{5}{2}x$에 대입하여 점 A의 y좌표를 구한다.

정비례 관계 $y=-\dfrac{5}{2}x$의 그래프와 반비례 관계 $y=\dfrac{a}{x}$의 그래프가 x좌표가 -2인 점 A에서 만나므로 $y=-\dfrac{5}{2}x$에 $x=-2$를 대입하면

$$y=-\dfrac{5}{2}\times(-2)=5 \qquad \therefore A(-2, 5)$$

$y=\dfrac{a}{x}$에 $x=-2$, $y=5$를 대입하면

$$5=\dfrac{a}{-2} \qquad \therefore a=-10 \qquad \text{답} \ ③$$

21 〔전략〕 점 A의 좌표를 이용하여 주어진 사각형 ABCD의 한 변의 길이를 구한다.

사각형 ABCD가 정사각형이고 점 B의 x좌표가 2이므로 점 A의 x좌표도 2이다.

점 A는 정비례 관계 $y=2x$의 그래프 위의 점이므로
$y=2x$에 $x=2$를 대입하면
$$y=4 \qquad \therefore A(2, 4)$$
(선분 AD의 길이)=(선분 AB의 길이)=4이므로 점 D의
좌표는 $(6, 4)$

점 D가 반비례 관계 $y=\dfrac{a}{x}$의 그래프 위의 점이므로

$y=\dfrac{a}{x}$에 $x=6$, $y=4$를 대입하면
$$4=\frac{a}{6} \qquad \therefore a=24$$
답 24

22 전략 각 사분면에서 x좌표와 y좌표의 부호를 생각해 본다.

점 (a, b)가 제4사분면 위의 점이므로 $a>0$, $b<0$

①, ③ $-\dfrac{b}{a}>0$, $a>0$이므로 그래프가 제1사분면과

제3사분면을 지난다.

②, ④, ⑤ $b<0$, $\dfrac{a}{b}<0$이므로 그래프가 제2사분면과

제4사분면을 지난다. 답 ①, ③

23 전략 윤모와 현우의 그래프의 식을 구해 본다.

y가 x에 정비례하므로 윤모의 그래프의 식을 $y=ax$ $(a\neq0)$
라 하자.

$y=ax$의 그래프가 점 $(2, 400)$을 지나므로
$400=2a$에서 $a=200$ $\therefore y=200x$
현우의 그래프의 식을 $y=bx$ $(b\neq0)$라 하자.
$y=bx$의 그래프가 점 $(3, 300)$을 지나므로
$300=3b$에서 $b=100$ $\therefore y=100x$
이때 둘레의 길이가 6 km, 즉 6000 m인 호수 공원을 한
바퀴 돌 때 걸리는 시간은
윤모: $6000=200x$에서 $x=30$
현우: $6000=100x$에서 $x=60$
따라서 윤모가 호수 공원을 한 바퀴 돈 후 현우를 기다려
야 하는 시간은
$$60-30=30(분)$$
답 30분

24 전략 점 A의 좌표를 $(2, 2a)$로 놓고 삼각형 AOB의 넓이를
구하는 식을 세운다.

점 B의 x좌표가 2이므로 점 A의 좌표를 $(2, 2a)$라 하자.
직각삼각형 AOB의 넓이가 12이므로
$$\frac{1}{2}\times2\times2a=12, \qquad 2a=12$$
$$\therefore a=6 \qquad \therefore A(2, 12)$$
점 A가 $y=\dfrac{b}{x}$의 그래프 위의 점이므로 $y=\dfrac{b}{x}$에 $x=2$,
$y=12$를 대입하면
$$12=\frac{b}{2} \qquad \therefore b=24$$
$$\therefore b-a=24-6=18$$
답 18

1 $y=\dfrac{126}{x}$, 14개		**2** $-\dfrac{13}{3}$	
3 (1) $y=\dfrac{1}{6}x$ (2) 12 kg		**4** $\dfrac{3}{2}$	
5 3		**6** 3	

1 1단계 의자를 한 줄에 x개씩 y줄로 배열하므로
$$xy=126 \qquad \therefore y=\frac{126}{x}$$

2단계 $y=\dfrac{126}{x}$에 $y=9$를 대입하면
$$9=\frac{126}{x} \qquad \therefore x=14$$

따라서 의자를 9줄로 배열하려면 한 줄에 14개씩 놓
아야 한다.

답 $y=\dfrac{126}{x}$, 14개

2 1단계 점 $(b, 4)$가 반비례 관계 $y=-\dfrac{12}{x}$의 그래프 위의

점이므로 $y=-\dfrac{12}{x}$에 $x=b$, $y=4$를 대입하면
$$4=-\frac{12}{b} \qquad \therefore b=-3$$

2단계 두 그래프가 만나는 점의 좌표가 $(-3, 4)$이므로
$y=ax$에 $x=-3$, $y=4$를 대입하면
$$4=-3a \qquad \therefore a=-\frac{4}{3}$$

3단계 $a+b=-\dfrac{4}{3}+(-3)=-\dfrac{13}{3}$

답 $-\dfrac{13}{3}$

3 1단계 (1) 달에서의 무게 y kg이 지구에서의 무게 x kg의

$\dfrac{1}{6}$이므로 $y=\dfrac{1}{6}x$

2단계 (2) $y=\dfrac{1}{6}x$에 $x=72$를 대입하면
$$y=\frac{1}{6}\times72=12$$

따라서 우주 비행사의 달에서의 무게는 12 kg이
다.

답 (1) $y=\dfrac{1}{6}x$ (2) 12 kg

단계	채점 요소	배점
1	x와 y 사이의 관계를 식으로 나타내기	3점
2	우주 비행사의 달에서의 무게 구하기	2점

IV-2
정비례와 반비례

4 1단계 점 A는 정비례 관계 $y=3x$의 그래프 위의 점이므로

$y=3x$에 $x=6$을 대입하면

$$y=3\times6=18 \qquad \therefore A(6, 18)$$

2단계 삼각형 AOB의 넓이는

$$\frac{1}{2}\times6\times18=54$$

3단계 x좌표가 6인 정비례 관계 $y=ax$의 그래프 위의 점의 좌표는 $(6, 6a)$이고 $y=ax$의 그래프가 삼각형 AOB의 넓이를 이등분하므로

$$\frac{1}{2}\times6\times6a=54\times\frac{1}{2}$$

$$18a=27 \qquad \therefore a=\frac{3}{2}$$

답 $\dfrac{3}{2}$

단계	채점 요소	배점
1	점 A의 좌표 구하기	1점
2	삼각형 AOB의 넓이 구하기	2점
3	a의 값 구하기	4점

2단계 정비례 관계 $y=-3x$의 그래프가 점 $(b, -1)$을 지나므로

$$-1=-3b \qquad \therefore b=\frac{1}{3}$$

3단계 $ab=9\times\dfrac{1}{3}=3$

답 3

단계	채점 요소	배점
1	a의 값 구하기	2점
2	b의 값 구하기	2점
3	ab의 값 구하기	1점

5 1단계 y가 x에 반비례하므로 $y=\dfrac{a}{x}\,(a\neq0)$라 하자.

$y=\dfrac{a}{x}$에 $x=1$, $y=6$을 대입하면 $a=6$

$$\therefore y=\frac{6}{x}$$

2단계 $y=\dfrac{6}{x}$에 $x=A$, $y=3$을 대입하면

$$3=\frac{6}{A} \qquad \therefore A=2$$

$y=\dfrac{6}{x}$에 $x=4$, $y=B$를 대입하면

$$B=\frac{6}{4}=\frac{3}{2}$$

3단계 $AB=2\times\dfrac{3}{2}=3$

답 3

단계	채점 요소	배점
1	x와 y 사이의 관계를 식으로 나타내기	2점
2	A, B의 값 구하기	2점
3	AB의 값 구하기	1점

6 1단계 반비례 관계 $y=\dfrac{18}{x}$의 그래프가 점 $(2, a)$를 지나므로

$$a=\frac{18}{2}=9$$

MEMO

정답 및 풀이

개념원리 중학 수학 **1-1**